中学教科書ワーク　学習カード

ポケットスタディ

Pocket Study

数学1年

1 自然数

次の数をすべて求めると？

(1)　3より小さい自然数

(2)　−3より大きい負の整数

2 絶対値

次の数の絶対値は？

(1)　−4

(2)　+4

3 不等式

次の数の大小を，不等号を使って表すと？

(1)　−3，2

(2)　−5，4，0

4 2つの数の加法

次の計算をすると？

(1)　(−6)+(−4)

(2)　(−6)+(+4)

5 2つの数の減法

次の計算をすると？

(1)　(−6)−(−4)

(2)　(−6)−(+4)

6 加法・減法

次の式を，項を書き並べた式にすると？

−3−(−5)+(−1)

7 乗法・除法

次の計算をすると？

(1)　(−6)×(−2)

(2)　(−6)÷(+2)

8 累乗

次の計算をすると？

(1)　-4^2

(2)　$(-4)^2$

9 四則計算

次の計算をすると？

$-1+(-2)\times(-3)^2$

正や負の数の区別をしよう！

答 (1) **1，2**　(2) **−1，−2**

数 { 正の数 / 0 / 負の数

★自然数＝正の整数
★０は正でも負でもない

小＜大　小＜中＜大

答 (1) **$-3<2$**　(2) **$-5<0<4$**

$a<b$…aはbより小さい。
$a>b$…aはbより大きい。

★(2)のように，３つ以上の数の大小は，不等号を同じ向きにして書く。

減法→その数の符号を変えて加える

答 (1) **−2**　(2) **−10**

(1)　$(-6)-(-4)$
$=(-6)+(+4)$
$=-(6-4)$
$=-2$

(2)　$(-6)-(+4)$
$=(-6)+(-4)$
$=-(6+4)$
$=-10$

乗除では，まず符号を決める

答 (1) **12**　(2) **−3**

$(+)\times(+)\to(+)$	$(+)\div(+)\to(+)$
$(-)\times(-)\to(+)$	$(-)\div(-)\to(+)$
$(+)\times(-)\to(-)$	$(+)\div(-)\to(-)$
$(-)\times(+)\to(-)$	$(-)\div(+)\to(-)$

累乗，(　)の中→乗除の順に計算

答 **−19**

$-1+(-2)\times(-3)^2$ （累乗の計算が先）
$=-1+(-2)\times9$ （乗法の計算が先）
$=-1+(-18)=-19$

使い方

- ミシン目で切り取り，穴をあけてリングなどを通して使いましょう。
- カードの表面が問題，裏面が解答と解説です。

絶対値は数直線で考えよう！

答 (1) **4**　(2) **4**

絶対値は原点からの距離を表す。

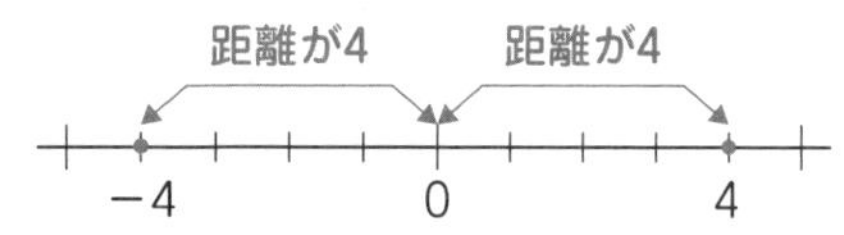

同符号か異符号かを確認

答 (1) **−10**　(2) **−2**

(1)　$(-6)+(-4)$
$=-(6+4)$
$=-10$

(2)　$(-6)+(+4)$
$=-(6-4)$
$=-2$

−(−●)→+●　+(−●)→−●

答 **$-3+5-1$**

計算をすると，
$-3-(-5)+(-1)=-3+5-1$
$=5-3-1$ （正の項と負の項でまとめる。）
$=5-4$
$=1$

累乗→何を何個かけるか確認

答 (1) **−16**　(2) **16**

-4^2 —4を２個→ $-(4\times4)=-16$

$(-4)^2$ —−4を２個→ $(-4)\times(-4)=16$

10 文字式のきまり

文字式のきまりにしたがって表すと？

(1) $-2\times x\times y$

(2) $a\times a\div b+2\times a$

11 式の値

$x=-3$のとき，次の式の値は？

$-3+4x$

12 文字式の計算

次の計算をすると？

(1) $3x+6-x-1$

(2) $-2x-4+2x$

13 分配法則

次の計算をすると？

$-4(2x-1)$

14 かっこのついた計算

次の式をかっこを使わない式で表すと？

$(3x+1)-(4x+2)$

15 不等式

ある数xの４倍に３を加えた数が２より大きいことを不等式で表すと？

16 方程式の解き方

次の方程式を解くと？

$2x-5=1$

17 小数をふくむ方程式

方程式$0.5x-3=0.2x$を解くときに，

最初にするとよいことは？

18 分数をふくむ方程式

方程式$\frac{1}{2}x+\frac{4}{3}=\frac{2}{3}x+\frac{3}{2}$を解くときに，

最初にするとよいことは？

19 比例式

次の比例式を解くと？

$2:x=3:5$

まずは数を代入した式を考える

答 -15

$-3+4x=-3+4\times(-3)$ ← 負の数を代入するときは，かっこをつける。

$=-3-12$

$=-15$

＋，－の符号は，はぶけない

答 (1) $-2xy$　(2) $\dfrac{a^2}{b}+2a$

・×ははぶく，÷は分数の形にする。
・「数→アルファベット」の順に表す。
・同じ文字の積は累乗の形で表す。

$a(b+c)=ab+ac$

答 $-8x+4$

$-4(2x-1)$

$=\underset{①}{-4\times2x}+\underset{②}{(-4)\times(-1)}$

$=-8x+4$

x の項，数の項で計算！

答 (1) $2x+5$　(2) -4

(1) $3x+6-x-1$

$=3x-x+6-1$ ← 文字をふくむ項と数の項に整理する。

$=2x+5$

(2) $-2x-4+2x=-2x+2x-4=-4$

数量の関係を不等号で表す

答 $4x+3>2$

x → 4倍する。
$4x$ → 3を加える。
$4x+3$ → 2より大きい。
$4x+3>2$

－(　)の(　)のはずし方に注意

答 $3x+1-4x-2$

計算をすると，

$(3x+1)-(4x+2)$ ← (　)の中の符号を変えて(　)をはずす。

$=3x+1-4x-2$

$=-x-1$

係数を整数にすることを考える

答 両辺に10をかける。

これを解くと，$(0.5x-3)\times10=0.2x\times10$

$5x-30=2x$

$3x=30$

$x=10$

移項や等式の性質を使って解く

答 $x=3$

$2x-5=1$

移項

$2x=1+5$ → 右辺を計算する。

$2x=6$ → 両辺を x の係数2でわる。

$x=3$

$a:b=c:d$ ならば $ad=bc$

答 $x=\dfrac{10}{3}$

$2\times5=x\times3$

$10=3x$

$x=\dfrac{10}{3}$

> $a:b$ の比の値は $\dfrac{a}{b}$，
> $c:d$ の比の値は $\dfrac{c}{d}$ より
> $\dfrac{a}{b}=\dfrac{c}{d}$ だから $ad=bc$

係数を整数にすることを考える

答 両辺に分母の(最小)公倍数の6をかける。

これを解くと，$\left(\dfrac{1}{2}x+\dfrac{4}{3}\right)\times6=\left(\dfrac{2}{3}x+\dfrac{3}{2}\right)\times6$

$3x+8=4x+9$

$-x=1$

$x=-1$

20 比例の式

yはxに比例し，
$x=3$のとき$y=-6$です。
yをxの式で表すと？

21 反比例の式

yはxに反比例し，
$x=3$のとき$y=-6$です。
yをxの式で表すと？

22 座標

右の点Aの座標は？

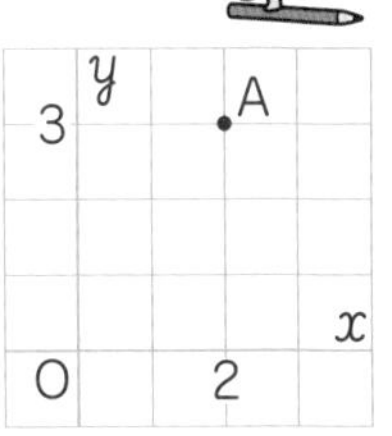

23 比例・反比例のグラフ

右の図で，次の式を表すグラフは㋐〜㋒の中のどれ？

$y=2x$

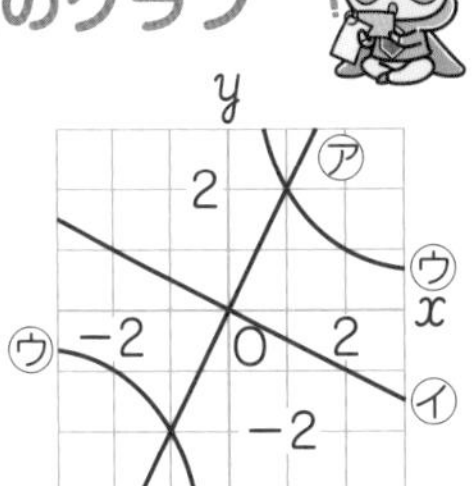

24 垂直と平行

長方形ABCDで，次の位置関係を記号で書くと？

(1)　辺ABと辺BC
(2)　辺ABと辺DC

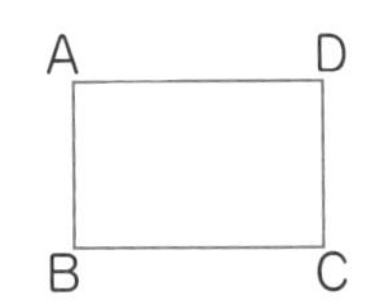

25 図形の移動

右の図で三角形㋑を１回の移動で㋖に重ねるときの図形の移動方法は？

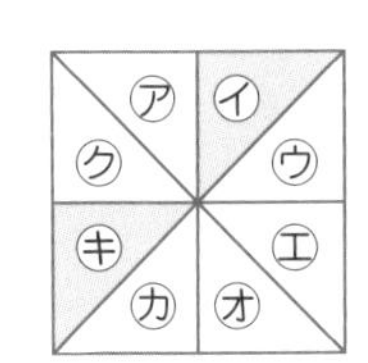

26 垂直二等分線

線分ABの
垂直二等分線の作図のしかたは？

A ——————— B

27 角の二等分線の作図

∠AOBの
二等分線の作図
のしかたは？

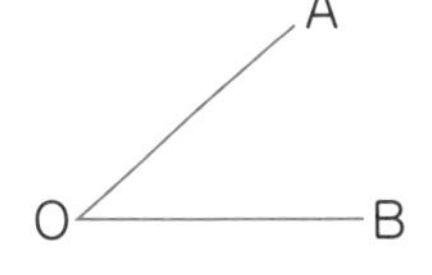

28 円の接線の作図

円周上の点Pを通る
接線の作図
のしかたは？

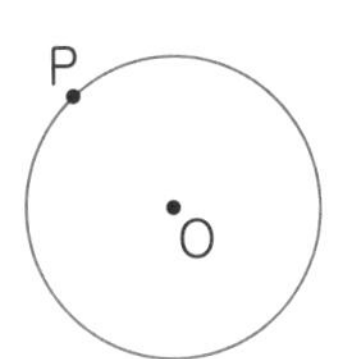

29 おうぎ形の弧の長さと面積

半径r，中心角$a°$の
おうぎ形の**弧の長さℓ**
と**面積S**を求める式は？

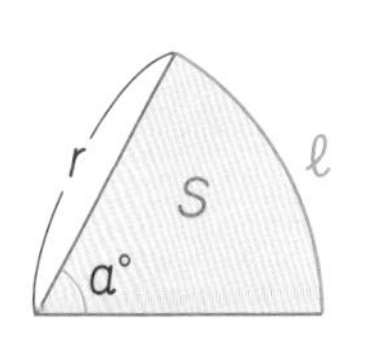

反比例を表す式⇒ $y=\frac{a}{x}$

答 $y=-\frac{18}{x}$

$y=\frac{a}{x}$ に $x=3$，$y=-6$ を代入すると，

$-6=\frac{a}{3}$ より，$a=-18$

比例を表す式⇒ $y=ax$

答 $y=-2x$

$y=ax$ に $x=3$，$y=-6$ を代入すると，

$-6=a\times 3$ より，$a=-2$

比例のグラフ⇒直線　反比例のグラフ⇒双曲線

答 ㋐　比例　$a>0$　$a<0$

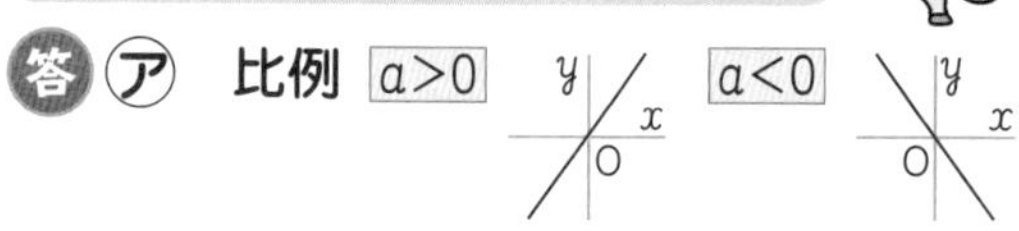

反比例　$a>0$　$a<0$

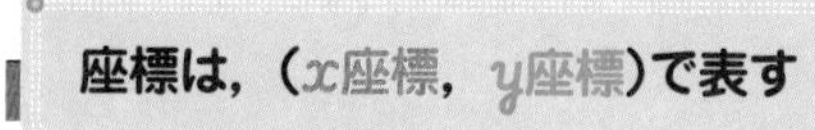

座標は，（x座標，y座標）で表す

答 A(2, 3)

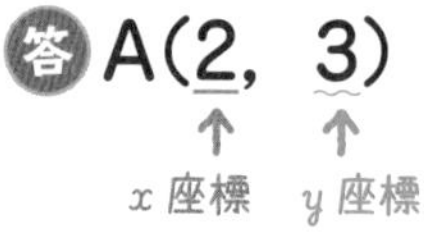

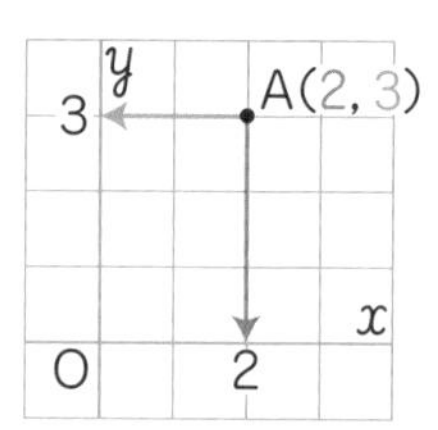

移動の性質を確認しよう

答 平行移動または対称移動

平行移動…一定の方向に一定の距離だけ動かす。

回転移動…ある点（回転の中心）で回転させる。

対称移動…ある直線（対称の軸）で折り返す。

垂直…⊥　平行…//

答 (1)　AB⊥BC

(2)　AB//DC

垂直…直角に交わる。

平行…交わらない。

角の二等分線…その角の2辺までの距離が等しい

答

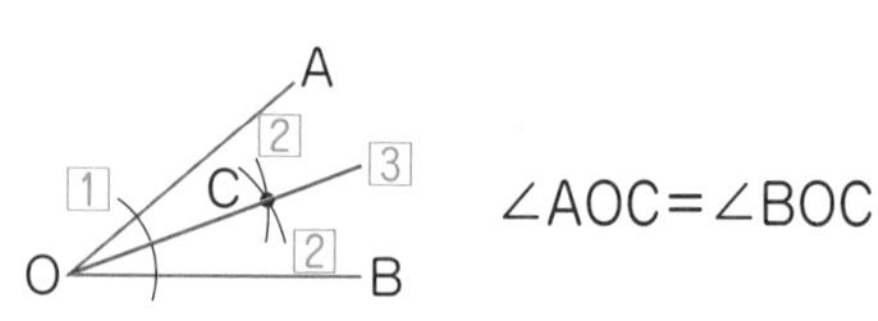

∠AOC＝∠BOC

垂直二等分線…両端からの距離が等しい

答

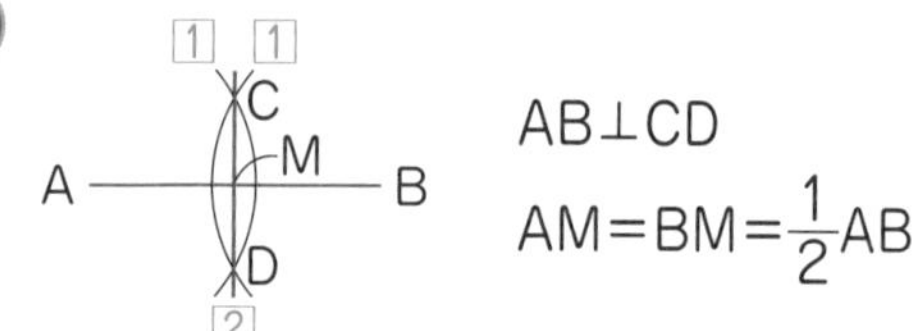

AB⊥CD

$AM=BM=\frac{1}{2}AB$

おうぎ形…円周や円の面積の $\frac{a}{360}$ 倍

答 弧の長さ $\ell=2\pi r\times\frac{a}{360}$

面積 $S=\pi r^2\times\frac{a}{360}=\frac{1}{2}\ell r$

（接点を通る円の半径）⊥（接線）

答

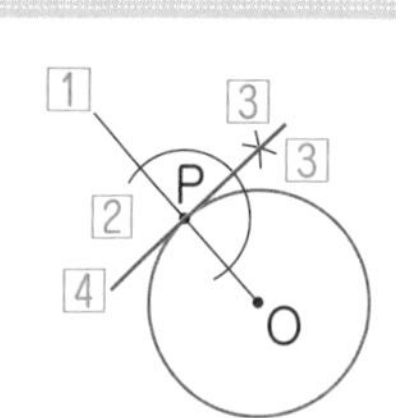

円の接線は，「垂線の作図」を利用してかく。

30 投影図

右の投影図で表される**立体の名前や見取図は？**

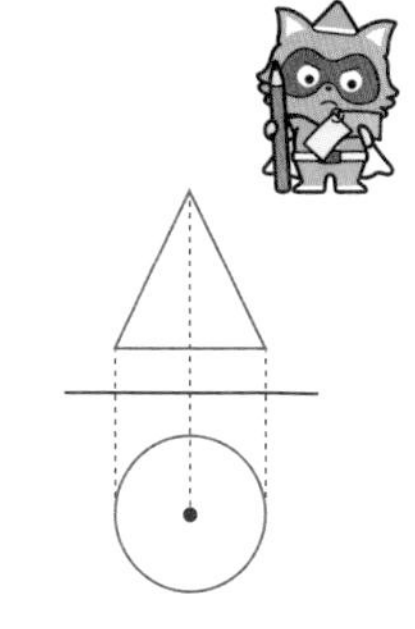

31 2直線の位置関係

右の立方体で，次の位置関係は？

(1) **辺ABと辺HG**

(2) **辺ABと辺CG**

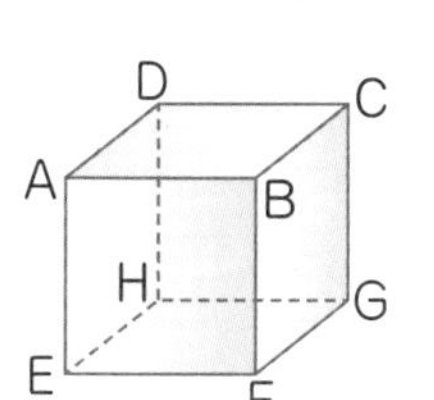

32 円柱の表面積

円柱の展開図で，**側面の形は？**

右の図で，**表面積**を求める式は？

33 円錐の表面積

円錐の展開図で，**側面の形は？**

右の図で，**表面積**を求める式は？

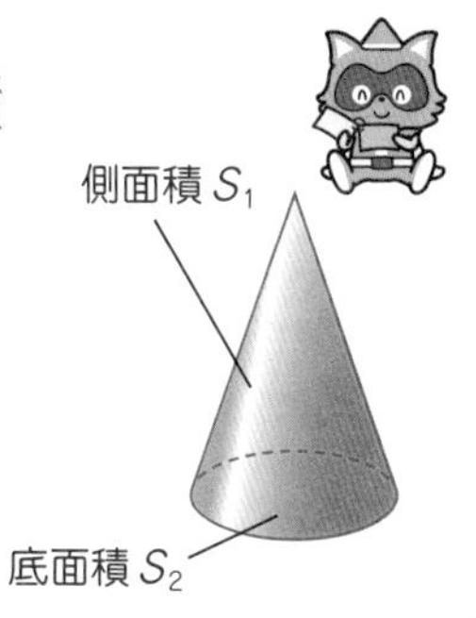

34 角錐・円錐の体積

底面積がSで高さがhの**角錐や円錐の体積**を求める式は？

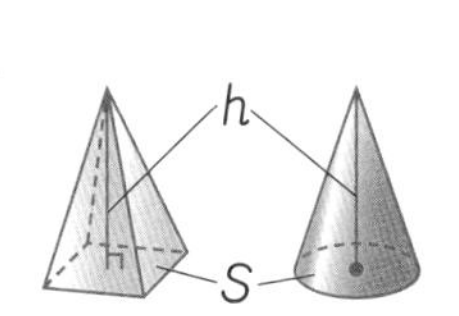

35 球

半径rの球の**体積**と**表面積**を求める式は？

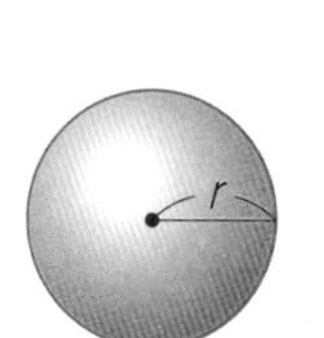

36 ヒストグラム

右のヒストグラムで**度数がいちばん多い**階級は？

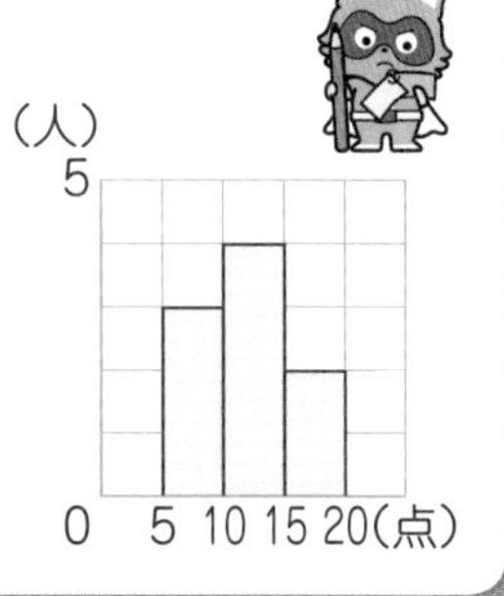

37 相対度数

度数分布表が与えられているとき，次の値の求め方は？

(1) **ある階級の相対度数**

(2) **ある階級の累積相対度数**

38 代表値

データを調べるときの**代表値**にはどんなものがある？

39 確率の考え方

王冠（おうかん）を1000回投げたら，400回表が出ました。

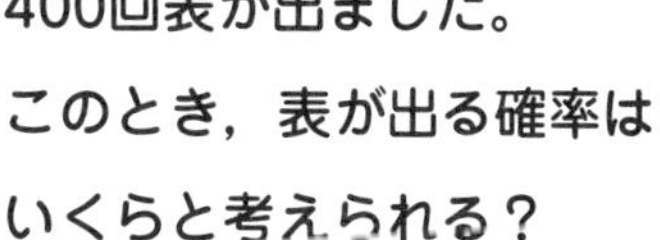

このとき，表が出る確率はいくらと考えられる？

表向き

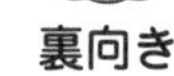

裏向き

同じ平面上にあるかを確かめる

答 (1) 平行　(2) ねじれの位置

同じ平面上にある２直線
…交わる・平行
平行でなく交わらない２直線
…ねじれの位置

立面図で柱か錐かを考えよう

答 円錐

見取図

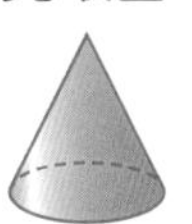

投影図
立面図（正面から見た図）
…三角形
平面図（真上から見た図）
…円

角錐や円錐は底面が１つである

答 おうぎ形　S_1+S_2

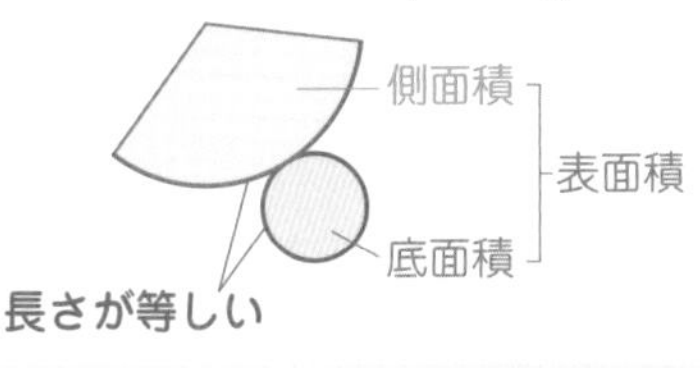

角柱や円柱は底面が２つである

答 長方形　$S_1+S_2\times 2$

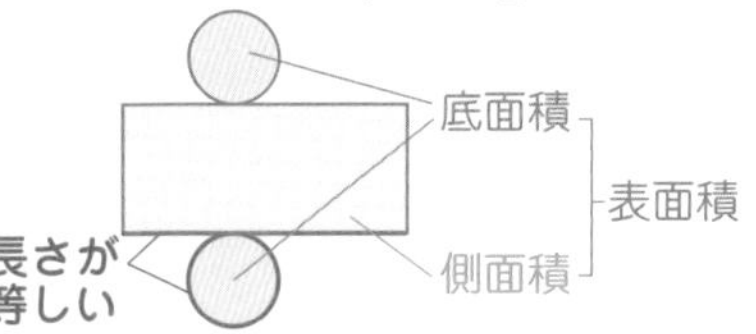

球の体積と表面積…$\frac{4}{3}\pi r^3$　$4\pi r^2$

答 体積…$\dfrac{4}{3}\pi r^3$

表面積…$4\pi r^2$

体積は半径の３乗，表面積は半径の２乗に比例していることに注意する。

錐の体積は柱の体積の３分の１

答 $\dfrac{1}{3}Sh$

角錐や円錐の体積…$\frac{1}{3}$×底面積×高さ

↑角柱や円柱の体積

データの比較は相対度数を利用する

答 (1) $\dfrac{\text{（その階級の度数）}}{\text{（度数の合計）}}$

(2) 最初の階級から，ある階級までの相対度数を合計する。

階級は「○以上△未満」で表す

答 10点以上15点未満の階級

※右の図の赤線は
度数折れ線，または
度数分布多角形という。

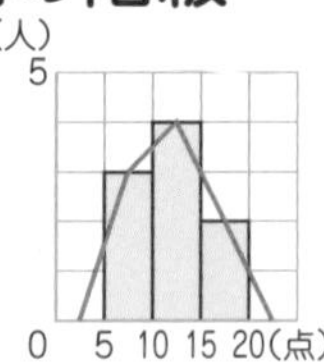

確率→起こりやすさの程度を表す数

答 0.4

（表が出た回数）÷（投げた回数）
＝400÷1000＝0.4

代表値…平均値・中央値・最頻値など

答 平均値，中央値，最頻値

平均値…（個々のデータの値の合計）÷（データの総数）

中央値…データの値を順に並べたときの中央の値

最頻値…データの中でもっとも多く出てくる値

大日本図書版 数学1年 もくじ

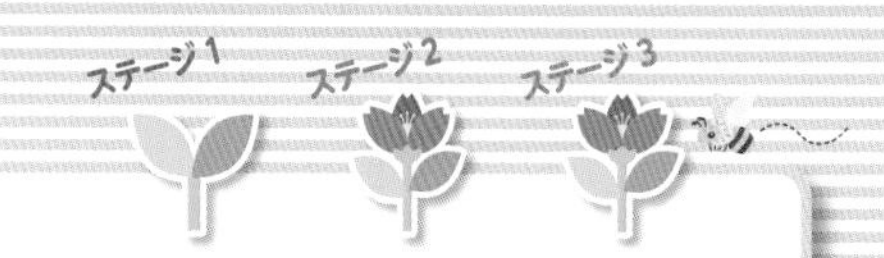

発展→この学年の学習指導要領には示されていない内容を取り上げています。学習に応じて取り組みましょう。

特別ふろく

学習サポート
- ポケットスタディ（学習カード）
- 定期テスト対策問題
- ホームページテスト
- 要点まとめシート
- どこでもワーク（スマホアプリ）

※特別ふろくについて，くわしくは表紙の裏や巻末へ

1節 数の見方
① 素因数分解　② 素因数分解の利用

例1 素因数分解

教 p.14, 15 → 基本問題 1 2 3

次の数を素因数分解しなさい。

(1) 78　　(2) 120

考え方 自然数（1, 2, 3, …）a を素因数だけの積の形に表すことを，a を素因数分解するという。次のように，小さい素数から順にわっていけばよい。

たいせつ
1とその数自身の積の形でしか表せない数を素数という。1は素数にふくめない。

解き方 (1) 78＝2×3×①

2) 78
3) 39
　 13

(2) 120＝2×2×2×3×5
＝②

2) 120
2) 60
2) 30
3) 15
　 5

小さい素数の順 (2, 3, 5, 7, …) でわっていかなくても，結果は同じになるよ。

累乗
同じ数をいくつかかけ合わせたものを，その数の累乗といい，かけ合わせた個数を示す右肩の数を累乗の指数という。

3^4 ←指数

例 3×3 ➡「3^2」と表し，「3の2乗」，と読み，「3の平方」ともいう。
3×3×3 ➡「3^3」と表し，「3の3乗」，と読み，「3の立方」ともいう。

例2 素因数分解の利用

教 p.16 → 基本問題 4 5 6

20と50の最大公約数を求めなさい。

考え方 それぞれの数を素因数分解して，共通な素因数をすべてかけると最大公約数になる。

解き方
20＝2×2×5
50＝2　×5×5
　　2　×5　＝③

2) 20 50
5) 10 25
　　2　5

例3 素因数分解の利用

教 p.17 → 基本問題 4 5 6

24と40の最小公倍数を求めなさい。

考え方 それぞれの数を素因数分解して，共通な素因数とそれ以外の素因数の積が最小公倍数になる。

解き方
24＝2×2×2×3
40＝2×2×2　×5
　　2×2×2×3×5＝④

2) 24 40
2) 12 20
2) 6 10
　 3　5

基本問題

解答 p.1

1 素数 30 以下の素数をすべて答えなさい。 教 p.14Q1

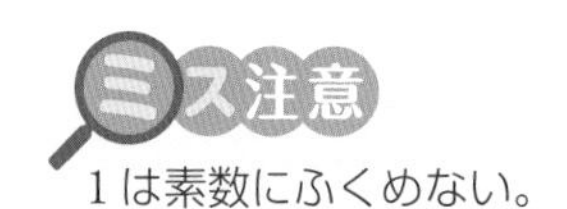

1 は素数にふくめない。

2 素因数分解 次の数を素因数分解しなさい。 教 p.15Q2

(1) 66　　(2) 105　　(3) 182

3 累乗をふくむ素因数分解 次の数を素因数分解しなさい。 教 p.15Q3

(1) 56　　(2) 126　　(3) 225

4 素因数分解の利用 32 と 40 の 2 つの数について，次の(1)〜(3)に答えなさい。 教 p.17Q1

(1) それぞれの数を素因数分解しなさい。

(2) 最大公約数を求めなさい。

(3) 最小公倍数を求めなさい。

思い出そう

・●と▲の共通な約数を，●と▲の公約数といい，公約数のなかで一番大きい数を最大公約数という。
・●と▲の共通な倍数を，●と▲の公倍数といい，公倍数のなかで一番小さい数を最小公倍数という。

5 素因数分解の利用 次の 2 つの数の最大公約数と最小公倍数を求めなさい。 教 p.17Q1

(1) 16 と 28　　(2) 120 と 140

6 素因数分解の利用 8，20，24 の最大公約数と最小公倍数を求めなさい。 教 p.17

左ページの 例 の答え　① 13　② $2^3 \times 3 \times 5$　③ 10　④ 120

確認のワーク ステージ1

2節 正の数，負の数
① 反対向きの性質をもった数量
② 正の数と負の数(1)

例1 反対向きの性質をもった数量

教 p.19 → 基本問題 1

次の温度を，＋(プラス)，－(マイナス)を使って表しなさい。

(1) 0°C より 7.5°C 低い温度　　(2) 0°C より 10°C 高い温度

解き方 (1) 0°C より 7.5°C 低いので，① □ °C
負の符号－を使う。　マイナス 7.5°C と読む。

(2) 0°C より 10°C 高いので，② □ °C
正の符号＋を使う。　プラス 10°C と読む。

0°C より低い温度は負の符号(ふごう)を使って，表せるんだね。

例2 反対向きの性質をもった数量

教 p.20 → 基本問題 2 3 4

東西に通じる道路上で，ある地点Aを基準の 0 m とします。Aから東へ 3 m の地点を +3 m と表すと，A から西へ 7 m の地点はどのように表せますか。

考え方 地点Aを基準の 0 m にして，
Aから東の地点を＋を使って表すと，
反対の方向を表す「西」の地点は－を使って表せる。
「東」の反対は「西」

解き方 Aから西へ 7 m の地点を表すので，③ □
負の符号－を使って表す。

ここがポイント
反対向きの性質をもった数量は，＋，－を使って表すことができる。

例3 正の数と負の数

教 p.22 → 基本問題 5 6

下の数のなかから，次の(1)～(3)にあてはまる数を選びなさい。

－5，＋3，＋1.2，0，－0.8，6，－2.7

(1) 正(せい)の数(すう)　　(2) 負(ふ)の数(すう)　　(3) 自然数

考え方 (1) 正の符号(＋)のついている数や符号のつかない数が正の数である。
0より大きい数

(2) 負の符号(－)のついている数が負の数である。
0より小さい数

(3) 自然数は，正の整数のことである。

解き方 (1) 0より大きい数だから，④ □

(2) 0より小さい数だから，⑤ □

(3) 正の整数を選べばよいので，⑥ □

たいせつ

整数
- 正の整数(自然数) ＋1，＋2，＋3，…
- 0
- 負の整数 …，－3，－2，－1

注 0は，正の数でも負の数でもない数である。

基本問題

解答 p.1

1 反対向きの性質をもった数量 地上からの高さが 200 m を基準の 0 m とします。次の高さを＋，－ を使って表しなさい。 教 p.20Q1

(1) 342 m　　(2) 108 m

2 反対向きの性質をもった数量 次の□にあてはまる数を符号を使って答えなさい。 教 p.21Q2

(1) ある品物より 3 kg 重い物の重さを ＋3 kg と表すとき，8 kg 軽い物の重さは□kg と表すことができる。

(2) ある時刻から 6 時間後を ＋6 時間と表すとき，ある時刻より 1 時間前は，□時間と表すことができる。

3 反対向きの性質をもった数量 次の数量を，－を使って表しなさい。 教 p.21Q3

(1) 200 円の支出　　(2) 5 L 減る

4 反対向きの性質をもった数量 次の数量を，－を使わないで表しなさい。 教 p.21Q4

(1) －5 km 北にある　　(2) 水温が －3°C 上がる

5 正の数と負の数 次の数を，正の符号，負の符号を使って表しなさい。 教 p.22Q1

(1) 0 より 8 大きい数　　(2) 0 より 3.6 大きい数　　(3) 0 より $\frac{2}{5}$ 小さい数

6 正の数と負の数 次の㋐～㋓のなかから，正しいものを選び，記号で答えなさい。 教 p.22

㋐ 0 より小さい数は正の符号を使って表す。
㋑ －4 や －7.5 のような数を負の数という。
㋒ 0 は自然数である。
㋓ 整数は，正の整数と負の整数だけをさす。

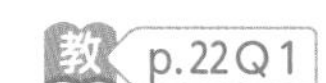

0 は整数だけど，
自然数ではないよ。

左ページの 例 の答え　① －7.5　② ＋10　③ －7 m　④ ＋3，＋1.2，6　⑤ －5，－0.8，－2.7　⑥ ＋3，6

ステージ1 確認のワーク
2節　正の数，負の数
② 正の数と負の数(2)　③ 数の大小

例1 数直線上の点
教 p.23 → 基本問題 1 2

次の数直線上の点 A，B，C が表す数を答えなさい。

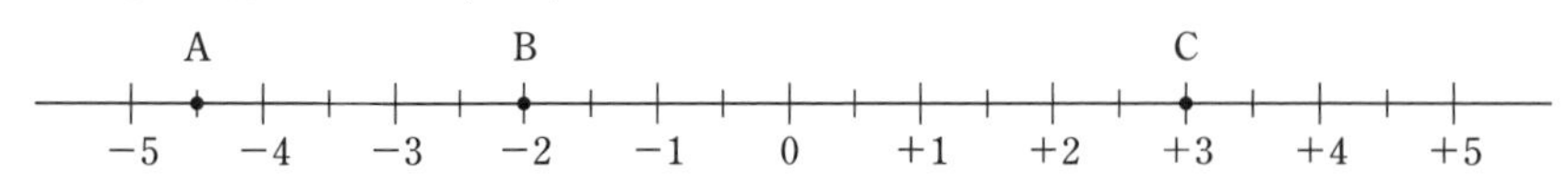

考え方 数直線では，0 より右側に正の数があり，左側に負の数がある。

解き方 数直線より，点Aは −4 と −5 の中央にあるので，

小数で表すと，①

点Bは 0 より左（負の数）にあるので，②

点Cは 0 より右（正の数）にあるので，③

覚えておこう

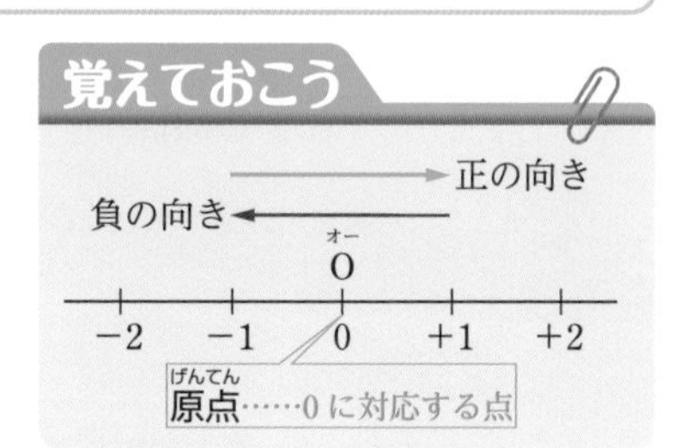

例2 数の大小
教 p.24 → 基本問題 5

次の数の大小を，不等号を使って表しなさい。　(1)　−2，−7　　(2)　0，+1，−10

考え方 数直線を使って考える。数直線上では，右にある数ほど大きく，左にある数ほど小さい。

解き方 (1)　数直線上で，−2 は −7 より右にあるから，（−2 のほうが−7 より大きい。）

−7 ④ −2（−2＞−7 と書くこともできる。）

(2)　数直線上で，+1 は 0 より右にあり，−10 は 0 より左にあることより，

+1 が最大で，−10 が最小であるから，−10 ⑤ 0 ⑥ +1（+1＞0＞−10 と書くこともできる。）

3 つ以上の数の大小を表すときは，不等号の向きをすべて同じにする。

例　−4＜0＜+1

例3 絶対値
教 p.24, 25 → 基本問題 3 4

次の数の絶対値（ぜったいち）を答えなさい。　(1)　+7　　(2)　−2.3　　(3)　$-\frac{1}{3}$

考え方 絶対値は数直線を使って考えるとわかりやすい。

解き方 (1)　+7 は，原点からの距離（きょり）が 7 だから ⑦

(2)　−2.3 は，原点からの距離が 2.3 だから ⑧

(3)　$-\frac{1}{3}$ は，原点からの距離が $\frac{1}{3}$ だから ⑨

絶対値

数直線上で，原点からある数を表す点までの距離のこと。

例　−3 と +3 の絶対値は 3

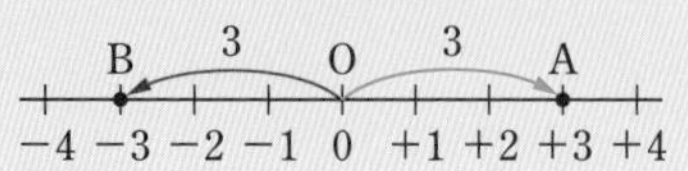

注　0 の絶対値は 0 である。

基本問題

解答 p.2

1 数直線上の点 次の数直線上の点 A，B，C，D が表す数を答えなさい。

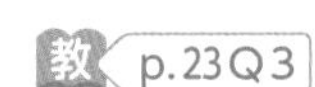
教 p.23 Q2

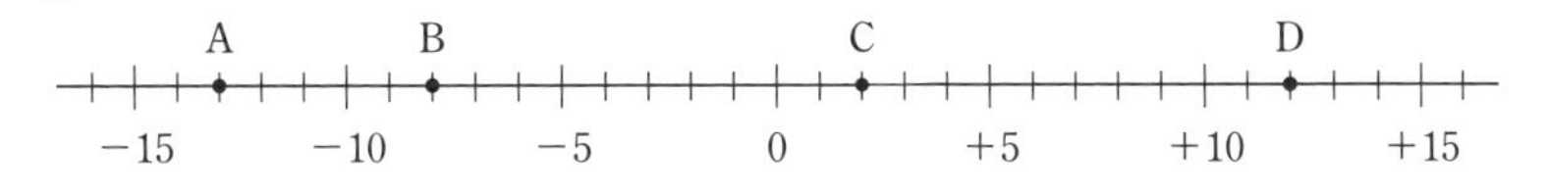

A（　　　）　B（　　　）　C（　　　）　D（　　　）

2 数直線上の点 次の数直線上に，(1)〜(4)の数を表す点を示しなさい。

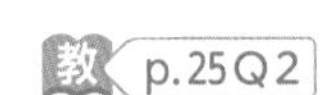
教 p.23 Q3

(1)　$+4$　　(2)　$-\frac{1}{2}$　　(3)　$+1.5$　　(4)　-3.5

−4　−3　−2　−1　0　+1　+2　+3　+4

3 絶対値 次の数をすべて答えなさい。

教 p.25 Q2

(1)　絶対値が 12 である数

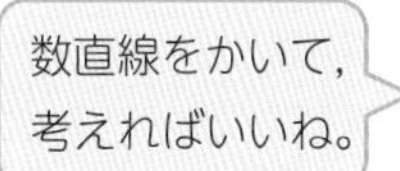

(2)　絶対値が 4 より小さい整数

4 絶対値 次の数のなかで，絶対値が等しい数はどれとどれですか。

教 p.25 Q3

-1，0，$+0.2$，$-\frac{1}{2}$，$+0.1$，-0.2，$-\frac{1}{10}$

5 数の大小 次の各組の数の大小を，不等号を使って表しなさい。

教 p.25 Q4, Q5

(1)　$+1$，-8　　(2)　-9，-3

(3)　-0.2，-2　　(4)　$-\frac{3}{5}$，$-\frac{1}{5}$

(5)　$+7$，-8，0　　(6)　$-\frac{1}{3}$，$+\frac{1}{2}$，$-\frac{1}{5}$

たいせつ

① (負の数)<0<(正の数)
② 2 つの正の数では，絶対値の大きい数のほうが大きい。
③ 2 つの負の数では，絶対値の大きい数のほうが小さい。

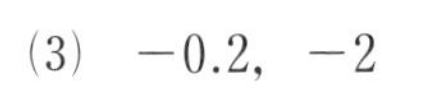

① -4.5　② -2　③ $+3$　④ <　⑤ <　⑥ <　⑦ 7　⑧ 2.3　⑨ $\frac{1}{3}$

3節　加法，減法
①　加法

例1　同じ符号の2つの数の加法
教 p.26, 28 → 基本問題1

次の計算をしなさい。

(1)　$(+3)+(+4)$　　(2)　$(-3)+(-4)$

解き方　(1)　$(+3)+(+4)=$ ① $(3+4)=$ ②
（2数と同じ符号）（絶対値の和）

(2)　$(-3)+(-4)=-($ ③ $+4)=$ ④
（2数と同じ符号）（絶対値の和）

たしか算のことを「加法（かほう）」，加法の結果を「和」というよ。

例2　異なる符号の2つの数の加法
教 p.27～29 → 基本問題2

次の計算をしなさい。

(1)　$(+6)+(-8)$　　(2)　$(-2)+(+9)$　　(3)　$(-7)+(+7)$

解き方　(1)　$(+6)+(-8)=$ ⑤ $(8-6)$　← 符号を決める。

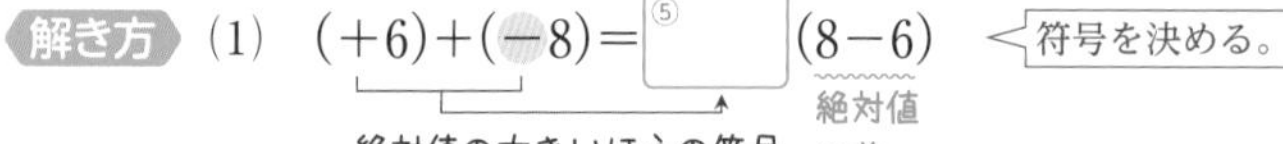

（絶対値の大きいほうの符号）（絶対値の差）

$=$ ⑥　← 計算する。

(2)　$(-2)+(+9)=+($ ⑦ $-2)$　← 符号を決める。
（絶対値の大きいほうの符号）（絶対値の差）

$=$ ⑧　← 計算する。

(3)　$(-7)+(+7)=$ ⑨
（絶対値が等しく，符号が異なる2つの数。）

まずは符号を先に決めるんだね。
絶対値は，大きいほうから小さいほうをひいた差になるよ。

例3　加法の交換法則と結合法則
教 p.30, 31 → 基本問題3

$(-1)+(+4)+(-9)+(+6)$ を，加法の計算法則を使って計算しなさい。

考え方　加法では，「交換（こうかん）法則」や「結合法則」を使って，計算することができる。

解き方　$(-1)+(+4)+(-9)+(+6)$
$=(-1)+(-9)+(+4)+(+6)$　← 交換法則を使って数の順序を変える。
$=($ ⑩ $)+(+10)$　← 結合法則を使って，負の数の和，正の数の和をそれぞれ求める。
$=$ ⑪

たいせつ
加法の交換法則
$a+b=b+a$
加法の結合法則
$(a+b)+c=a+(b+c)$

基本問題

1 同じ符号の 2 つの数の加法　次の計算をしなさい。

教 p.28 Q 1

(1) $(+9)+(+4)$　　(2) $(-6)+(-3)$

(3) $(+15)+(+18)$　　(4) $(-17)+(-29)$

(5) $(+0.6)+(+1.3)$　　(6) $\left(-\frac{1}{4}\right)+\left(-\frac{3}{4}\right)$

2 異なる符号の 2 つの数の加法　次の計算をしなさい。

教 p.29 Q 2～Q 4

(1) $(+7)+(-10)$　　(2) $(+15)+(-9)$

(3) $(-2.1)+(+0.4)$　　(4) $\left(+\frac{3}{2}\right)+\left(-\frac{1}{2}\right)$

(5) $(+13)+(-13)$　　(6) $\left(-\frac{7}{3}\right)+\left(+\frac{7}{3}\right)$

(7) $(-9)+0$　　(8) $0+(-10)$

・絶対値が等しい異なる符号の 2 つの数の和 ➡ 0
　例　$(+8)+(-8)=0$

・ある数と 0 との和 ➡ その数自身
　例　$(-8)+0=-8$
　　　$0+(-8)=-8$

3 加法の交換法則と結合法則　加法の計算法則を使って，次の計算をしなさい。

(1) $(-11)+(+14)+(-9)$

(2) $(-7)+(+1)+(+5)+(+3)$

(3) $(-27)+(+9)+(+27)+(-18)$

(4) $(+1.8)+(-0.8)+(-1)+(+1)+(-2)$

(5) $\left(-\frac{1}{2}\right)+\left(+\frac{1}{4}\right)+\left(-\frac{1}{8}\right)+\left(+\frac{1}{16}\right)$

知ってると得

3 つ以上の数の加法では，数の順序や組み合わせを変えて，どの 2 数から計算してもよい。

左ページの 例 の答え　① +　② +7　③ 3　④ −7　⑤ −　⑥ −2　⑦ 9　⑧ +7　⑨ 0　⑩ −10　⑪ 0

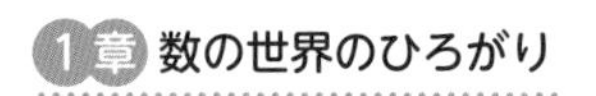

例1 正の数，負の数の減法

教 p.32〜35 → 基本問題 1 2

次の計算をしなさい。

(1) $(+3)-(+9)$ (2) $(-5)-(-12)$ (3) $(+4)-(+2)-(-6)$

考え方 減法は，加法になおして計算する。ひく数の符号を変えて加えればよい。

ひき算のことを「減法(げんぽう)」，減法の結果を「差」というよ。

解き方 (1) $(+3)-(+9)$

$=(+3)+($ ① $)$

$=-(9-3)$

$=$ ②

「+9 をひくこと」は，「−9 を加えること」と同じである。
異なる符号の 2 数の和を計算する。

(2) $(-5)-(-12)$

$=(-5)+($ ③ $)$

$=+(12-5)$

$=$ ④

「−12 をひくこと」は，「+12 を加えること」と同じである。
異なる符号の 2 数の和を計算する。

(3) $(+4)-(+2)-(-6)$

$=(+4)+($ ⑤ $)+(+6)$

$=$ ⑥

ひく数の符号を変えて加える。

正の数をひく

減法を加法になおす

$(+2)-(+3)=(+2)+(-3)$

負の数を加える

負の数をひく

減法を加法になおす

$(+2)-(-3)=(+2)+(+3)$

正の数を加える

例2 0 をふくむ減法

教 p.33〜35 → 基本問題 3 4

次の計算をしなさい。

(1) $(-5)-0$ (2) $0-(+8)$ (3) $0-(-11)$

解き方 (1) $(-5)-0$

$=$ ⑦ ← もとの数のまま

(2) $0-(+8)$

$=0+($ ⑧ $)$

$=$ ⑧ ← ひく数 +8 の符号を変えた数

「+8 をひくこと」は，「−8 を加えること」と同じである。

(3) $0-(-11)$

$=0+($ ⑨ $)$

$=$ ⑨ ← ひく数 −11 の符号を変えた数

「−11 をひくこと」は，「+11 を加えること」と同じである。

0 をふくむひき算

0 をひく

ある数から 0 をひいた差は，その数自身になる。

例 $(-7)-0=-7$ もとの数

0 からひく

0 からある数をひいた差は，その数の符号を変えた数になる。

例 $0-(+4)=-4$ 符号を変える

$0-(-4)=+4$ 符号を変える

基本問題

解答 p.3

1 減法を加法になおす　次の減法の式を加法の式になおしなさい。

(1)　$(+7)-(+8)$　　(2)　$(+1)-(-5)$

(3)　$(-2)-(+10)$　　(4)　$(-4)-(-9)$

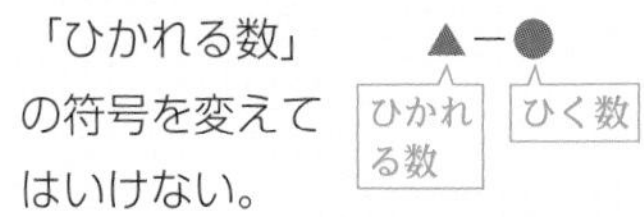

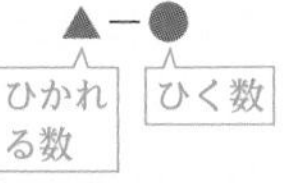

2 正の数，負の数の減法　次の計算をしなさい。

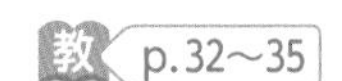

(1)　$(+2)-(+4)$　　(2)　$(+5)-(-3)$

(3)　$(-3)-(+1)$　　(4)　$(-7)-(-9)$

(5)　$(+2.3)-(+3.9)$　　(6)　$\left(-\frac{7}{8}\right)-\left(+\frac{5}{8}\right)$

(7)　$(-0.8)-(+1.8)$　　(8)　$\left(-\frac{1}{2}\right)-\left(-\frac{5}{2}\right)$

(9)　$(-6)-(-15)-(-2)$

(10)　$(+8)-(-11)-(+3)$

3 ある数から0をひくこと　次の計算をしなさい。

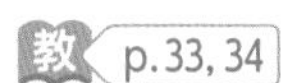

(1)　$(+5)-0$　　(2)　$\left(+\frac{2}{3}\right)-0$　　(3)　$(-1.7)-0$

4 0からある数をひくこと　次の計算をしなさい。

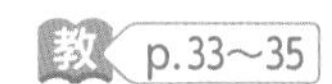

(1)　$0-(-5)$　　(2)　$0-(+0.3)$　　(3)　$0-\left(-\frac{3}{5}\right)$

左ページの 例 の答え　① -9　② -6　③ $+12$　④ $+7$　⑤ -2　⑥ $+8$　⑦ -5　⑧ -8　⑨ $+11$

ステージ1　3節　加法，減法

③ 加法と減法の混じった式の計算

例1 加法と減法の混じった式の項

教 p.36, 37 → 基本問題 1

(+8)−(+3)+(−1)−(−7) の正の項（こう），負の項をすべて答えなさい。

考え方 項を見つけるときは，加法だけの式になおしてから考える。

解き方 (+8)−(+3)+(−1)−(−7)

−(+3) は+(−3) となおせる。

＝(+8)+(①□)+(−1)+(②□)　　加法だけの式になおす。

となおせるから，正の項は +8 と ③□，

負の項は ④□ と −1 である。

注 加法だけの式は，かっこと加法の記号を省いて，項だけを並べた形の式に表すことができる。
このとき，最初の項が正の項のときは，その符号＋を省く。
➡ (+8)+(−3)+(−1)+(+7)＝8−3−1+7

たいせつ
加法の式 (+2)+(−9)+(−3) で，加法の記号＋で結ばれた +2，−9，−3 を，この式の項といい，+2 を**正の項**，−9，−3 を**負の項**という。

例2 項だけを並べた式の計算

教 p.38, 39 → 基本問題 3

12−19+6−3 を計算しなさい。

考え方 加法の交換法則や結合法則を使って，同じ符号の項を集めて計算する。

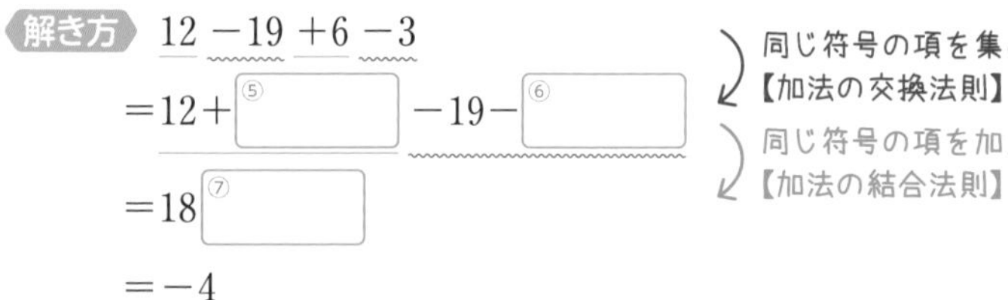

解き方 12 −19 +6 −3

＝12+⑤□ −19−⑥□　　同じ符号の項を集める。【加法の交換法則】

＝18⑦□　　同じ符号の項を加える。【加法の結合法則】

＝−4

式を項の和とみて計算しよう。

例3 項の考え方を使った式の計算

教 p.39 → 基本問題 4

−15−(−8)+9−(+1) を計算しなさい。

考え方 かっこのついた加法や減法の形で書かれた部分を，項だけを並べた式に表して，交換法則や結合法則を使って計算する。

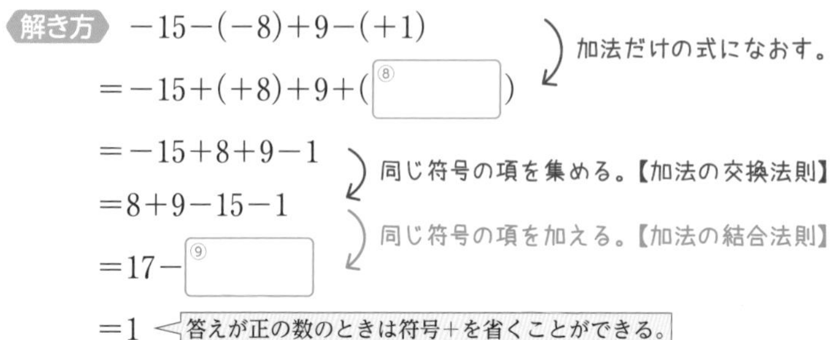

解き方 −15−(−8)+9−(+1)

＝−15+(+8)+9+(⑧□)　　加法だけの式になおす。

＝−15+8+9−1　　同じ符号の項を集める。【加法の交換法則】

＝8+9−15−1　　同じ符号の項を加える。【加法の結合法則】

＝17−⑨□

＝1　＜答えが正の数のときは符号＋を省くことができる。

覚えておこう
項だけを並べた式に表すときは，次の順序でなおす。
1 加法だけの式にする。
2 加法の記号＋とかっこを省く。

基本問題

1 加法と減法の混じった式の項 次の式の正の項，負の項をすべて答えなさい。

(1) $(-5)+(+1)-(+8)$　　(2) $(-9)-(+6)+(-4)$

(3) $(+0.7)-(-1.3)-(-2.1)+(-0.6)$

式の項は，加法だけの式になおしてから，考える。

正の項　負の項

$(+10)+(+7)+(-8)$

2 項だけを並べた式 次の式を，項だけを並べた式で表しなさい。

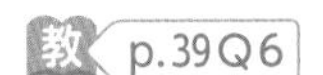

(1) $(-4)+(+9)+(-1)$　　(2) $(-17)-(-3)+(-5)-8$

3 項だけを並べた式の計算 次の計算をしなさい。

(1) $5-8$　　(2) $9-15+1$

(3) $3-7-16+4$　　(4) $-12-13+5-9+8$

(5) $3.5-5.3+8.2-1$　　(6) $-\frac{3}{8}-\frac{1}{2}+\frac{3}{4}$

4 項の考え方を使った式の計算 次の計算をしなさい。 教 p.39 Q8

(1) $14+(-3)-(-10)-(+7)$　　(2) $0-9-(+16)+9$

(3) $1.5-(+0.8)-(-1.2)$

(4) $-\frac{2}{3}+\left(-\frac{1}{2}\right)-\left(-\frac{5}{6}\right)$

・かっこをはずすときの符号に注意する。

・式の最初の項の−の符号は省略できない。

・式の最初の項の+の符号は省略できる。

左ページの例の答え　① −3　② +7　③ +7　④ −3　⑤ 6　⑥ 3　⑦ −22　⑧ −1　⑨ 16

解答 p.4

1節　数の見方
2節　正の数，負の数　3節　加法，減法

1 次の(1)〜(5)に答えなさい。

(1) 156 を素因数分解しなさい。

(2) 20 と 32 の最大公約数と最小公倍数を求めなさい。

(3) 地点Aから東へ 2 m 移動することを +2 m と表すと，西へ 5 m 移動することはどのように表せますか。

(4) −1000 円の収入を，− を使わないで表しなさい。

(5) 75 m 低いことを，− を使って表しなさい。

よく出る **2** 次の数直線上に，(1)〜(3)の数を表す点を示しなさい。また，点 A，B，C，D が表す数を，小数で答えなさい。

(1) $+\frac{5}{2}$　(2) -0.5　(3) 0 より $\frac{7}{2}$ 小さい数

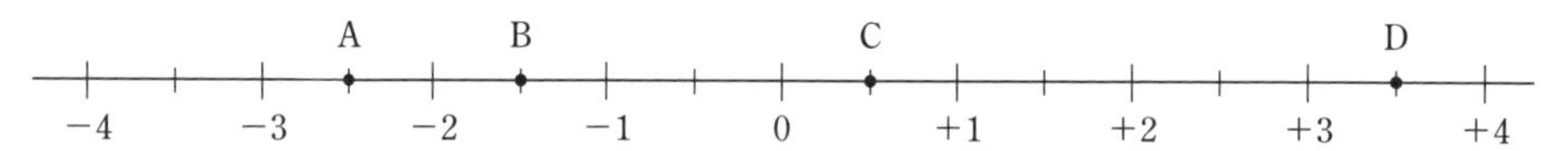

3 次の数の大小を，不等号を使って表しなさい。

(1) $+\frac{1}{10}$，$-\frac{1}{5}$，$-\frac{1}{2}$　(2) -2.5，$-\frac{7}{2}$，-3

4 次の(1)〜(4)に答えなさい。

(1) 絶対値が 8 である数をすべて答えなさい。

(2) 絶対値が 5 より小さい整数は何個ありますか。

(3) $-\frac{7}{3}$ より小さい整数のうち，最も大きい数を答えなさい。

レベルUP (4) 絶対値が $\frac{17}{4}$ より大きく $\frac{41}{5}$ より小さい整数は何個ありますか。

4 (2) −5 より大きく，+5 より小さい整数である。−5 と +5 はふくまない。

(4) $\frac{17}{4}=4\frac{1}{4}$，$\frac{41}{5}=8\frac{1}{5}$ より，絶対値が 5 以上 8 以下の整数である。

よく出る **5** 次の計算をしなさい。

(1) $(-42)+(+35)$

(2) $(-16)+(-39)$

(3) $(+7)+(-4)+(+3)$

(4) $(+37)+(-18)+(-22)+(+3)$

(5) $(+2.8)-(+1.9)$

(6) $0-(-18)$

(7) $(-7)-(+9)-(-8)$

(8) $(+18)+(-26)-(+15)-(-29)$

(9) $(-1.8)-(-5.5)+(+3.2)-(+1.3)$

(10) $-12-27+29-23$

(11) $\frac{1}{6}+\left(-\frac{2}{3}\right)-\frac{1}{2}-\left(-\frac{7}{12}\right)$

レベルUP (12) $\frac{1}{5}-\left\{1.8-\left(0.9+\frac{9}{5}\right)\right\}$

6 下の表は，A，B，C，D の 4 人があるゲームを 3 回行ったときの得点の結果です。このゲームでは，4 人のゲームの得点の合計が毎回 0 点になるように決められています。

	A	B	C	D
1 回目（点）	+7	−8	+4	−3
2 回目（点）	㋐	+15	−12	+6
3 回目（点）	−11	−9	㋑	+1

(1) 表の㋐，㋑にあてはまる数を求めなさい。

(2) 2 回目までのゲームの得点が最も低い人はだれですか。

(3) 3 回すべてのゲームの合計点の，最も高い人と最も低い人の得点の差を求めなさい。

入試問題をやってみよう！

1 次の計算をしなさい。

(1) $-16+11$ 〔三重〕

(2) $2-(-7)$ 〔愛媛〕

(3) $-7+3-4$ 〔鳥取〕

(4) $-3-(-8)+1$ 〔山形〕

(5) $\left(-\frac{3}{4}\right)+\frac{2}{5}$ 〔福島〕

(6) $\frac{8}{9}+\left(-\frac{3}{2}\right)-\left(-\frac{2}{3}\right)$ 〔愛知〕

5 (12) $\frac{1}{5}=0.2$，$\frac{9}{5}=1.8$ になおすと計算しやすい。(　) の中→{　} の中の順に計算する。

6 (1) ㋐$+(+15)+(-12)+(+6)=0$ から，㋐を求める。

4節 乗法，除法
① 乗法(1)

例1 同じ符号の2つの数の乗法
教 p.44, 45 → 基本問題 1 4

次の計算をしなさい。

(1) $(+3)\times(+6)$ (2) $(-5)\times(-3)$ (3) $(-1.8)\times(-0.5)$

考え方 2つの数の乗法は，2つの数の符号が同じ場合は，2つの数の絶対値の積に，正の符号をつける。
(+)×(+)→(+) (−)×(−)→(+)

かけ算のことを「乗法（じょうほう）」，乗法の結果を「積」というよ。

解き方 (1) $(+3)\times(+6)=+(3\times6)=$ ①［ ］
同じ符号→＋ 絶対値の積

(2) $(-5)\times(-3)=+(5\times3)=$ ②［ ］
同じ符号→＋ 絶対値の積

(3) $(-1.8)\times(-0.5)=+(1.8\times0.5)=$ ③［ ］

例2 異なる符号の2つの数の乗法
教 p.44, 45 → 基本問題 2 4

次の計算をしなさい。

(1) $(-4)\times(+2)$ (2) $(+7)\times(-8)$ (3) $\left(+\frac{4}{9}\right)\times\left(-\frac{3}{8}\right)$

考え方 2つの数の乗法は，2つの数の符号が異なる場合は，2つの数の絶対値の積に，負の符号をつける。
(+)×(−)→(−) (−)×(+)→(−)

解き方 (1) $(-4)\times(+2)=-(4\times2)=$ ④［ ］
異なる符号→− 絶対値の積

(2) $(+7)\times(-8)=-(7\times8)=$ ⑤［ ］
異なる符号→− 絶対値の積

(3) $\left(+\frac{4}{9}\right)\times\left(-\frac{3}{8}\right)=-\left(\frac{4}{9}\times\frac{3}{8}\right)=$ ⑥［ ］

例3 ある数と0との積
教 p.45 → 基本問題 3 4

次の計算をしなさい。

(1) $(-8)\times0$ (2) $0\times(-3)$

考え方 ある数に0をかけても，0にある数をかけても0になる。

解き方 (1) $(-8)\times0=$ ⑦［ ］

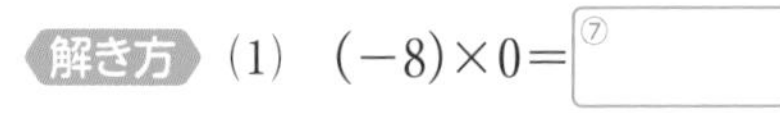

(2) $0\times(-3)=$ ⑧［ ］

0とのかけ算はいつでも0になるんだね。

基本問題

解答 p.5

1 同じ符号の2つの数の乗法　次の計算をしなさい。

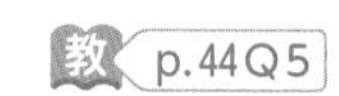

(1) $(+2)\times(+5)$　　(2) $(-3)\times(-4)$

(3) $(+4)\times(+3)$　　(4) $(-6)\times(-10)$

2 異なる符号の2つの数の乗法　次の計算をしなさい。

(1) $(+5)\times(-3)$　　(2) $(-4)\times(+4)$

(3) $(+9)\times(-2)$　　(4) $(-7)\times(+6)$

3 ある数と0との積　次の計算をしなさい。

(1) $(+16)\times0$　　(2) $(-0.3)\times0$

(3) $0\times\left(+\frac{3}{7}\right)$　　(4) $0\times\left(-\frac{5}{9}\right)$

4 正の数，負の数の乗法　次の計算をしなさい。

(1) $(+10)\times(-5)$　　(2) $(-18)\times(-2)$

(3) $(-1)\times(+9)$　　(4) $\left(-\frac{2}{3}\right)\times(-1)$

(5) $0\times(+0.5)$　　(6) $(-24)\times(-15)$

(7) $(+0.8)\times(-2.5)$　　(8) $(-1.6)\times(+0.5)$

(9) $\left(+\frac{7}{8}\right)\times(-4)$　　(10) $\left(-\frac{5}{9}\right)\times\left(-\frac{3}{10}\right)$

(11) $\left(-\frac{6}{7}\right)\times\left(+\frac{2}{3}\right)$　　(12) $\left(-\frac{7}{12}\right)\times\left(-\frac{9}{14}\right)$

ここがポイント

ある数と -1 との積を求めることは，その数の符号を変えることと同じである。

$$+8 \underset{\times(-1)}{\overset{\times(-1)}{\rightleftarrows}} -8$$

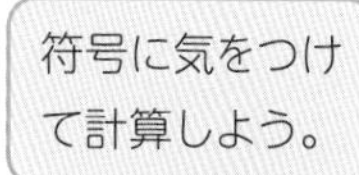

左ページの例の答え　① $+18$　② $+15$　③ $+0.9$　④ -8　⑤ -56　⑥ $-\frac{1}{6}$　⑦ 0　⑧ 0

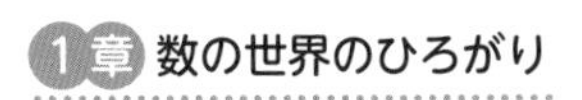

例1 いくつかの数の積

教 p.46〜48 → 基本問題1

次の計算をしなさい。

(1) $(-2)\times(-7)\times(+5)$　　(2) $(-2)\times(+8)\times(-9)\times(-5)$

解き方 符号を決めてから，絶対値の積の計算をする。

(1) $(-2)\times(-7)\times(+5)$　← 負の数が偶数個なので符号は「＋」

$=+(2\times7\times5)$　← 【乗法の交換法則】数の順序を変える。

$=+(7\times2\times5)$　← 【乗法の結合法則】数の組み合わせを変える。

$=+\{7\times(2\times5)\}$

$=+(7\times$ [①] $)$

$=$ [②]

(2) $(-2)\times(+8)\times(-9)\times(-5)$　← 負の数が奇数個なので符号は「－」

$=$ [③] $(2\times8\times9\times5)$　← 数の順序を変える。

$=$ [③] $(2\times5\times8\times9)$　← 数の組み合わせを変える。

$=$ [③] $($ [④] $\times72)$

$=$ [⑤]

たいせつ

いくつかの数の積

符号 ➡ 負の数の個数が
- 偶数個(ぐうすうこ)のとき，＋
- 奇数個(きすうこ)のとき，－

絶対値 ➡ かけ合わせる数の絶対値の積

※かけ合わせる数に0がある ➡ 積は0

乗法の交換法則

$a\times b=b\times a$

乗法の結合法則

$(a\times b)\times c=a\times(b\times c)$

例2 累乗の計算

教 p.48, 49 → 基本問題2 3

次の計算をしなさい。

(1) $(-5)^2$　　(2) -5^2　　(3) $(-5)\times(-2)^2$

考え方 累乗(るいじょう)の指数は，かけ合わせた数の個数を示しているので，どの数を何個かけたのかを考える。

解き方 (1) $(-5)^2=($ [⑥] $)\times($ [⑥] $)$　← －5を2個かけ合わせることを表す。

$=25$

(2) $-5^2=-($ [⑦] $\times$ [⑦] $)$　← 5を2個かけ合わせることを表す。

$=-25$

(3) $(-5)\times(-2)^2=(-5)\times$ [⑧] $=$ [⑨]

累乗を先に計算する。

累乗の表し方

小数や分数，負の数でも累乗の指数を使って表すことができる。

例 $0.2\times0.2=0.2^2$

$\frac{1}{2}\times\frac{1}{2}=\left(\frac{1}{2}\right)^2$

$(-2)\times(-2)\times(-2)=(-2)^3$

$-2\times2=-(2\times2)=-2^2$

基本問題

解答 p.5

1 いくつかの数の積　次の計算をしなさい。

教 p.47 Q 11, Q 12

(1) $5\times(-13)\times(+2)$　　(2) $(-8)\times(+2)\times(-2)$

(3) $(-4)\times11\times(-7)\times(-25)$　　(4) $(+6)\times(-7)\times(-3)\times(-2)$

(5) $\left(-\frac{1}{4}\right)\times(-12)\times\left(-\frac{5}{3}\right)$　　(6) $(-8)\times\frac{5}{6}\times\left(-\frac{3}{10}\right)\times(-2)$

(7) $(-2)\times(-3)\times0\times(-4)$

(8) $1.5\times(-3)\times(-9)\times2$

知ってると得

かけ合わせる数のなかに1つでも0がある。 → 積は0になる。

2 累乗　次の式を，累乗の指数を使って表しなさい。

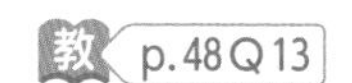

教 p.48 Q 13

(1) $3\times3\times3\times3\times3$　　(2) $-(-2)\times(-2)\times(-2)$

(3) $0.4\times0.4\times0.4\times0.4$　　(4) $\left(-\frac{1}{3}\right)\times\left(-\frac{1}{3}\right)$

3 累乗の計算　次の計算をしなさい。

教 p.49 Q 14, Q 15

(1) $(-3)^4$　　(2) -3^4

(3) $(3\times4)^2$　　(4) $(-1)\times(-6^2)$

(5) $(-7)\times(-3)^2$　　(6) $(-5)^2\times(-2^2)$

(7) $(-30^2)\times(-0.1)^2$　　(8) $-27\times\left(-\frac{2}{3}\right)^3$

覚えておこう

累乗の計算は，積の形に書きなおして，どの数を何個かけ合わせているかをはっきりさせてから計算する。

−2を2個かけ合わせる。

例　$(-2)^2=(-2)\times(-2)=4$

$-2^2=-(2\times2)=-4$

2を2個かけ合わせる。

左ページの例の答え　① 10　② 70　③ −　④ 10　⑤ −720　⑥ −5　⑦ 5　⑧ 4　⑨ −20

ステージ1 4節 乗法，除法
② 除法 ③ 乗法と除法の混じった式の計算
④ 四則の混じった式の計算

例1 2つの数の除法

教 p.50～52 → 基本問題 1 2

次の計算をしなさい。 (1) $(+10)\div(-2)$ (2) $\left(-\frac{3}{5}\right)\div\left(-\frac{9}{4}\right)$

考え方 2つの数の除法は，2つの数の絶対値の商に，2つの数の符号が同じ場合は正の符号を，
(+)÷(+)→(+) (−)÷(−)→(+)
異なる場合は負の符号つける。
(+)÷(−)→(−) (−)÷(+)→(−)

わり算のことを「除法（じょほう）」，除法の結果を「商」というよ。

解き方 (1) $(+10)\div(-2)=-(10\div2)=$ ①

異なる符号 → −　絶対値の商

(2) 分数でわるときは，その数を逆数（ぎゃくすう）にしてかける。

$\left(-\frac{3}{5}\right)\div\left(-\frac{9}{4}\right)=\left(-\frac{3}{5}\right)\times\left(\text{②}\right)$ ← 除法を乗法になおす。

$=+\left(\frac{3}{5}\times\text{③}\right)=\frac{4}{15}$

$\left(-\frac{9}{4}\right)\times\left(-\frac{4}{9}\right)=1$ より考える。

思い出そう
2つの数の積が1であるとき，一方の数を他方の数の逆数という。

例2 乗法と除法の混じった式の計算

教 p.53 → 基本問題 3

次の計算をしなさい。 (1) $3\times(-8)\div(-4)$ (2) $6\div\left(-\frac{10}{3}\right)\times(-5)$

考え方 乗法と除法の混じった式は，乗法だけの式になおしてから計算する。

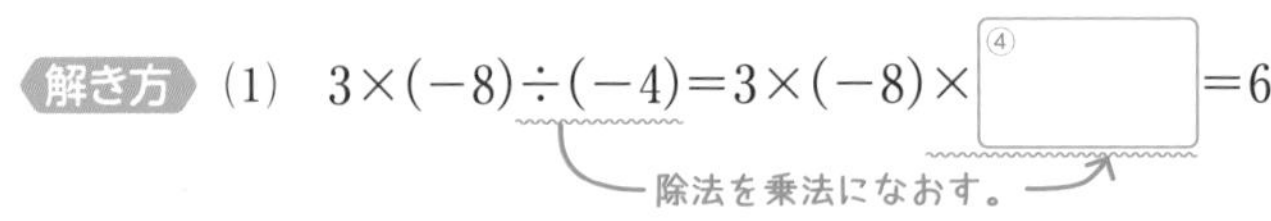

解き方 (1) $3\times(-8)\div(-4)=3\times(-8)\times$ ④ $=6$

除法を乗法になおす。

(2) $6\div\left(-\frac{10}{3}\right)\times(-5)=6\times\left(\text{⑤}\right)\times(-5)=9$

例3 四則の混じった式の計算

教 p.54, 55 → 基本問題 4

次の計算をしなさい。 (1) $-24\div(8-10)$ (2) $64\div(-2)^3+(-9)$

解き方 四則（しそく）の混じった式では，計算の順序に注意する。
加法，減法，乗法，除法をまとめて「四則」という。

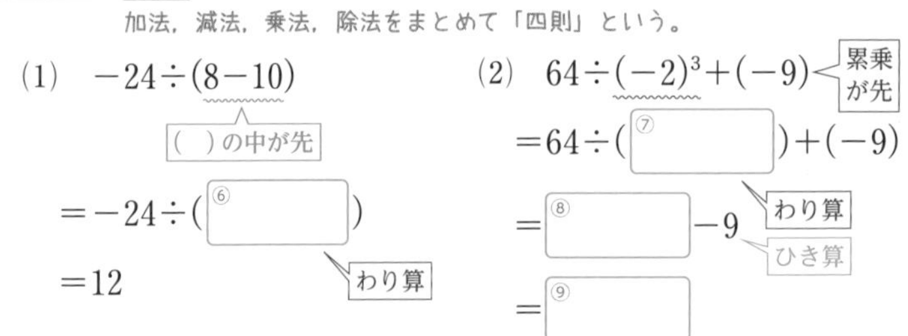

(1) $-24\div(8-10)$　（ ）の中が先

$=-24\div($ ⑥ $)$　わり算

$=12$

(2) $64\div(-2)^3+(-9)$　累乗が先

$=64\div($ ⑦ $)+(-9)$　わり算

$=$ ⑧ -9　ひき算

$=$ ⑨

四則の混じった式の計算
・累乗のある式では，累乗を先に計算する。
・四則の混じった式では，乗法，除法を先に計算する。
・かっこのある式では，かっこの中を先に計算する。

基本問題

解答 p.6

1 2つの数の除法　次の計算をしなさい。

教 p.50Q2～4

(1) $(+24)\div(+6)$　　(2) $0\div(-2)$

(3) $(-30)\div(+3)$　　(4) $(-16)\div(-8)$

ここがポイント
0を正の数でわっても，負の数でわっても，商は0になる。また，0でわる除法は考えないものとする。

2 逆数を使った除法　次の計算をしなさい。

教 p.52Q6

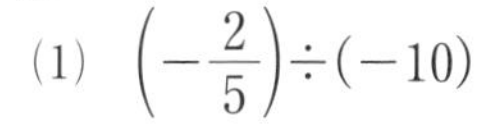

(1) $\left(-\dfrac{2}{5}\right)\div(-10)$　　(2) $12\div\left(-\dfrac{3}{4}\right)$

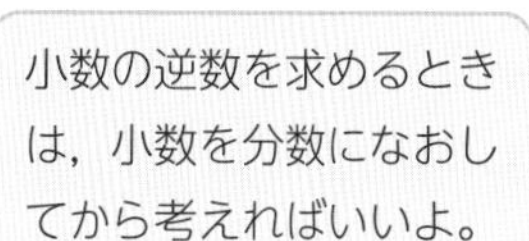

(3) $\left(-\dfrac{7}{3}\right)\div\dfrac{4}{9}$　　(4) $\left(-\dfrac{5}{6}\right)\div(-0.3)$

3 乗法と除法の混じった式の計算　次の計算をしなさい。

教 p.53Q2

(1) $18\div(-8)\times(-4)$　　(2) $(-20)\times\dfrac{3}{5}\div\left(-\dfrac{15}{2}\right)$

(3) $\left(-\dfrac{2}{3}\right)\div(-2)^3\times\dfrac{6}{5}$　　(4) $\left(-\dfrac{3}{7}\right)\div\left(-\dfrac{4}{3}\right)\div\left(-\dfrac{3}{28}\right)$

4 四則の混じった式の計算　次の計算をしなさい。

教 p.54Q1～Q4

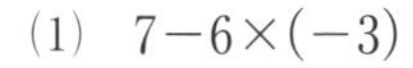

(1) $7-6\times(-3)$　　(2) $-18+8\div(-4)$

(3) $24\div(-9-3)$　　(4) $-16-(6-18)\div(-4)$

(5) $(5-8)+(-3)^2\div3$　　(6) $6+(8-2)^2\times(-1)$

(7) $\left(\dfrac{2}{9}-\dfrac{5}{6}\right)\times36$　　(8) $\left(-\dfrac{5}{8}\right)\times5+\left(-\dfrac{5}{8}\right)\times3$

(7)，(8)は，分配(ぶんぱい)法則(ほうそく)を利用するといいよ。
$a\times(b+c)$
$=a\times b+a\times c$
$(a+b)\times c$
$=a\times c+b\times c$

左ページの例の答え　① -5　② $-\dfrac{4}{9}$　③ $\dfrac{4}{9}$　④ $\left(-\dfrac{1}{4}\right)$　⑤ $-\dfrac{3}{10}$　⑥ 2　⑦ 8　⑧ -8　⑨ -17

4節　乗法，除法　⑤ 数のひろがりと四則
5節　正の数，負の数の利用　① みんなの記録と自分の記録を比べよう

例1 数の集合と四則

教 p.56, 57 → 基本問題 1 2

次のことがらは正しいといえますか。

(1)　整数と整数の差は，いつでも自然数になる。

(2)　整数と自然数の商は，いつでも整数になる。

考え方 計算の結果がどんな数の集合(しゅうごう)にふくまれるかを考える。たとえば，小数や分数は，整数の集合にはふくまれず，すべての数の集合にふくまれる。また，自然数の集合は正の整数の集合でもある。

集合：そのなかに入るものがはっきりしている集まりのこと。

数
$\frac{1}{2}$，-0.2，$-\frac{7}{4}$，7.8
整数
…，-3，-2，-1，0，
自然数
1，2，3，…

解き方 具体例で考える。

(1)　たとえば，10と7の減法のとき，

$10-7=3$ ⇒ 自然数である。（正の整数）

$7-10=-3$ ⇒ 自然数では ① [　　]。（負の整数）

➡ 正しいと ② [　　]。

(2)　たとえば，3と9の除法のとき，

$9\div3=3$ ⇒ 整数である。

$3\div9=$ ③ [　　] ⇒ 整数ではない。

➡ 正しいと ④ [　　]。

例2 正の数，負の数の利用

教 p.59〜61 → 基本問題 3 4

右の表は，A，B，C，D，Eの5人の生徒の体重を，Bの体重と比べたものです。

生　徒	A	B	C	D	E
体重(kg)	54	48	41	50	㋑
Bとの差(kg)	+6	0	㋐	+2	−5

(1)　表の㋐，㋑にあてはまる数を答えなさい。

(2)　5人の体重の合計を求めなさい。

(3)　5人の体重の平均値を求めなさい。

解き方 (1)　㋐　$41-$(Bの体重)$=$ ⑤ [　　]

㋑　(Bの体重)$+(-5)=$ ⑥ [　　]

(2)　合計は，$48\times5+\{(+6)+0+($ ⑦ [　　] $)+(+2)+(-5)\}$

$=$ ⑧ [　　] (kg)

(3)　平均値は，⑧ [　　] $\div5=$ ⑨ [　　] (kg)

別解 Bを基準にしているので，Bとの差の合計を人数でわって，Bの体重48kgをたしても，平均値が求められる。

➡ $48+\{(+6)+0+(-7)+(+2)+(-5)\}\div5$

覚えておこう

正の数，負の数を利用した平均値の求め方

1　基準を決め，その数値を0とする。

2　他の値を正の数，負の数で表す。

3　2で求めた数の合計を資料の総数でわる。

4　基準とした値に3の値を加える。

基本問題

解答 p.6

1 数の集合 次の数について，右の図の㋐～㋒のどこに入るか，記号で答えなさい。 教 p.56Q1

5.6，-27，$-\frac{8}{3}$，0，6，$+\frac{9}{2}$，-0.05，72

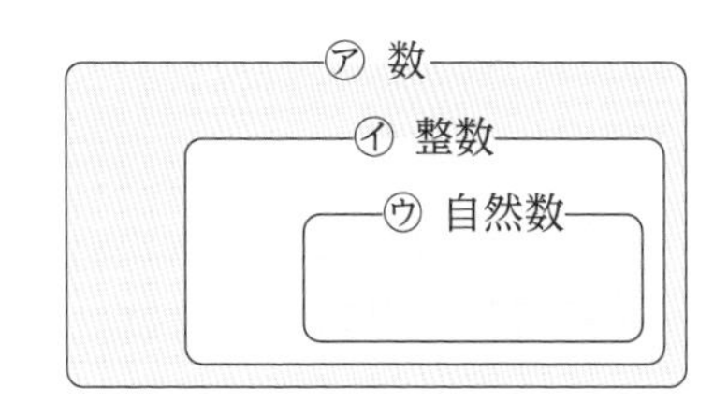

2 数の集合と四則 下の表は，それぞれの数の集合について，計算の結果がいつでもその集合のなかにあるかどうかを考えるものです。計算の結果がいつでもその集合のなかにあるとは限らないのは，表の㋐～㋛のどれですか。ただし，除法では，0でわることは考えません。 教 p.57

	加法	減法	乗法	除法
自然数	㋐	㋑	㋒	㋓
整　数	㋔	㋕	㋖	㋗
すべての数	㋘	㋙	㋚	㋛

いろいろな数を使って四則の計算をして，その結果を確かめてみよう。

3 正の数，負の数の利用 重さの異なる缶(かん)があります。これらの缶の重さを150 gを基準にして表すと，それぞれ -20 g，-15 g，$+32$ g，-4 g，$+40$ gです。 教 p.61Q1

(1) 5個の缶の重さの合計を求めなさい。

(2) 5個の缶の重さの平均値を求めなさい。

4 正の数，負の数の利用 下の表は，5人の生徒の身長を，Aを基準に示したものです。 教 p.61Q1

生徒	A	B	C	D	E
Aとの差(cm)	0	$+4$	-7	-3	$+11$

(1) 最も身長が高い人と最も低い人との差は何cmですか。

(2) 5人の身長の平均値が157 cmのとき，5人のそれぞれの身長を求めなさい。

(基準となるAの身長)
+(Aとの差の平均値)
=(5人の身長の平均値) だね。

左ページの例の答え　①ない　②いえない　③$\frac{1}{3}$　④いえない　⑤-7　⑥43　⑦-7　⑧236　⑨47.2

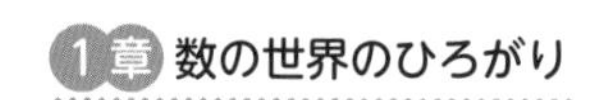

解答 p.7

4節　乗法，除法
5節　正の数，負の数の利用

よく出る 1 次の計算をしなさい。

(1) $(+1.2)\times(-5)$　　(2) $\left(-\frac{4}{5}\right)\times\left(-\frac{5}{6}\right)$

(3) $(-8)\div(-10)$　　(4) $\frac{5}{12}\div\left(-\frac{2}{9}\right)$

(5) $\frac{1}{6}\div\left(-\frac{4}{15}\right)\times\left(-\frac{3}{10}\right)$　　(6) $(-6)\div\left(-\frac{8}{3}\right)\div(-24)$

2 次の計算をしなさい。

(1) $(-1)^2\times10-4\times3$　　(2) $35-(-15)\div(-3)\times2^3$

(3) $20-4\times\{13-(+5)\}$　　(4) $(-2)^2-(-9^2)\div(-3)^3$

(5) $\left(0.5^2-\frac{1}{3}\right)\times\frac{3}{5}$　　(6) $-6-(3-5)^2\div4+(-2)^3\times(-1)$

(7) $\{(-2)^3+(-4)\times3\}\div(5-3^2)$　　(8) $\left(-\frac{1}{8}\right)\div\left(-\frac{3}{4}\right)-\frac{8}{9}\div\left(-\frac{2}{3}\right)^2$

(9) $(-19)\times15+(-19)\times5$　　(10) $(-18)\times\left(-\frac{8}{9}-\frac{7}{2}\right)$

3 絶対値が 3 より小さい整数について，次の(1)〜(3)に答えなさい。

(1) 1 をひいてから -2 をかけると，正の数になるものをすべて求めなさい。

(2) 3 乗すると，もとの数になるものをすべて求めなさい。

(3) 逆数がもとの数になるものをすべて求めなさい。

4 右の式の□には＋，×，÷の記号，○には＋，－の符号がそれぞれ 1 つずつ入ります。計算結果を最も小さい数にするには，□，○にどの記号や符号を入れたらよいですか。

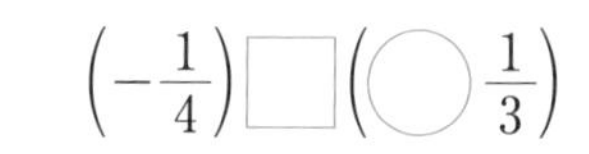

2 計算の順序に注意しよう。累乗や（　）の中は，先に計算する。
3 (3)　0 の逆数はない。
4 □が＋なら○は－，□が×や÷なら○は＋になる。あとは，3 つの式を計算する。

5 下の㋐～㋓の計算について，次の(1)，(2)に答えなさい。

㋐ □＋○　㋑ □－○　㋒ □×○　㋓ □÷○

(1) □や○にどんな自然数を入れても，計算の結果がいつでも自然数になるものをすべて答えなさい。

(2) □と○にどんな負の整数を入れても，計算の結果がいつでも負の整数になるものをすべて答えなさい。

6 A，Bの2人がじゃんけんをして，勝った人は3m東へ，負けた人は2m 西へ，直線上を移動することにしました。最初に，AとBは同じ位置にいます。ただし，あいこの場合は回数に入れないものとします。

(1) 4回じゃんけんをしてAが1回勝つと，Aはもとの位置からどこの位置に移動しますか。

(2) 10回じゃんけんをしてBが6回勝つと，AとBの間は何m離れることになりますか。

入試問題をやってみよう！

1 次の計算をしなさい。

(1) $(-9)\times(-5)$ 〔福島〕

(2) $\frac{1}{3}\div\left(-\frac{1}{6}\right)$ 〔鳥取〕

(3) $\frac{1}{2}+2\div\left(-\frac{4}{5}\right)$ 〔和歌山〕

(4) $\frac{1}{3}-\frac{5}{6}\div\frac{7}{4}$ 〔山形〕

(5) $7-\left(-\frac{3}{4}\right)\times(-2)^2$ 〔千葉〕

(6) $\{5-(-2^2)\}\div\left(\frac{3}{4}\right)^2$ 〔京都〕

2 a，bを負の数とするとき，次の㋐～㋓の式のうち，その値がつねに負になるものを1つ選び，記号で答えなさい。 〔大阪〕

㋐ ab　㋑ $a+b$　㋒ $-(a+b)$　㋓ $(a-b)^2$

6 もとの位置を基準の0mとし，東へ移動することを＋，西へ移動することを－を使って表す。

1 (6) ｛ ｝の中の（ ）の部分を先に計算する。

2 aやbに具体的な数を代入して調べる。

数の世界のひろがり

解答 p.8

1 次の(1)〜(3)に答えなさい。

4点×4(16点)

(1) 18 と 45 の最大公約数と最小公倍数を求めなさい。

最大公約数 (　　　) 最小公倍数 (　　　)

(2) 次の数のうち，小さいほうから 3 番目の数を答えなさい。

$-\frac{1}{5}$, 1.3, -6, $\frac{1}{4}$, -0.9, -0.4, 0.01 (　　　)

(3) -0.3 の逆数を求めなさい。

(　　　)

2 次の□にあてはまる数を求めなさい。

2点×8(16点)

(1) $(-5)+(\square)=0$ (　　　)

(2) $(-5)-(\square)=0$ (　　　)

(3) $(-5)+\square=-5$ (　　　)

(4) $(-5)-\square=-5$ (　　　)

(5) $(-5)\times\square=0$ (　　　)

(6) $\square\div(-5)=0$ (　　　)

(7) $(-5)\times\square=-5$ (　　　)

(8) $(-5)\div\square=-5$ (　　　)

よく出る 3 次の計算をしなさい。

2点×10(20点)

(1) $2-(-9)+15$ (　　　)

(2) $10-(+7.2)+(-13.5)$ (　　　)

(3) $\frac{1}{3}-1+\frac{1}{2}-\frac{3}{4}$ (　　　)

(4) $(+4)\times(-7)\times(-5)$ (　　　)

(5) $36\div(-9)\times(-5)^2$ (　　　)

(6) $(-3)^3\div(-4^2)\div(-6)$ (　　　)

(7) $13-2\times\{4-(-3)\}$ (　　　)

(8) $(-2)^3-(-5^2)\div(-5)$ (　　　)

(9) $\left(-\frac{5}{2}-\frac{1}{2}\right)\times\left(-\frac{1}{9}\right)$ (　　　)

(10) $\frac{1}{4}\times\left(-\frac{11}{3}\right)-\left(\frac{5}{6}-\frac{3}{4}\right)$ (　　　)

目標 ❶〜❹は基本問題である。全問正解をめざしたい。また，❻，❼は基準との差を正しく読み取れるようにしよう。

自分の得点まで色をぬろう！

がんばろう！ もう一歩 合格！

0 60 80 100点

❹ 分配法則を利用して，次の計算をしなさい。

4点×2（8点）

(1) $\left(\frac{4}{7}-\frac{2}{5}\right)\times(-35)$

(2) $18\times\frac{1}{4}-20\times\frac{1}{4}$

（　　　　）　（　　　　）

❺ 次の㋐〜㋕の式の□を，いろいろな負の数におきかえて計算したとき，計算の結果がいつでも正の数になるものをすべて選び，記号で答えなさい。

（6点）

㋐ (□+5)×(□+2)

㋑ (□+5)×(□−2)

㋒ (□−5)×(□−2)

㋓ (□−5)×(□+2)

㋔ $(□-5)^2+1$

㋕ $(□+5)^2-1$

（　　　　）

❻ 右の表は，東京を基準にして各都市との時差を示したものです。

4点×6（24点）

都市名	時差（時間）
ホノルル	−19
ニューヨーク	−14
ロンドン	−9
カイロ	−7
ペキン	−1
東　京	0
シドニー	+1
ウェリントン	+3

(1) 東京が20時のとき，次の各都市の時刻をそれぞれ求めなさい。

① ニューヨーク　（　　　　）

② カイロ　（　　　　）

③ ペキン　（　　　　）

④ ウェリントン　（　　　　）

(2) ホノルルが3時のとき，東京は何時ですか。

（　　　　）

(3) ロンドンとシドニーの時差は，シドニーを基準にすると何時間ですか。

（　　　　）

❼ 右の表は，ある工場での製品の生産個数を，火曜日を基準に示したものです。

5点×2（10点）

曜日	月	火	水	木	金
基準との差（個）	+4	0	−13	+9	+5

(1) 月曜日の生産個数は，水曜日の生産個数より何個多いですか。

（　　　　）

(2) 火曜日の生産個数を500個として，月曜日から金曜日までの生産個数の平均値を求めなさい。

（　　　　）

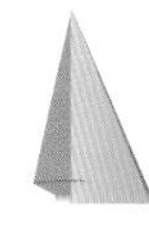

アプリ【どこでもワーク計算編】をやって，さらに力をつけよう！

1節 文字と式
① 文字を使った式 ② 数量を表す式
③ 式を書くときの約束(1)

例1 数量を表す式

教 p.70, 71 → 基本問題 1

次の数量を，文字を使った式で表しなさい。

(1) 1個70円のみかんをa個買うときの代金

(2) 昨日の最高気温が29℃で，今日の最高気温は昨日よりt℃高いときの今日の最高気温

考え方 まず，どのような関係になっているかを考え，その関係を数字と文字を使って式で表す。

解き方 (1) 代金は，70×(みかんの個数) で表す。
ここではa個になる。

(2) 今日の最高気温は，(昨日の最高気温)+(高くなった温度) で表す。

答 (1) 70×① ______ (円)　(2) 29+② ______ (℃)

ここがポイント
文字を使っていろいろな数量を表すことができる。そのときの文字は，いろいろな数の代わりに使われている。

例2 文字を使った式の積の表し方

教 p.72, 73 → 基本問題 2 3 4

次の数量を，式を書くときの約束にしたがって表しなさい。

(1) 20個のみかんを，x人に3個ずつ配ったときの残った個数

(2) 1本a円の鉛筆(えんぴつ)を5本と1冊100円のノートを2冊買ったときの代金の合計

(3) 1個b円の品物をa個買ったときの代金

(4) 縦x cm，横x cm，高さ6 cmの直方体の体積

考え方 いろいろな数量を文字を使って表すときは，乗法の記号×を省いて書くなど，式を書くときの約束にしたがって書く。

解き方 (1) $20-3\times x=20-$ ③ ______
乗法の記号×を省いて書く。

(2) $a\times5+100\times2=$ ④ ______ $+200$
（×を）省く
文字と数との積では，数を文字の前に書く。

(3) $b\times a=$ ⑤ ______
注 $b\times a$はbaであるが，文字をアルファベット順に並べ，abと書くことが多い。

(4) $x\times x\times6=6\times x\times x=$ ⑥ ______
←同じ文字の積は，累乗の指数を使って表す。

答 (1) ⑦ ______ (個)　(2) ⑧ ______ (円)
(3) ⑨ ______ (円)　(4) ⑩ ______ (cm^3)

たいせつ
積の表し方の約束

1 文字を使った式では，乗法の記号×を省いて書く。
例 $120\times x=120x$
※加法の記号+や減法の記号−は，省くことができない。

2 文字と数との積では，数を文字の前に書く。
例 $y\times30=30y$

3 同じ文字の積は，累乗の指数を使って表す。
例 $a\times a\times a\times a=a^4$（4が指数）

基本問題

1 数量を表す式 次の□に，あてはまる文字や数を答えなさい。 教 p.71 Q1〜Q3

(1) m 人の子どもに，1人5個ずつあめを配るとき，必要なあめの個数は，
$5\times$ □ (個) と表せる。

(2) 1個 a 円のみかんを15個買うときの代金は，□ $\times 15$ (円) と表せる。

(3) 50円硬貨(こうか) x 枚と100円硬貨 y 枚を合わせた金額は，① □ $\times x+$ ② □ $\times y$ (円) と表せる。

(4) 1個300円のケーキを a 個買い，b 円出したときのおつりは，
① □ $-300\times$ ② □ (円) と表せる。

2 式を書くときの約束 次の式を，式を書くときの約束にしたがって表しなさい。 教 p.72, 73

(1) $7\times y$　　(2) $b\times 3\times a$

(3) $\dfrac{5}{8}\times x$　　(4) $13\times(x-y)$

(5) $1\times c$　　(6) $y\times(-1)$

(7) $a\times 1+3\times b$　　(8) $4-0.1\times x$

(9) $5+y\times y\times(-3)$　　(10) $x\times(-2)\times x-a\times 1$

ここがポイント
1や負の数と文字との積は，次のように表す。
- $1\times a=a$
  ※1を省く。
- $(-2)\times a=-2a$
- $(-1)\times a=-a$
  ※1を省く。
- $0.1\times a=0.1a$
  ※1を省かない。

3 文字を使った式の積の表し方 次の数量を，式を書くときの約束にしたがって表しなさい。 教 p.73

(1) x と y の積の3倍　　(2) a と b の和の2倍

4 文字を使った式の積の表し方 次の数量を，式を書くときの約束にしたがって表しなさい。 教 p.73

(1) 底辺が8 cm，高さが x cm の平行四辺形の面積

(2) 1個60円の品物が x 個入っている箱が y 個あるときの代金

(3) 縦が a cm，横が b cm，高さが a cm の直方体の体積

文字 x(エックス)は，乗法の記号×(かける)と区別するために，「x」と書くとよい。

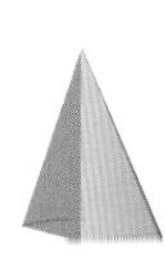

左ページの例の答え　① a　② t　③ $3x$　④ $5a$　⑤ ab　⑥ $6x^2$　⑦ $20-3x$　⑧ $5a+200$　⑨ ah　⑩ $6r^2$

1節 文字と式
③ 式を書くときの約束(2)
④ 式による数量の表し方

例1 商やいろいろな式の表し方

教 p.74, 75 → 基本問題 1 2

次の式を，記号×，÷を使わないで表しなさい。

(1) $m\div 8$　　(2) $(x-y)\div 3$

(3) $a\div(-6)$　　(4) $x-y\div 5$

(5) $y\div(-2)-9\times x$　　(6) $8\times a\div 3$

解き方 (1) $m\div 8=\dfrac{①}{8}$

$m\div 8$ は $m\times\dfrac{1}{8}$ と同じことなので $\dfrac{m}{8}$ は $\dfrac{1}{8}m$ と書いてもよい。

( )はとる。→

(2) $(x-y)\div 3=\dfrac{②}{3}$

$\dfrac{x-y}{3}$ は $\dfrac{1}{3}(x-y)$ と書いてもよい。

(3) $a\div(-6)=\dfrac{a}{③}=-\dfrac{a}{6}$

↑ーは分数の前に書く。

(4) $x-y\div 5=x-$④

(5) $y\div(-2)-9\times x=$⑤$-9x$

(6) $8\times a\div 3=\dfrac{⑥}{3}$

注 $\dfrac{8a}{3}$ は $\dfrac{8}{3}a$ と書いてもよいが，$2\dfrac{2}{3}a$ とは書かない。

商の表し方

文字を使った式では，除法の記号÷を使わないで，分数の形で表す。

わられる数の部分を分子に，わる数の部分を分母にする。

仮分数はそのままにして，帯分数にはしないんだね。

例2 式による数量の表し方

教 p.76, 77 → 基本問題 3 4

次の□にあてはまる式を求めなさい。

(1) a 分＝□時間

(2) b L の 27 % は，□L

(3) 時速 30 km で c 時間走った道のりは，□km

解き方 (1) 1 分＝$\dfrac{1}{60}$ 時間より，$a\times$⑦＝⑧(時間)

(2) 27 % は 0.27 だから，$b\times 0.27=$⑨(L)

1 %→0.01

(もとにする量)×(割合)＝(比べられる量)

(3) 速さは時速⑩km，時間は⑪時間

なので，⑩×⑪＝⑫(km)

(速さ)×(時間)＝(道のり)

百分率は，小数や分数で表すよ。

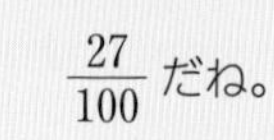

基本問題

解答 p.10

1 商やいろいろな式の表し方 次の式を，記号×，÷を使わないで表しなさい。 教 p.74Q1，Q2

(1) $x \div 10$　　(2) $a \div (-8)$

(3) $(m+n) \div 4$　　(4) $x \div 2 + y \div (-1)$

(5) $y \div 3 - x \times 6$　　(6) $a \div 5 \times 7$

ミス注意

商を，分数の形にするときは書き方に注意する。

例 $(m+n) \div 5 \Longleftrightarrow \dfrac{m+n}{5}$

2 記号×，÷を使った表し方 次の式を，記号×，÷を使って表しなさい。 教 p.75Q3

(1) $8ab$　　(2) $4b^2$　　(3) $\dfrac{x+1}{3}$　　(4) $2x - \dfrac{9y}{x}$

3 式による数量の表し方 次の数量を式で表しなさい。 教 p.76Q1～Q4

(1) x cm のひもを 5 人で等しく分けるときの 1 人分の長さ

(2) x kg の 75 % の重さ

(3) b 人の 7 割の人数

(4) y km の道のりを 3 時間で歩いたときの時速

(5) 時速 a km で 45 分歩いたときに進む道のり

(6) x m のコースを分速 400 m で走ったときにかかった時間

思い出そう

(速さ)＝(道のり)÷(時間)
(道のり)＝(速さ)×(時間)
(時間)＝(道のり)÷(速さ)

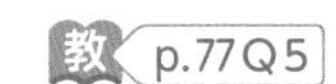

4 単位の異なる数量の表し方 次の数量を，〔　〕の中の単位で表しなさい。 教 p.77Q5

(1) 3 m のリボンから x cm のリボンを切り取ったとき，残ったリボンの長さ〔m〕

(2) x g のかごに y kg のみかんを入れたときの全体の重さ〔kg〕

ここがポイント

単位が異なる数量どうしの和や差を考えるときは，単位をそろえてから計算する。

1 m＝100 cm　　1 kg＝1000 g

1 cm＝$\dfrac{1}{100}$ m　　1 g＝$\dfrac{1}{1000}$ kg

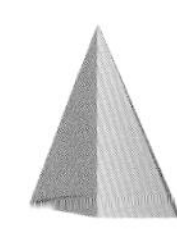

左ページの例の答え　① m　② $x-y$　③ -6　④ $\dfrac{y}{5}$　⑤ $-\dfrac{y}{2}$　⑥ $8a$　⑦ $\dfrac{1}{60}$　⑧ $\dfrac{a}{60}$　⑨ $0.27b$　⑩ 30　⑪ c　⑫ 30c

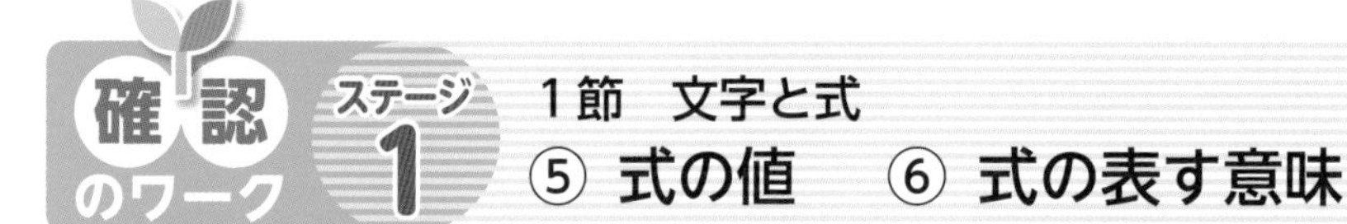

例1 式の値

教 p.78, 79 → 基本問題 1 2 3

$x=-2$ のときの，式 $3x-1$ の値（あたい）を求めなさい。

考え方 式を×の記号を使って表してから，x に -2 を代入（だいにゅう）する。

代入：式の中の文字を数に置きかえること。

解き方 $3x-1=3\times x-1$ ＜乗法の記号×を使って表す。

$=3\times$ ①［　　］-1 ＜$x=-2$ を代入する。

$=-6-1$ └負の数には（ ）をつけて代入する。

$=$ ②［　　］＜式の値

式の値
式の中の文字に数を代入して計算した結果のこと。
例 $8+2x$ に $x=10$ を代入する。
$8+2\times x$ ＜乗法の記号×を使って表す。
$8+2\times 10=28$ ＜式の値

例2 2種類の文字をふくむ式の値

教 p.79 → 基本問題 4

$x=3$，$y=-2$ のときの，次の式の値を求めなさい。

(1) $\dfrac{xy}{5}$　　(2) $\dfrac{5}{x+y}$

解き方 (1) $\dfrac{xy}{5}=\dfrac{1}{5}xy=\dfrac{1}{5}\times x\times y$ ＜×を使って表す。

$=\dfrac{1}{5}\times$ ③［　　］$\times$ ④［　　］＜x と y にそれぞれの数を代入する。

$=$ ⑤［　　］＜式の値

(2) $\dfrac{5}{x+y}=5\div(x+y)=5\div\{3+(-2)\}=5\div$ ⑥［　　］$=$ ⑦［　　］

負の数を代入するときには，( )をつけて，代入した式をきちんと書こう。

例3 式の表す意味

教 p.80 → 基本問題 5

底辺が a cm，高さが b cm の正三角形があります。次の式は，それぞれどんな数量を表していますか。

(1) $3a$　　(2) $\dfrac{ab}{2}$

考え方 式を×や÷の記号を使って表してみる。

解き方 (1) $3a=3\times$ ⑧［　　］$=$ ⑧［　　］$\times 3$ だから，正三角形の ⑨［　　］を表す。

（⑧：1辺の長さ）

(2) $\dfrac{ab}{2}=ab$ ⑩［　　］$2=a\times b$ ⑩［　　］2 だから，正三角形の ⑪［　　］を表す。

（a：底辺　b：高さ）

式の中の文字をことばに置きかえて，式の意味を考える。

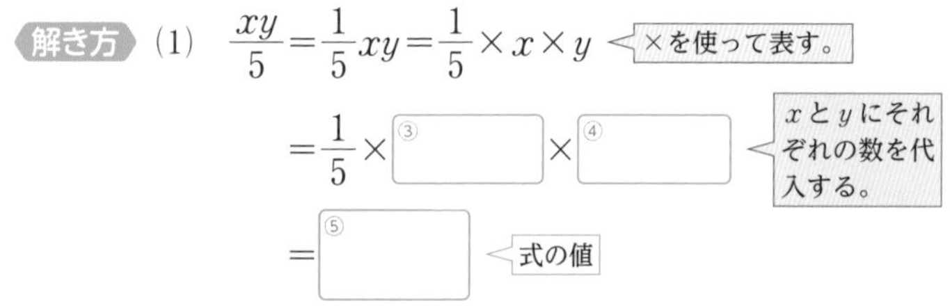

基本問題

解答 p.11

1 式の値 $x=3$ のときの，次の式の値を求めなさい。 教 p.78Q1, p.79Q3, Q4

(1) $2x-12$　　(2) $-4x+7$

(3) $\dfrac{9}{x}$　　(4) $-x^2$

2 式の値 $a=-6$ のときの，次の式の値を求めなさい。

(1) $-4a+4$　　(2) $\dfrac{a}{2}$

(3) a^2　　(4) $(-a)^2$

(5) $\dfrac{a}{10}$　　(6) $3a-20a^2$

たいせつ
式の値を求めるときは，式を書くときの約束によって省かれている×や÷を使って表した式にしてから，代入するとよい。

3 式の値 ボールを秒速 25 m で真上に投げ上げると，投げ上げてから t 秒後のボールの高さは $25t-5t^2$ (m) と表すことができます。 教 p.78Q2

(1) 投げ上げてから 2 秒後のボールの高さを求めなさい。

(2) 投げ上げてから 3.5 秒後のボールの高さを求めなさい。

4 2 種類の文字をふくむ式の値 $a=-\dfrac{1}{2}$，$b=\dfrac{1}{3}$ のときの，次の式の値を求めなさい。

(1) $-a+b$　　(2) $10-8ab$

(3) $-a+b^2$　　(4) $-12ab$

5 式の表す意味 鉛筆 1 本の値段が x 円，消しゴム 1 個の値段が y 円のとき，次の式は，それぞれどんな数量を表していますか。 教 p.80Q1

(1) $5x$

(2) $10x+4y$

まず，式を×や÷の記号を使って表してみよう。

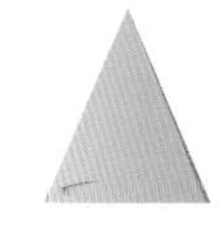

左ページの例の答え ① (-2)　② -7　③ 3　④ (-2)　⑤ $-\dfrac{6}{5}$　⑥ 1　⑦ 5　⑧ a　⑨ 周の長さ　⑩ ÷　⑪ 面積

1節 文字と式

1 次の式を，記号×，÷を使わないで表しなさい。

(1) $x\times7\times a$　(2) $b\times(-1)\times c$　(3) $y\times(-3)\times x$

(4) $(m-9)\times4$　(5) $b\times b\times c\times a\times2$　(6) $0.5-0.4\times x$

(7) $(a-b)\div(-5)$　(8) $a\times3\div4$　(9) $x\times y\times x\div2$

(10) $a\times b\times c+a\div c$　(11) $3\times x\times x\div y$　(12) $a\times(-2)\times a\times b\div c$

2 次の式を，記号×，÷を使って表しなさい。

(1) $\dfrac{x}{10}$　(2) $-ab^3$　(3) $\dfrac{x}{7}-\dfrac{y}{2}$

(4) $3a^2+\dfrac{x}{5}$　(5) $\dfrac{2a-b}{4}$

よく出る **3** 次の数量を式で表しなさい。

(1) 1個120円のりんごa個と1本80円のバナナb本を買ったときの代金

(2) 80 km の道のりをa時間で進むときの速さ

(3) x kg の3割とy kg の6割の合計の重さ

(4) a km のひもとb m のひもの合計の長さ

よく出る **4** $x=-3$ のときの，次の式の値（あたい）を求めなさい。

(1) $1-10x$　(2) $-x^3$　(3) $\dfrac{21}{x}$

2 (1) 分数は，(分子)÷(分母) と考える。
3 (3) 1割は小数で表すと 0.1
(4) km と m の2通りの表し方がある。

5 $a=-1$，$b=\frac{1}{3}$ のときの，次の式の値を求めなさい。

(1) $2a-3b$

(2) $-\frac{1}{5}a^2b$

6 ある美術館の入館料は，大人1人x円，中学生1人y円です。このとき，次の(1)，(2)はどんな数量を表していますか。

(1) $x+4y$

(2) $10000-(2x+5y)$

7 次の(1)～(3)の式は，どんな数量や数を表していると考えられますか。

(1) 底面が1辺の長さa cmの正方形で，高さがb cmの直方体で，

$8a+4b$

(2) aを1から9までの整数，bを0から9までの整数とするとき，

$100a+10b+3$

(3) 分速a mで30分歩いたとき，

$30a$

入試問題をやってみよう！

1 次の問いに答えなさい。

(1) $a=2$，$b=-3$ のとき，$-\frac{12}{a}-b^2$ の値を求めなさい。 〔愛媛〕

(2) $x=-1$，$y=\frac{7}{2}$ のとき，x^3+2xyの値を求めなさい。 〔山口〕

2 商品Aは，1個120円で売ると1日あたり240個売れ，1円値下げするごとに1日あたり4個多く売れるものとします。 〔岐阜〕

(1) 1個110円で売るとき，1日で売れる金額の合計はいくらになるかを求めなさい。

(2) x円値下げするとき，1日あたり何個売れるかを，xを使った式で表しなさい。

5 負の数を代入するときには，(　)をつける。

2 (1) $120-110=10$ より，10円値下げすると，1日あたり $4\times10=40$ より，
40個多く売れることになる。

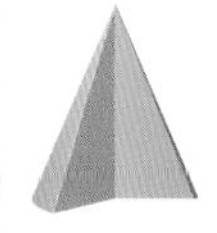

2節 式の計算
① 1次式とその項
② 1次式と数との乗法

例1 項と係数

教 p.82 → 基本問題 1

式 $4x-2$ の項（こう）を答えなさい。また，文字をふくむ項については，その係数（けいすう）を答えなさい。

考え方 加法の形になおしてから項を考える。

解き方 $4x-2=4x+($①$\square)$ ← 加法の形になおす。（$4x$ と ① が項）

より，項は $4x$，②$\square$

$4x=4\times x$ だから，項 $4x$ の係数は③$\square$（4が係数）

たいせつ

項…式 $5x-3$ を $5x+(-3)$ と表すとき，加法の記号 ＋ で結ばれた $5x$ や -3 のこと。

係数… $5x$ という項では，数の部分 5 のこと。

例2 項のまとめ方

教 p.83 → 基本問題 3

次の式を，項をまとめて計算しなさい。

(1) $6x+5x$　　(2) $4x-6-x+9$

考え方 文字の部分が同じ項どうしは，分配法則
$ac+bc=(a+b)c$　$ac-bc=(a-b)c$
を使って1つの項にまとめる。

解き方 (1) $6x+5x=($④$\square+5)x=11x$　係数のたし算をする。

(2) $4x-6-x+9$ 　文字の部分が同じ項を集める。

$=4x-x-6+9$ 　文字の部分が同じ項と数の項をそれぞれまとめる。

$=(4-1)x-6+9$

$=$⑤$\square$

1次式

1次の項だけの式や，1次の項と数の項との和で表される式。

例 $5x$，$5x-2$ ← xについての1次式（$5x$ が1次の項）

たいせつ

発展 同類項（どうるいこう）…文字の部分が同じ項のこと。

例 $4x-6-x$ では，$4x$ と $-x$ が同類項である。

例3 1次式と数との乗法

教 p.84, 85 → 基本問題 4 5

次の計算をしなさい。　(1) $5x\times(-4)$　　(2) $2(-3x-5)$

解き方 文字をふくむ項に数をかけるには，係数にその数をかける。

(1) $5x\times(-4)$ 　×を使った式になおす。

$=5\times x\times(-4)$ 　数どうしの積に文字をかける。

$=5\times(-4)\times x$

$=$⑥$\square$

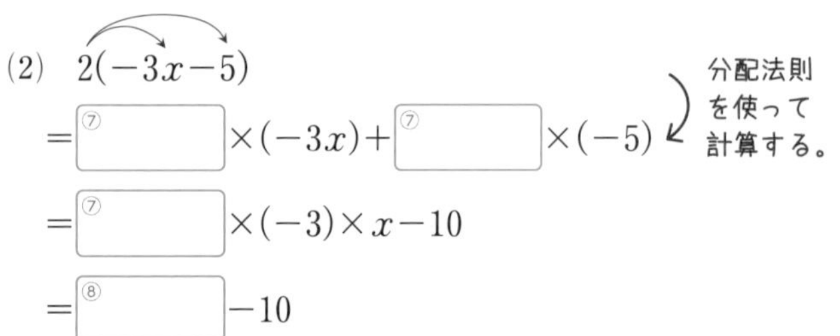

(2) $2(-3x-5)$

$=$⑦$\square\times(-3x)+$⑦$\square\times(-5)$ 　分配法則を使って計算する。

$=$⑦$\square\times(-3)\times x-10$

$=$⑧$\square-10$

基本問題

1 項と係数 次の式の項を答えなさい。また，文字をふくむ項については，その係数を答えなさい。 教 p.82

(1) $2x+3$　　(2) $-a+0.3b-4$　　(3) $\frac{x}{4}-\frac{y}{3}$

2 章

2 1次式 次の①～④の式のうち，1次式はどれですか。 教 p.82

① $-3x$　　② $-a^2+2$　　③ $\frac{3}{4}x+1$　　④ $2a-b$

3 項のまとめ方 次の式を，項をまとめて計算しなさい。

(1) $8x+5x$　　(2) $7y-2y$

(3) $\frac{x}{3}-\frac{x}{2}$　　(4) $x-3x+9x$

(5) $10x+3-2x-1$　　(6) $-y-7+2y+8$

文字の部分が同じ項どうし，数の項どうしを計算しよう。

4 1次式と数との乗法 次の計算をしなさい。 教 p.84 Q 1

(1) $5x\times4$　　(2) $(-3y)\times8$

(3) $10m\times\frac{1}{5}$　　(4) $(-2)\times4x$

(5) $(-7x)\times(-5)$　　(6) $(-0.3)\times4x$

ここがポイント
項が1つの1次式×数
文字をふくむ項の係数にその数をかける。

5 1次式と数との乗法 次の計算をしなさい。 教 p.85 Q 2, Q 3

(1) $2(5x-4)$　　(2) $-(-x+4)$

(3) $-5(2-x)$　　(4) $\frac{2}{3}(9x+6)$

(5) $(8x+6)\times\frac{3}{2}$　　(6) $(4x-3)\times(-5)$

(7) $(-a-9)\times(-2)$　　(8) $\left(\frac{2}{3}a-\frac{4}{3}\right)\times(-9)$

ここがポイント
項が2つの1次式に数をかけるには，
分配法則
$a(b+c)=ab+ac$
$(a+b)c=ac+bc$
を使って計算する。

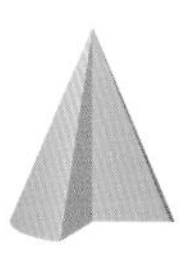

左ページの例の答え　① -2　② -2　③ 4　④ 6　⑤ $3x+3$　⑥ $-20x$　⑦ 2　⑧ $-6x$

2節 式の計算
③ 1次式を数でわる除法
④ 1次式の加法，減法

例1 1次式を数でわる除法や，乗法と除法の混じった計算

教 p.86, 87 → 基本問題 1 2

次の計算をしなさい。 (1) $(18x-6)\div3$ (2) $\dfrac{6a-7}{5}\times(-20)$

解き方 (1) 〈ⅰ〉1次式の各項をその数でわる。

$(18x-6)\div3$

$=\dfrac{18x-6}{3}$ 分数の形にする。

$=\dfrac{18x}{3}-\dfrac{6}{3}$ 約分する。

$=$ ①

$(18x-6)\div3$
$=\dfrac{\overset{6}{\cancel{18}}x-6}{\underset{1}{\cancel{3}}}$
$=6x-6$
としないように分けて考える。

〈ⅱ〉わる数の逆数をかける。

$(18x-6)\div3$ 逆数をかける。

$=(18x-6)\times\dfrac{1}{3}$ 分配法則を使う。

$=18x\times\dfrac{1}{3}-6\times\dfrac{1}{3}$

$=$ ①

(2) $\dfrac{6a-7}{5}\times(-20)=\dfrac{(6a-7)\times(-\overset{4}{\cancel{20}})}{\underset{1}{\cancel{5}}}$ 約分してからかける。

$=(6a-7)\times($ ② $)$ 分配法則を使う。

$=6a\times($ ② $)+(-7)\times($ ② $)$

$=$ ③

分配法則を使ってかっこのない式をつくることを「かっこをはずす」というよ。

例2 1次式の加法，減法

教 p.88, 89 → 基本問題 3

次の計算をしなさい。 (1) $(3a+8)+(4a-1)$ (2) $(x-7)-(4x-5)$

解き方 (1) $(3a+8)+(4a-1)$

$=3a+8+4a-1$ 文字の部分が同じ項を集める。

$=3a+4a+8-1$ 文字の部分が同じ項と数の項をそれぞれまとめる。

$=(3+4)a+8-1$

$=$ ④

(2) $(x-7)-(4x-5)$ ひく式の各項の符号を変えて加える。

$=(x-7)+(-4x+5)$ かっこをはずす。

$=x-7-4x$ ⑤ 文字の部分が同じ項を集める。

$=x-4x-7+5$ 文字の部分が同じ項と数の項をそれぞれまとめる。

$x=1\times x$

$=(1-4)x-7+5$

$=$ ⑥

例3 いろいろな1次式の計算

教 p.89 → 基本問題 4 5

$3(2x-1)-2(x-4)$ の計算をしなさい。

解き方 $3(2x-1)-2(x-4)$ 分配法則を使ってかっこをはずす。

$=6x-3-$ ⑦ $+8$

$=6x-2x-3+8=$ ⑧

基本問題

解答 p.14

1 1次式を数でわる除法　次の計算をしなさい。

教 p.86 Q1〜Q3

(1)　$15x \div 3$　　(2)　$9x \div \left(-\dfrac{3}{5}\right)$

(3)　$(12a+6) \div (-2)$　　(4)　$(28x-14) \div 7$

1次式を数でわる除法
1次式の各項をその数でわるか，わる数の逆数をかける。

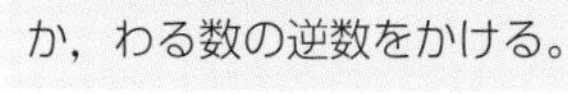

2 乗法と除法の混じった計算　次の計算をしなさい。

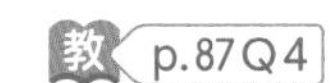
教 p.87 Q4

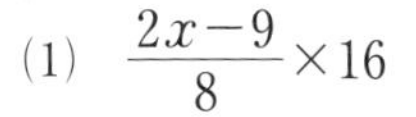

(1)　$\dfrac{2x-9}{8} \times 16$　　(2)　$\dfrac{2a-3}{5} \times (-35)$

(3)　$(-21) \times \dfrac{2x-3}{7}$　　(4)　$10 \times \dfrac{1-x}{2}$

(1)の分子の $2x-9$ には，( )をつけて計算する。

$$\frac{(2x-9)\times \overset{2}{\cancel{16}}}{\underset{1}{\cancel{8}}}$$

3 1次式の加法，減法　次の計算をしなさい。

教 p.88 Q1, Q2

(1)　$(a+4)+(6a-2)$　　(2)　$(5-m)+(7m-9)$

(3)　$(3x-8)-(6x-5)$　　(4)　$(6y-4)-(-2y+9)$

4 いろいろな1次式の計算　次の計算をしなさい。

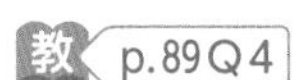
教 p.89 Q4

(1)　$2(x+3)+4(x-2)$　　(2)　$4(x-3)-5(x-1)$

(3)　$-6(2x-5)-4(3-2x)$　　(4)　$\dfrac{1}{4}(8x-4)+\dfrac{1}{3}(6x-9)$

ここがポイント

(4)　かっこの前の数が分数でも，分配法則を使ってかっこをはずすのは，同じである。

$$\frac{1}{4}(8x-4)+\frac{1}{3}(6x-9)$$

5 いろいろな1次式の計算　下の2つの式について，次の計算をしなさい。

教 p.89 Q3, Q4

$A=-x+2$　　$B=3x-1$

(1)　$A-B$　　(2)　$2A+3B$

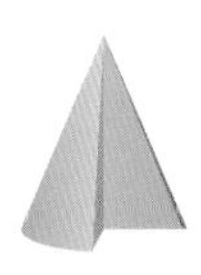

左ページの例の答え　① $6x-2$　② -4　③ $-24a+28$　④ $7a+7$　⑤ $+5$　⑥ $-3x-2$　⑦ $2x$　⑧ $4x+5$

3節 文字と式の利用 ① タイルの枚数を表す式について考えよう
4節 関係を表す式 ① 等式と不等式

例1 ことがらを表す式

教 p.92, 93 → 基本問題1

右の図のように，碁石（ごいし）を並べて正方形をつくります。1辺に並ぶ碁石がx個のとき，碁石は全部で何個必要ですか。xを使った式で表しなさい。

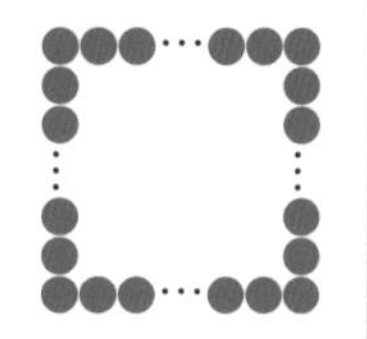

考え方 碁石の分け方を工夫して，まとまりをつくって数える。
正方形は4つの辺の長さが等しいことを使って，必要な碁石の個数の求め方を考えていく。

解き方 正方形の1辺に並ぶ碁石の数がx個なので，右の図のように分けると，$(x-1)$個の碁石のまとまりが

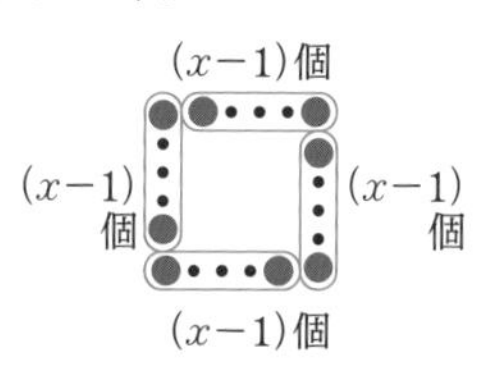

［①　］組できるから，必要な碁石の個数は

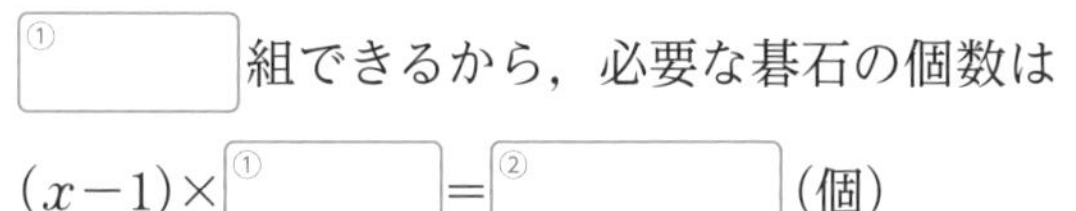

$(x-1)\times$［①　］$=$［②　］(個)

ここがポイント
碁石の数の数え方は，次のように考えることもできる。

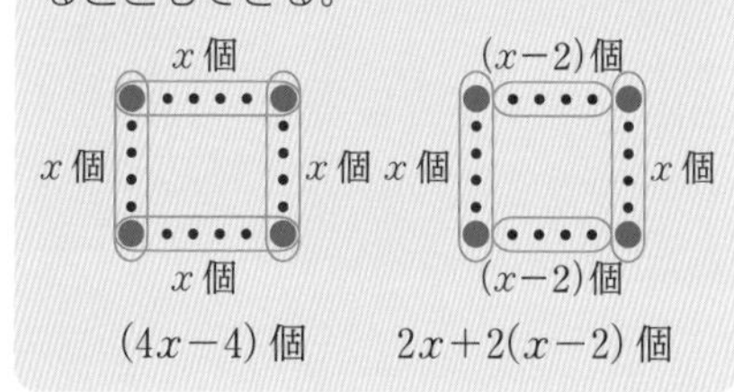

例2 関係を表す式

教 p.94, 95 → 基本問題2 3

次の数量の関係を等式（とうしき）または不等式（ふとうしき）で表しなさい。
(1) 1000円でx円の品物を買ったときのおつりはy円になる。
(2) 8人の生徒がx円ずつ出すと，合計は4000円より多い。

考え方 2つの数量を式で表し，「等しい，多い」などの数量の間の関係を，大小関係にいいかえて等号や不等号を使って表す。

解き方 (1) おつりを式で表すと

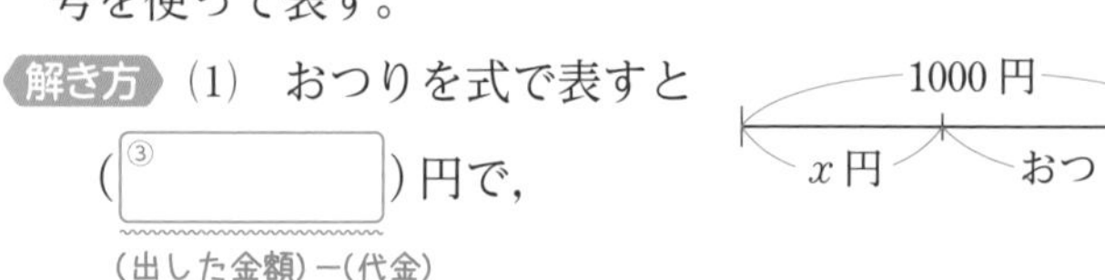

(［③　］)円で，
(出した金額)−(代金)

これがy円に等しいから，［③　］$=y$ と表せる。
「等号」を使う。
等式…等号を使って数量の関係を表した式

(2) 8人の生徒が出した金額の合計は［④　］(円)で，

これが4000円より多いから，［④　］>4000 と表せる。
金額の関係が等しくないので，「不等号」を使う。

等式・不等式

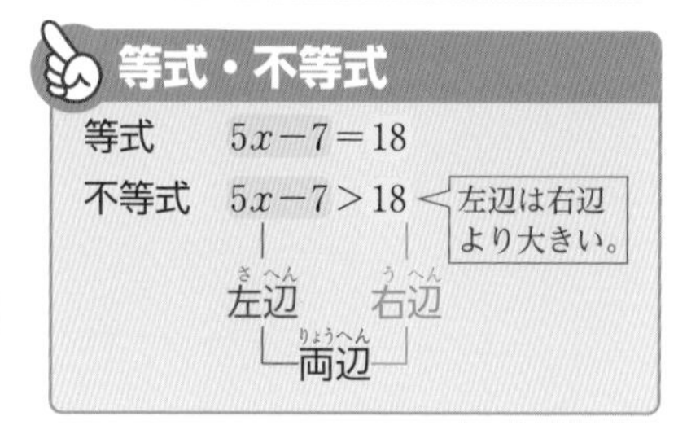

思い出そう
$a<b$… aはbより小さい。(aはb未満)
$a>b$… aはbより大きい。
$a\geqq b$… aはb以上
$a\leqq b$… aはb以下

基本問題

解答 p.15

1 ことがらを表す式 右の図のように，碁石を並べて正三角形をつくります。1辺に並ぶ碁石が a 個のとき，碁石は全部で何個必要ですか。a を使った式で表しなさい。 教 p.93Q2

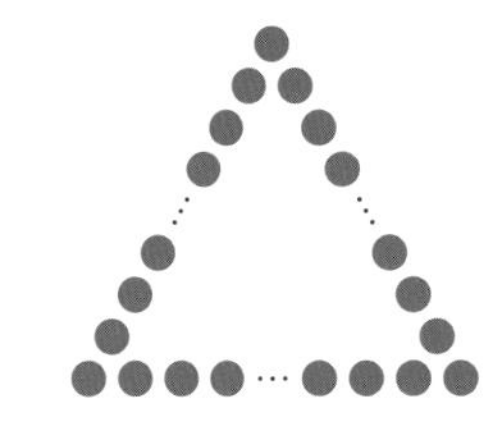

2 関係を表す式 次の数量の関係を等式または不等式で表しなさい。 教 p.94Q1, Q2

(1) 1個 x 円のケーキ4個と1本 y 円のジュース2本を買うと，代金は1920円になる。

(2) ある数 x の7倍から6をひいた数は，y に5を加えた数と等しい。

ここがポイント
(3) それぞれの速さで歩いた道のりを合計すると，12 km になる。

(3) A町から12 km 離(はな)れたB町まで，時速4 km で a 時間，時速5 km で b 時間歩いていった。

(4) x m のひもから5 m 切り取ると，残りは2 m より短くなった。

ミス注意
不等号の向きに注意！
㊅>㊇　㊇<㊅

(5) 5冊セットのノートを x 個，3冊セットのノートを y 個買ったら，ノートの冊数は30冊以上になった。

(6) 1本 a 円の鉛筆(えんぴつ)を3本と1個 b 円の消しゴムを5個買うとき，1000円出したらおつりがあった。

3 関係を表す式 x 個のクッキーがあって，n 人の子どもがいます。このとき，次の式はどのような関係を表していると考えられますか。 教 p.95Q3

(1) $x=3n+12$　　(2) $4n>x$

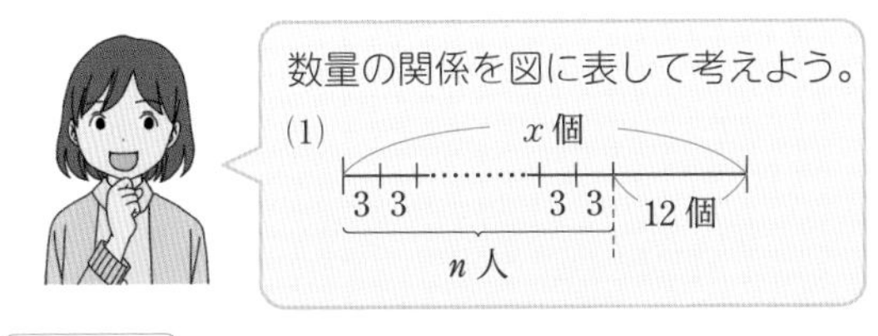

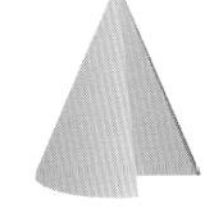

① 4　② $4(x-1)$ または $4x-4$　③ $1000-x$　④ $8x$

2節 式の計算
3節 文字と式の利用　4節 関係を表す式

よく出る **1** 次の計算をしなさい。

(1) $13x-18x$　　(2) $(4x-6)+(-9x-5)$

(3) $-5a-(-2a+1)$　　(4) $(4x-8)\times\left(-\dfrac{1}{4}\right)$

(5) $\left(\dfrac{5}{6}a+\dfrac{3}{4}\right)\times12$　　(6) $(6x+30)\div(-3)$

(7) $-16\times\dfrac{1-2x}{8}$　　(8) $\dfrac{3}{5}(20x-5)-\dfrac{1}{6}(18-12x)$

2 次の(1)，(2)について，2つの式の和を求めなさい。また，左の式から右の式をひいた差を求めなさい。

(1) $2a-3$，$-6a+1$　　(2) $-8x-10$，$-7x+10$

3 $A=3x-6$，$B=-x+2$ として，次の式を計算しなさい。

(1) $A-B$　　(2) $-3A-8B$　　(3) $\dfrac{1}{3}A+4B$

4 ○を正方形の形に並べます。右の図のように考えたとき，1辺に並ぶ○の個数を n 個として，全体の個数を n を使った式で表しなさい。

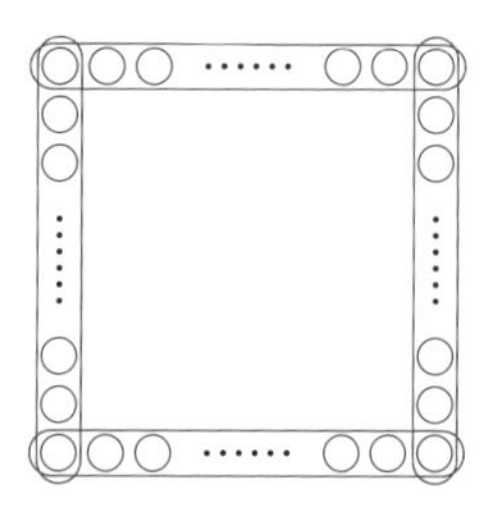

2 2つの1次式の和や差を求めるときは，それぞれの式に( )をつけて1つの式に表してから加法や減法の計算をする。

4 n 個の4つ分から，重なっている4個をひく。

よく出る **5** 次の数量の関係を等式または不等式で表しなさい。

(1) ある道のりを進むのに，x 時間歩き，そのあと 15 分間走ったら，合わせて y 時間かかった。

(2) x 円のシャツを 2 割引きで買ったときの代金は y 円である。

(3) 1 本 80 円の鉛筆を x 本と 1 個 100 円の消しゴムを 1 個買ったときの代金の合計は 600 円未満だった。

(4) ある遊園地の先週の入場者数は x 人で，今週の入場者数は先週より 10％ 増えて 5000 人以上になった。

(5) 1 個 x 円のケーキを 3 個と 1 個 y 円のケーキを 2 個買ったら，代金は 1000 円を超(こ)えた。

6 右の図のような平行四辺形があります。次の式は，どのような関係を表していると考えられますか。

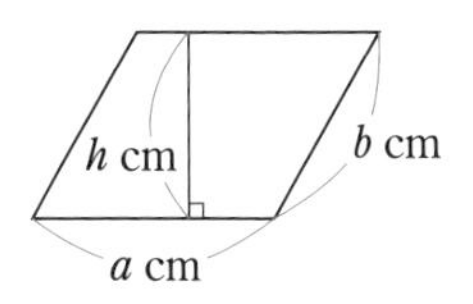

(1) $ah=20$

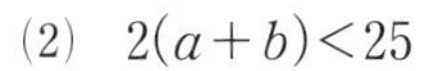
(2) $2(a+b)<25$

2章

入試問題をやってみよう！

1 次の計算をしなさい。

(1) $-4(3x-5)+(6-2x)$ 〔佐賀〕

(2) $\dfrac{3a+1}{4}-\dfrac{4a-7}{6}$ 〔京都〕

2 ある店では，通常，袋(ふくろ)に 200 g のお菓子を詰(つ)めて売っています。毎月 1 日の特売日には，通常の重さの a％ を増量して売っています。特売日におけるお菓子の重さを a を使った式で表しなさい。 〔富山〕

3 あるお店にすいかとトマトを買いに行きました。このお店では，すいか 1 個を a 円の 2 割引きで，トマト 1 個を b 円で売っていて，すいか 1 個とトマト 3 個をまとめて買ったところ，代金の合計は 1000 円より安かったです。この数量の関係を不等式で表しなさい。 〔熊本〕

5 (1) 単位を時間にそろえる。15 分$=\dfrac{15}{60}$ 時間$=\dfrac{1}{4}$ 時間

2 a％ を $\dfrac{a}{100}$ として式に表す。

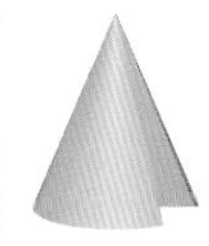

文字と式

解答 p.17

1 次の式を，式を書くときの約束にしたがって表しなさい。 2点×4(8点)

(1) $a\times5-4\times b$ （　　　）

(2) $(-y)\div10$ （　　　）

(3) $(x-1)\div m\div3$ （　　　）

(4) $b\times(-5)+c\times a\times c$ （　　　）

2 次の数量の関係を等式または不等式で表しなさい。 4点×5(20点)

(1) 5 m の値段が a 円であるリボンの，1 m あたりの値段は b 円である。 （　　　）

(2) 100 枚の画用紙を，a 人の子どもに 1 人 3 枚ずつ配ると b 枚以上余る。 （　　　）

(3) 2 つの数 4 と m の平均は n より小さい。 （　　　）

(4) 分速 x m で，1 時間 20 分歩いたときの道のりは y m 以下だった。 （　　　）

(5) x 人のクラスで，15% の人が欠席したので，出席したのは y 人だった。 （　　　）

3 $x=-2$ のときの，次の式の値(あたい)を求めさい。 4点×2(8点)

(1) $(-x)^5$ （　　　）

(2) $-\dfrac{8}{x}$ （　　　）

4 ある遊園地の入園料は，大人が x 円，子どもが y 円です。次の式はどのような数量，または数量の関係を表していると考えられますか。 4点×2(8点)

(1) $2x+3y$ （　　　）

(2) $3x=5y$ （　　　）

目標 文字のあつかいや文字を使った計算のしかたに慣れよう。❶，❷，❺は確実に得点できるように練習しておこう。

自分の得点まで色をぬろう!
がんばろう! もう一歩 合格!
0 60 80 100点

5 次の計算をしなさい。 4点×10(40点)

(1) $-x+9x$ (　　　)

(2) $-8x+5-5x+3$ (　　　)

(3) $\dfrac{m}{4}-m$ (　　　)

(4) $\dfrac{x}{2}-\dfrac{x}{3}-\dfrac{x}{4}$ (　　　)

(5) $(y-6)+(5-2y)$ (　　　)

(6) $(-3+8x)-(8x-3)$ (　　　)

(7) $-8\left(2x-\dfrac{3}{4}\right)$ (　　　)

(8) $(12m-36)\times\left(-\dfrac{5}{12}\right)$ (　　　)

(9) $(-54+27y)\div(-3)$ (　　　)

(10) $2(7a-6)+5(3-a)$ (　　　)

6 右の図の四角形ABCDは，1辺の長さが8 cmの正方形です。AE＝6 cm，AF＝a cm のとき，三角形ECFの面積をaを使って表しなさい。 (6点)

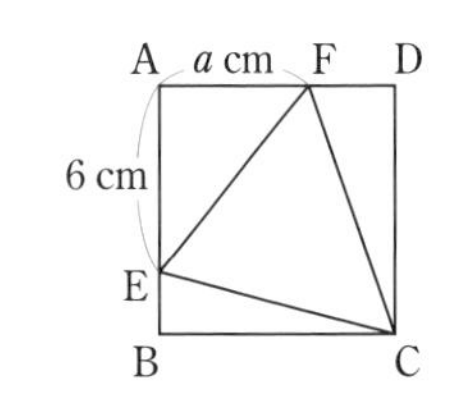

(　　　)

7 右の図のように，碁石を並べて長方形をつくっていきます。横の1辺に並ぶ碁石の個数をa個とするとき，全体の個数を次の㋐，㋑のように表しました。それぞれどのように考えたか，図を使って説明しなさい。 5点×2(10点)

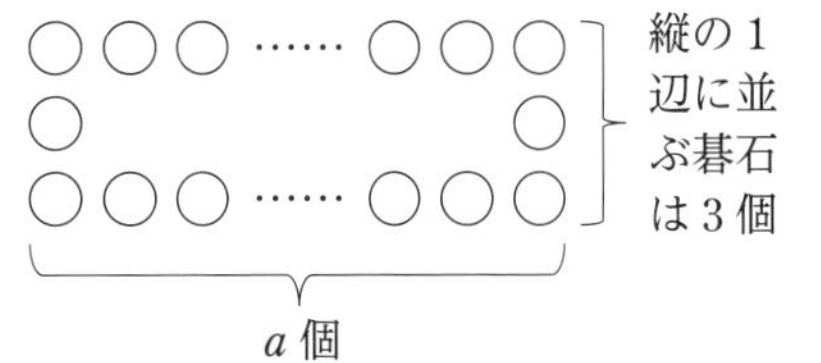

㋐ $2(a+1)$ (　　　)

㋑ $(a-2)\times2+3\times2$ (　　　)

アプリ【どこでもワーク計算編】をやって，さらに力をつけよう！

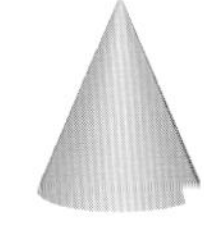

ステージ1　1節 方程式 ① 方程式とその解 ② 等式の性質　2節 1次方程式の解き方 ① 等式の性質を使った方程式の解き方

例1 方程式とその解

教 p.102, 103 → 基本問題 1 2 3

-1, 0, 1, 2 のうち，方程式 $4x-1=3$ の解(かい)はどれですか。

考え方 方程式 $4x-1=3$ の x に，-1, 0, 1, 2 を代入して，

文字の値によって成り立ったり成り立たなかったりする等式のこと。

左辺と右辺の値(あたい)が等しくなる x の値を見つける。

方程式を成り立たせる文字の値を，その方程式の「解」という。

思い出そう
等式 $3x+2=4x$
左辺 右辺
両辺

解き方 $x=-1$ のとき　左辺 $=4x-1=4\times(-1)-1=-5$

負の数を代入するときは，( )をつける。

$x=0$ のとき　左辺 $=4x-1=4\times0-1=$ ①

$x=1$ のとき　左辺 $=4x-1=4\times1-1=$ ②　◁左辺＝右辺

$x=2$ のとき　左辺 $=4x-1=4\times2-1=7$

よって，$x=$ ③ が，方程式 $4x-1=3$ の解である。

方程式の解を求めることを，「方程式を解(と)く」という。

例2 等式の性質を使った方程式の解き方

教 p.104〜107 → 基本問題 4

次の方程式を，等式の性質を使って解きなさい。

(1) $x+5=1$　　(2) $\frac{x}{3}=5$　　(3) $2x=10$

考え方 (1)は等式の性質2，(2)は等式の性質3，(3)は等式の性質4を使って，方程式を解く。
方程式を解くには，もとの方程式を $x=\square$ の形に変形することを考える。

解き方 (1) 左辺を x だけにするために，両辺から ④ を
ひくと，$x+5-$ ④ $=1-$ ④

$x=$ ⑤

5－5で0をつくって，左辺を x だけにする。

(2) 左辺の x の係数を1にするために，両辺に ⑥ を
かけると，$\frac{x}{3}\times$ ⑥ $=5\times$ ⑥

$x=$ ⑦

(3) 左辺の x の係数を1にするために，両辺を ⑧ でわると，

$\frac{2x}{⑧}=\frac{10}{⑧}$

$x=$ ⑨

等式の性質3を使って，両辺に2の逆数の $\frac{1}{2}$ をかけているともいえる。

等式の性質
$A=B$ ならば
1 $A+C=B+C$
2 $A-C=B-C$
3 $AC=BC$
4 $\frac{A}{C}=\frac{B}{C}$ $(C\neq0)$
※$C\neq0$ は，C が0でないことを表す。
5 $B=A$

基本問題

解答 p.18

1 方程式とその解　$-\frac{1}{3}$，0，$\frac{1}{3}$，$\frac{2}{3}$，1 のうち，方程式 $6x-1=3$ の解はどれですか。

教 p.102, 103

2 方程式とその解　次の方程式のなかで，解が 4 であるものはどれですか。

教 p.103 Q 2

㋐ $x-6=2$　　㋑ $-5x=-20$

㋒ $2x+1=-7$　　㋓ $10-3x=-2$

たいせつ

方程式の解

x にある値を代入したとき

左辺＝右辺 となる値。

3 方程式とその解　**120 円切手を何枚かと 10 円切手を 10 枚買うと，代金は 820 円でした。**

(1) 120 円切手の枚数を x 枚として，方程式をつくりなさい。

教 p.103 Q 3

(2) (1)でつくった方程式の x にいろいろな数を代入して，この方程式の解を求めなさい。

4 等式の性質を使った方程式の解き方　次の方程式を，等式の性質を使って解きなさい。

教 p.107 Q 1～Q 3

(1) $x+7=12$　　(2) $x-2=8$

(3) $-9+x=1$　　(4) $x+1=-10$

(5) $3x=6$　　(6) $-12x=48$

(7) $10x=5$　　(8) $\frac{3}{5}x=6$

(9) $\frac{x}{3}=-27$　　(10) $\frac{2}{5}x=\frac{1}{10}$

(11) $4x-3=17$　　(12) $8-3x=-4$

ここがポイント

$x+a=b$ の形の方程式

→等式の性質[1]でも[2]でも解くことができる。

$ax=b$ の形の方程式

→等式の性質[3]でも[4]でも解くことができる。

ここで使う等式の性質は，

(1)～(4)…等式の性質[1][2]

(5)～(10)…等式の性質[3][4]

(11)(12)…等式の性質を組み合わせて，方程式を解く。

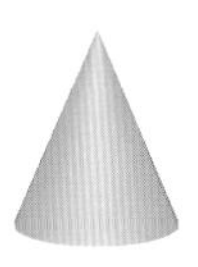

左ページの 例 の答え　① −1　② 3　③ 1　④ 5　⑤ −4　⑥ 3　⑦ 15　⑧ 2　⑨ 5

2節 1次方程式の解き方
② 1次方程式の解き方
③ いろいろな1次方程式の解き方(1)

例1 1次方程式の解き方

教 p.108, 109 → 基本問題 1

方程式 $3x=-2x+40$ を解きなさい。

考え方 xをふくむ項を左辺に，数だけの項を右辺に移項(いこう)する。

解き方 $3x=-2x+40$

$3x$ ① $2x=40$

② $x=40$

$x=$ ③

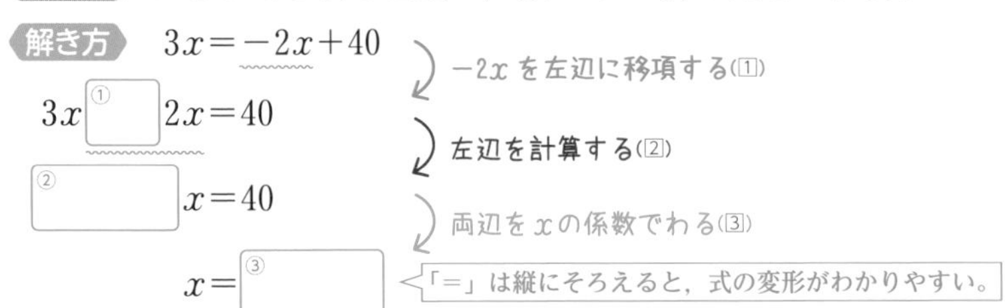

覚えておこう

1次方程式を解く手順

1. 文字xをふくむ項はすべて左辺に，数だけの項はすべて右辺に移項する。
2. 両辺を計算して，$ax=b$ の形にする。
3. 両辺をxの係数aでわる。

移項

等式の一方の辺にある項を，その符号(ふごう)を変えて他方の辺に移すこと。

例 $x-2=5$ → $x=5+2$
-2を移項する。-2は符号を変えて移り，$+2$になる。

$6x=3x+9$ → $6x-3x=9$
$3x$を移項する。$3x$は符号を変えて移り，$-3x$になる。

例2 かっこがある1次方程式

教 p.110 → 基本問題 2

方程式 $6x-5(x+2)=8$ を解きなさい。

考え方 かっこがある方程式は，分配法則を使ってかっこをはずす。

解き方 $6x-5(x+2)=8$

$6x-5x$ ④ $=8$

$x=$ ⑤

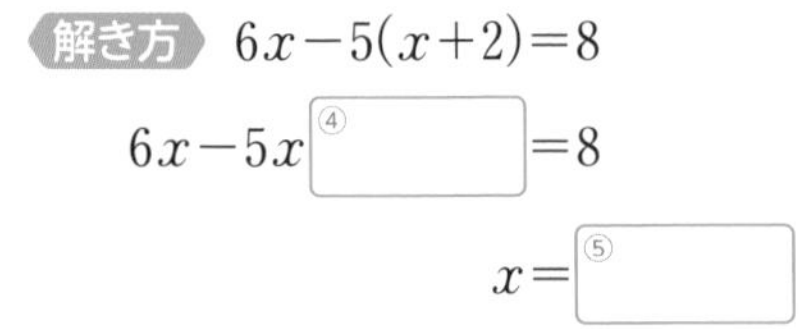

ミス注意

かっこがある方程式のかっこをはずすときは，符号に注意する。

例 $-5(x-3)=-5x+15$

例3 小数がある1次方程式

教 p.110, 111 → 基本問題 3

方程式 $0.7x-1.4=-0.9x+1.8$ を解きなさい。

考え方 係数を整数にするために，両辺に10をかける。

解き方 $(0.7x-1.4)\times10=(-0.9x+1.8)\times10$

⑥ $-14=-9x+18$

⑥ $+9x=18+14$

⑦ $x=32$

$x=$ ⑧

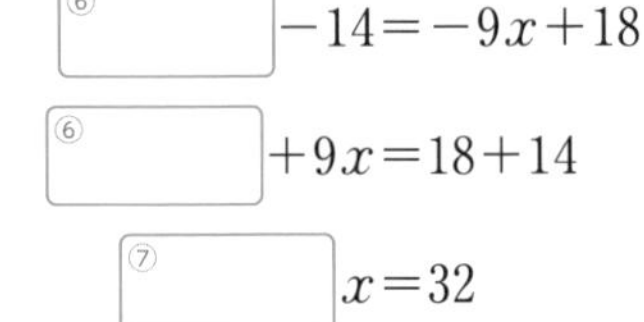

小数に10，100をかけると，小数点の位置が0の数だけ，右へ移る。
$0.7\times10=7.0$

ここがポイント

係数に小数がある方程式は，両辺に10，100などをかけて，係数を整数になおす。

基本問題

解答 p.19

1 1次方程式の解き方　次の方程式を解きなさい。

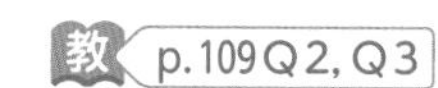

(1)　$x+5=2$　　(2)　$x-9=3$

(3)　$3x-8=4$　　(4)　$-5x+6=-4$

(5)　$4x=-3x+35$　　(6)　$6x=7x-10$

(7)　$-2x=-x+12$　　(8)　$-x=3x-2$

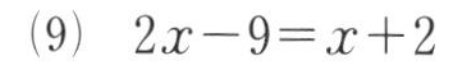

(9)　$2x-9=x+2$　　(10)　$3x+4=-2x+24$

(11)　$-4x+2=-6x-10$　　(12)　$8-5x=-x+12$

たいせつ

移項して整理すると，

$ax+b=0$　$(a\neq0)$

の形になる方程式を，x について の**1次方程式**という。

解を求めたあと，その解を方程式に代入して「検算」すると，解が正しいかどうか確かめることができるよ。

3章

2 かっこがある1次方程式　次の方程式を解きなさい。

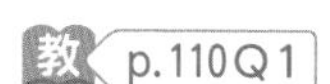

(1)　$3(x-2)+4=7$　　(2)　$4x+6=-5(x-3)$

(3)　$7-(2x-5)=-4(x-1)$　　(4)　$3(2x-5)-(x-6)=-9$

3 小数がある1次方程式　次の方程式を解きなさい。

(1)　$1.5x+0.2=-2.8$　　(2)　$0.27x+0.07=0.9x$

(3)　$1.2x-0.6=0.4x+1$　　(4)　$0.2(x-2)+1.6=2$

左ページの例の答え　① +　② 5　③ 8　④ −10　⑤ 18　⑥ $7x$　⑦ 16　⑧ 2

2節 1次方程式の解き方
③ いろいろな1次方程式の解き方(2)
④ 比例式とその解き方

例1 分数がある1次方程式

教 p.111, 112 → 基本問題 1 2

次の方程式を解きなさい。

(1) $\frac{1}{3}x+2=\frac{1}{2}x$ (2) $\frac{2x-3}{5}=\frac{x-1}{3}$

考え方 (1) 係数を整数にするために，両辺に分母の 3 と 2 の最小公倍数 6 をかける。

（最小公倍数：公倍数の中で最小のもの。）

(2) 両辺に分母の 5 と 3 の最小公倍数 15 をかけて，分母をはらう。

解き方 (1)

$\left(\frac{1}{3}x+2\right)\times 6=\frac{1}{2}x\times 6$ ← 両辺に 6 をかける。

$\frac{1}{3}x\times 6+2\times 6=\frac{1}{2}x\times 6$

$2x+12=$ ①［ ］

$2x-3x=-12$ （xをふくむ項を左辺に，数だけの項を右辺に移項する。）

$-x=-12$

$x=$ ②［ ］

(2)

$\left(\frac{2x-3}{5}\right)\times 15=\left(\frac{x-1}{3}\right)\times 15$ ← 両辺に 15 をかける。

③［ ］$(2x-3)=5(x-1)$ （約分する。）

$6x-9=5x-5$ （かっこをはずす。）

$x=$ ④［ ］ （移項して計算する。）

覚えておこう

・係数に分数がある方程式では，両辺に分母の**最小公倍数**をかけて，係数を整数になおしてから解く。

・**公倍数**…いくつかの自然数に共通な倍数

ミス注意

小数や分数をふくむ方程式で，両辺にある数をかける場合は，両辺にあるすべての項にかける。

例2 比例式とその解き方

教 p.113, 114 → 基本問題 3 4

次の比例式を解きなさい。

(1) $x:8=5:4$ (2) $(x+2):6=3:2$

考え方 「比の値(あたい)は等しい」または「$a:b=c:d$ ならば，$ad=bc$」を利用する。

解き方 (1)

$\frac{x}{8}=\frac{5}{4}$

$x=\frac{5}{4}\times$ ⑤［ ］

$=$ ⑥［ ］

(2)

(⑦［ ］)$\times 2=6\times 3$

$2x+4=18$

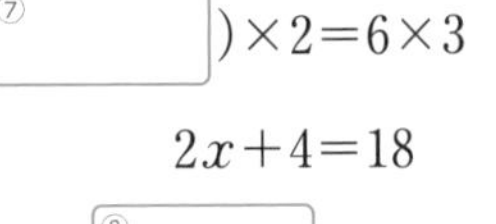

⑧［ ］$=18-4$

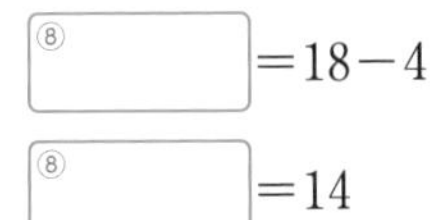

⑧［ ］$=14$

$x=$ ⑨［ ］

比例式

比が等しいことを表す式。

$a:b=c:d$

※$a:b$で表された比で，aをbでわった商 $\frac{a}{b}$ を「比の値」という。

基本問題

1 分数がある 1 次方程式 次の方程式を解きなさい。

(1) $\frac{1}{6}x-2=\frac{1}{3}x$　　(2) $\frac{a}{2}-\frac{2}{3}=\frac{a}{6}$

分母の最小公倍数をみつけよう。

(3) $\frac{x}{2}+1=\frac{2}{5}x+3$　　(4) $\frac{y}{4}-\frac{2}{3}=1-\frac{y}{6}$

2 分数がある 1 次方程式 次の方程式を解きなさい。

教 p.112Q4

(1) $\frac{x-3}{4}=\frac{1}{3}x$　　(2) $\frac{2x-1}{5}=\frac{x-2}{3}$

(3) $\frac{-x+6}{2}=x-3$　　(4) $\frac{2x+1}{6}-\frac{x-8}{4}=0$

3 比例式とその解き方 次の比例式を解きなさい。

(1) $x:15=4:5$　　(2) $x:14=3:7$

(3) $10:25=x:5$　　(4) $x:12=15:9$

比例式 $a:b=c:d \Leftrightarrow \frac{a}{b}=\frac{c}{d}$ の関係を使う。

4 比例式とその解き方 比の性質を使って，次の比例式を解きなさい。

(1) $4:7=28:x$　　(2) $3.1:12.4=x:2$

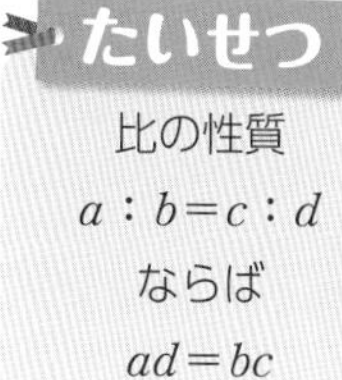

(3) $(x-2):4=1:2$　　(4) $4:(x+3)=5:15$

(5) $\frac{6}{7}:x=3:14$　　(6) $5:3=x:\frac{1}{5}$

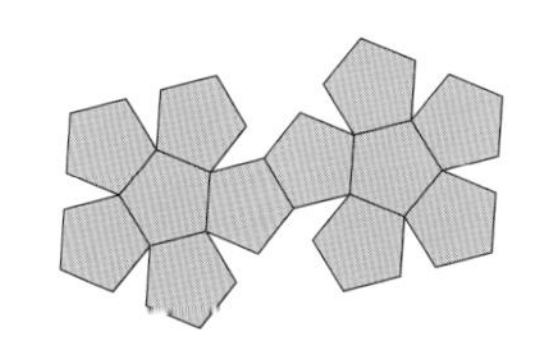

左ページの例の答え　① $3x$　② 12　③ 3　④ 4　⑤ 8　⑥ 10　⑦ $x+2$　⑧ $2x$　⑨ 7

3章

解答 p.21

1節 方程式 2節 1次方程式の解き方

よく出る **1** 次の方程式のなかで，その解が -3 であるものはどれですか。記号で答えなさい。

㋐ $3x-4=5x+2$　　㋑ $11x-6=-9+2x$

㋒ $-7(x-5)=8(1-2x)$　　㋓ $\frac{x}{6}-2=x-\frac{9}{2}$

よく出る **2** 次の方程式を解きなさい。

(1) $4x+2=0$　　(2) $-\frac{2}{3}x=\frac{7}{6}$

(3) $3x-2=-x+1$　　(4) $11x-7=-10x-7$

(5) $3y-(4-y)=8+2y$　　(6) $2(2x-5)-(x+9)=2$

(7) $-0.2x+0.7=0.1$　　(8) $0.05x-0.3=0.4x-1$

(9) $\frac{8}{3}x-5=\frac{1}{2}x+8$　　(10) $\frac{x-1}{3}=\frac{x+2}{5}$

3 方程式 $8x=20$ を解くとき，$x=\square$ の形に変形するには，等式の性質をどのように利用すればよいですか。2通りの方法を答えなさい。

4 2つの x についての方程式 $7-2x=5$ と $a-3x=2x$ が同じ解をもつとき，a の値を求めなさい。

2 移項するときは，符号を変えることを忘れないようにする。
3 等式の性質③または④を使って，x の係数を1にする。
4 $7-2x=5$ の解を，$a-3x=2x$ に代入して，a の値を求める。

5 (1)，(2)の方程式を次のように解きました。式を変形するのに，①と②では，等式の性質㋐～㋓のどれを使っていますか。それぞれ記号で答えなさい。また，そのときのCにあたる式や数を答えなさい。

(1)
$$5x=2x-21$$
①
$$5x-2x=-21$$
$$3x=-21$$
②
$$x=-7$$

(2)
$$-\frac{3}{4}x-1=2$$
①
$$-\frac{3}{4}x=2+1$$
$$-\frac{3}{4}x=3$$
②
$$x=-4$$

等式の性質
㋐ $A=B$ ならば $A+C=B+C$
㋑ $A=B$ ならば $A-C=B-C$
㋒ $A=B$ ならば $AC=BC$
㋓ $A=B$ ならば $\frac{A}{C}=\frac{B}{C}(C\neq 0)$

6 次の(1)，(2)に答えなさい。

(1) xについての方程式 $\frac{x+a}{2}=1+\frac{a-x}{3}$ の解が $\frac{1}{2}$ のとき，aの値を求めなさい。

(2) $x+2=\frac{x-4}{3}$ のとき，x^2-3x の値を求めなさい。

レベルUP **7** 1けたの自然数a，bがあります。xについての方程式 $ax-20=bx$ の解が4になるようにするには，a，bの値をどう決めればよいですか。考えられるa，bの値の組をすべて答えなさい。

8 次の比例式を解きなさい。

(1) $x:18=4:9$　　(2) $7:10=x:30$

(3) $\frac{1}{2}:\frac{1}{3}=6:x$　　(4) $8:(x+5)=4:3$

入試問題をやってみよう！

1 次の方程式を解きなさい。

(1) $0.2(x-2)=x+1.2$ 〔千葉〕　(2) $\frac{x-4}{3}+\frac{7-x}{2}=5$ 〔和歌山〕

6 (2) まず，両辺に分母をはらうための数をかけて，分数をふくまない形に変形してxの値を求め，そのxの値を代入して式の値を求める。

8 (3)(4) 比の性質「$a:b=c:d$ ならば，$ad=bc$」を利用する。

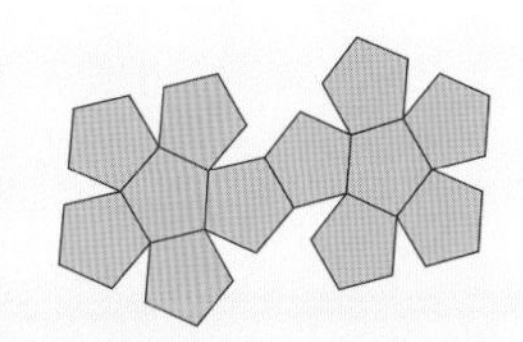

確認のワーク ステージ1 3節 1次方程式の利用
① 1次方程式を使って問題を解決しよう

例1 個数と代金の問題

教 p.116 → 基本問題 1

50円切手と100円切手を合わせて8枚買ったら，代金の合計は550円でした。50円切手と100円切手は，それぞれ何枚買いましたか。

考え方 50円切手をx枚買うとして，問題にふくまれる数量を表に整理する。

	50円切手	100円切手	合計
1枚の値段（円）	50	100	
枚数（枚）	x	②	8
代金（円）	①	100（②）	550

覚えておこう

方程式を使って問題を解く手順

1. わかっている数量と求める数量を明らかにし，何をxにするかを決める。
2. 等しい関係にある数量を見つけて，方程式をつくる。
3. 方程式を解く。
4. 方程式の解を問題の答えとしてよいかどうかを確かめ，答えを決める。

解き方 50円切手をx枚買うとすると，（最初に，何をxとするか決める。）

① ＋100（② ）＝550

合わせて8枚買うから，100円切手の枚数は$(8-x)$枚

$50x+800-100x=550$　③ $=-250$　$x=$ ④

100円切手の枚数は，8－④ ＝⑤ （枚）

代金の合計は，$50\times5+100\times3=550$（円）となり，問題の答えに適している。（答えの確かめをする。）

答 50円切手 ⑥　100円切手 ⑦

例2 過不足の問題

教 p.117 → 基本問題 2

あめを子どもに配るのに，1人に6個ずつ配ると7個たりません。また，1人に5個ずつ配ると2個余ります。子どもの人数とあめの個数を求めなさい。

解き方 子どもの人数をx人とすると，あめの個数は，

1人に6個ずつ配ると7個たりない →$(6x-7)$個

1人に5個ずつ配ると2個余る →（⑧ ）個

（どちらもあめの個数を表しているので等しい。）

よって，$6x-7=$ ⑧

これを解くと，$x=$ ⑨

（注 このxは，子どもの人数（自然数）なので，小数や分数であれば，明らかにまちがいである。）

あめの個数は，6×⑨ －7＝⑩

5×9＋2と計算してもよい。

子ども9人，あめ47個は，問題の答えとしてよい。

答 子ども ⑪　あめ ⑫

ここがポイント

図にかいて考える。

①より，あめの個数は $6x-7$（個）

②より，あめの個数は $5x+2$（個）

基本問題

解答 p.23

1 個数と代金の問題　次の(1)〜(3)に答えなさい。

教 p.117 Q1

(1)　Aのノートと，それより50円高いBのノートがあります。Aのノート3冊とBのノート2冊の代金の合計は600円です。Aのノート，Bのノートそれぞれ1冊の値段を求めなさい。

(2)　ある動物園の大人の入園料は子どもの入園料より160円高く，大人2人と子ども3人の入園料の合計は1120円でした。大人と子ども，それぞれの入園料を求めなさい。

(3)　Aさんは35円の色画用紙を12枚，のりを3個買いました。Bさんは同じ色画用紙を15枚，のりを4個買ったところ，代金はAさんより185円多くなりました。のり1個の値段を求めなさい。

(3)は，(Bさんの代金)−(Aさんの代金)=185の式をつくろう。

2 過不足の問題　次の(1)〜(3)に答えなさい。

教 p.117 Q2

(1)　同じ鉛筆を6本買うには，持っていた金額では30円たりませんでした。そこで，5本買うことにしたら，10円余りました。鉛筆1本の値段と持っていた金額を求めなさい。

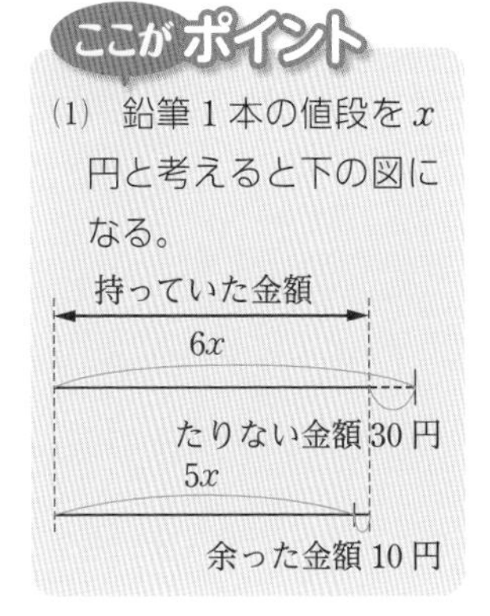

(2)　色紙を子どもに配るのに，1人に5枚ずつ配ると8枚余ります。また，7枚ずつ配ると2枚たりません。子どもの人数と色紙の枚数を求めなさい。

(3)　あめが同じ数ずつ入った袋を作ります。1袋に10個ずつ入れるとあめは6個余り，12個ずつ入れると8個不足します。あめの個数と袋の枚数を求めなさい。

(3)は，袋の枚数をx枚として，あめの個数を表す式をつくろう。

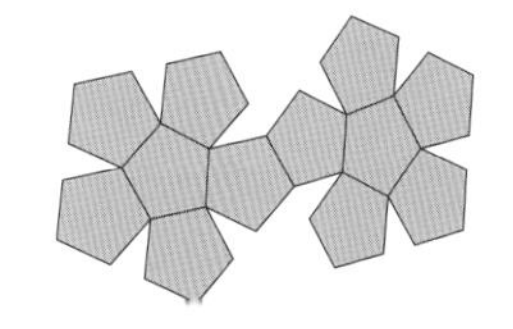

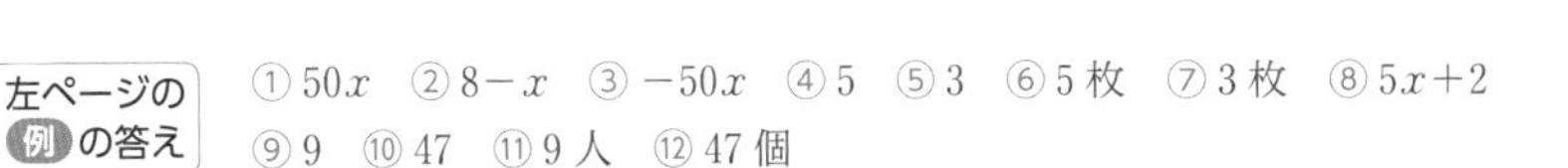

3節　1次方程式の利用
② 速さの問題を1次方程式を使って解決しよう
③ 1次方程式の解の意味を考えよう　④ ドッジボール大会の休憩時間は？

例1 速さの問題

教 p.118 → 基本問題 1

家から 1500 m 離(はな)れた駅まで行くのに，Aさんは，分速 50 m で先に出発し，Bさんは，その 10 分後に分速 150 m で自転車で追いかけました。Bさんが A さんに追いつくのは，Bさんが出発してから何分後ですか。

考え方 Bさんが A さんに追いつくのに x 分かかるとして，方程式をつくる。

解き方 x 分後に B さんが A さんに追いついたときに，

Bさんが自転車で走った道のりは，①[　　]$\times x$ (m)
（道のり）=（速さ）×（時間）

進んだ道のりは等しい。

Aさんが歩いた道のりは，②[　　]$\times(10+x)$ (m) なので，

①[　　]$\times x=$②[　　]$\times(10+x)$ より，$x=$③[　　]

A: $50\times(10+x)$ m（10 分，x 分）
B: $150\times x$ m（x 分）

答 ③[　　]分後

例2 解の意味を考える問題

教 p.119 → 基本問題 2 3

現在，母は 46 歳(さい)，子どもは 13 歳です。母の年齢(ねんれい)が子どもの年齢の 4 倍になるのはいつですか。

考え方 現在から x 年後に母の年齢が子どもの年齢の 4 倍になると考える。

解き方 x 年後の母の年齢…$46+x$ (歳)，

子どもの年齢…④[　　](歳)

$46+x=($④[　　]$)\times 4$　　これを解くと，$x=-2$
子どもの年齢の 4 倍

答えは -2 年後であるが，これは⑤[　　]を表す。
解が負の数だから，現在より前に 4 倍になったことを表す。

思い出そう
正の数と負の数は，反対向きの性質をもった数量である。
例　-7 年後=7 年前

答 ⑤[　　]

例3 計画を立てる問題

教 p.120 → 基本問題 4

コートを 1 面だけ使って，ドッジボール大会を全部で 15 試合行い，試合と試合の間には，それぞれ同じ長さの休憩(きゅうけい)時間を分単位で設けます。試合と休憩の合計時間は 220 分，各試合の時間は 10 分とすると，1 回の休憩時間は何分にすればよいですか。

考え方 休憩は，試合数より 1 少なくなる。

解き方 休憩は⑥[　　]回になるから，1 回の休憩時間を x 分とすると，

$10\times 15+x\times$⑥[　　]$=220$ より，$x=$⑦[　　]

答 ⑦[　　]分

基本問題

解答 p.24

1 速さの問題　妹は家を出発して駅に向かいました。その5分後に，姉は家を出発して妹を追いかけました。妹の歩く速さを分速 **40 m**，姉の歩く速さを分速 **60 m** とすると，姉は家を出発してから何分後に妹に追いつきますか。

教 p.118 Q1

(1)　姉が出発してから x 分後に妹に追いつくとして，右の表の①～③にあてはまる式を答えなさい。

	妹	姉
速さ (m/min)	40	60
時間 (分)	①	x
道のり (m)	②	③

ここがポイント

妹と姉が歩いたようすは，グラフに表すとわかりやすくなる。

(2)　方程式をつくり，何分後に妹に追いつくかを求めなさい。

(3)　家から駅までの距離が 500 m のとき，妹が駅に着くまでに，姉は妹に追いつくことができますか。

2 解の意味を考える問題　現在，Aさんは7歳，Bさんは31歳です。Bさんの年齢がAさんの年齢の5倍であるのはいつですか。x 年後に5倍になるとして方程式をつくり，Bさんの年齢がAさんの年齢の5倍になるのはいつですか。

教 p.119 1

3 解の意味を考える問題　次の(1)，(2)に答えなさい。

教 p.119 2

(1)　1枚50円の画用紙と1枚80円の色画用紙を合わせて16枚買ってちょうど1000円にすることはできますか。

(2)　AさんとBさんはそれぞれおはじきを48個ずつ持っています。AさんがBさんに何個かおはじきをあげて，2人の持っているおはじきの数の比を 3：5 にすることはできますか。

4 計画を立てる問題　クラス対抗のバレーボール大会を全部で28試合行います。試合と試合の間には，それぞれ同じ長さの休憩時間を設けます。使用するコートは4面あり，各試合の時間を20分にします。試合と休憩の合計時間を176分以内にするには，1回の休憩時間を何分以内にすればよいですか。

教 p.120 Q1

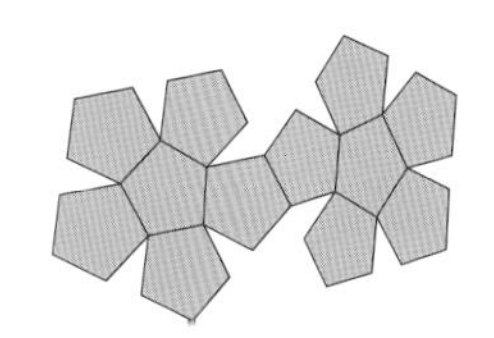

左ページの例の答え　①150　②50　③5　④$13+x$　⑤2年前　⑥14　⑦5

解答 p.25

3節　1次方程式の利用

よく出る **1** 次の(1)〜(5)を，方程式を使って解きなさい。

(1) 同じチョコレートを3個買って500円出したら，80円のおつりがありました。チョコレート1個の値段を求めなさい。

(2) みかんとりんごを買いに行き，みかんをりんごより2個多く買いました。みかんは1個80円，りんごは1個140円で，代金の合計は1040円でした。りんごの個数を求めなさい。

(3) 姉と弟の持っているお金の合計は1400円です。持っているお金から，姉は380円，弟は240円使ったので，姉の残金は弟の残金の2倍になりました。姉が最初に持っていた金額を求めなさい。

(4) 鉛筆(えんぴつ)を子どもに配るのに，1人に8本ずつ配ると14本たりず，1人に7本ずつ配っても2本たりません。子どもの人数を求めなさい。

(5) 修学旅行の部屋割りを決めるのに，1室を6人ずつにすると最後の1室は3人になり，1室の人数を1人ずつ増やすとちょうど3室余ります。生徒の人数を求めなさい。

2 次の(1)，(2)を，方程式を使って解きなさい。

(1) 家から1600 m 離(はな)れた公園へ行くのに，兄は分速60 m で歩いて向かい，弟はその16分後に出発し，分速180 m で自転車で追いかけました。弟は，公園に着くまでに兄に追いつくことができますか。追いつけるとしたら，それは弟が出発してから何分後ですか。

(2) x km 離れた地点A，B間を，行きは時速12 km で走り，帰りは時速4 km で歩いて往復したら，2時間40分かかりました。A，B間の道のりを求めなさい。

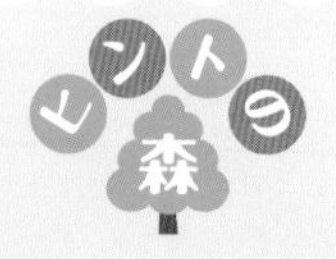

2 (2) (行きにかかった時間)＋(帰りにかかった時間)＝(全体の時間)

両辺の時間の単位をそろえる。2時間40分＝$2\frac{40}{60}$時間＝$2\frac{2}{3}$時間＝$\frac{8}{3}$時間

3 現在，母は 42 歳（さい），子どもは 12 歳です。母の年齢（ねんれい）が子どもの年齢の 3 倍になるのはいつですか。

4 姉と妹がお金を出し合って 750 円のプレゼントを買うことにしました。

(1) 姉の出す金額と妹の出す金額の比を 3：2 とすると，姉はいくら出すことになりますか。

(2) 姉の出す金額と妹の出す金額の比を 7：5 にすることはできますか。

よく出る **5** 十の位の数が 4 の 2 桁（けた）の自然数があります。この自然数の十の位の数と一の位の数を入れかえると，もとの自然数より 18 大きい数になります。もとの自然数の一の位の数を x として方程式をつくり，もとの自然数を求めなさい。

レベルUP **6** 3600 円を A さん，B さん，C さんの 3 人に分けるのに，A さんは B さんの $\frac{1}{3}$ より 200 円多く，また，C さんは A さんの 2 倍より 300 円少なくなるようにしたいと思います。A さん，B さん，C さんそれぞれいくらずつに分ければよいですか。

入試問題をやってみよう！

1 100 円の箱に，1 個 80 円のゼリーと 1 個 120 円のプリンをあわせて 24 個つめて買ったところ，代金の合計は 2420 円でした。このとき，買ったゼリーの個数を求めなさい。〔千葉〕

2 クラスで調理実習のために材料費を集めることになりました。1 人 300 円ずつ集めると材料費が 2600 円不足し，1 人 400 円ずつ集めると 1200 円余ります。このクラスの人数を求めなさい。〔愛知〕

3 ある動物園では，大人 1 人の入園料が子ども 1 人の入園料より 600 円高いです。大人 1 人の入園料と子ども 1 人の入園料の比が 5：2 であるとき，子ども 1 人の入園料を求めなさい。〔神奈川〕

4 (2) 姉の出す金額を x 円として計算し，x が整数になるかを調べる。
6 B さんのお金を x 円として，A さんと C さんのお金を x で表して方程式をつくる。
1～**3** 何を x とおいたかを確かめてから，答えを求める。

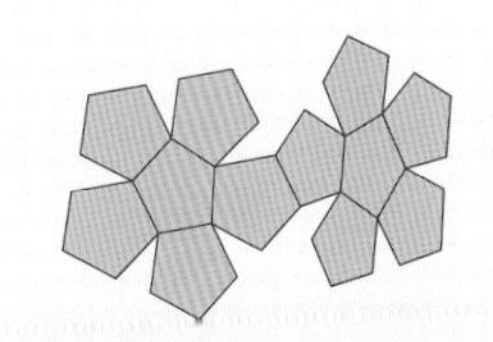

解答 p.26

実力判定テスト ステージ3 1次方程式

40分 /100

1 次の方程式について，解が -8 であるものには○，ちがうものには×をつけなさい。 3点×4（12点）

(1) $3x-2=-26$ （　　）

(2) $-4x=-32$ （　　）

(3) $9x-11=-4x+2$ （　　）

(4) $-11x-(3-x)=5-9x$ （　　）

2 次の方程式を解きなさい。 3点×6（18点）

(1) $x+7=-2$ （　　）

(2) $4x-3=-19$ （　　）

(3) $45x=5$ （　　）

(4) $-\dfrac{3}{8}x=6$ （　　）

(5) $5x-6=3x+4$ （　　）

(6) $-6x-9=-4x+9$ （　　）

3 次の方程式を解きなさい。 3点×6（18点）

(1) $3(x-1)=-x+9$ （　　）

(2) $2(6-x)-3(x-6)=5$ （　　）

(3) $1.3x+2=-0.3(x+20)$ （　　）

(4) $0.5-0.2x=0.05x$ （　　）

(5) $\dfrac{1}{3}x=\dfrac{1}{7}x+4$ （　　）

(6) $\dfrac{-x+8}{6}=\dfrac{3x-4}{2}$ （　　）

4 次の比例式を解きなさい。 4点×2（8点）

(1) $x:18=2:9$ （　　）

(2) $(x+2):(x-4)=2:5$ （　　）

目標　計算問題は正確に解けるようにしよう。また，文章題は図をかくなどして問題の意味を正しくおさえてから式を考えよう。

自分の得点まで色をぬろう！
がんばろう！ もう一歩 合格！
0 60 80 100点

5 xについての方程式 $2x-\dfrac{-x+a}{4}=11$ の解が5であるとき，aの値(あたい)を求めなさい。（6点）

（　　　　）

6 現在，父は53歳(さい)，子どもは13歳です。父の年齢(ねんれい)が子どもの年齢の5倍になるのはいつですか。（6点）

（　　　　）

7 縦の長さが横の長さより5cm短い長方形があります。この長方形の周の長さが38cmのとき，長方形の縦の長さと横の長さを求めなさい。（6点）

（縦　　　　横　　　　）

8 あるグループの人に画用紙を配るのに，1人に5枚ずつ配ると2枚たりず，1人に4枚ずつ配ると8枚余ります。グループの人数をx人として，次の(1)，(2)に答えなさい。

(1)　xについての方程式をつくりなさい。　4点×2（8点）

（　　　　）

(2)　(1)の方程式を解いて，グループの人数と画用紙の枚数を求めなさい。

（人数　　　　画用紙　　　　）

9 12km離(はな)れたA地点，B地点があります。兄はA地点から時速6kmでB地点に向かい，弟はB地点から時速4kmでA地点に向かいました。兄，弟が同時に出発したとき，2人が出会うまでに何時間何分かかりますか。（6点）

（　　　　）

10 ある中学校の1年生は，男子が女子より20人多くいます。また，男子では31%，女子では40%，全体では35%の生徒がめがねをかけています。女子の人数を求めなさい。（6点）

（　　　　）

11 姉と妹が持っているリボンの長さの比は 7：5 で，長さの和は2.4mです。姉のリボンの長さは何mですか。（6点）

（　　　　）

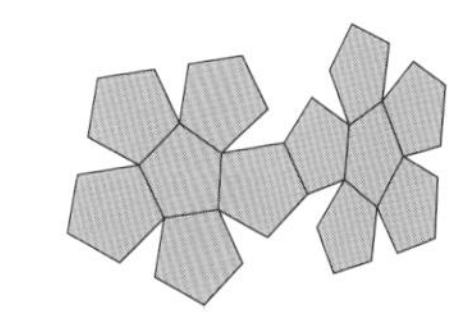

アプリ【どこでもワーク計算編】をやって，さらに力をつけよう！

3章

1節 量の変化 ① ともなって変わる2つの量 ② 2つの数量の関係の調べ方
2節 比例 ① 比例の意味 ② 比例と比例定数 ③ 座標

例1 関数

教 p.126～129 → 基本問題 1

1辺が x cm の正方形の周の長さは y cm です。y は x の関数（かんすう）であるといえますか。

考え方 具体的な数で変数（へんすう）x と y の関係を考える。
いろいろな値をとることができる文字

解き方 たとえば，$x=6$ とする。＜ x の値を決める。
このとき，y の値（あたい）は ① とただ1つに決まるので，
y は x の関数で ② 。

y は x の関数
ともなって変わる2つの数量 x，y があって，x の値を決めると，それに対応して y の値がただ1つに決まるときの x と y の関係のことをいう。

例2 比例の式

教 p.130～133 → 基本問題 3

次の(1)，(2)について，y を x の式で表しなさい。また，その比例定数を答えなさい。
(1) 縦の長さが x cm，横の長さが 8 cm の長方形の面積が y cm^2
(2) ある自動車が時速 50 km で走るとき，x 時間に進む道のりは y km

解き方 (1) (長方形の面積)＝(縦の長さ)×(横の長さ) の関係から，
（y）（x）（8）
$y=x\times8$ より，$y=$ ③ 比例定数は ④
(2) (道のり)＝(速さ)×(時間) の関係から，$y=$ ⑤ $\times x$
（y）（50）（x）
より，$y=$ ⑥ 比例定数は ⑤

比例
y が x の関数で，$y=ax$ の関係が成り立つこと。
a は 0 ではない定数（ていすう）で
定まった数
比例定数という。

例3 座標

教 p.134, 135 → 基本問題 4

右の図の点A～Cの座標（ざひょう）を，それぞれ答えなさい。

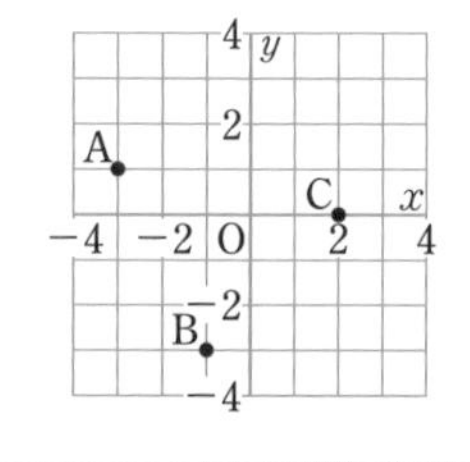

解き方 点Aの x 座標は ⑦ ，
y 座標は ⑧ だから，A(−3，1)
点Bも同様に考えて，B ⑨
点Cの x 座標は 2，y 座標は x 軸（じく）上だから 0 より，C ⑩

座標の表し方
右の図で，x 軸と y 軸を合わせて座標軸（ざひょうじく），座標軸の交点を原点（げんてん），座標軸のかかれている平面を座標平面という。
点は，(x 座標，y 座標) と表す。

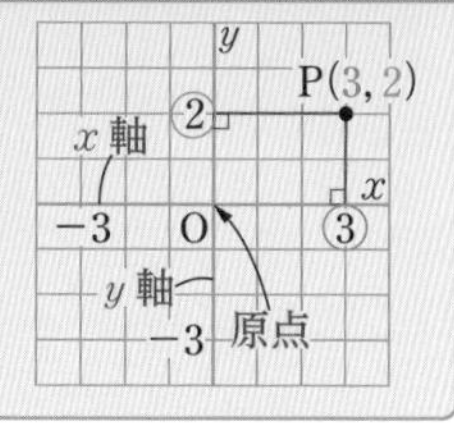

基本問題

解答 p.28

1 関数　90 L の水が入った水そうから，毎分 6 L の割合で水をくみ出します。水をくみ出し始めてから x 分後の水そうの中の水の量を y L とします。 教 p.127, 128

(1)　x に対応する y の値を求め，右の表の①～③にあてはまる数を求めなさい。

x	0	1	2	3	4	…
y	90	①	②	③	66	…

(2)　y は x の関数といえますか。

(3)　x の値はどのような範囲の数ですか。

2 変域　x の変域を次の(1)，(2)とするとき，この変域を不等号を使った式で表しなさい。また，その変域を数直線上に表しなさい。 教 p.129 Q 1

(1)　0 以上 4 以下　−5 −4 −3 −2 −1 0 1 2 3 4 5

(2)　−3 以上 1 未満　−5 −4 −3 −2 −1 0 1 2 3 4 5

ここがポイント

変域は，不等号や数直線を使って表す。数直線上に表すとき，その数をふくむ場合は●，ふくまない場合は○を使う。

（変域：変数のとりうる値の範囲）

例　$0 \leqq x < 4$

3 比例の式　分速 80 m で x 分間歩いたときに進む道のりを y m とします。 教 p.130, 131

(1)　y を x の式で表しなさい。

(2)　y は x に比例するといえますか。いえるとしたら，比例定数をいいなさい。

(3)　x の値が 2 倍，3 倍，4 倍，…になると，対応する y の値はそれぞれ何倍になりますか。

たいせつ

y が x に比例するとき，
x の値が 2 倍，3 倍，…
　　　　↓　　↓
y の値も 2 倍，3 倍，…

4 座標　次の(1)，(2)に答えなさい。 教 p.135 Q 1, Q 2

(1)　右の図の，点A～Eの座標を答えなさい。

(2)　右の図に，次の点F～Iの位置を示しなさい。

F(4, 3)　　G(−2, −4)

H(−1, 3)　　I(3, −2)

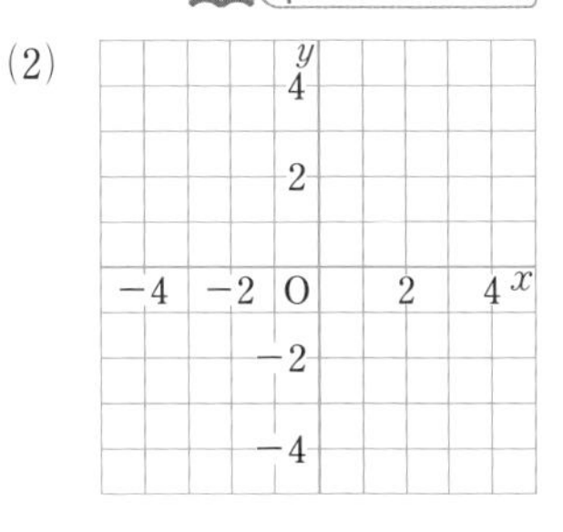

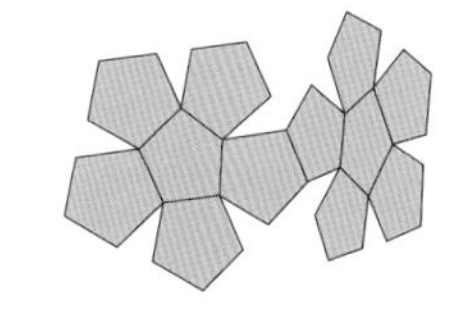

左ページの例の答え　① 24　② ある　③ $8x$　④ 8　⑤ 50　⑥ $50x$　⑦ −3　⑧ 1　⑨ (−1, −3)　⑩ (2, 0)

確認のワーク ステージ1 2節 比例 ④ 比例のグラフ ⑤ 比例の式の求め方

例1 比例のグラフ

教 p.136〜141 → 基本問題 1 2

$y=\frac{1}{4}x$ のグラフをかきなさい。

解き方 $y=\frac{1}{4}x$ が成り立つような x，y の値（あたい）の組を，表をかいて調べ，それらを座標とする点をとり，直線で結ぶ。

x	…	-4	-2	0	2	4	6	…
y	…	①	-0.5	0	0.5	②	1.5	…

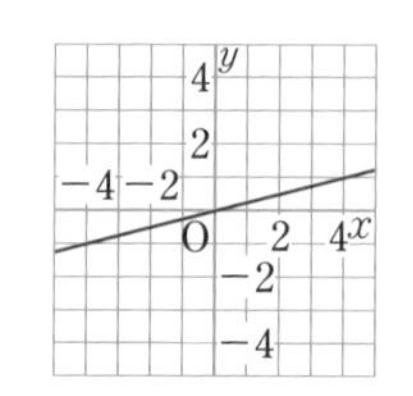

注 比例のグラフは原点を通る直線だから，原点とそれ以外の1つの点がわかればグラフをかくことができる。

例2 比例の式の求め方

教 p.142 → 基本問題 3

y が x に比例し，$x=4$ のとき $y=36$ です。

(1) y を x の式で表しなさい。　(2) $x=-3$ のときの y の値を求めなさい。

解き方 (1) y は x に比例するから，比例定数を a とすると，$y=ax$（比例を表す式）と表される。

この式に $x=4$，$y=36$（対応する1組の x と y の値）を代入すると，$36=a\times4$ より，$a=$③

だから，$y=$④

(2) (1)で求めた式に $x=-3$ を代入すると，$y=$⑤$\times(-3)=$⑥

例3 比例の式の求め方

教 p.143 → 基本問題 4

グラフが右のような直線であるとき，x と y の関係を表す式を求めなさい。

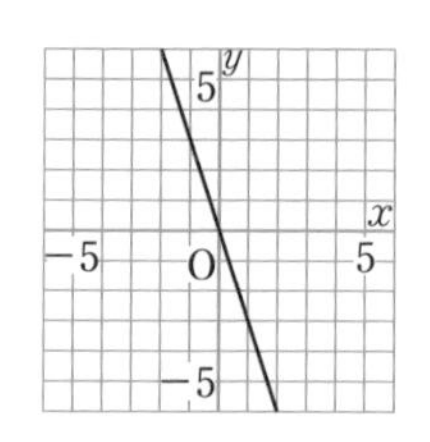

考え方 グラフは⑦を通る直線だから，比例のグラフとわかる。

解き方 比例のグラフだから，比例定数を a とすると，$y=ax$ と表される。

グラフは点 (1, ⑧) を通るから，⑧$=a\times1$ より，$a=$⑨

（グラフから x 座標，y 座標がともに整数である点の座標を読み取る。）（$x=1$，$y=-3$ を代入する。）

よって，$y=$⑨x

答 $y=$⑩

基本問題

解答 p.28

1 比例のグラフ　$y=-2.5x$ について，次の(1)～(3)に答えなさい。

教 p.137 Q1，Q2

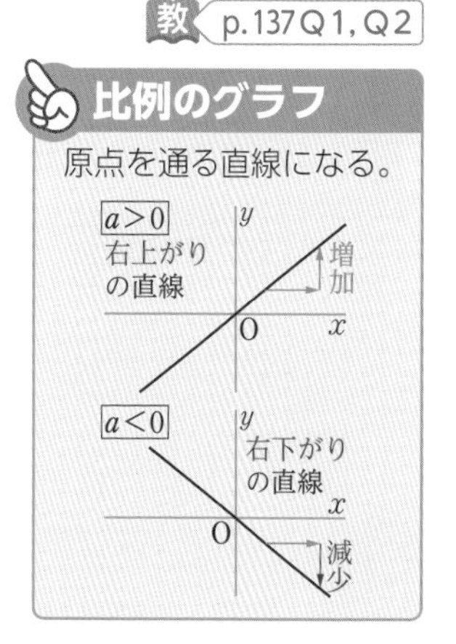

(1)　x の値が増加すると y の値は増加しますか，それとも減少しますか。

(2)　下の表の①～⑤にあてはまる数を求めなさい。

x	…	-2	-1	0	1	2	3	…
y	…	①	2.5	②	③	④	⑤	…

(3)　x の値が 1 増加すると，y の値はどれだけどのように変化しますか。

2 比例のグラフのかき方　次の(1)，(2)のグラフを右の図にかきなさい。

教 p.141 Q3，Q4

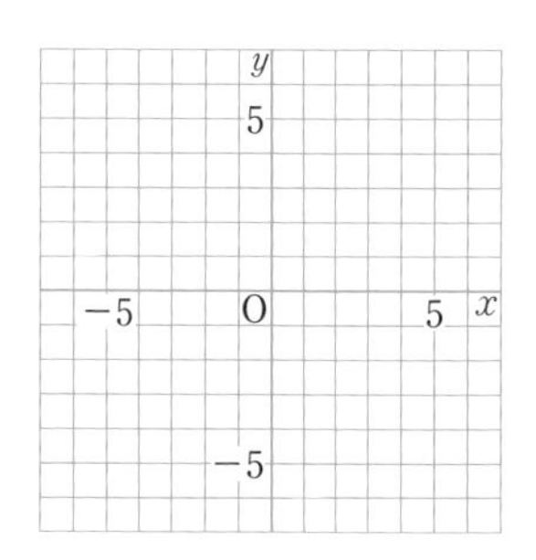

(1)　$y=\dfrac{4}{3}x$

(2)　$y=-\dfrac{3}{5}x$　$(-5 \leqq x \leqq 5)$

3 比例の式の求め方　次の(1)，(2)に答えなさい。

教 p.142 Q1

(1)　y が x に比例し，$x=2$ のとき $y=3$ です。

①　y を x の式で表しなさい。　　②　$x=-3$ のときの y の値を求めなさい。

(2)　y が x に比例し，$x=3$ のとき $y=-18$ です。

①　y を x の式で表しなさい。　　②　$y=12$ のときの x の値を求めなさい。

4 比例の式の求め方　右のグラフについて，次の(1)～(3)に答えなさい。

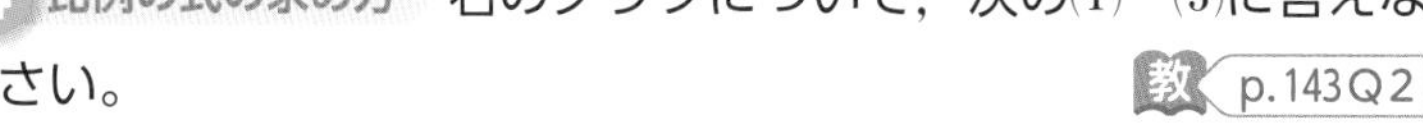

教 p.143 Q2

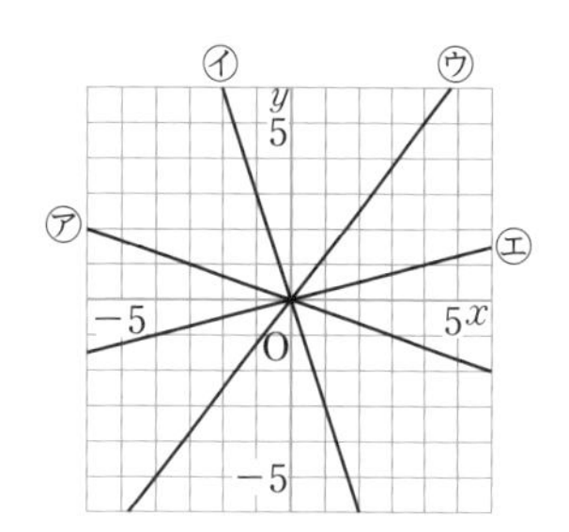

(1)　比例定数が負の数であるグラフはどれですか。

(2)　㋐のグラフについて，y を x の式で表しなさい。

(3)　㋓のグラフで，$x=12$ のときの y の値を求めなさい。

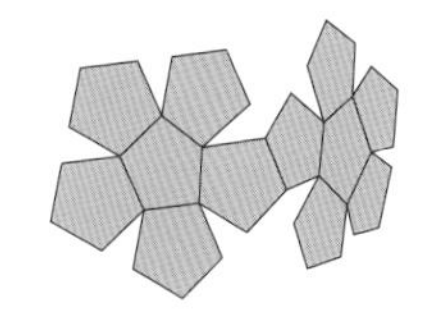

左ページの例の答え　① -1　② 1　③ 9　④ $9x$　⑤ 9　⑥ -27　⑦ 原点　⑧ -3　⑨ -3　⑩ $-3x$

解答 p.29

定着のワーク ステージ2 1節 量の変化 2節 比例

1 次の㋐〜㋓のなかから，y が x の関数であるものを選び，記号で答えなさい。

㋐ 縦の長さが x cm の長方形の面積が y cm^2

㋑ 同じ誕生日の年の差が 3 歳の兄弟で，兄の年齢が x 歳のとき，弟の年齢は y 歳

㋒ 身長が x cm の人の体重は y kg

㋓ 面積が 10 cm^2 である長方形の縦の長さが x cm のとき，横の長さは y cm

2 30 L のガソリンで 360 km 走る自動車があります。この自動車が，x L のガソリンで y km 走るとして，次の(1)〜(3)に答えなさい。

(1) y を x の式で表しなさい。

(2) 40 L のガソリンでは，何 km 走ることができますか。

(3) x の変域が $0 \leqq x \leqq 45$ のときの y の変域を，不等号を使って表しなさい。

3 次の(1)，(2)のグラフを右の図にかきなさい。

(1) $y=\frac{1}{3}x$

(2) $y=-\frac{3}{4}x$

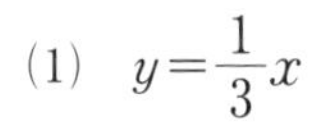

(1)

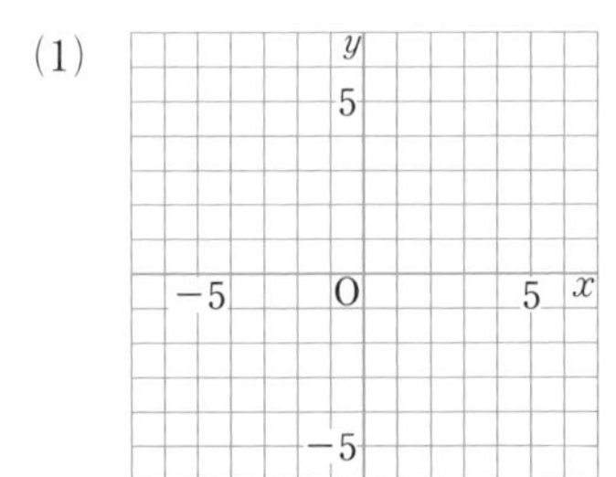

(2)

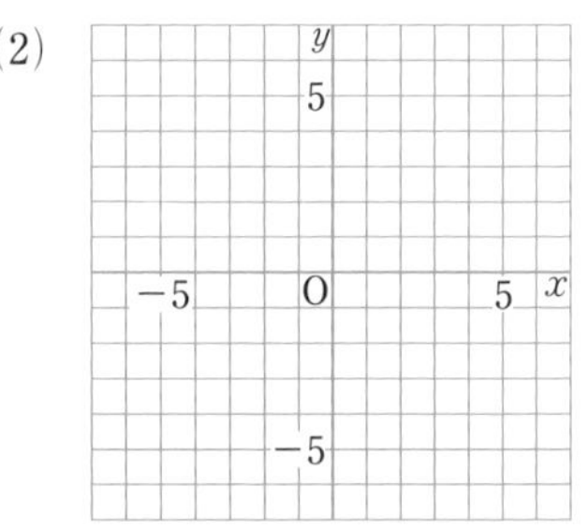

よく出る **4** 次の(1)，(2)に答えなさい。

(1) y が x に比例し，$x=3$ のとき $y=-12$ です。y を x の式で表しなさい。

(2) y が x に比例し，$x=6$ のとき $y=24$ です。$x=3$ のときの y の値（あたい）を求めなさい。

3 グラフをかくときは，座標が整数である点を利用すればよいので，$y=\frac{b}{a}x$ のグラフは，原点と点 $(a,\ b)$ の 2 点を通る直線をひいてかく。

5 右の表は，y が x に比例する関係を表したものです。

x	…	-2	-1	0	1	2	…
y	…	①	②	③	④	-5	…

(1) y を x の式で表しなさい。

(2) 表の①～④にあてはまる数を求めなさい。

(3) $y=20$ のときの x の値を求めなさい。

レベルUP **6** 右の図のように，点Pは $y=2x$ のグラフ上にあり，このグラフ上を $x>0$ の範囲で動きます。Pから x 軸に垂直な直線PQをひき，PQを1辺とする正方形PQRSを，PQの右側につくります。

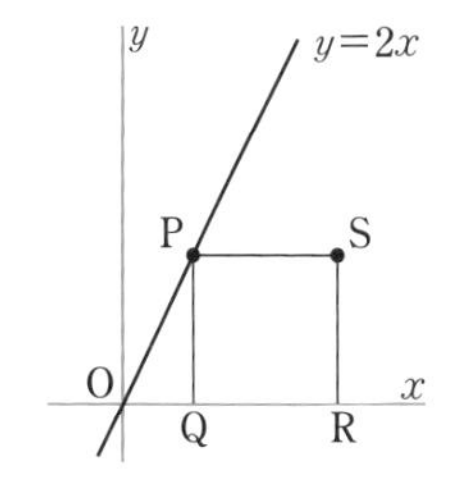

(1) 点Pの座標が(2，4)のとき，点Sの座標を求めなさい。

(2) 点Pの x 座標を p とし，正方形PQRSの1辺の長さを p を使って表しなさい。

(3) 点Sの座標を p を使って表しなさい。

(4) 点Sはどんな直線上を動きますか。この直線を表す式を求めなさい。

入試問題をやってみよう！

1 y は x に比例し，$x=2$ のとき $y=-6$ となります。$x=-3$ のとき，y の値を求めなさい。

〔北海道〕

2 関数 $y=-2x$ のグラフを次の㋐～㋓の中から1つ選び，その記号を答えなさい。〔佐賀〕

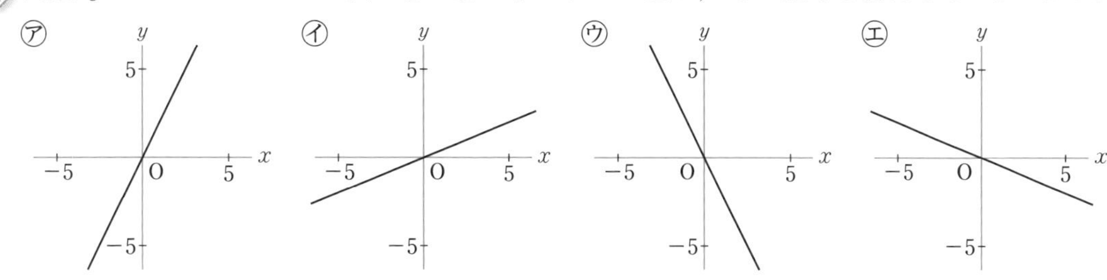

5 表から $x=2$ のとき，$y=-5$ であることがわかる。

6 (2) 点Pの座標は $P(p,\ 2p)$ となる。

1 $y=ax$ に $x=2$，$y=-6$ を代入して，a の値を求める。

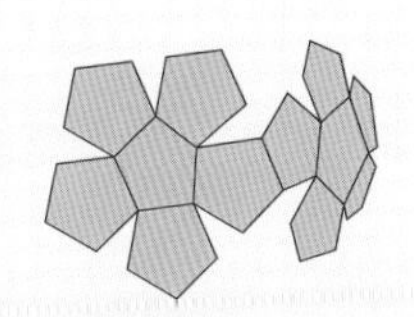

4章

3節 反比例
① 反比例の意味　② 反比例のグラフ
③ 反比例の式の求め方

例1 反比例の式

教 p.145〜147 → 基本問題 1

時速 x km で y 時間歩いたときの道のりを 7 km とするとき，y を x の式で表しなさい。また，比例定数と比例定数が表している量は何を示しているかを答えなさい。

解き方 (時間)＝(道のり)÷(速さ) より，y を x の式で表すと，
（時間 → y，道のり → 7，速さ → x）

$y=\dfrac{①\square}{x}$　$y=\dfrac{a}{x}$ の関係が成り立つので，

y は x に反比例する。

このとき，比例定数は ② □ であり，この比例定数は

歩いた ③ □ を示している。

反比例
y が x の関数で，
$y=\dfrac{a}{x}$ または $xy=a$
の関係が成り立つこと。
積 xy は一定で，この値 a を比例定数という。

例2 反比例のグラフ

教 p.148〜151 → 基本問題 2

関数 $y=\dfrac{4}{x}$ のグラフをかきなさい。

考え方 $y=\dfrac{4}{x}$ を成り立たせる x，y の値の組を座標とする点を多くとってグラフをかく。

解き方 対応する x，y の値の組を，表をかいて調べると，

x	…	−4	−2	−1	0	1	2	4	…
y	…	④ □	−2	−4	×	⑤ □	2	1	…

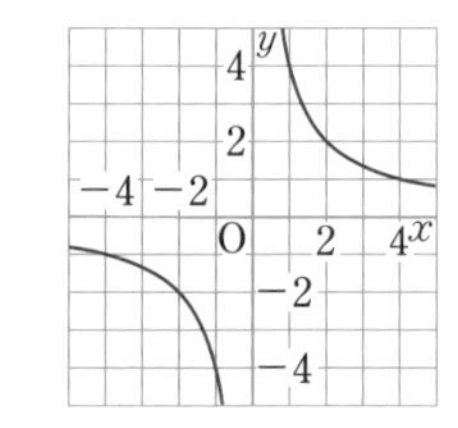

上の表の対応する x，y の値をそれぞれ x 座標，y 座標とする点を図にかき入れて点をつなぎ，2つのなめらかな曲線をかく。
「双曲線（そうきょくせん）」という。

注 反比例のグラフは，座標軸にそって限りなく延び，x 軸，y 軸と交わることはない。

例3 反比例の式の求め方

教 p.152 → 基本問題 3

y が x に反比例し，$x=3$ のとき $y=6$ です。y を x の式で表しなさい。

解き方 y は x に反比例するから，比例定数を a とすると，$y=\dfrac{a}{x}$ と表される。

この式に $x=3$，$y=6$ を代入すると，$6=\dfrac{a}{3}$ より，$a=$ ⑥ □
（対応する1組の x と y の値）
a は，$a=xy$ を利用して求めることもできる。

したがって，$y=\dfrac{⑥\square}{x}$

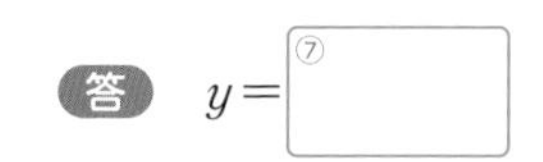
答 $y=$ ⑦ □

基本問題

解答 p.30

1 反比例の式 面積が 24 cm^2 の長方形の横の長さを x cm，縦の長さを y cm とするとき，次の(1)～(4)に答えなさい。

教 p.145～147

(1) 下の表の①～⑥にあてはまる数を求めなさい。

x	…	1	2	3	4	5	6	…
y	…	①	②	③	④	⑤	⑥	…

(2) 横の長さが 2 倍，3 倍，4 倍，…になると，それにともなって，縦の長さはそれぞれどのように変わりますか。

(3) 積 xy の値について，どのようなことがいえますか。

(4) y を x の式で表しなさい。

たいせつ

y が x に反比例するとき，
x の値が 2 倍，3 倍，…
↓　↓
y の値は $\frac{1}{2}$ 倍，$\frac{1}{3}$ 倍，…

2 反比例のグラフ 次の(1)，(2)のグラフを，右の図にかきなさい。

(1) $y=\dfrac{8}{x}$　　(2) $y=-\dfrac{8}{x}$

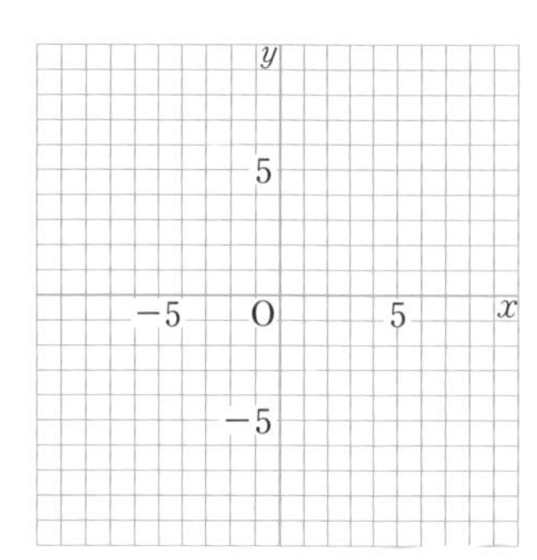

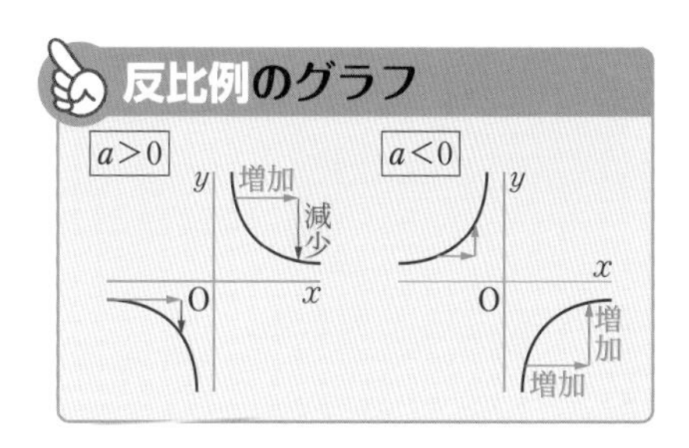

3 反比例の式の求め方 y が x に反比例しています。次の場合について，y を x の式で表しなさい。

教 p.152 Q 1

(1) $x=6$ のとき $y=-2$　　(2) $x=-\dfrac{3}{4}$ のとき $y=-8$

4 グラフから反比例の式を求める グラフが次のような双曲線であるとき，x と y の関係を表す式をそれぞれ求めなさい。

教 p.153 Q 2

(1)

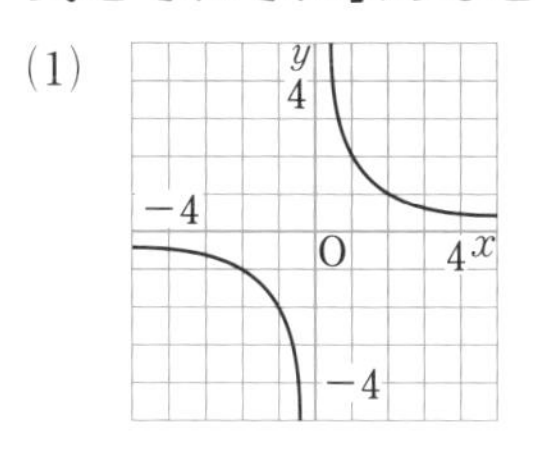

(2)

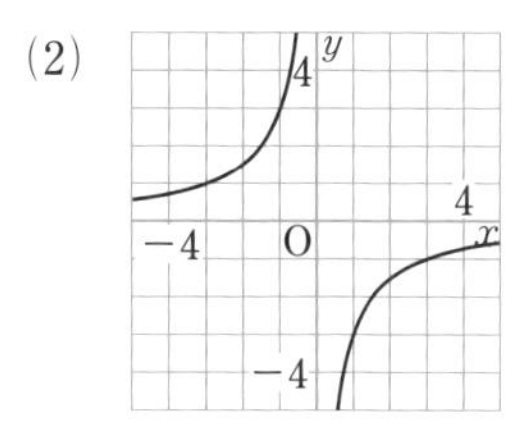

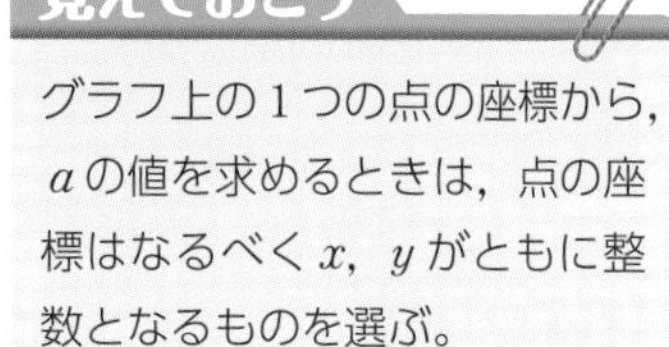

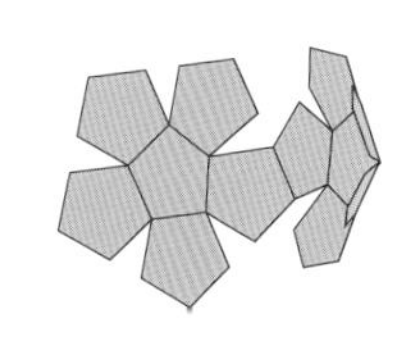

左ページの 例 の答え　①7　②7　③道のり　④-1　⑤4　⑥18　⑦$\dfrac{18}{x}$

ステージ1
4節　関数の利用
① 進行のようすを調べよう　② 身のまわりの問題を関数を使って解決しよう
③ 図形の面積の変わり方を調べよう

例1 進行のようすを調べる

教 p.156, 157 → 基本問題 1

右のグラフは，家から 1500 m 離(はな)れた駅まで，Aさんが歩いたようすを示しています。Aさんが家を出てから x 分後に y m 進むとして，y を x の式で表しなさい。また，このときの x，y の変域をそれぞれ求めなさい。

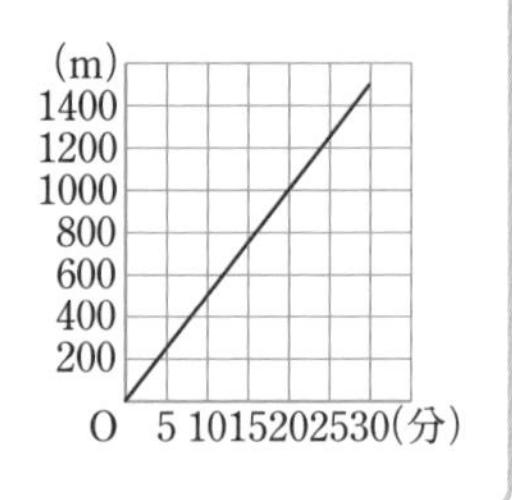

考え方　グラフから，歩いた道のりは時間に比例していると考えてよい。

解き方　道のりは時間に比例するから，比例の式 $y=ax$ に $x=20$，$y=1000$ を代入して，

①□ $=a\times20$　　$a=$ ②□　　よって，求める式は ③□

x，y の変域は，$1500=50x$，$x=$ ④□ より，$0\leqq x\leqq$ ④□，$0\leqq y\leqq$ ⑤□

例2 身のまわりの問題への利用

教 p.158 → 基本問題 2

右のようなA，B 2つの歯車がかみ合ってまわっています。Aの歯数は 32 で 2 回転しました。Bの歯数を x，回転数を y とするとき，y を x の式で表しなさい。

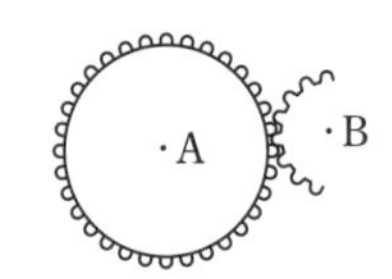

考え方　歯車がかみ合っているということは，動いた歯数が同じになると考える。

解き方　⑥□ $\times2=x\times y$ より，$y=$ ⑦□

例3 図形への利用

教 p.159 → 基本問題 3

1 辺が 6 cm の正方形 ABCD があります。点Pは，辺 CD 上を，CからDまで動きます。CP の長さが x cm のときの三角形 BCP の面積を y cm^2 とするとき，y を x の式で表しなさい。また，x，y の変域をそれぞれ求めなさい。

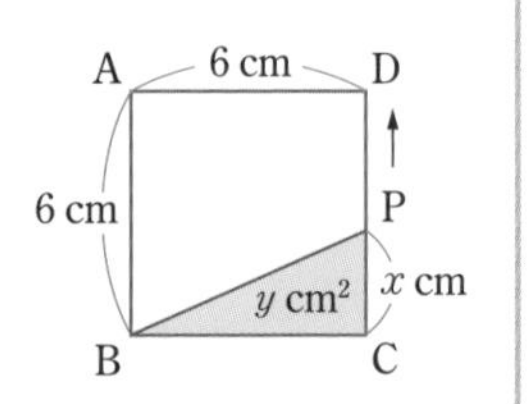

解き方　x，y の関係を，調べると，

x	0	1	2	3	4	5	6
y	0	3	⑧□	9	⑨□	15	18

上のようになる。(三角形 BCP の面積)$=$BC$\times$CP$\div2$ より，

$y=$ ⑩□ $\times x\div2$ だから，$y=$ ⑪□ x

点Pは，CからDまで動くので，x の変域は，$0\leqq x\leqq$ ⑫□

y は $x=6$ のとき最大となるので，y の変域は，$0\leqq y\leqq$ ⑬□

ここがポイント

x や y の変域

比例や反比例の式やグラフを使って問題を解くとき，x や y には変域があり，答えるとき考慮する必要がある。

基本問題

解答 p.31

1 進行のようすを調べる　兄と弟が同時に家を出発し，家から **1200 m** 離れた図書館に行きます。兄は分速 **150 m** で走り，弟は自転車に乗って分速 **200 m** で進むとき，次の(1)〜(3)に答えなさい。

教 p.156, 157

(1)　家を出発してから x 分後に家から y m 離れたところにいるとして，兄の走るようすをグラフに表すと，右の図のようになります。この図に，弟の進むようすを表すグラフをかき加えなさい。

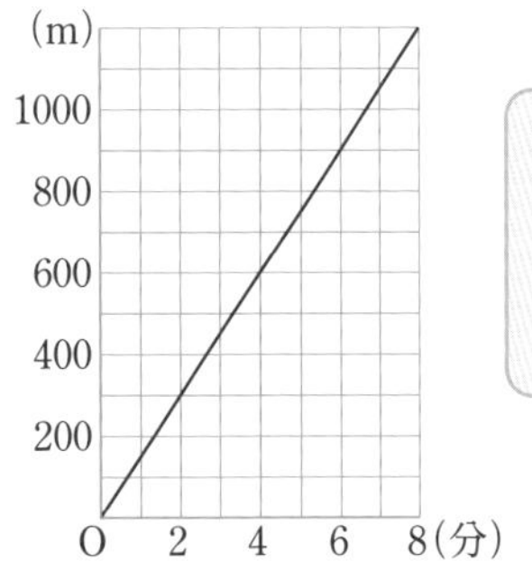

(2)　弟が図書館に着くのは，家を出てから何分後ですか。

(3)　弟が図書館に着いたとき，兄は図書館まであと何 m のところにいますか。

4章

2 身のまわりの問題への利用　右の図のように，てんびんがつり合っているとき，(おもりの重さ)×(支点からの距離) は一定になります。右の図の場合について，次の(1)，(2)に答えなさい。

教 p.158 Q 1

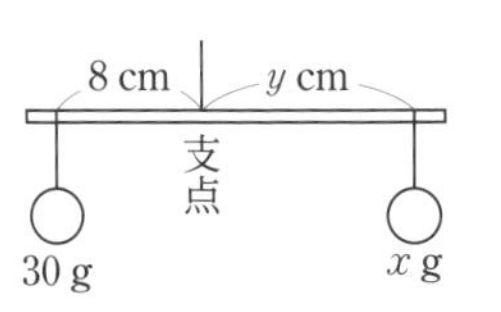

(1)　y を x の式で表しなさい。

(2)　x のおもりが 20 g のとき，おもりは支点からどれだけ離れていますか。

3 図形への利用　右の図のような長方形 ABCD で，点 P は AB 上を，点 Q は BC 上を，三角形 PBQ の面積が **6 cm²** になるように動きます。BP の長さが x **cm** のときの BQ の長さを y **cm** として，次の(1)〜(4)に答えなさい。

教 p.159 1 Q 1

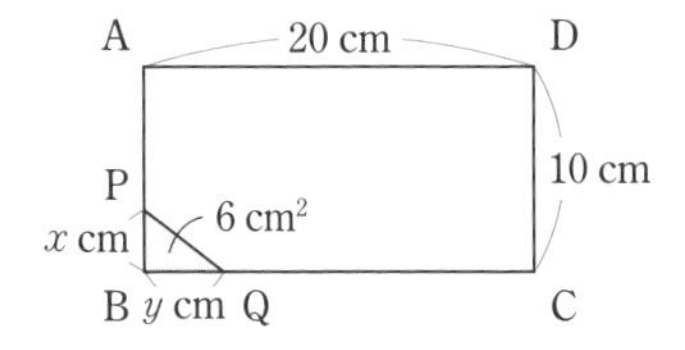

(1)　y を x の式で表しなさい。

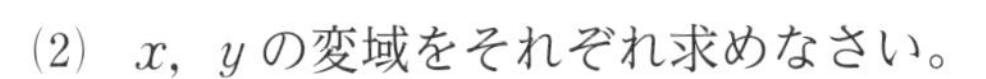

(2)　x，y の変域をそれぞれ求めなさい。

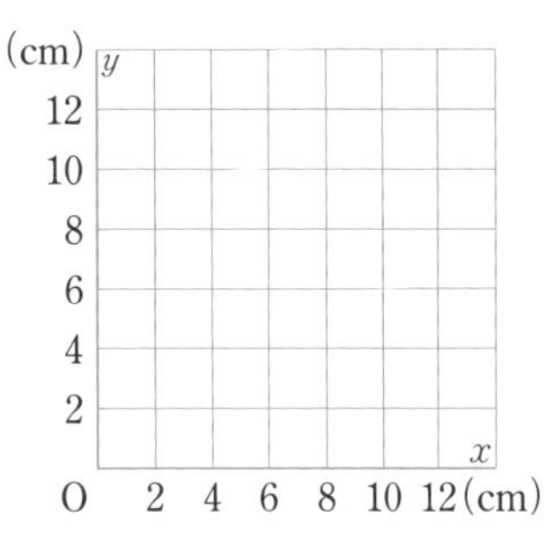

(3)　x と y の関係をグラフに表しなさい。

(4)　BQ の長さが 8 cm のとき，BP の長さは何 cm になりますか。

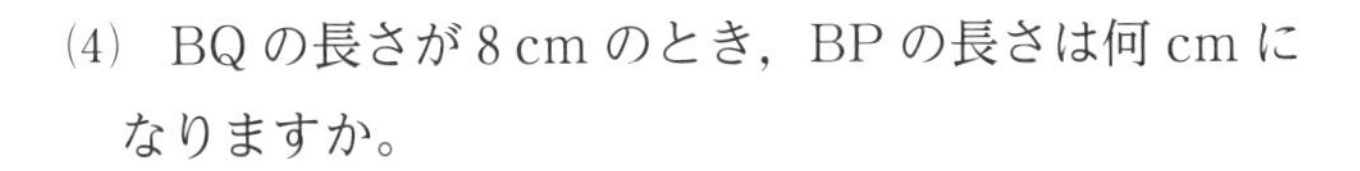

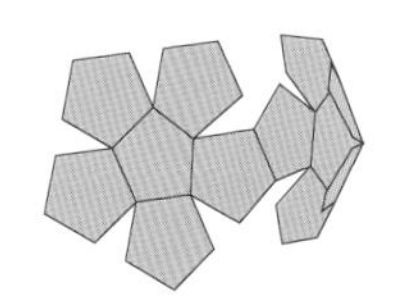

左ページの例の答え

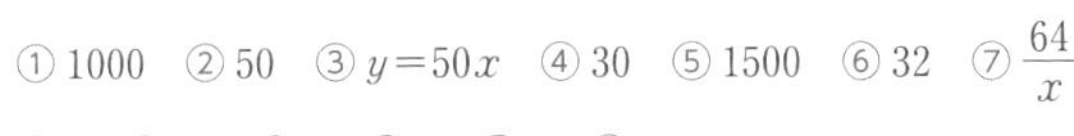

① 1000　② 50　③ $y=50x$　④ 30　⑤ 1500　⑥ 32　⑦ $\frac{64}{x}$
⑧ 6　⑨ 12　⑩ 6　⑪ 3　⑫ 6　⑬ 18

解答 p.31

3節 反比例 4節 関数の利用

1 次の(1)〜(3)について，y を x の式で表しなさい。また，y が x に反比例するときは，その比例定数をいいなさい。

(1) 底辺の長さが x cm，高さが y cm の平行四辺形の面積は 20 cm^2 である。

(2) 長さ 10 cm のろうそくが 1 分間に 0.3 cm の割合で燃えて短くなるとき，燃え始めてから x 分後に残っているろうそくの長さは y cm である。

(3) 150 L 入る水そうに，1 分間に x L の割合で水を入れると y 分でいっぱいになる。

2 反比例のグラフについて，次の(1)〜(3)に答えなさい。

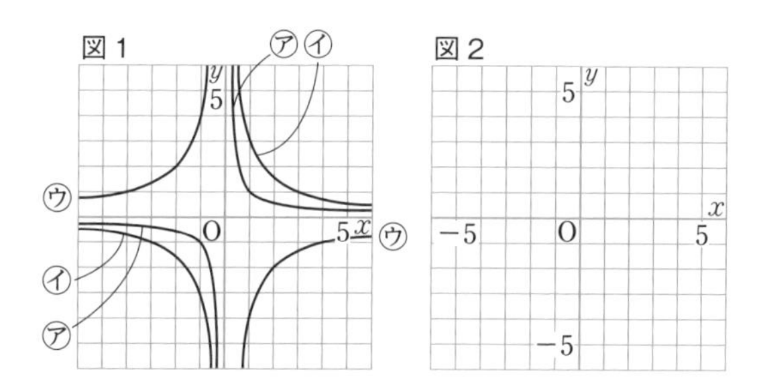

(1) 図 1 の㋐〜㋒のグラフで，比例定数が負の数であるものはどれですか。

(2) 図 1 の㋑のグラフについて，y を x の式で表しなさい。

(3) 次のグラフを，図 2 にかきなさい。

① $y=\dfrac{2}{x}$　　② $y=-\dfrac{5}{x}$

よく出る **3** y が x に反比例し，$x=-6$ のとき $y=\dfrac{2}{3}$ です。

(1) y を x の式で表しなさい。

(2) $y=-\dfrac{1}{4}$ のときの x の値(あたい)を求めなさい。

(3) x の変域が $1 \leqq x \leqq 4$ のとき，y の変域を求めなさい。

2 (2) グラフを通る x 座標と y 座標がともに整数である点を 1 つ読み取り，$y=\dfrac{a}{x}$ の式に代入して a の値を求める。

4 花の苗(なえ)が 80 株あります。1 列に x 株ずつ，y 列に植えるとき，次の(1)，(2)に答えなさい。

(1)　y を x の式で表しなさい。

(2)　5 列にするには，1 列に何株植えればよいですか。

5 縦が 4 cm，横が 5 cm の長方形 ABCD で，点 P は，辺 BC 上を B から C まで動きます。BP の長さが x cm のときの三角形 ABP の面積を y cm^2 として，次の(1)～(4)に答えなさい。

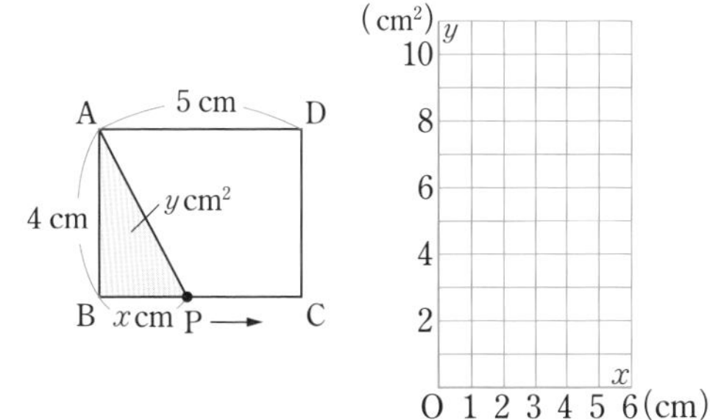

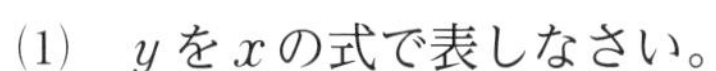

(1)　y を x の式で表しなさい。

(2)　x と y の変域をそれぞれ求めなさい。

(3)　x と y の関係を表すグラフを右の図にかきなさい。

(4)　三角形 ABP の面積が 7 cm^2 になるのは，BP の長さが何 cm のときですか。

入試問題をやってみよう！

1 右の図のように，関数 $y=\dfrac{a}{x}$ …㋐のグラフ上に 2 点 A，B があり，関数㋐のグラフと関数 $y=2x$ …㋑のグラフが点 A で交わっています。点 A の x 座標が 3，点 B の座標が $(-9,\ p)$ のとき，次の各問いに答えなさい。〔三重〕

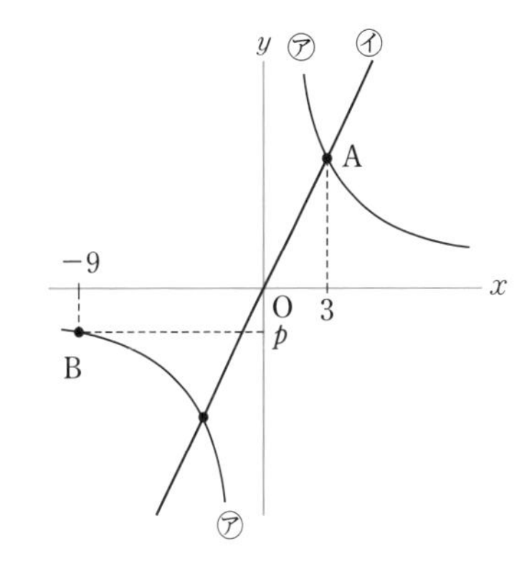

(1)　a，p の値を求めなさい。

(2)　関数㋐について，x の変域が $1 \leqq x \leqq 5$ のときの y の変域を求めなさい。

5 (1)　(三角形 ABP の面積)＝BP×AB÷2

(2)　点 P は，B から C まで動くので，x は 5 より大きくならない。

1 (1)　点 A は㋑のグラフ $y=2x$ 上の点でもある。

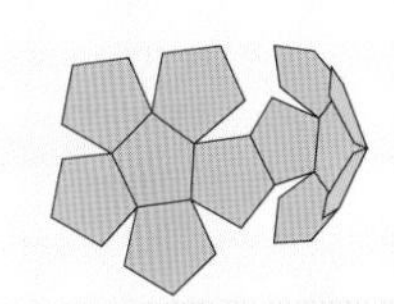

量の変化と比例，反比例

解答 p.32

1 次の(1)～(4)のような x と y の関係を表す式を，下の㋐～㋕の中から選びなさい。

3点×4（12点）

(1) y が x に比例する。 （　　　）

(2) y が x に反比例する。 （　　　）

(3) x の値（あたい）が $x>0$ の範囲内で増加すると，対応する y の値は増加する。（　　　）

(4) グラフが原点を通る右下がりの直線である。 （　　　）

㋐ $y=\frac{1}{3}x$	㋑ $y=\frac{3}{x}$	㋒ $y=-\frac{1}{3}x$
㋓ $xy=-3$	㋔ $\frac{y}{x}=3$	㋕ $y=-3x$

2 次の(1)，(2)について，y を x の式で表しなさい。また，y が x に比例するか，反比例するかを答え，その比例定数を答えなさい。

3点×6（18点）

(1) 6 m のひもを x 等分したときの1本分のひもの長さは y m である。

（式　　　　，　　　　，比例定数　　　）

(2) 3 m の重さが 45 g の針金がある。この針金 x m の重さは y g である。

（式　　　　，　　　　，比例定数　　　）

3 次の(1)，(2)について，y を x の式で表しなさい。

4点×2（8点）

(1) y が x に比例し，$x=5$ のとき $y=-15$ である。

（　　　）

(2) y が x に反比例し，$x=-2$ のとき $y=12$ である。

（　　　）

4 次の比例，または反比例のグラフを下の図にかきなさい。

4点×4（16点）

(1) $y=-\frac{2}{5}x$　(2) $y=\frac{3}{4}x$　(3) $y=\frac{10}{x}$　(4) $y=-\frac{2}{x}$

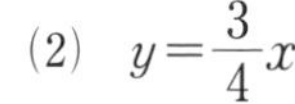

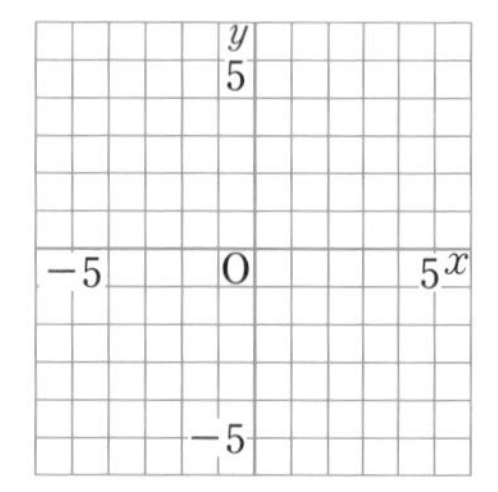

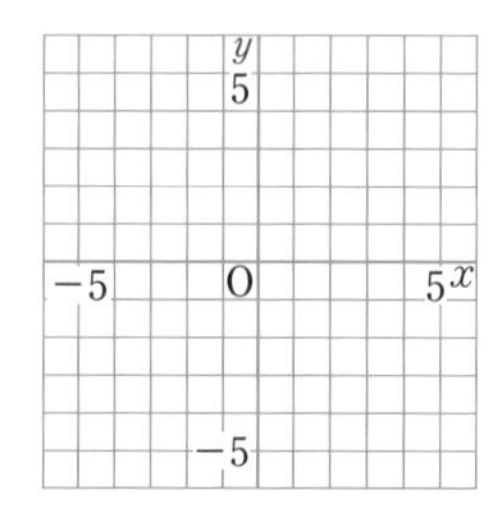

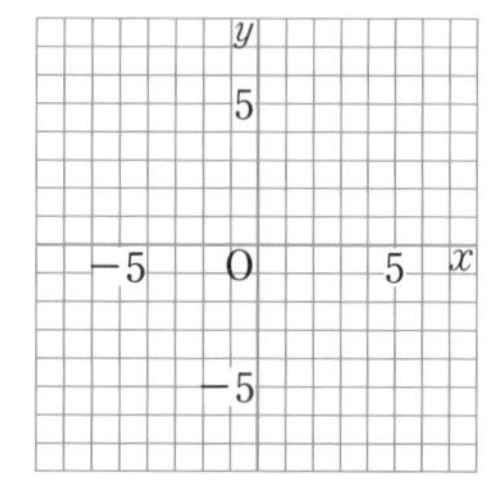

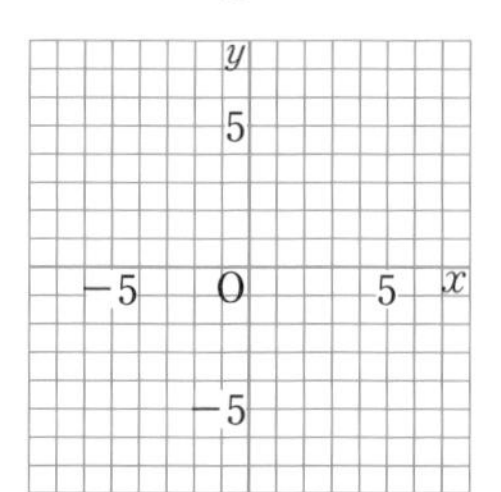

目標 比例と反比例の式を求めたり，グラフをかいたりすることができるか確認しよう。また，比例や反比例の意味も確認しておこう。

自分の得点まで色をぬろう!

がんばろう! もう一歩 合格!

0 60 80 100点

5 (1)は比例，(2)は反比例のグラフです。yをxの式で表し，□にあてはまる数を求めなさい。

3点×4(12点)

(1)

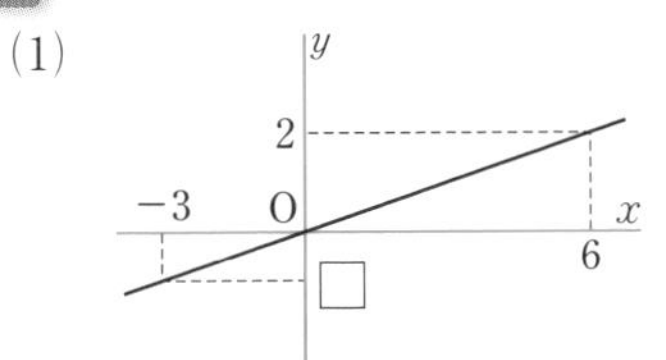

(2)

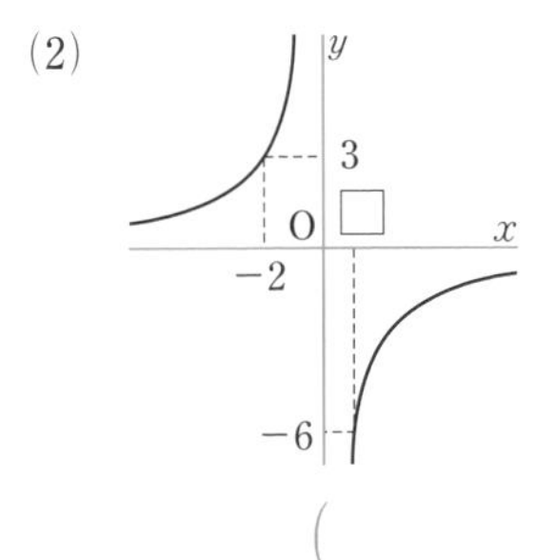

(　　　，　　　)　(　　　，　　　)

6 2つの変数xとyが，右の表のような値をとっています。

5点×2(10点)

x	…	2	3	4	…
y	…	①	4	②	…

(1) yがxに比例するとき，右の表の①にあてはまる数を求めなさい。

(　　　)

(2) yがxに反比例するとき，右の表の②にあてはまる数を求めなさい。

(　　　)

7 Aさんは家から1200 m離(はな)れた駅まで，分速75 mの速さで歩きました。出発してからx分後までに進んだ道のりをy mとして，次の(1)〜(3)に答えなさい。

4点×3(12点)

(1) yをxの式で表しなさい。

(　　　)

(2) x，yの変域を，それぞれ不等号を使って表しなさい。

(　　　，　　　)

(3) 家から900 m進むのに，どれだけ時間がかかりますか。

(　　　)

8 1分間に5 Lずつ水を入れると，2時間でいっぱいになる水そうがあります。

(1) 水そうに入る水の量は何Lですか。

4点×3(12点)

(　　　)

(2) 1分間にx Lずつ水を入れるとき，水そうがy分でいっぱいになるとして，yをxの式で表しなさい。

(　　　)

(3) 30分でいっぱいにするには，1分間に何Lずつ水を入れればよいですか。

(　　　)

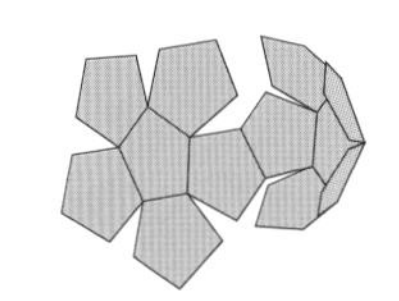

アプリ【どこでもワーク計算編・図形編】をやって，さらに力をつけよう！

4章

ステージ1 1節 平面図形とその調べ方
① 直線，半直線，線分 ② 点と点の距離
③ 直線がつくる角 ④ 平面上の2直線と距離

例1 直線，半直線，線分
教 p.167 → 基本問題 1

下の図に，(1)〜(3)をかきなさい。

(1) 直線 AB ・A ・B (2) 半直線 AB ・A ・B (3) 線分 AB ・A ・B

解き方 直線ABは，点A，Bを結び，① [ ] に限りなく延びたまっすぐな線。半直線ABは，点Aを端として，② [ ] の方向にだけ延びたもの。線分ABは，点A，Bを両端とするもの。

線分 AB の長さを，2点A，B間の距離といい，AB と表すよ。

(1) 直線 AB (2) 半直線 AB (3) 線分 AB

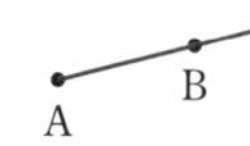

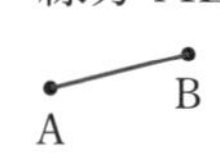

例2 直線がつくる角
教 p.169 → 基本問題 2

右の図の角を，記号∠を使って表しなさい。

解き方 1点からひいた2つの半直線のつくる図形を角という。

図の角を，③ [ ]，∠BOA，∠O，④ [ ] と表す。

例3 平面上の2直線と距離
教 p.170, 171 → 基本問題 1 4 5

右の図に，点Pを通り直線 ℓ に平行な直線 m と，点Pを通り直線 ℓ に垂直な直線 n をかきなさい。また，点Pと直線 ℓ との距離を測りなさい。

・P

ℓ ――――――

解き方 2つの三角定規を使って，下の図のようにかく。

平行な直線 m

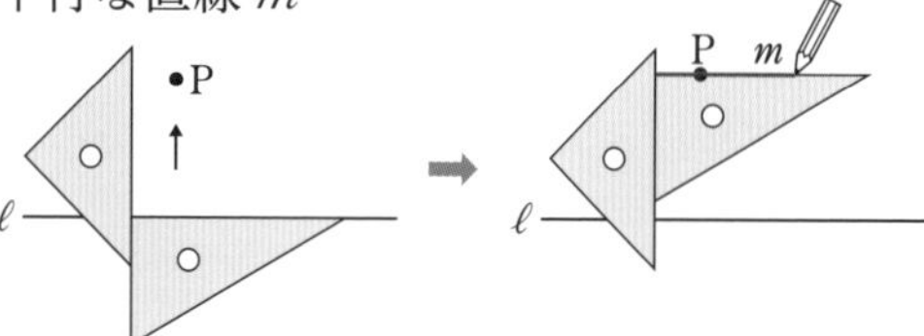

垂直な直線 n

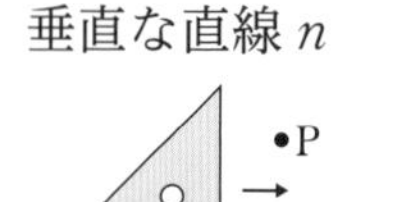

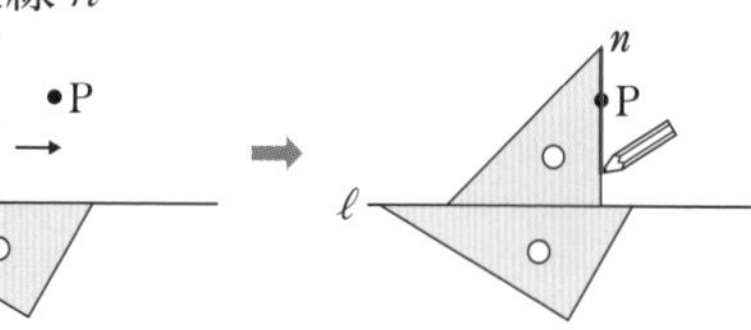

右のように，直線 ℓ との交点（線と線が交わる点）をOとするとき，線分 ⑤ [ ] の長さが点Pと直線 ℓ との距離を表す。POの長さを測ると，⑥ [ ] cm

「点Pから直線 ℓ にひいた垂線の長さ」ともいう。

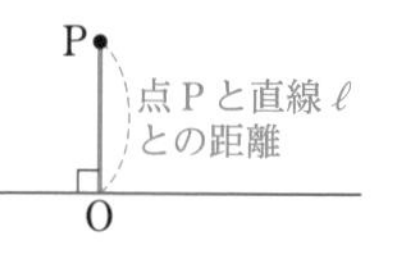

基本問題

解答 p.34

1 平面図形の表し方 次の□にあてはまることばや記号を答えなさい。 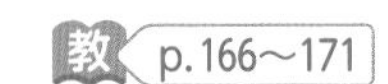

(1) 線分 AB の長さを 2 点 A，B 間の□という。

(2) 2 つの線分 AB，CD の長さが等しいことを，AB①□CD と表し，線分 AB の長さが線分 CD の長さの 2 倍であることを AB=②□CD と表す。

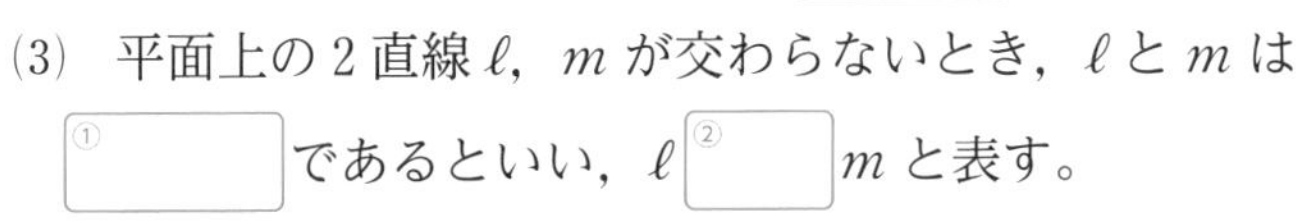

(3) 平面上の 2 直線 ℓ，m が交わらないとき，ℓ と m は①□であるといい，ℓ②□m と表す。

(4) 平面上の 2 直線 ℓ，m が直角に交わっているとき，ℓ①□m と表し，ℓ は m の②□，m は ℓ の③□であるという。

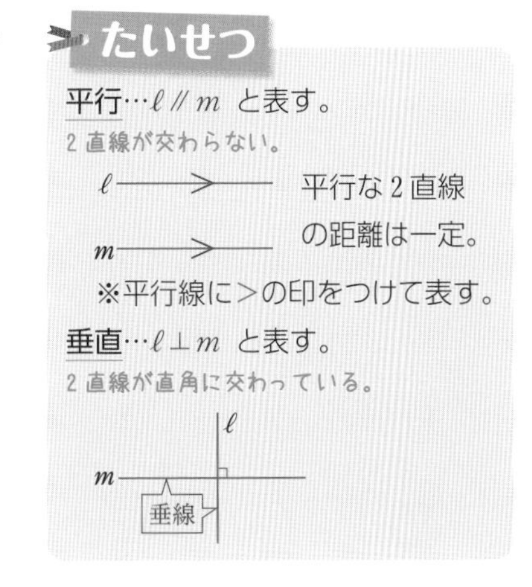

(5) 2 直線 ℓ，m が平行であるとき，ℓ 上のどこに点をとっても，その点と直線 m との距離は□である。

2 直線がつくる角 右の $\angle a$，$\angle b$，$\angle c$ を角の記号と A，B，C，D を使って表しなさい。 教 p.169 Q 1

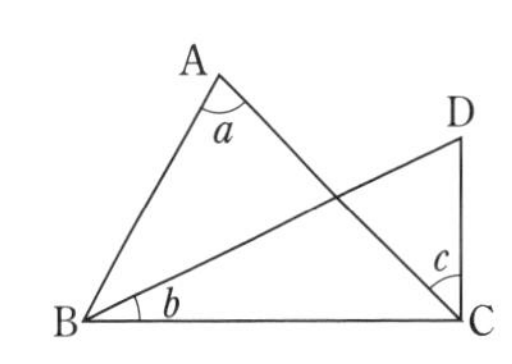

3 平面上の 2 直線 右の正方形で，線分 AB に平行な線分と垂直な線分を，記号 // や記号 ⊥ を使って表しなさい。 教 p.171 Q 1

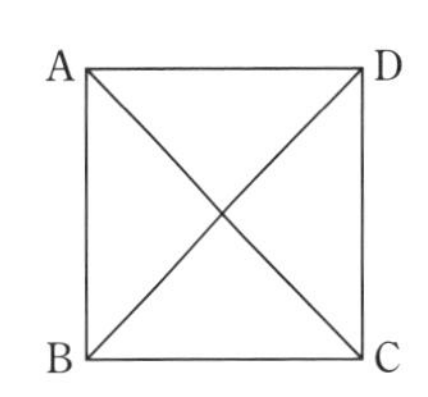

4 点と直線の距離 次の点 P と直線 ℓ の距離は何 cm ですか。 

(1)

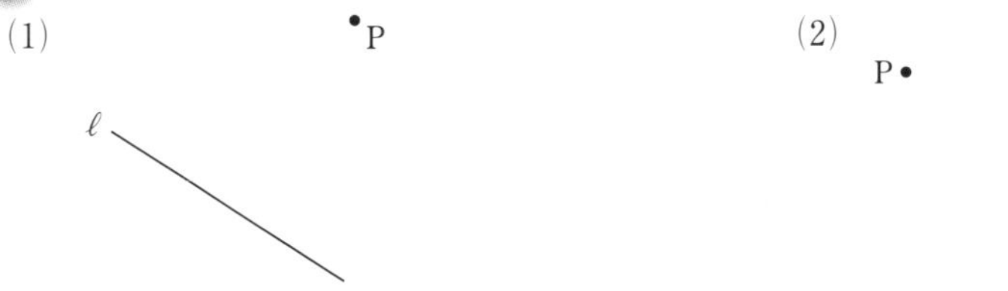

(2)

P

ℓ

5 直線と直線の距離 右の図に直線 ℓ との距離が 8 mm の直線 m をひきなさい。 教 p.171 Q 3

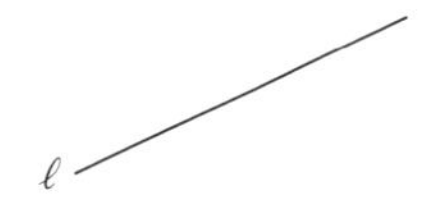

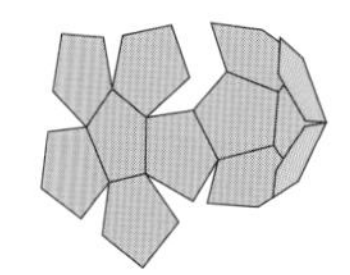

左ページの例の答え ①同方向 ②B ③∠AOB (∠a) ④∠a (∠AOB) ⑤PO ⑥1

確認のワーク ステージ1 1節 平面図形とその調べ方 ⑤ 円と直線 ⑥ 円とおうぎ形

例1 円の接線

教 p.173 → 基本問題 1 2

右の図の円Oに，円周上の点Aを通る接線(せっせん)をひきなさい。

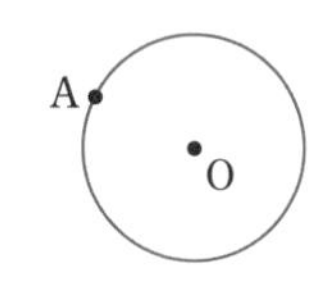

解き方 円の接線は，その接点を通る半径に垂直だから，円の中心Oと点Aを結び，線分AOの ① [　　] となるような直線をひく。

円と直線とが1点で交わるとき，この直線を円の接線という。

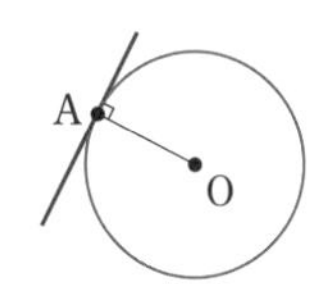

発展 円と直線の位置関係

2点で交わる

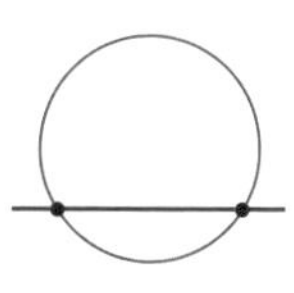

接する

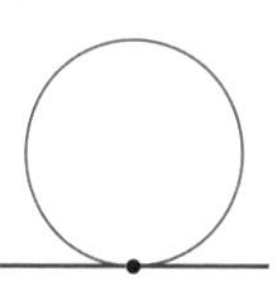

交わらない

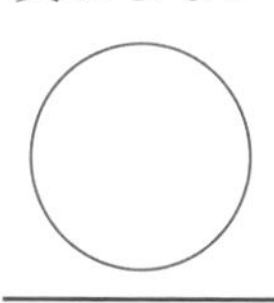

例2 円周の長さと円の面積

教 p.174 → 基本問題 3

半径が5 cmの円で，円周の長さと面積を求めなさい。

解き方 円周の長さは，

$2\pi\times5=$ ② [　　] (cm)

円の面積は，

$\pi\times5^2=$ ③ [　　] (cm^2)

たいせつ

円周の長さと円の面積

半径 r の円で，円周の長さを ℓ，円の面積を S とすると，

円周の長さ　$\ell=2\pi r$　　円の面積　$S=\pi r^2$

※(円周)÷(直径) の値を円周率といい，π(パイ) で表す。

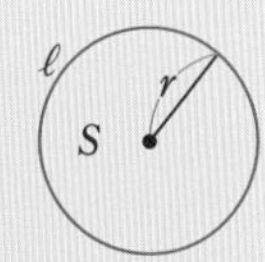

例3 おうぎ形の弧の長さと面積

教 p.176 → 基本問題 4

半径が9 cm，中心角が120°のおうぎ形の弧の長さと面積を求めなさい。

考え方 おうぎ形の弧の長さと面積は，中心角の大きさに比例する。

解き方 弧の長さは，

$2\pi\times9\times\dfrac{120}{360}=$ ④ [　　] (cm)

面積は，

$\pi\times9^2\times\dfrac{120}{360}=$ ⑤ [　　] (cm^2)

たいせつ

おうぎ形の弧の長さと面積

半径を r，中心角を $a°$ とすると，

弧の長さ　$\ell=2\pi r\times\dfrac{a}{360}$

面積　$S=\pi r^2\times\dfrac{a}{360}$

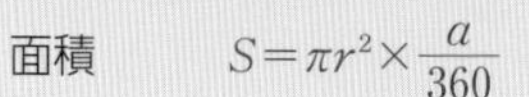

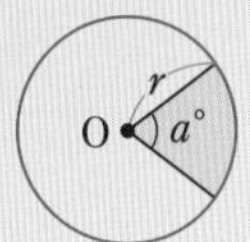

基本問題

1 円と直線，おうぎ形　次の□にあてはまることばや記号を答えなさい。

(1) 円は，中心から円周上の点までの距離が□の図形である。

(2) 弧 AB は，記号で□のように表す。

(3) 円の弦のうち，最も長いのは□である。

(4) 円の接線は，その接点を通る半径に□である。

(5) 右の図のように弧とその両端を通る 2 つの半径で囲まれた図形を□といい，∠AOB を $\overset{\frown}{AB}$ に対する□という。

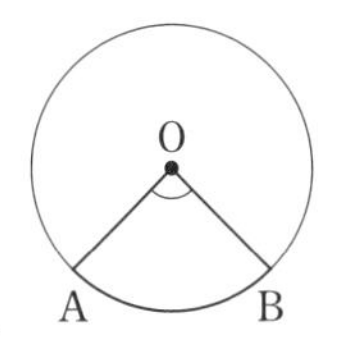

(6) 1つの円では，おうぎ形の弧の長さや面積は中心角の大きさに□する。

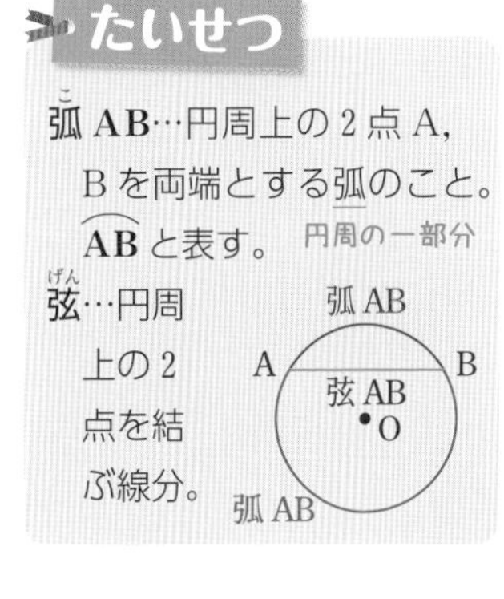

2 円の接線　次の図の円Oに，円周上の点 A，B を接点とする接線を，それぞれひきなさい。

(1)

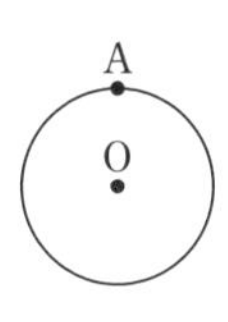

(2)

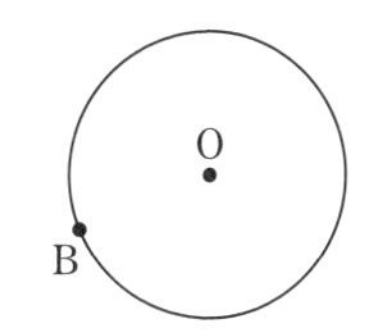

3 円周の長さと円の面積　次の円について，円周の長さと面積を求めなさい。　教 p.174 Q 1

(1) 半径が 7 cm の円

(2) 直径が 18 cm の円

4 おうぎ形の弧の長さと面積　半径が 10 cm のおうぎ形について，次の(1)，(2)に答えなさい。

(1) 弧の長さが 5π cm のとき，このおうぎ形の中心角と面積を求めなさい。

(2) 面積が 75π cm^2 のとき，このおうぎ形の中心角と弧の長さを求めなさい。

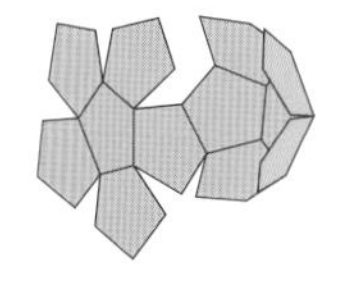

左ページの例の答え　① 垂線　② 10π　③ 25π　④ 6π　⑤ 27π

5章

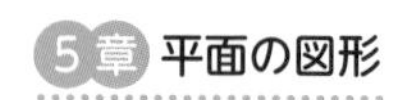

解答 p.35

1節 平面図形とその調べ方

1 右の図のように，線分 AB を 4 等分する点を C，D，E とします。

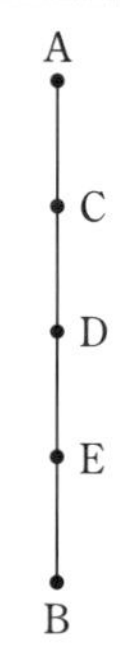

(1) 等しい線分を見つけ，等しいことを記号を使って表しなさい。

(2) 半直線 CE 上にない点を答えなさい。

(3) 点Dが中点となるような線分をすべて答えなさい。

2 右の長方形 ABCD で，対角線の交点をOとしたものです。次の(1)〜(4)を，記号を使って表しなさい。

A D O B C

(1) 向かい合う辺の長さが等しい。

(2) 向かい合う辺が平行である。

(3) 対角線がそれぞれの中点で交わる。

(4) 点Oで向かいあう角は等しい。

3 次の(1)，(2)に答えなさい。

(1) △ABC で，辺 AB を底辺とするときの高さを測りなさい。

A B C

(2) 平行線 ℓ，m 間の距離を測りなさい。

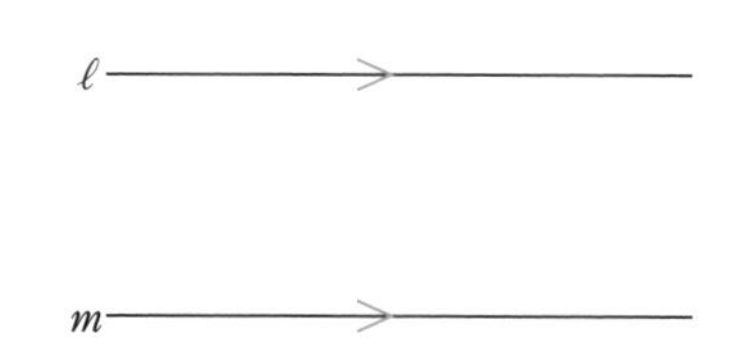

4 次の□にあてはまることばや記号を答えなさい。

右の図の円Oで，線分 AB を[①]といい，円周上のBからCまでの部分を[②]といい，[③]と表す。
点Dで円Oと直線 ℓ が接しているとき，直線 ℓ を円Oの[④]といい，点Dを[⑤]という。
また，半径 OD と直線 ℓ は[⑥]に交わっている。

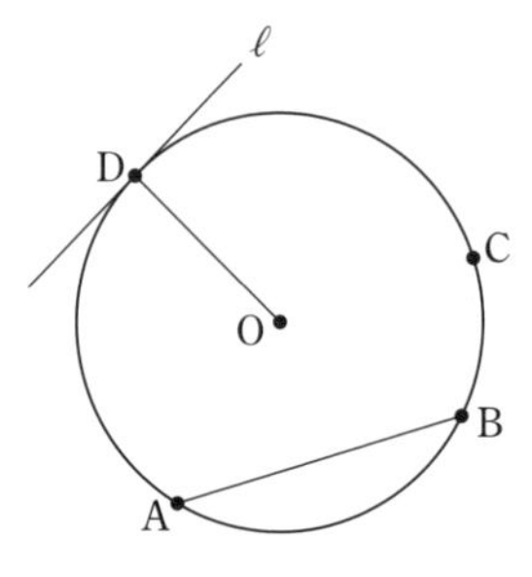

1 (2) 半直線 CE は，点Cを端としてEの方向にだけ延びたものである。
3 (1) 点Cと辺 AB の距離が，△ABC で底辺を AB としたときの高さになる。
4 弦，弧，接線の意味を確かめておこう。

5 右の図で，直線 AP は円Oの接線です。∠OAP＝35° のとき，∠AOP の大きさを求めなさい。

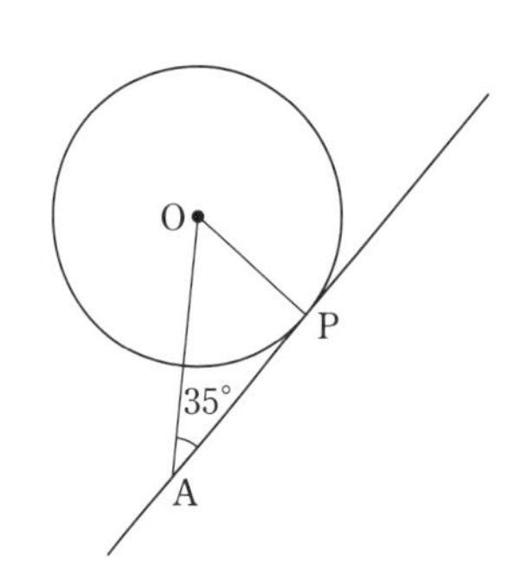

6 次の(1)，(2)に答えなさい。

(1) 半径が 12 cm の円で，円周の長さと面積を求めなさい。

(2) 直径が 30 cm，中心角が 144° のおうぎ形の弧の長さと面積を求めなさい。

7 右の図のような中心角が 80° のおうぎ形があります。

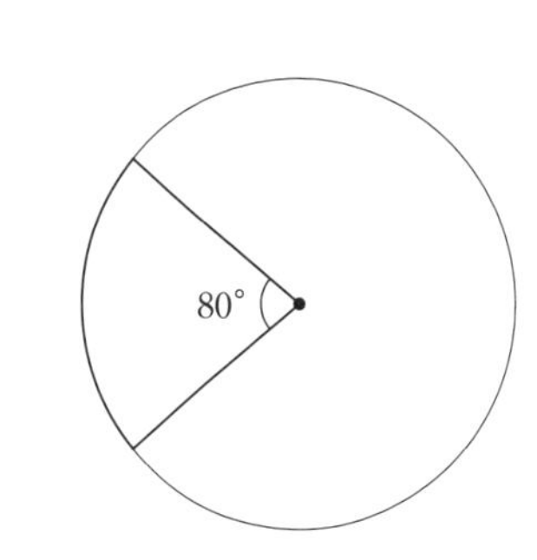

(1) このおうぎ形の弧の長さは，同じ半径の円周の長さの何倍ですか。

(2) このおうぎ形の弧の長さが 4π cm のとき，半径を求めなさい。

(3) 半径が 18 cm のとき，このおうぎ形の面積を求めなさい。

入試問題をやってみよう！

1 右の図のように，半径 3 cm，中心角 120°のおうぎ形 OAB があります。このおうぎ形の面積を求めなさい。〔北海道〕

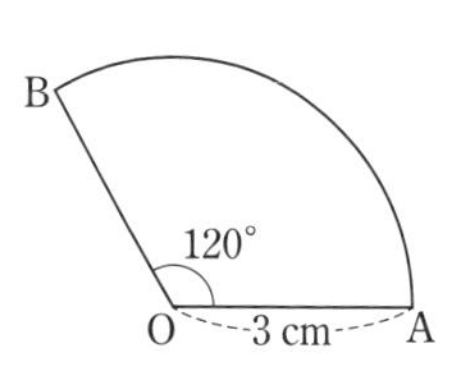

5 直線 AP は円Oの接線だから，OP⊥AP より，∠OPA＝90°

7 (2)は，(1)で求めた割合を利用する。

(3) このおうぎ形の面積が同じ半径の円の面積の何倍かを考える。

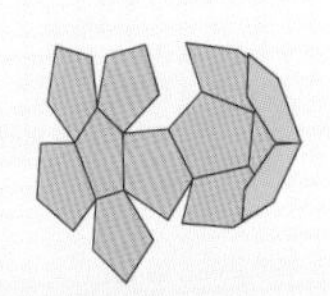

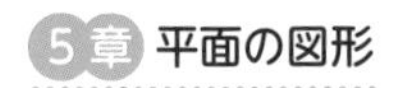

2節　図形と作図
① 条件を満たす点の集合　② 線分の垂直二等分線
③ 角の二等分線

例1 条件を満たす点の集合

教 p.178, 179 → 基本問題 1

点Oから 0.8 cm，直線 ℓ から 1.2 cm にある点を図に示しなさい。

解き方 [1] 点Oを中心にして，半径 ①□ cm の円をかく。

[2] 直線 ℓ から ②□ cm の距離にある直線 m をひく。

[3] [1]の円と直線 m との交点 A，B が求める点である。

注 直線 ℓ に平行な直線は，直線 ℓ の下側にもあるが，ここでは条件を満たさない。

例2 線分の垂直二等分線の作図

教 p.180, 181 → 基本問題 2 3

右の図に，線分 AB の垂直二等分線を作図しなさい。

解き方 [1] 点Aを中心として，適当な半径の円をかく。

[2] 点Bを中心として，[1]と等しい半径の円をかく。

[3] 2つの円の交点を P，Q とし，直線 PQ をひく。

直線 ③□ が線分 AB の垂直二等分線である。

垂直二等分線

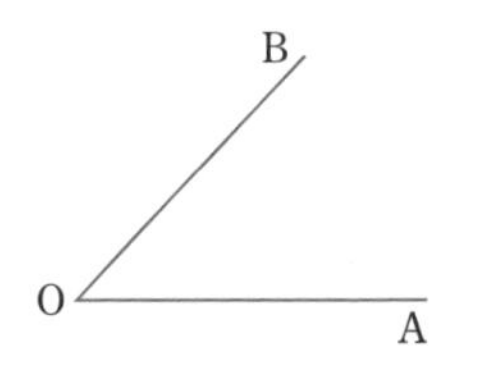

線分の中点を通り，その線分に垂直な直線のこと。線分 AB の垂直二等分線上の点は，2点 A，B までの距離が等しい。

例3 角の二等分線の作図

教 p.182, 183 → 基本問題 4

右の図に，∠AOB の二等分線を作図しなさい。また，角の二等分線上に点Eをとり，角の関係を等式で表しなさい。

解き方 [1] 角の頂点Oを中心とする円をかき，半直線 OA，OB との交点を C，D とする。

[2] 点C，D を中心とし，半径が等しい円を交わるようにかき，その交点をEとする。

[3] 半直線 ④□ が ∠AOB の二等分線になる。

半直線 ④□ は，∠AOB を2等分するから，

角の関係は，∠AOE＝∠ ⑤□ ＝ ⑥□ ∠AOB

角の二等分線

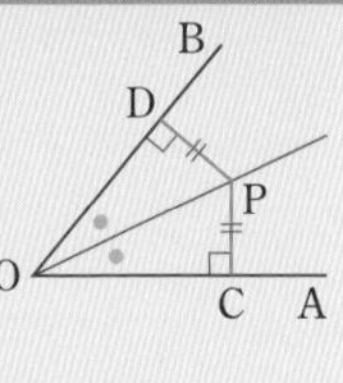

1つの角を2等分する半直線のこと。∠AOB の二等分線上の点は，2つの半直線 OA，OB までの距離が等しい。

基本問題

解答 p.36

1 条件を満たす点の集合 点Pから 1.5 cm，点Qから 2 cm の距離にある点を図に示しなさい。

教 p.179 Q 2

P

Q

ここがポイント
ある点から等しい距離にある点の集合は円になる。

2 垂直二等分線の性質 右の図で，線分 **AB** の垂直二等分線を直線 ℓ とし，線分 **AB** と直線 ℓ との交点を**M**とするとき，次の(1)〜(3)に答えなさい。

教 p.180, 181

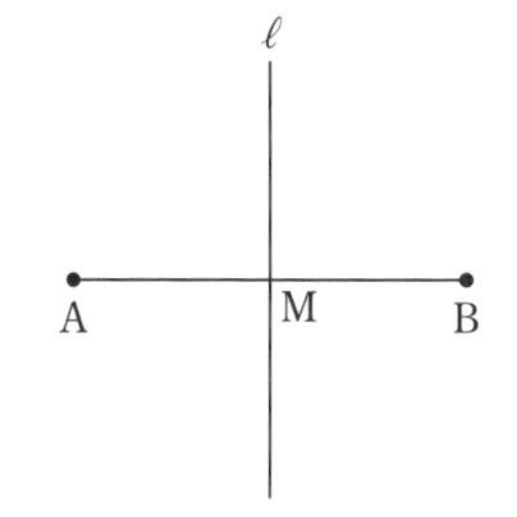

(1) 交点Mは線分 AB の中点であることを，記号を使って表しなさい。

(2) 直線 ℓ 上に点 P，Q を AP＝BQ となるようにとりなさい。ただし，点Pは線分 AB の上側，点Qは線分 AB の下側とします。

(3) (2)でとった点 P，Q と点 A，B を結んだ四角形 PAQB はどんな四角形ですか。

3 垂直二等分線の作図 線分 AB の中点Mを作図しなさい。

教 p.181 Q 2

A　B

垂直二等分線の**作図**では，かく円の半径の長さが短いと交点ができないので，線分の半分より長めの半径をとる。

（作図…定規とコンパスだけを使って図をかくこと。）

4 角の二等分線の作図 次の図に，角の二等分線を作図しなさい。

教 p.183 Q 2

(1)

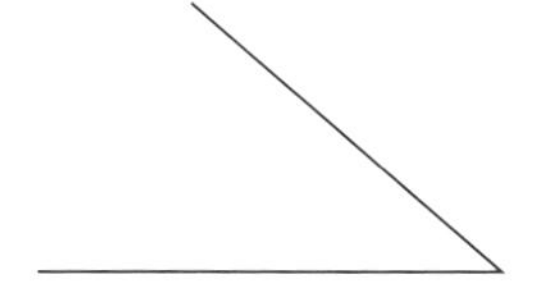

(2)

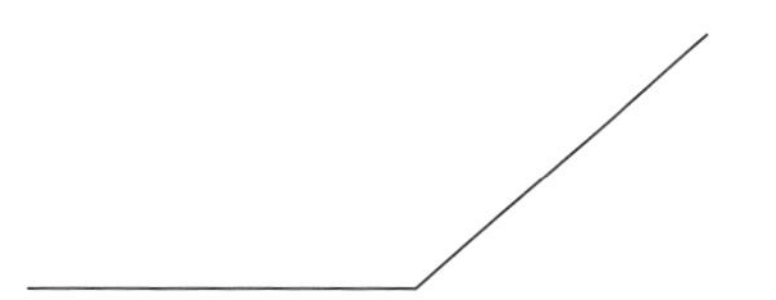

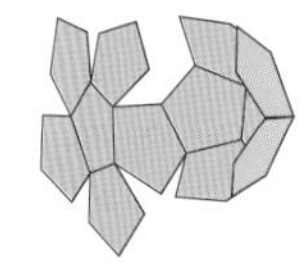

左ページの例の答え　① 0.8　② 1.2　③ PQ　④ OE　⑤ BOE　⑥ $\frac{1}{2}$

確認のワーク ステージ1

2節 図形と作図
④ いろいろな作図 ⑤ 75° の角をつくろう

例1 垂線の作図

教 p.184 → 基本問題 1

右の図に，点Pを通る直線 ℓ の垂線を作図しなさい。

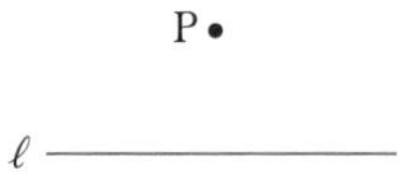

解き方 [1] 点 ① を中心として，円をかき，直線 ℓ との交点をA，Bとする。

[2] 2点A，Bを中心とし，② が等しい円をそれぞれかき，その交点をQとする。

[3] PとQを結んでひいた直線PQが垂線である。

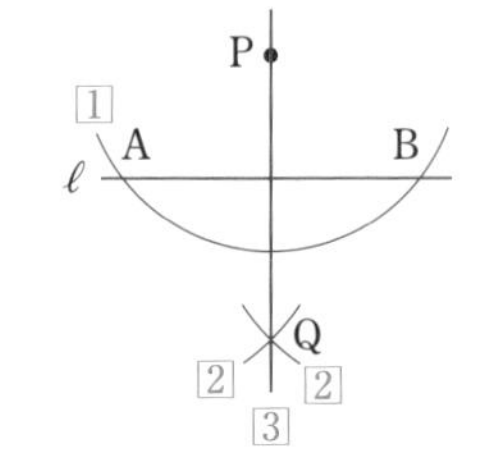

例2 接線の作図

教 p.185 → 基本問題 2

右の図に，円Oの円周上の点Pを通る接線を作図しなさい。

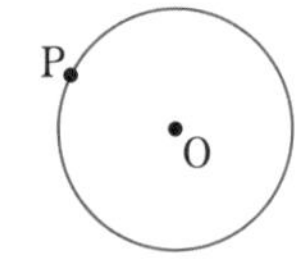

考え方 点Pを通る半直線OPの垂線と考える。

解き方 線分OPをP側に延長し，半直線OP上に点Qをとる。∠OPQを ③ の角とみて，この角の ④ を作図する。

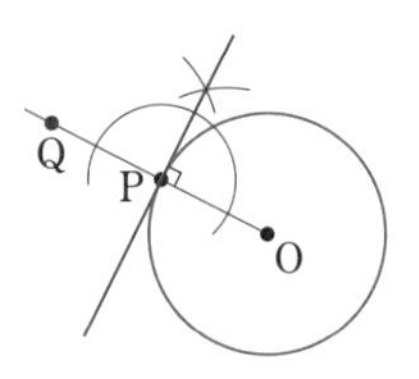

ここがポイント

接線の作図
円の接線は，接点を通る半径に垂直だから，垂線の作図を利用する。

例3 75° の角の作図

教 p.186 → 基本問題 4

右の図に，75°＝45°＋30° を利用して，∠AOB＝75° となるように作図しなさい。

O A

考え方 90°（右の図の ∠AOP）と 60°（右の図の ∠QOR）のそれぞれの角の二等分線を利用する。

解き方 [1] 点Oを通り直線OAの垂線OPをかく。

[2] ∠AOPの ⑤ OQをかく。

[3] 線分OQを1辺とする ⑥ OQRをかく。

[4] ∠QORの二等分線OBをかく。

∠AOB＝∠QOA＋∠BOQ＝45°＋30°＝75° となる。

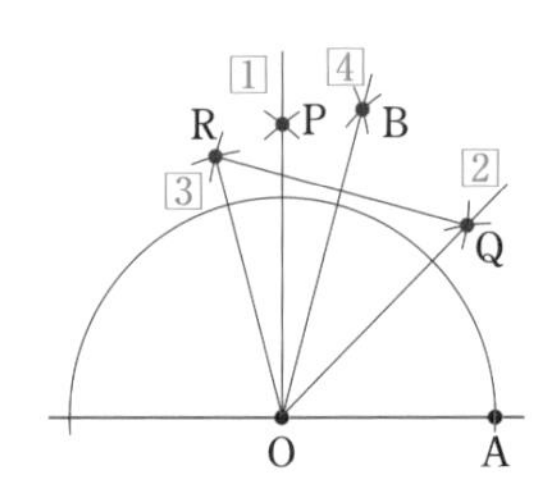

基本問題

解答 p.37

1 垂線の作図 次の(1)，(2)で，点Aを通る直線 ℓ の垂線を作図しなさい。 教 p.184 Q 1

(1)　　(2)

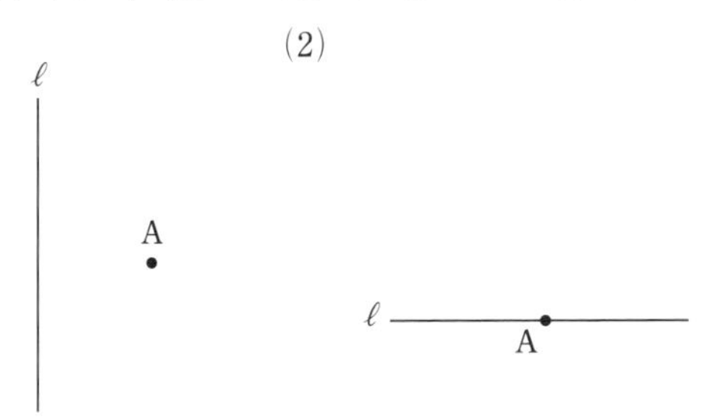

2 接線の作図 次の(1)，(2)を作図しなさい。 教 p.185 Q 3

(1) 円を半分に切った下の図で，弧の上の点Pを通る接線

(2) 直線 ℓ が点Aを中心とする円の接線になるときの接点P

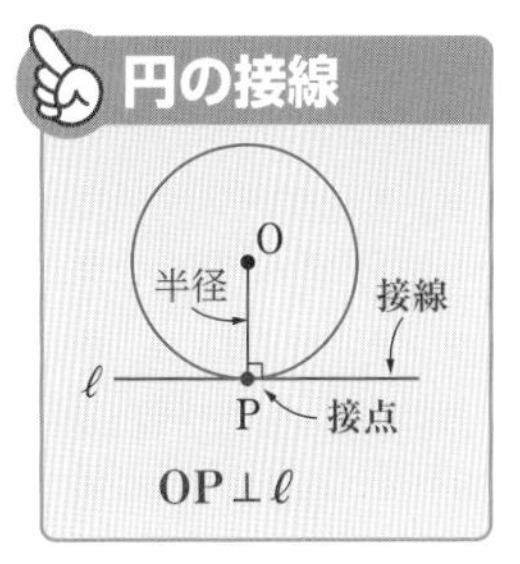

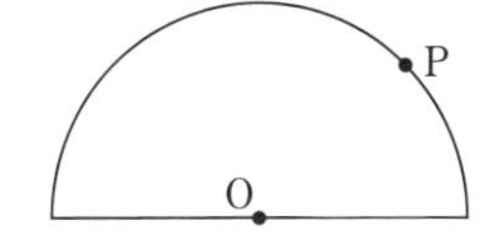

5章

3 正方形の作図 次の図に，線分 AB を 1 辺とする正方形を作図しなさい。 教 p.185 Q 4

A

B

4 75° の角の作図 次の図に，75°＝60°＋15° を利用して，∠AOB＝75° になるように半直線 OB を作図しなさい。 教 p.187

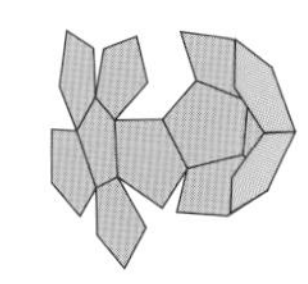

左ページの例の答え　① P　② 半径　③ 180°　④ 二等分線　⑤ 二等分線　⑥ 正三角形

3節 図形の移動
① いろいろな移動 ② 移動させた図形ともとの図形
③ 図形の移動 ④ 万華鏡の模様の見え方を考えよう

例1 平行移動

教 p.191, 192 → 基本問題 1

△ABC を，頂点Aが点 A′ に移るように平行移動させた△A′B′C′ をかきなさい。

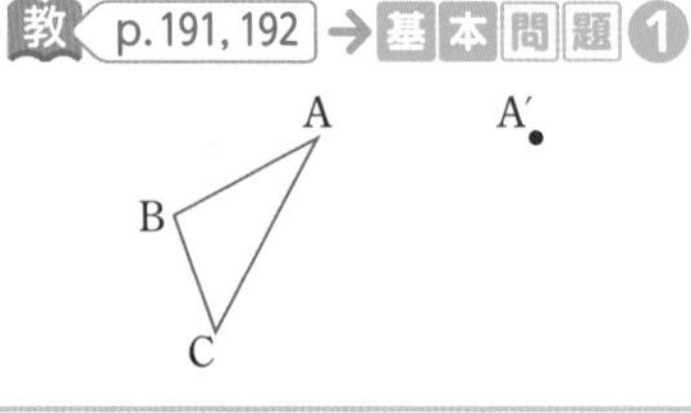

考え方 平行移動では，対応する点を結ぶ線分は，どれも平行で長さが等しい。

解き方 BB′∥AA′，BB′ ① AA′ となる点 B′ と，CC′∥ ② ，CC′＝AA′ となる点 C′ をとり，△A′B′C′ をかく。
三角形 A′B′C′

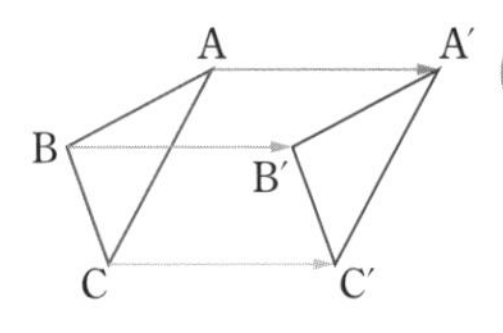

平行移動
図形をある方向に一定の長さだけずらす移動のこと。

例2 回転移動

教 p.191～193 → 基本問題 2

△ABC を，点Oを中心として，180° 回転させた△A′B′C′ をかきなさい。

考え方 180° 回転移動させるときも，回転の中心は，対応する 2 点から等しい距離にある。
「点対称移動」という。 回転移動の中心とした点

解き方 点AとOを結ぶ直線をひき，その直線上に OA＝ ③ となる点を A′ をとる。同様に，B′，C′ をとり，△A′B′C′ をかく。

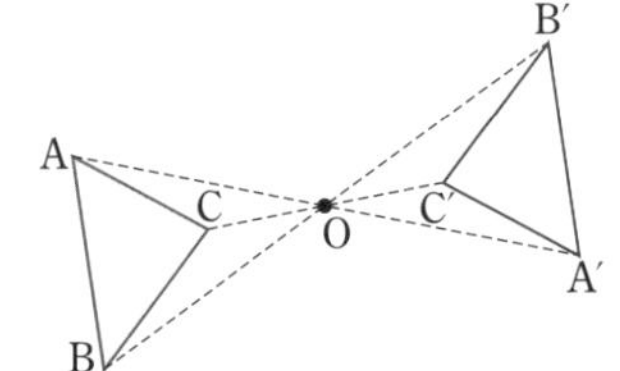

回転移動
図形を，ある定まった点を中心として，一定の角度だけ回す移動のこと。

例3 対称移動

教 p.191, 193 → 基本問題 3

△ABC を，直線 ℓ を対称軸（たいしょうじく）として対称移動させた△A′B′C′ をかきなさい。

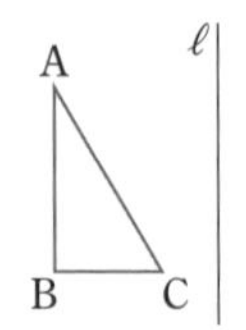

考え方 対称軸は，対応する 2 点を結ぶ線分を垂直に 2 等分する。
対称移動の軸とした直線

解き方 点Aから直線 ℓ に垂線をひき，ℓ との交点をMとし，直線 AM 上に AM＝ ④ となる点 A′ をとる。同様に，B′，C′ をとり，△A′B′C′ をかく。このとき，AA′ ⑤ ℓ となる。

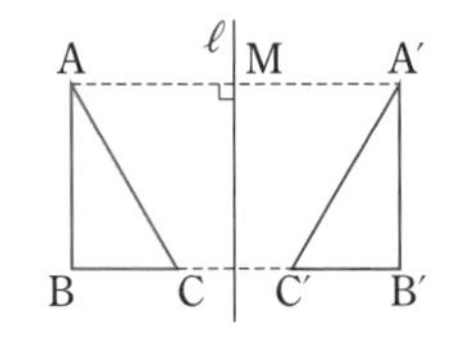

対称移動
図形を，ある定まった直線を軸として裏返す移動のこと。

基本問題

解答 p.38

1 平行移動 右の図は，△ABC を頂点Aが頂点Dに移るように平行移動する途中(とちゅう)の図で，頂点Bは頂点Eに移っています。 教 p.192 1

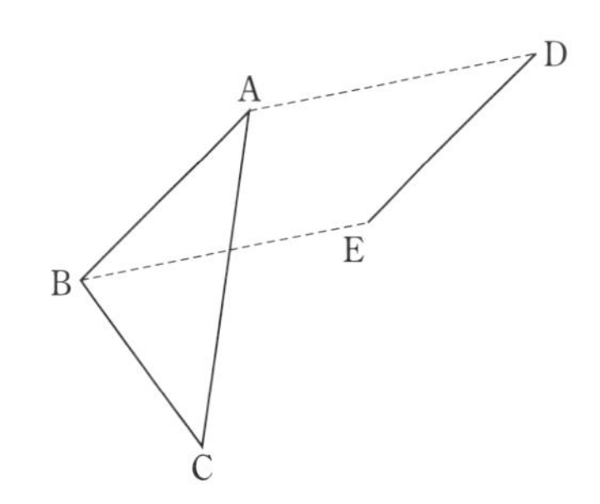

(1) △ABC を平行移動した △DEF を右の図にかきなさい。

(2) 次の□にあてはまる記号や文字を答えなさい。

① AD□BE，AD=□　　② AB∥□，AB=□

2 回転移動 次の図の △ABC を点Oを中心として，反時計回りに 150° 回転移動させたものを △A′B′C′ とします。 教 p.193 Q2

(1) 右の図に △A′B′C′ をかきなさい。

(2) 線分 OA と長さの等しい線分を答えなさい。

(3) ∠AOA′ と大きさの等しい角を 2 つ答えなさい。

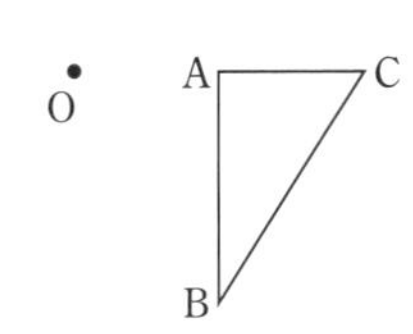

たいせつ
回転移動では，対応する 2 点はどれも回転の中心からの距離が等しく，回転の角の大きさが一定になっている。

3 対称移動 次の図で，△ABC を直線 ℓ を対称軸として，対称移動させた △A′B′C′ をかきなさい。 教 p.193 3

(1)

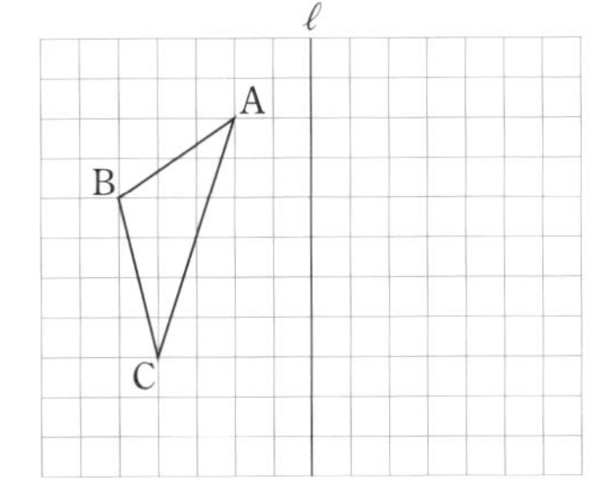

(2)

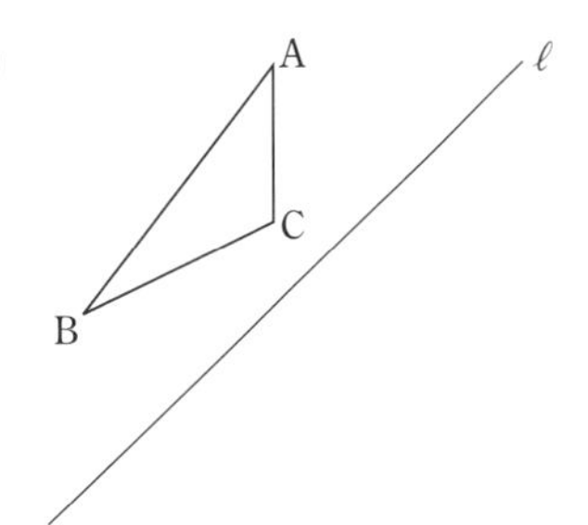

4 図形の移動 右の図のように，3 つの移動を組み合わせて，△ABC をウに移動させました。どのように移動させたか説明しなさい。 教 p.194 1

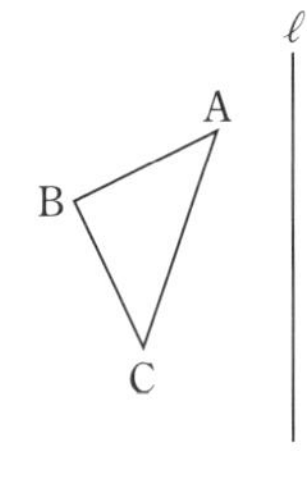

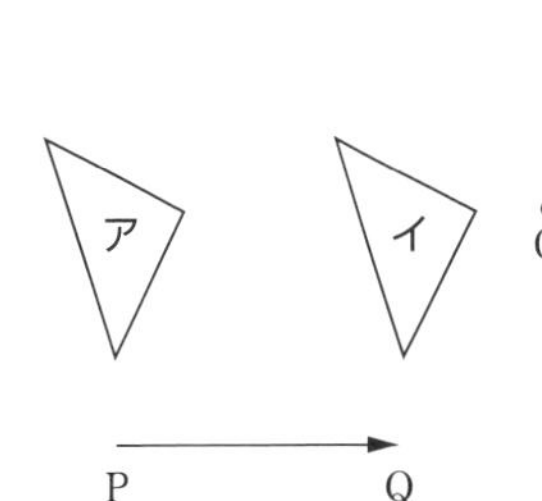

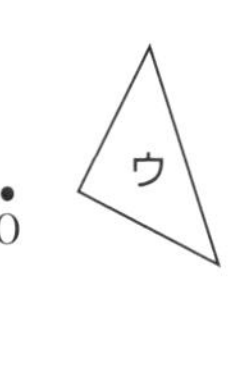

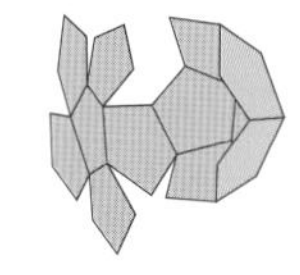

左ページの例の答え　① ー　② AA′　③ OA′　④ A′M　⑤ ｜

解答 p.39

定着のワーク ステージ2　2節 図形と作図　3節 図形の移動

1 右の図で，直線 ℓ は円Oの接線で，点Aは接点です。

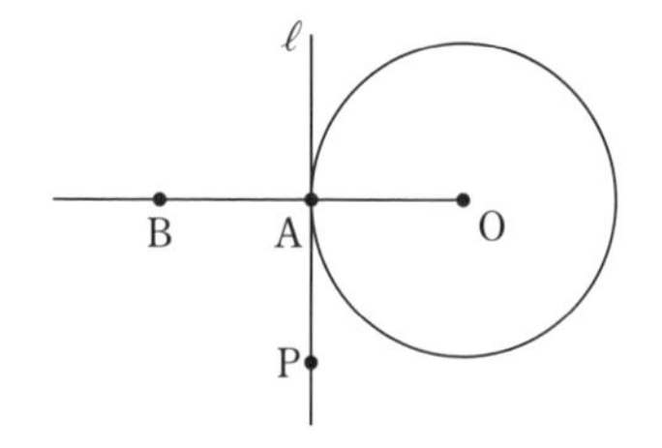

(1) ∠PAO の大きさを答えなさい。

(2) OA の延長線上に，AO＝AB となる点Bをとります。線分 PO と線分 PB の関係を，記号を使って表しなさい。

よく出る **2** 右の図で，線分 AB，BC，CD から等しい距離にある点Pを作図しなさい。

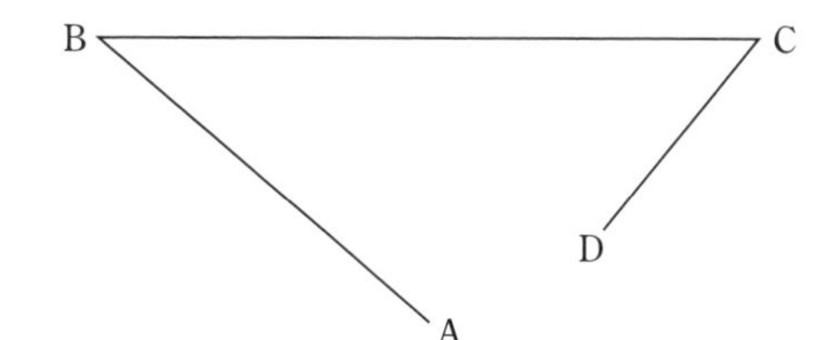

3 右の図のように，円周上に2点 A，B があります。この点 A，B から等しい距離にある円周上の点P，Q を作図しなさい。

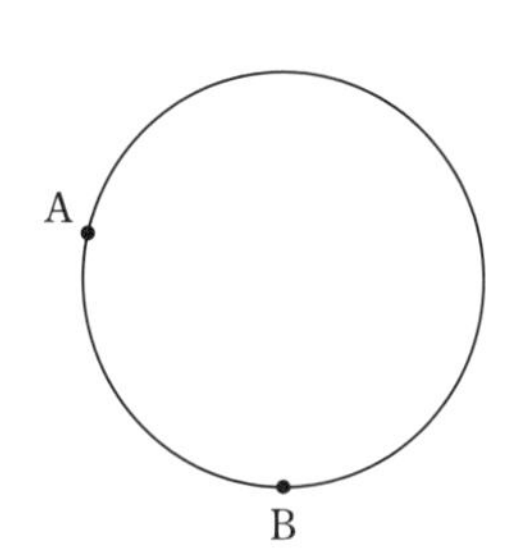

4 次の(1)，(2)を作図しなさい。

(1) ∠AOP＝45° となるような半直線 OP

(2) 中心が直線 ℓ 上にあって，2点 A，B が円周上にあるような円Oで，点Bを通る円Oの接線

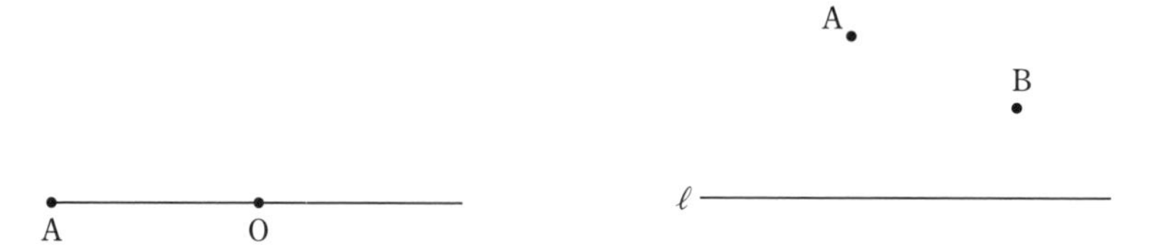

2 角の二等分線上の点は，角をつくる2つの半直線辺から等距離にある。

3 点Aと点Bを結んでできる弦 AB の垂直二等分線をかく。

4 (2) AB の垂直二等分線と直線 ℓ との交点が円の中心になる。

5 次の(1), (2)の図形をかきなさい。

(1) 右の図形を，直線 ℓ を対称軸として対称移動させた図形

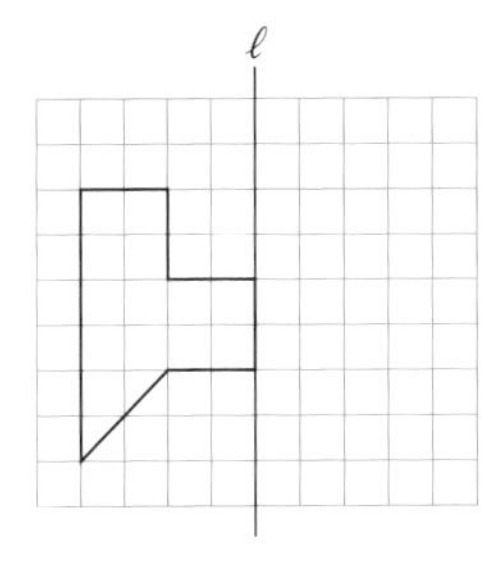

(2) 右の △ABC を点Oを中心として，180° 回転移動させた △A′B′C′

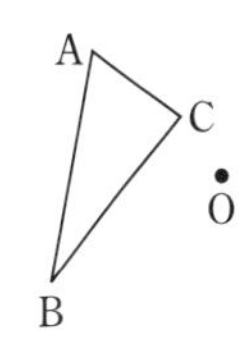

6 右の図の △ABC は，∠B＝90° の直角三角形です。△ABCを❶～❸の順に移動させなさい。

❶ 直線 AC を対称軸として対称移動させる。

❷ ❶の図形を，点Cを中心として点対称移動させる。

❸ ❷の図形を矢印 PQ の方向に線分 PQ の長さだけ平行移動する。

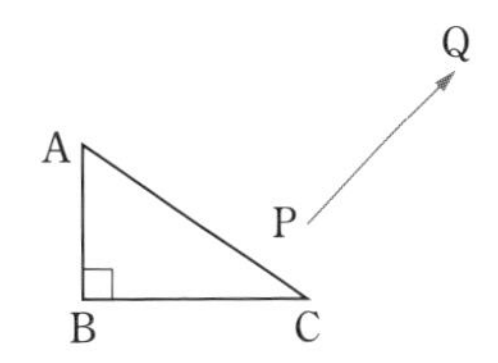

発展 **7** 次の(1), (2)を作図しなさい。

(1) △ABC の 3 つの頂点を通る円

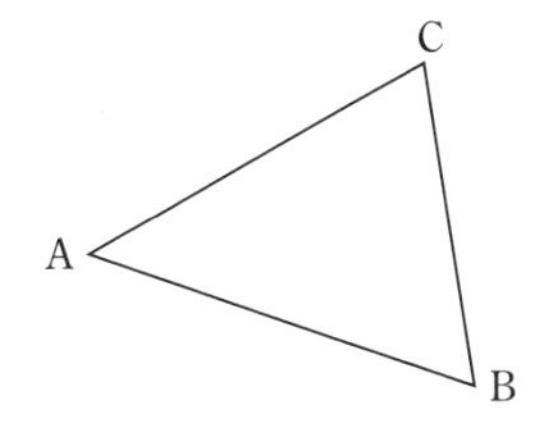

(2) △ABC の 3 つの辺が接線となる円

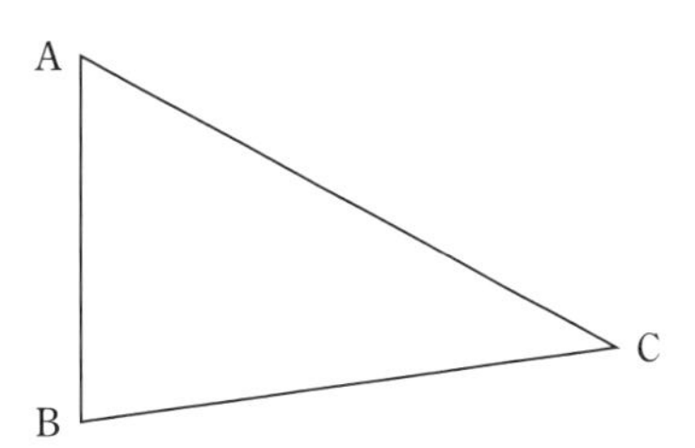

入試問題をやってみよう！

1 右の図のような △ABC があります。2 辺 AB, AC からの距離が等しく，点Cから最短の距離にある点Pを作図によって求めなさい。〔富山〕

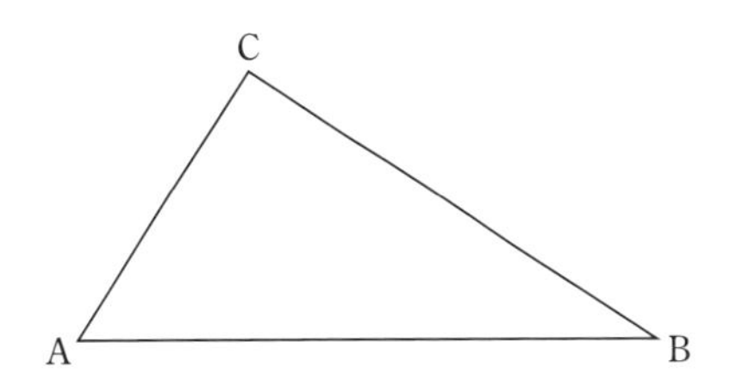

7 (1) 辺 AB, AC の垂直二等分線の交点が求める円の中心になる。

(2) ∠A, ∠B の二等分線の交点が求める円の中心になる。

1 ∠A の二等分線をひき，点Cからその二等分線に垂線をひく。交点をPとする。

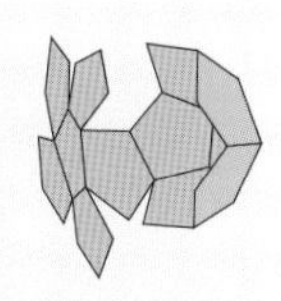

解答 p.41

実力判定テスト ステージ3 平面の図形

40分　/100

1 右の図のひし形 ABCD で，対角線の交点を O とするとき，次のそれぞれの場合について答えなさい。　5点×4(20点)

(1) 線分 AC を対称軸として対称移動させた図形とみた場合

① 線分 AB に対応する線分を答えなさい。

(　　　　)

② 線分 AC と線分 BD の関係を，記号を使って表しなさい。

(　　　　)

(2) 点Oを中心として，180° 回転移動させた図形とみた場合

① 線分 AB に対応する線分を答えなさい。

(　　　　)

② ∠BAC に対応する角を見つけ，それらが等しいことを記号を使って表しなさい。

(　　　　)

2 右の図のように，方眼紙にかかれた四角形 ABCD があります。

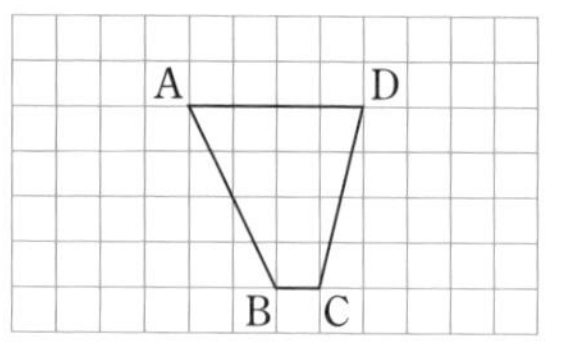

(1) 辺 AD の中点Eを，図にとりなさい。　4点×3(12点)

(2) 辺 BC をBからCの方向に延長して，BF＝5BC となる点F を図にとりなさい。

(3) 2辺 AD と BC 間の距離を表す線分のうち，点Bを通る線分を図にかきなさい。

3 次の(1)，(2)に答えなさい。　3点×4(12点)

(1) 半径が 4 cm，中心角が 270° のおうぎ形の弧の長さと面積を求めなさい。

(　　　　，　　　　)

(2) 直径が 20 cm，弧の長さが 12π cm のおうぎ形の中心角と面積を求めなさい。

(　　　　，　　　　)

4 右の図のように，△ABC を，直線 ℓ について対称移動させて △A′B′C′ とし，これをさらに直線 m について対称移動させて △A″B″C″ とします。$\ell /\!/ m$ のとき，△ABC を △A″B″C″ に 1 回の移動で移す方法を答えなさい。　(6点)

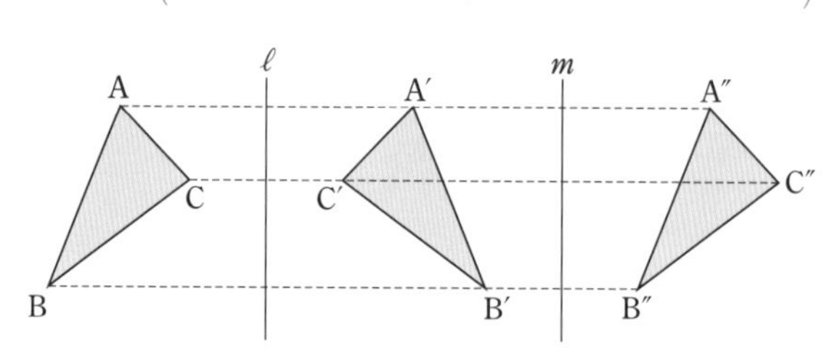

(　　　　)

目標 記号による図形の表し方や図形の移動を理解しよう。基本の作図の方法を理解し，それを利用できるようになろう。

自分の得点まで色をぬろう！
がんばろう！ もう一歩 合格！
0 60 80 100点

5 右の図を見て，次の(1)，(2)に答えなさい。6点×2(12点)

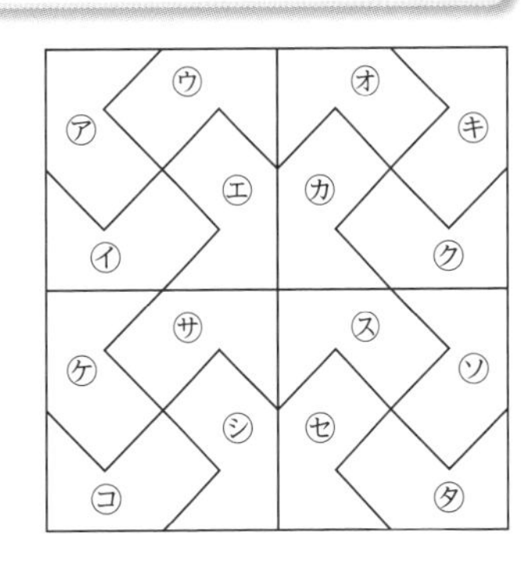

(1) ㋐を1回だけ平行移動させて重なるのは，㋐～㋟のどれですか。

(　　　　)

(2) ㋓を1回だけ回転移動させて重なるのは，㋐～㋟のどれですか。

(　　　　)

6 次の(1)，(2)を作図しなさい。 6点×3(18点)

(1) ∠AOB＝105° になる半直線OB

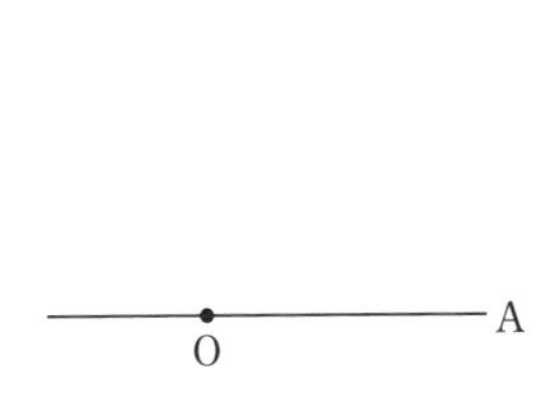

(2) 点Aを通り，線分BCに垂直な直線と，線分BCとの交点P(①)。また，その点Pと点Aを通り，線分BCが接線である円O′(②)

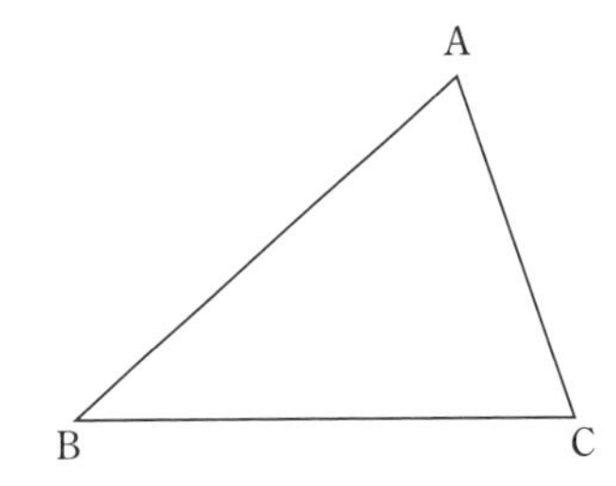

7 右の図のように，円Oの周上に2点A，Bがあります。点Aを通る接線と点Bを通る接線の交点Pを作図によって求めなさい(①)。また，3点A，B，Pを通る円O′を作図しなさい(②)。 6点×2(12点)

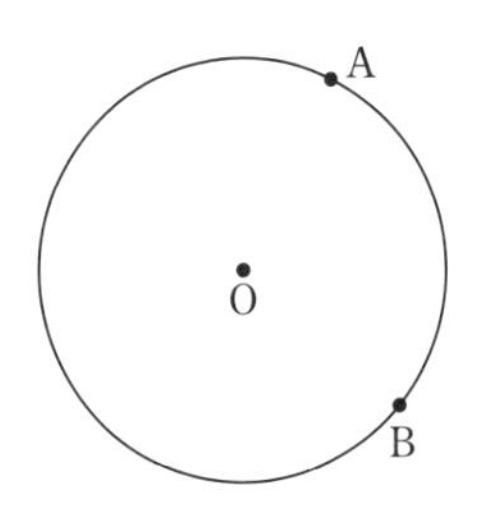

8 右の図で，AP＋PQ＋QBの長さが最も短くなる点P，Qを，それぞれ作図によって求めなさい。ただし，点Pは直線ℓ上にあり，点Qは直線m上にあるものとします。 (8点)

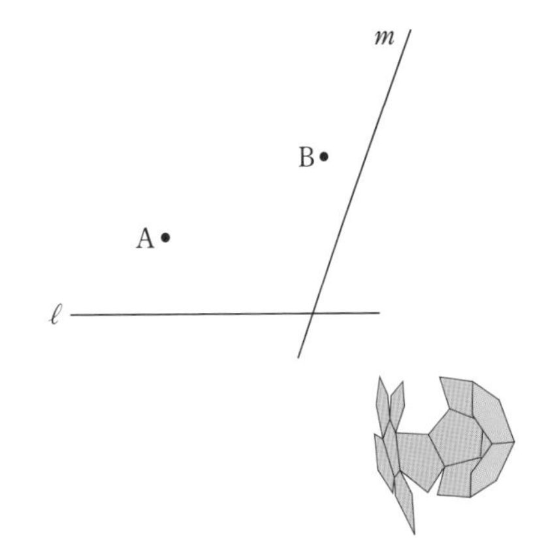

アプリ【どこでもワーク図形編】をやって，さらに力をつけよう！

5章

確認のワーク ステージ1 1節 空間にある立体 ① いろいろな立体 ② 正多面体

例1 いろいろな立体

教 p.204〜206 → 基本問題 1 2 3

次の立体の名前を答えなさい。また，(1)，(2)は，側面の形を答えなさい。

(1) 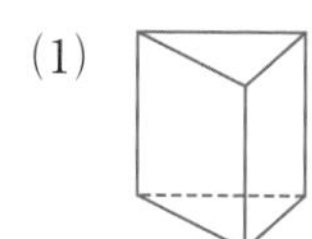 (2) 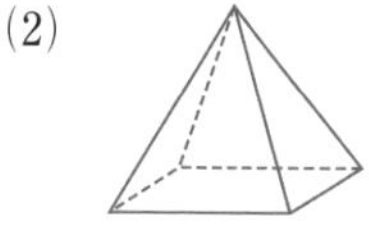 (3) 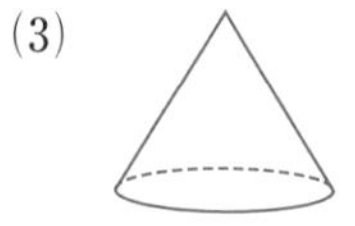 (4) 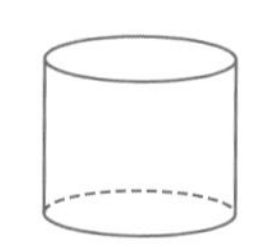

考え方 底面の数と形から立体の名前を考える。

解き方 (1) 底面が２つあり，その形が三角形だから，（角柱や円柱）

① ［　　］。角柱だから，側面の形は ② ［　　］である。

(2) 底面が１つで，形は四角形だから，（角錐や円錐） ③ ［　　］。

角錐だから，側面の形は ④ ［　　］である。

(3) 底面が１つで，形は円だから， ⑤ ［　　］

(4) 底面が２つで，形は円だから， ⑥ ［　　］

たいせつ

多面体（ためんたい）…いくつかの平面だけで囲まれた立体。

角柱…多面体のうち，２つの底面が平行で，その形が合同な多角形。側面はすべて長方形。

角錐（かくすい）…１つの多角形の底面と１つの頂点をもつ立体。側面はすべて三角形。

円錐…１つの円の底面と１つの頂点をもつ立体。側面は曲面。

例2 正多面体

教 p.207 → 基本問題 4

正多面体について，下の表の⑦〜⑫を完成させなさい。

	正四面体	正六面体	正八面体	正十二面体	正二十面体
面の形	⑦	⑧	⑦	⑨	⑦
面の数	4	6	8	12	20
1つの頂点に集まる面の数	⑩	⑩	⑪	⑩	⑫

考え方 正多面体はすべての面が合同な正多角形である。

解き方 面の形は，

正四面体と正八面体と正二十面体は， ⑦ ［　　］

正六面体は， ⑧ ［　　］

正十二面体は， ⑨ ［　　］

１つの頂点に集まる面の数は，正四面体と正六面体と正十二面体は， ⑩ ［　　］

正八面体は， ⑪ ［　　］，正二十面体は， ⑫ ［　　］

正多面体

正四面体 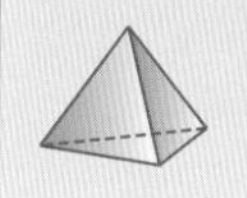 正六面体（立方体） 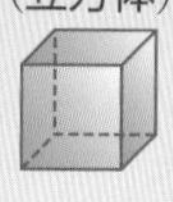 正八面体 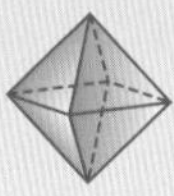 正十二面体 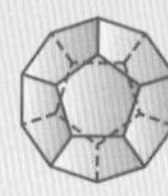 正二十面体 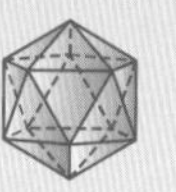

基本問題

1 いろいろな立体　下の 6 つの立体について，次の(1)〜(3)に答えなさい。

㋐ 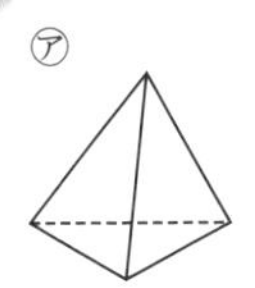
㋑ 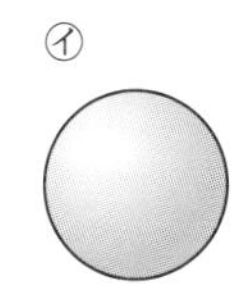
㋒ 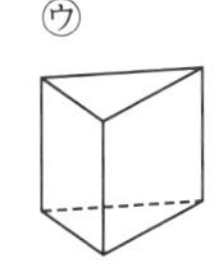
㋓ 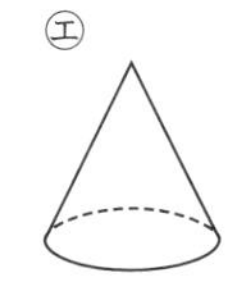
㋔ 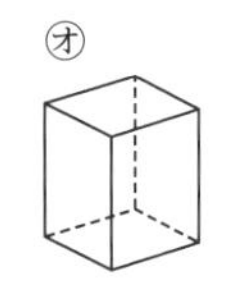
㋕ 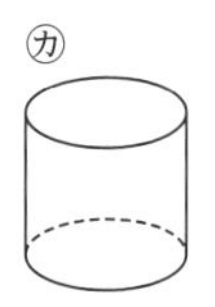

(1)　平面だけで囲まれている立体はどれですか。

(2)　角柱はどれですか。

(3)　側面が三角形である立体はどれですか。

2 いろいろな立体　右の図のような展開図について，次の(1)〜(3)に答えなさい。　教 p.205 Q2

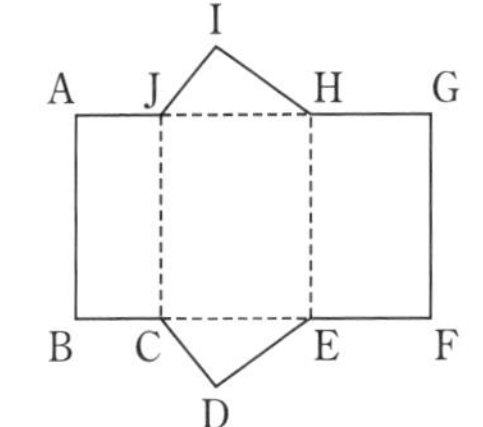

(1)　展開図を組み立てると，どんな立体ができますか。

(2)　組み立てたときにできる立体の見取図をかきなさい。

(3)　辺 AB と重なる辺はどれですか。また，点 I と重なる点はどれですか。

3 いろいろな立体　右の図について，次の(1)〜(3)に答えなさい。

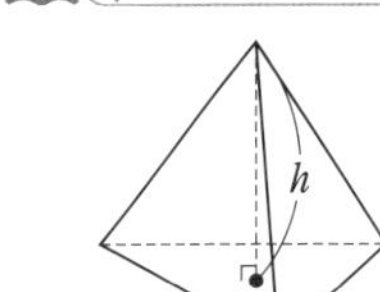

(1)　この立体の名前を書きなさい。

(2)　この立体は何面体ですか。

(3)　h は，この立体の何を表していますか。

4 正多面体　正多面体について，次の□にあてはまることばや数を答えなさい。

(1)　すべての面が□な正多角形である。

(2)　各頂点に集まる面の数は，□。

(3)　□種類しかない。

(4)　1 つの面の形が正五角形である正多面体は，□である。

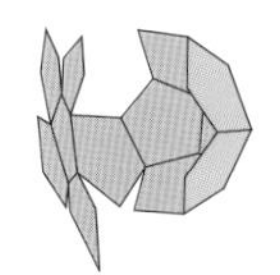

①三角柱　②長方形　③四角錐　④三角形　⑤円錐　⑥円柱
⑦正三角形　⑧正方形　⑨正五角形　⑩3　⑪4　⑫5

6章

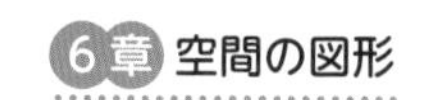

確認のワーク ステージ1

2節 空間にある図形
① 平面の決定 ② 直線，平面の位置関係
③ 空間における垂直と距離

例1 直線，平面の位置関係

教 p.210〜213 → 基本問題 2

右の図の立方体で，辺を直線，面を平面とみて，次の問いに答えなさい。

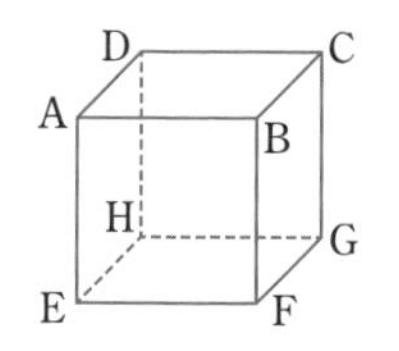

(1) 直線 AB と平行な直線はどれですか。また，直線 AB とねじれの位置にある直線はどれですか。

(2) 平面 AEFB と平行な直線や平面はどれですか。

解き方 (1) 直線 AB と平行な直線は，直線 DC，EF，① ☐ である。また，直線 AB とねじれの位置にある直線は，平行でなく，交わらない直線 DH，CG，EH，② ☐ である。

(2) 立方体の向かい合う面は平行だから，平面 AEFB と平行な平面は ③ ☐ より，平面 AEFB と平行な直線は直線 DC，④ ☐，DH，CG である。

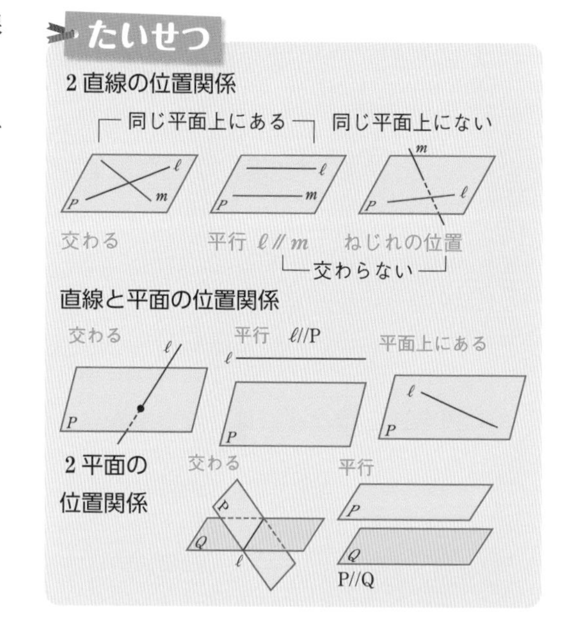

例2 空間における垂直と距離

教 p.212, 213 → 基本問題 3 4 5

右の図の三角柱で，辺を直線，面を平面とみて，次の問いに答えなさい。

3 cm, 5 cm, A, B, C, D, E, F

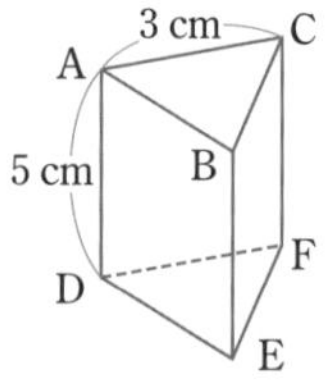

(1) 直線 AD に垂直な平面はどれですか。

(2) 平面 ABC と垂直な平面はどれですか。

解き方 (1) 直線 AD は直線 AB，AC に ⑤ ☐ だから，直線 AD は直線 AB，AC をふくむ平面 ⑥ ☐ に垂直である。同様に，直線 AD は直線 DE，DF をふくむ平面 ⑦ ☐ に垂直である。

(2) 底面と側面は垂直だから，平面 ABC と垂直なのは平面 ADEB，BEFC，⑧ ☐ である。

注 AD の長さを，平行な 2 平面間の距離という。

直線と平面の垂直

平面Pに交わる直線 ℓ が，その交点を通るP上の2直線に垂直ならば，直線 ℓ は平面Pに垂直である。

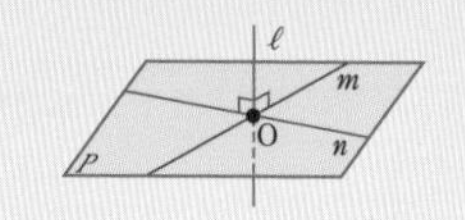

基本問題

解答 p.43

1 平面の決定 次の㋐～㋓で，平面が1つに決まるものをすべて選び，記号で答えなさい。 教 p.209

㋐ 1直線上にない3点をふくむ平面

㋑ 1点で交わる3直線をふくむ平面

㋒ 垂直に交わる2直線をふくむ平面

㋓ 平行な3直線をふくむ平面

平面が1つに決まる条件
- 一直線上にない3点をふくむ平面
- 一直線とその上にない点をふくむ平面
- 交わる2直線をふくむ平面
- 平行な2直線をふくむ平面

2 直線，平面の位置関係 右の図の直方体で，辺を直線，面を平面とみて，次の(1)～(3)にあてはまるものを答えなさい。 教 p.209～211

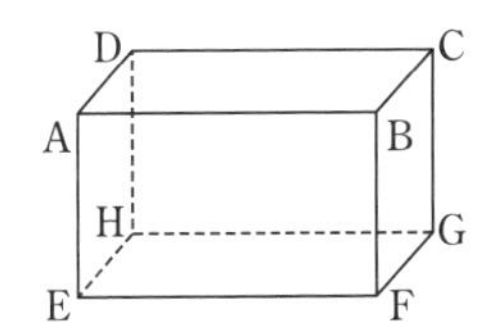

(1) 3点A，B，Gをふくむ平面

(2) 直線BFとねじれの位置にある直線

(3) 直線DHと平行な平面

3 空間における垂直 右の図の直方体で，辺を直線，面を平面とみて，次の(1)，(2)に答えなさい。 教 p.212Q1

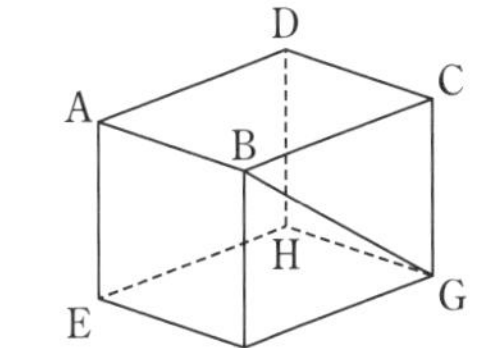

(1) 直線ABに垂直な平面をいいなさい。

(2) 直線ABは対角線BGに垂直だといえますか。また，その理由もいいなさい。

4 空間における垂直 右の図のような立方体を2つに分けてできた三角柱について，次の(1)，(2)に答えなさい。 教 p.213

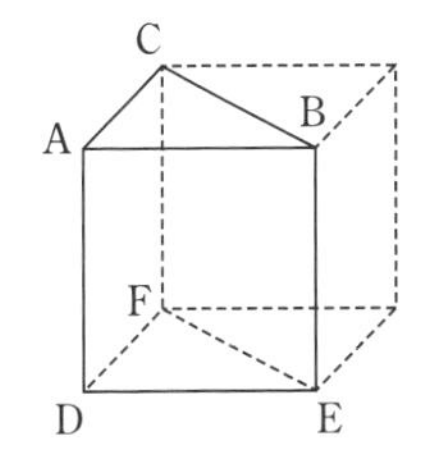

(1) 平面ADFCと垂直な平面はどれですか。

(2) 平面CFEBと垂直な平面はどれですか。

5 空間における垂直と距離 下の図の直方体について，次の距離を示している辺をすべて答えなさい。 教 p.213Q3

(1) 頂点Aと平面BFGCの距離

(2) 平面AEHDと平面BFGCの距離

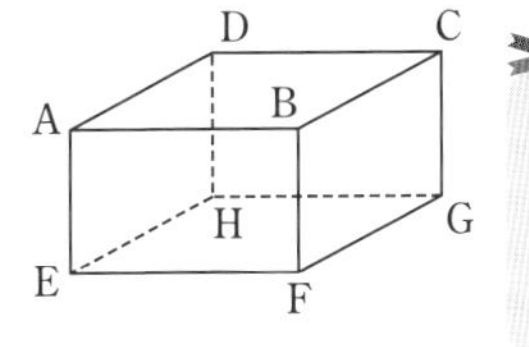

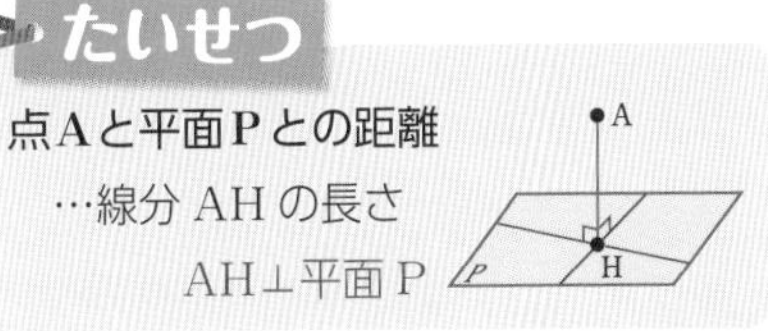

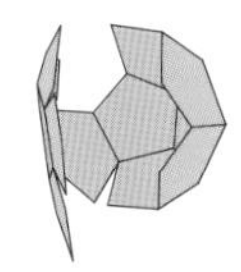

左ページの例の答え ① HG ② FG ③ DHGC ④ HG ⑤ 垂直 ⑥ ABC ⑦ DEF ⑧ ADFC

6章

確認のワーク ステージ1
3節 立体のいろいろな見方
① 動かしてできる立体 ② 立体の投影

例1 動かしてできる立体

教 p.214, 215 → 基本問題 1 2 3

右の図は長方形 ABCD です。

(1) 長方形 ABCD を，それと垂直な方向に一定の距離(きょり)だけ動かすと，どんな立体ができますか。

(2) 長方形 ABCD を，辺 DC を回転の軸として 1 回転させるとどんな立体ができますか。また，辺 AB はできた立体の何といいますか。

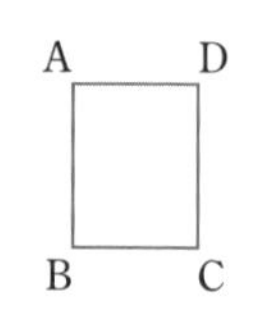

解き方 (1) 長方形を底面とする ① ＿＿ ができる。

(2) ② ＿＿ ができ，辺 AB を円柱の ③ ＿＿ という。

たいせつ

角柱や円柱…底面の図形をそれと垂直な方向に一定の距離だけ動かしてできた立体とみることができる。

回転体…平面図形を，回転の軸のまわりに 1 回転させてできた立体。回転体の側面をつくる線分を母線(ぼせん)という。

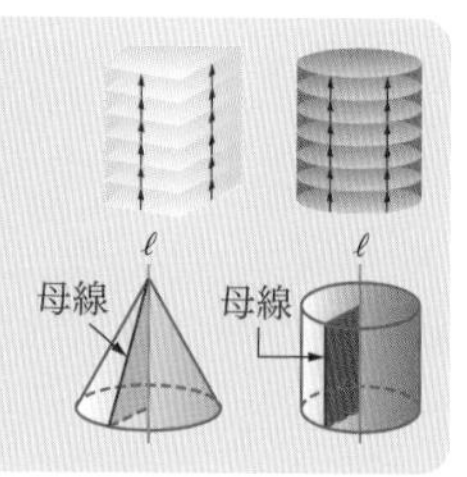

例2 立体の投影

教 p.216, 217 → 基本問題 4

次の投影図(とうえいず)で示されている立体は何ですか。

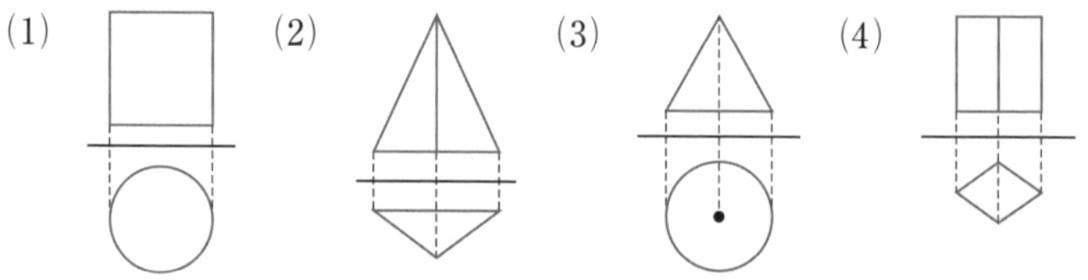

(1) (2) (3) (4)

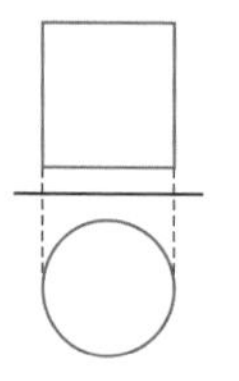
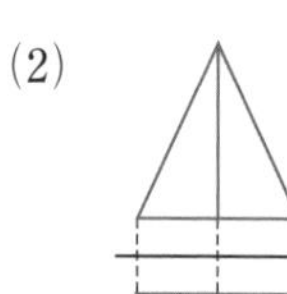
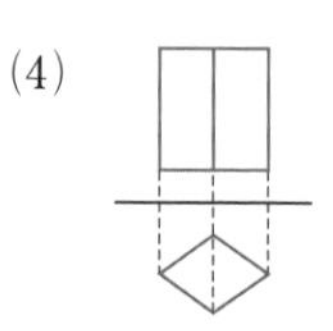

考え方 立面図(りつめんず)（立体を真正面から見た図）で，「〜柱」（角柱・円柱）か「〜錐」（角錐・円錐）の区別をし，平面図(へいめんず)（立体を真上から見た図）で，立体の底面の形を判断する。

解き方 (1) 立面図が長方形（角柱か円柱），平面図が ④ ＿＿ なので，この立体は ⑤ ＿＿ である。

(2) 立面図が三角形（角錐か円錐），平面図が ⑥ ＿＿ なので，この立体は ⑦ ＿＿ である。

(3) 立面図が ⑧ ＿＿，平面図が ⑨ ＿＿ なので，この立体は ⑩ ＿＿ である。

(4) 立面図が ⑪ ＿＿，平面図が ⑫ ＿＿ なので，この立体は ⑬ ＿＿ である。

投影図

立体の形を平面上に表す 1 つの方法で，立面図と平面図を合わせたもの。

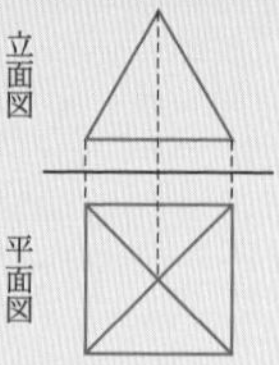

投影図のかき方 平面図と立面図の対応する頂点を上下でそろえてかき，破線で結ぶ。

実際に見える辺は実線――，見えない辺はふつう破線------でかく。

基本問題

解答 p.44

1 **動かしてできる立体**　次の立体は，どんな図形を，それと垂直な方向に一定の距離だけ動かしてできた立体とみることができますか。

教 p.214Q1

(1)　五角柱

(2)　正三角柱

(3)　立方体

たいせつ

「点」が動くと「線」ができる。
「線」が動くと「面」ができる。
「面」が動くと「立体」ができる。

2 **動かしてできる立体**　次の図形を，直線 ℓ を回転の軸として 1 回転させるとどんな立体ができますか。

教 p.215

(1)　長方形

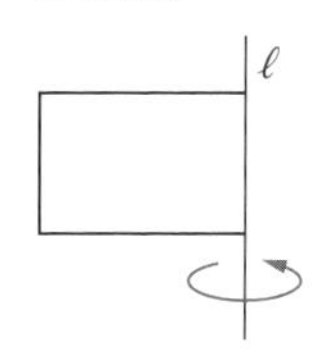

(2)　直角三角形

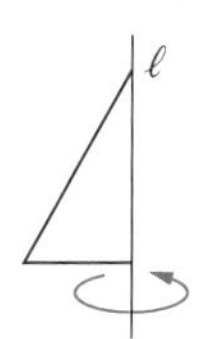

(3)　半円

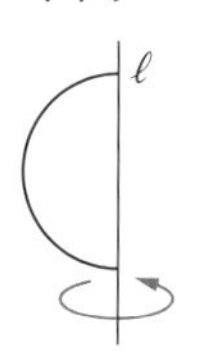

覚えておこう

平面図形	→	回転体
長方形	→	円柱
直角三角形	→	円錐
半円	→	球

3 **動かしてできる立体**　下の(1)〜(3)の回転体は，どんな図形を 1 回転させてできた立体とみることができますか。

教 p.215Q3

(1)

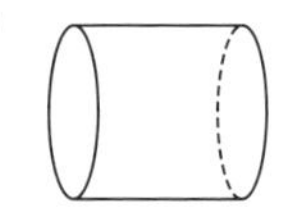

(2)

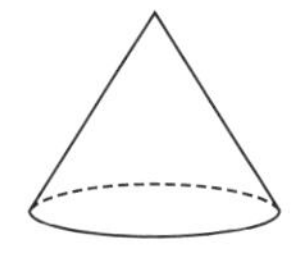

(3)

4 **投影図**　次の投影図は，三角錐，四角錐，円柱，円錐，球，三角柱，四角柱のうち，どの立体を表していますか。また，その立体の見取図をかきなさい。

教 p.217

(1)

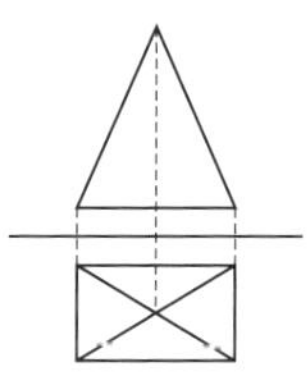

(2)

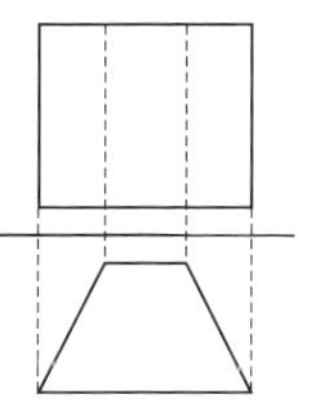

(3)

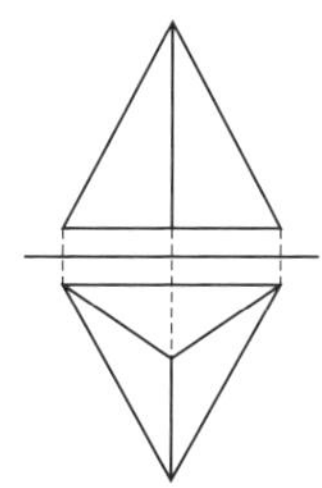

(4)

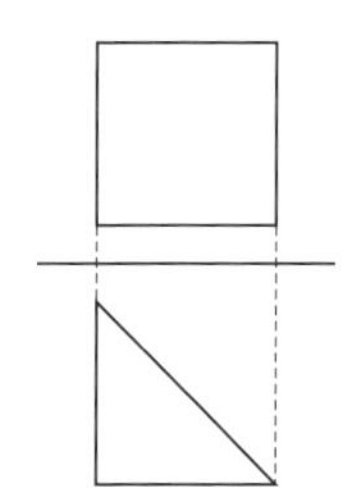

(3)は，置き方によっては，下のようにかくこともできる。

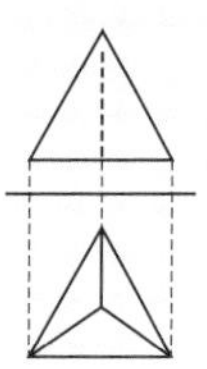

平面図では見える辺が，立面図では見えないことに注意する。

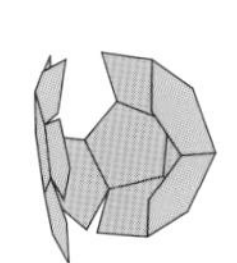

① 四角柱　② 円柱　③ 母線　④ 円　⑤ 円柱　⑥ 三角形　⑦ 三角錐
⑧ 三角形　⑨ 円　⑩ 円錐　⑪ 長方形　⑫ 四角形　⑬ 四角柱

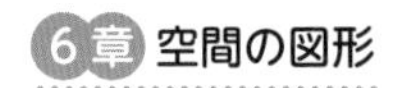

確認のワーク ステージ1 3節 立体のいろいろな見方 ③ 角錐，円錐の展開図

例1 角錐の展開図

教 p.218 → 基本問題 1 2

右の図は，正三角錐の見取図と展開図です。

(1) 右の展開図は，正三角錐のどの辺にそって切り開いたものですか。

(2) 右の展開図を組み立てたとき，点Eと重なる点はどれですか。
また，辺FDと重なる辺はどれですか。

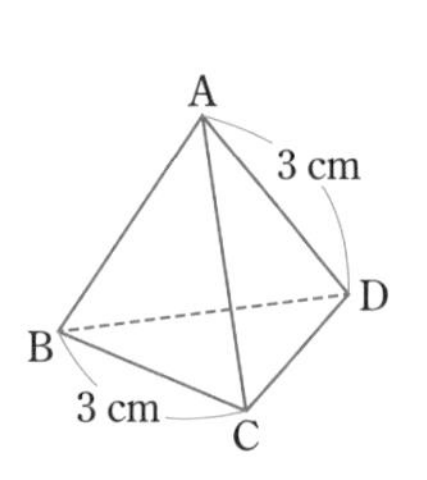

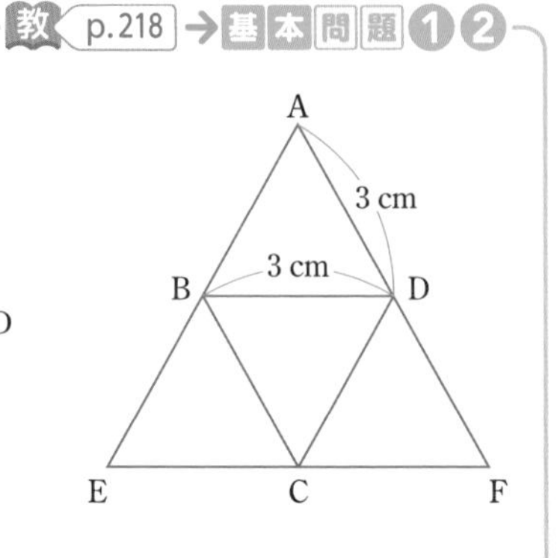

解き方 (1) 右の展開図は，辺AB，[①]，[②]にそって，切り開いたものである。

(2) 右の展開図を組み立てたとき，点Eは点F，[③]と重なる。

辺EBは辺ABと重なり，辺FCは辺ECと重なり，辺FDは[④]と重なる。

例2 円錐の展開図

教 p.219 → 基本問題 3 4

右の図の円錐の展開図について答えなさい。

(1) 展開図で側面にあたるおうぎ形の弧の長さを求めなさい。

(2) 展開図で側面にあたるおうぎ形の半径の長さを求めなさい。

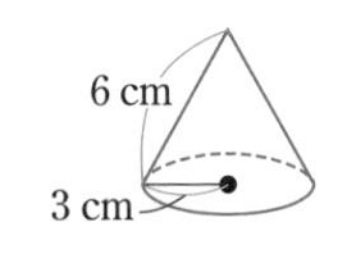

考え方 側面になるおうぎ形の弧の長さは底面の円周に等しく，おうぎ形の半径は円錐の母線の長さに等しい。

解き方 (1) 底面の円周は，$2\pi \times 3=$[⑤]より，

おうぎ形の弧の長さは，[⑤] cm

(2) おうぎ形の半径は，円錐の母線と等しいから，[⑥] cm

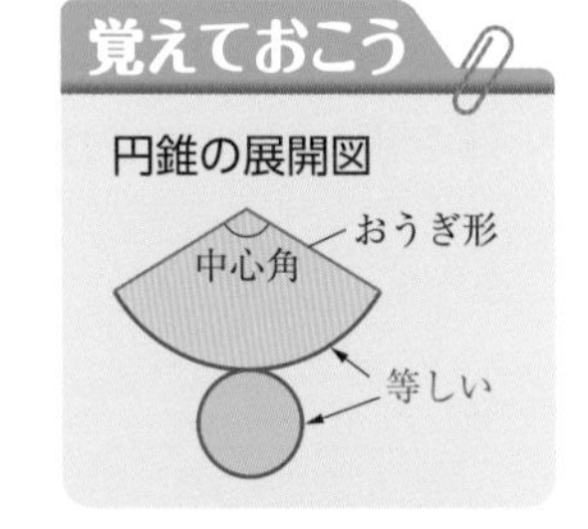

見取図と展開図

角柱

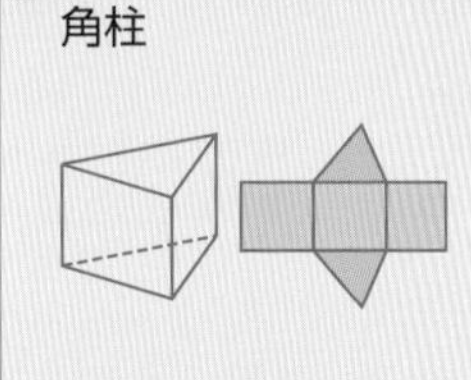

2つの底面は合同な多角形で，側面は長方形。

角錐

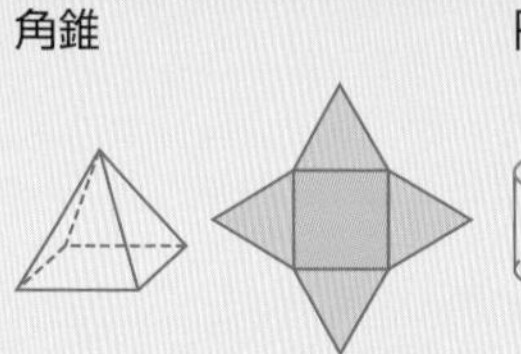

底面は1つの多角形で，側面は三角形。

円柱

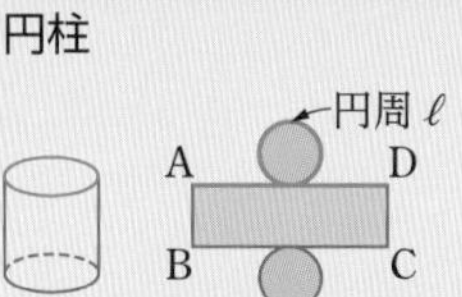

2つの底面は合同な円。側面の展開図は長方形。

円錐

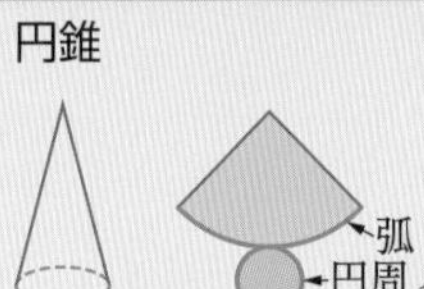

底面は1つの円。側面の展開図はおうぎ形。

基本問題

1 角錐の展開図 右の図は，正四角錐の見取図と展開図です。 教 p.218Q1

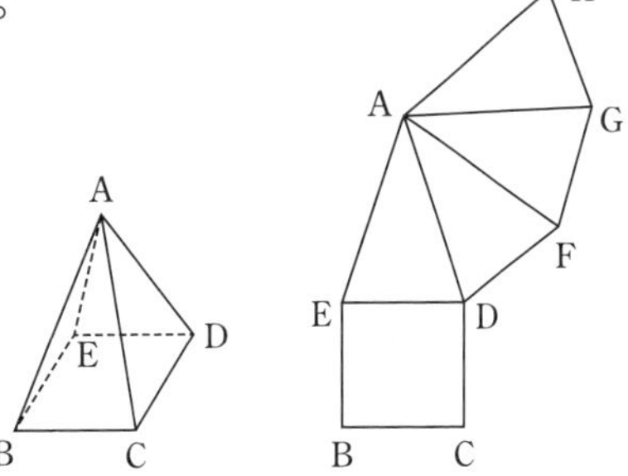

(1) 右の展開図は，正四角錐のどの辺にそって切り開いたものですか。

(2) 右の展開図を組み立てたとき，点Gと重なる点はどれですか。また，辺EBと重なる辺はどれですか。

2 角錐の展開図 右の展開図について，次の(1)〜(3)に答えなさい。 教 p.218Q2

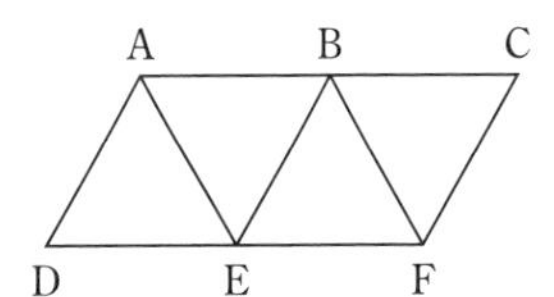

(1) 右の展開図を組み立ててできる立体の名前を答えなさい。

(2) 点Aと重なる点はどれですか。

(3) 辺CFと重なる辺はどれですか。

3 円錐の展開図 右の展開図について，次の(1)〜(3)に答えなさい。 教 p.219Q3

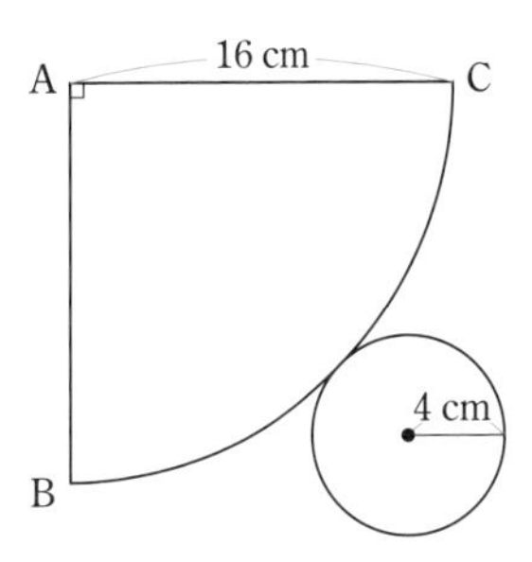

(1) 右の展開図を組み立ててできる立体の名前を答えなさい。

(2) この立体の母線の長さを求めなさい。

(3) $\overset{\frown}{BC}$ の長さを求めなさい。

4 円錐の展開図 底面の半径が 2 cm，母線が 6 cm の円錐の展開図をかきなさい。 教 p.219

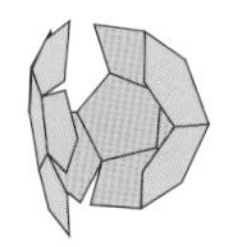

6章

左ページの例の答え ①② AC，AD ③ 点A ④ 辺AD ⑤ 6π ⑥ 6

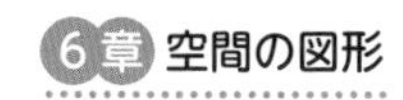

解答 p.45

定着のワーク ステージ2 1節 空間にある立体 2節 空間にある図形 3節 立体のいろいろな見方

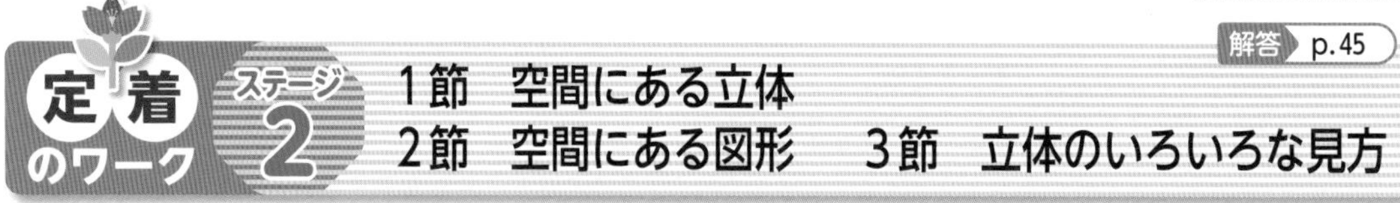

1 正多面体について，次の(1)～(3)に答えなさい。

(1) 正二十面体の面の形を答えなさい。

(2) 1つの頂点に集まる面の数が4である正多面体を答えなさい。

(3) 正四面体の各面の中央の点を結ぶと，どんな立体ができますか。

よく出る **2** 次の㋐～㋕のうちで，平面が1つに決まるものをすべて選び，記号で答えなさい。

㋐ 2点をふくむ平面　㋑ 平行な2直線をふくむ平面
㋒ 交わる2直線をふくむ平面　㋓ 同じ直線上にある3点をふくむ平面
㋔ 同じ直線上にない3点をふくむ平面　㋕ ねじれの位置にある2直線をふくむ平面

3 右の図は，立方体から三角錐を切り取った立体です。この立体の辺を直線とみて，次の(1)～(4)に答えなさい。

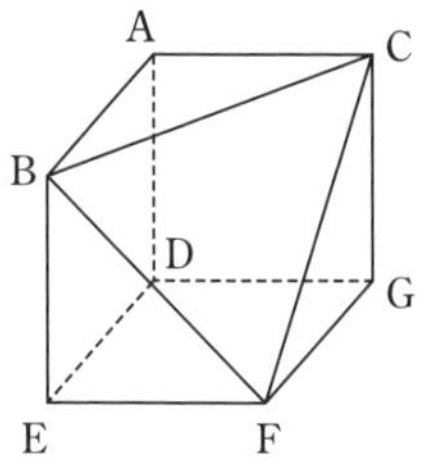

(1) 直線EFと交わる直線はどれですか。

(2) 直線EFと平行な直線はどれですか。

(3) 直線EFとねじれの位置にある直線はどれですか。

(4) 4点E，F，C，Bを通る平面はありますか。

4 下の㋐～㋕の立体について，次の(1)，(2)に記号で答えなさい。

㋐ 円柱　㋑ 直方体　㋒ 円錐　㋓ 正三角柱　㋔ 球　㋕ 四角錐

(1) 回転体はどれですか。

(2) 多角形や円をそれと垂直な方向に一定の距離だけ動かしてできた立体はどれですか。

ヒントの森

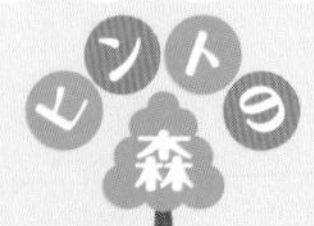

1 (3) 頂点の数は4になる。
3 (3) 交わらず，平行でない2直線は，ねじれの位置にあるという。
(4) 直線EFと直線CBはねじれの位置にある。

5 次の(1)〜(5)の立体の投影図を，下の㋐〜㋔から選び，記号で答えなさい。

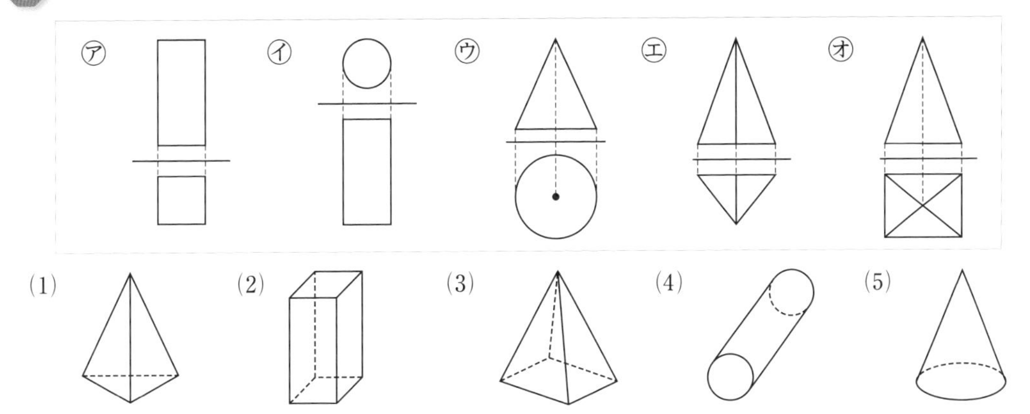

6 右の図は，正四角錐と正四角柱を合わせた立体の投影図です。

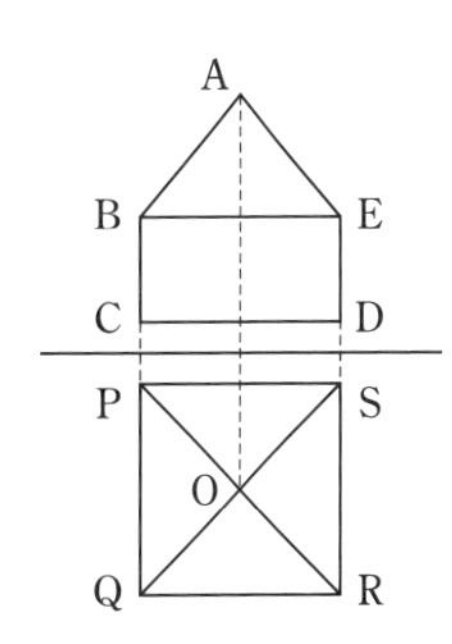

(1) この立体の見取図をかきなさい。

(2) この立体の面の数を答えなさい。

(3) 平面図の線分 OQ は立面図ではどの線分になりますか。

7 底面の半径が 6 cm，母線の長さが 15 cm の円錐があります。

(1) この円錐の展開図で，側面になるおうぎ形の中心角を求めなさい。

(2) この円錐の展開図をかきなさい。

入試問題をやってみよう！

1 直方体 ABCD-EFGH があります。右の図 1 は，この直方体に 3 つの線分 AC，AF，CF を示したものです。

右の図 2 は，直方体 ABCD-EFGH の展開図の 1 つに，3 つの頂点 D，G，H を示したものです。図 1 中に示した，3 つの線分 AC，AF，CF を図 2 にかき入れなさい。ただし，文字 A，C，F を書く必要はありません。〔京都〕

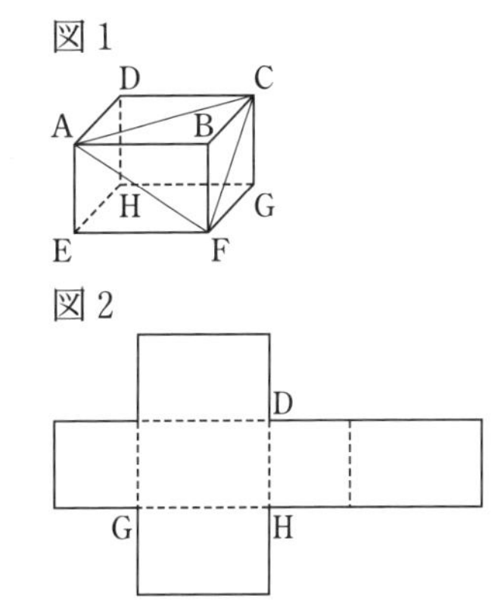

6 (2) 正四角錐の面の数は 5，正四角柱の面の数は 6 である。重なっている部分の面の数をひくことを忘れないようにする。

7 (2) まず，側面となるおうぎ形をかき，底面となる円をおうぎ形に接するようにかく。

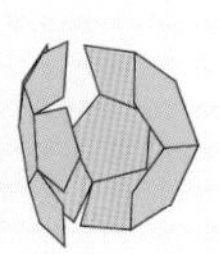

ステージ 1

4節 立体の表面積と体積
① 角柱，円柱の表面積　② 角錐，円錐の表面積

例1 円柱の表面積

教 p.221 → 基本問題 1

底面の半径が 3 cm，高さが 8 cm の円柱の表面積を求めなさい。

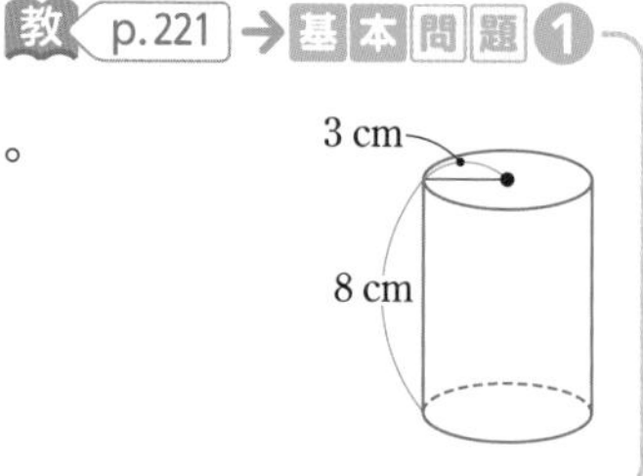

考え方 円柱の展開図をかくと，側面は長方形になる。長方形の縦の長さは円柱の高さに等しく，横の長さは底面の円周の長さに等しい。

3 cm
8 cm

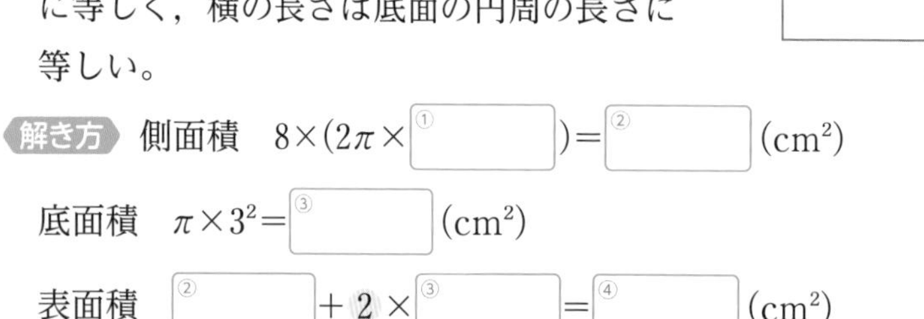

解き方 側面積　$8\times(2\pi\times$ ①□ $)=$ ②□ (cm²)

底面積　$\pi\times3^2=$ ③□ (cm²)

表面積　②□ $+\ 2\times$ ③□ $=$ ④□ (cm²)

↑円柱には底面が2つある。

表面積…立体の表面全体の面積

側面積…側面全体の面積

底面積…1つの底面の面積

角柱や円柱の表面積 S

$S=$(側面積)$+2\times$(底面積)

例　角柱　円柱

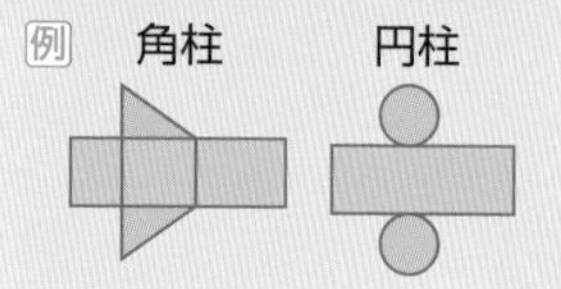

例2 円錐の表面積

教 p.222〜224 → 基本問題 3 4 5

底面の半径が 2 cm，母線の長さが 6 cm の円錐の表面積を求めなさい。

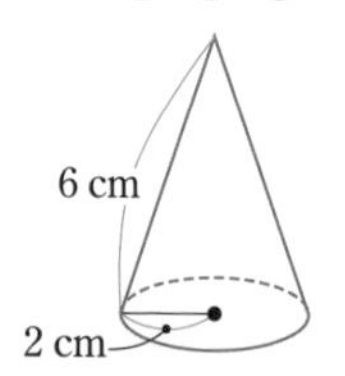

考え方 円錐の側面は切りはなして平らにすると，おうぎ形になる。おうぎ形の面積は，おうぎ形の中心角に比例する。

解き方 側面のおうぎ形の半径は 6 cm，

弧の長さは $2\pi\times2=4\pi$ (cm) だから，

中心角は，$360^\circ\times\dfrac{4\pi}{2\pi\times6}=120^\circ$

側面積は，$\pi\times6^2\times\dfrac{120}{360}=$ ⑤□ (cm²)

底面積は，$\pi\times2^2=$ ⑥□ (cm²)

よって，表面積は，⑤□ $+$ ⑥□ $=$ ⑦□ (cm²)

円Oの円周 $(2\pi\times6)$ cm
O　360°
6 cm
A　120°　B
$(2\pi\times2)$ cm
2 cm

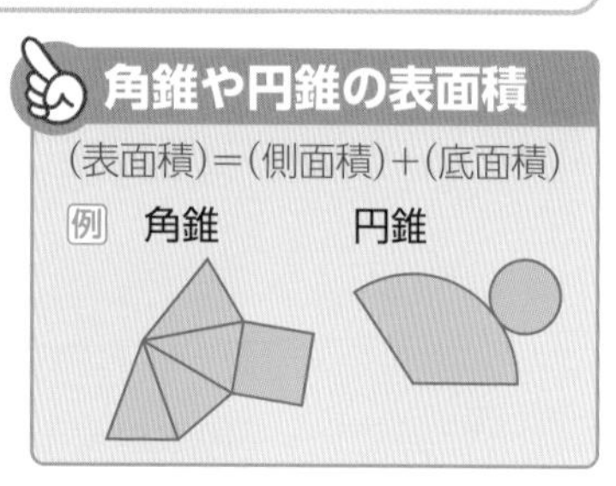

注 おうぎ形の弧の長さは中心角に比例するから，$\dfrac{120}{360}$ は，$\dfrac{(\overset{\frown}{AB}\text{の長さ})}{(\text{円Oの円周})}=\dfrac{2\pi\times2}{2\pi\times6}$ や $\dfrac{(\text{底面の半径})}{(\text{母線の長さ})}=\dfrac{2}{6}$ におきかえられる。

↑2πで約分できる

基本問題

1 **角柱，円柱の表面積** 次の立体の表面積を求めなさい。 教 p.221 Q 1, Q 2

(1) 直角をはさむ 2 辺が 5 cm と 12 cm，他の 1 辺が 13 cm の直角三角形を底面とし，高さが 8 cm の三角柱

(2) 右の図の長方形を，辺 CD を回転の軸として 1 回転させてできる立体

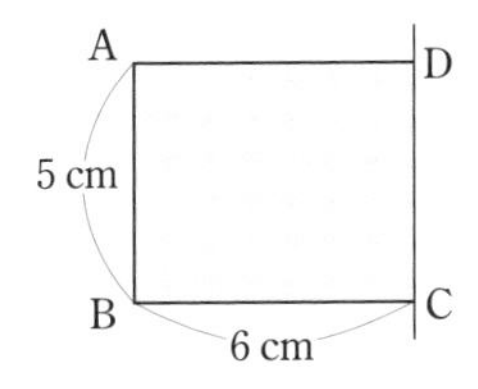

ここがポイント

展開図で，角柱や円柱の側面は，長方形だから，その側面積は，

(角柱や円柱の高さ)×(底面の周の長さ)

で求めることができる。

2 **角錐の表面積** 次の立体の表面積を求めなさい。 教 p.222 Q 1

(1) 正四角錐

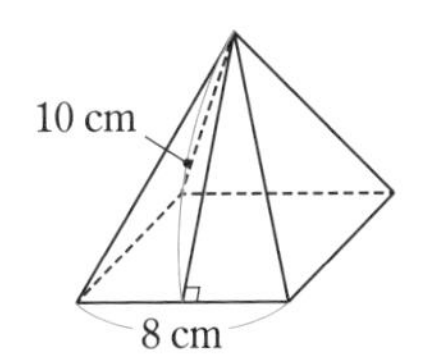

(2) 正三角錐

(底面積は 10.8 cm^2 とする。)

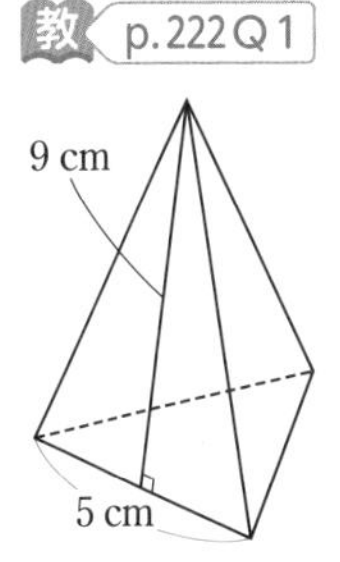

3 **円錐の表面積** 右の図の円錐について，次の(1)〜(3)に答えなさい。 教 p.223

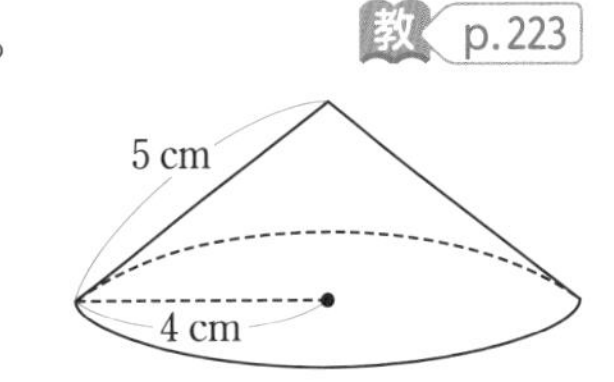

(1) この円錐の展開図で，側面にあたるおうぎ形の中心角は何度になりますか。

(2) 側面積を求めなさい。

(3) 表面積を求めなさい。

4 **円錐の表面積** 次の円錐の表面積を求めなさい。

(1) 底面の半径 3 cm，母線の長さ 6 cm

(2) 底面の直径 4 cm，母線の長さ 8 cm

5 **回転体の表面積** 右の図の直角三角形 ABC を，直線 AB と BC をそれぞれ回転の軸として 1 回転させ，2 つの回転体を作ります。どちらの回転体の表面積がどれだけ大きくなりますか。 教 p.224 Q 3

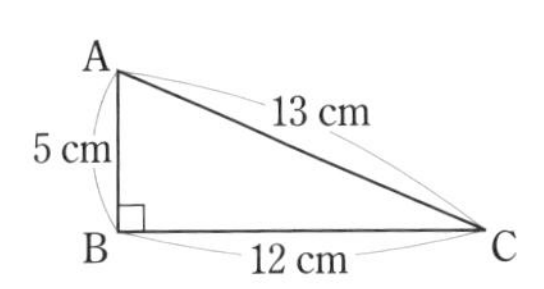

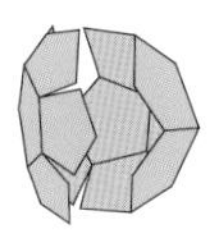

左ページの例の答え ① 3 ② 48π ③ 9π ④ 66π ⑤ 12π ⑥ 4π ⑦ 16π

6章

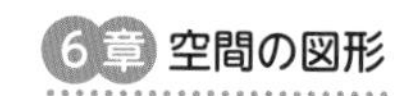

4節 立体の表面積と体積
③ 角柱，円柱の体積 ④ 角錐，円錐の体積

例1 角柱，円柱の体積

右の立体の体積を求めなさい。

(1)

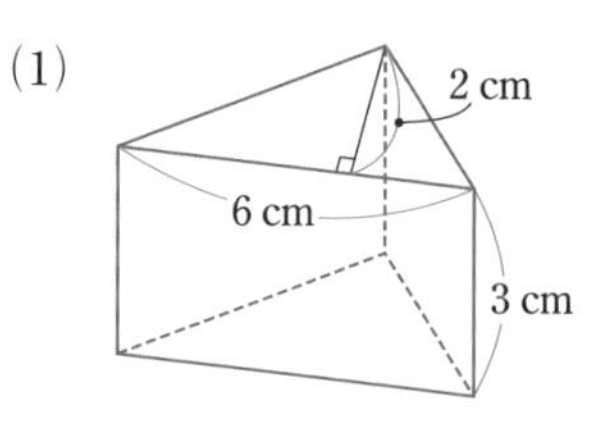

(2)

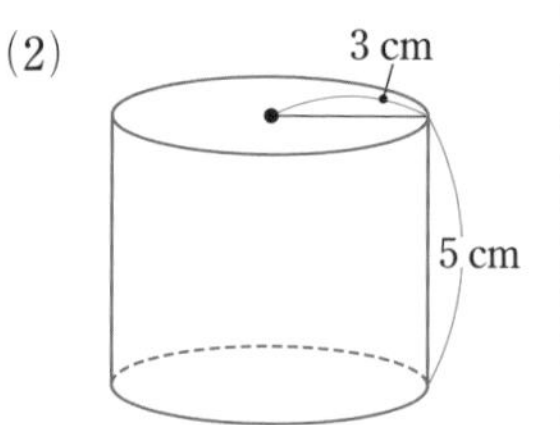

考え方 底面積を求め，

(体積)＝(底面積)×(高さ) の公式を使う。

解き方 (1) 底面積 $6\times2\div2=$ ① (cm²) 〈底面は，底辺が 6 cm，高さが 2 cm の三角形〉

体積 ① $\times3=$ ② (cm³)

(2) 底面積 $\pi\times3^2=$ ③ (cm²) 〈底面は，半径が 3 cm の円〉

体積 ③ $\times5=$ ④ (cm³)

角柱や円柱の体積 V

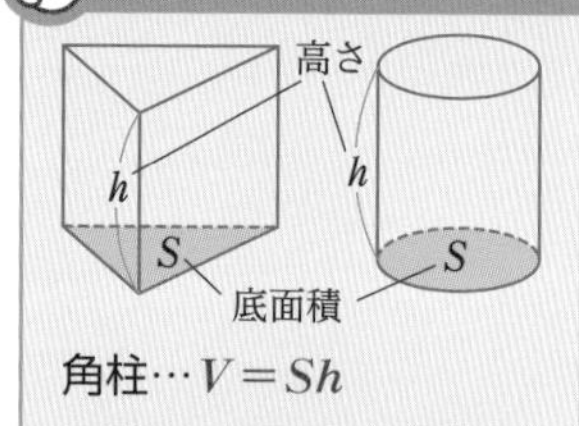

角柱…$V=Sh$

円柱…底面の半径を r とすると，

$V=Sh=\pi r^2h$

例2 角錐，円錐の体積

教 p.226, 227 → 基本問題 2

右の立体の体積を求めなさい。

(1)

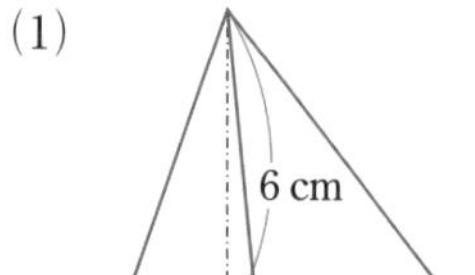

(2)

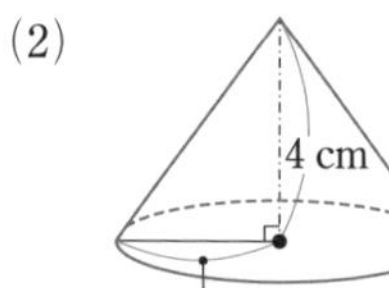

考え方 角錐，円錐の体積は，それと底面積が等しく高さも等しい角柱，円柱の体積の $\frac{1}{3}$ である。

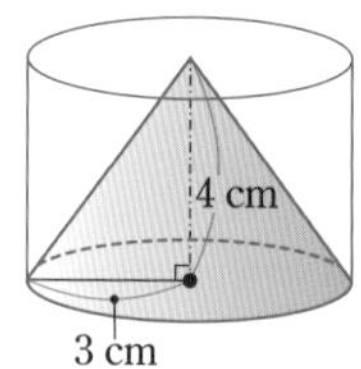

(体積)＝$\frac{1}{3}$×(底面積)×(高さ) の公式を使う。

解き方 (1) 底面積 $3\times4\div2=$ ⑤ (cm²)

体積 ⑥ × ⑤ $\times6=$ ⑦ (cm³)

(2) 底面積 $\pi\times3^2=$ ⑧ (cm²)

体積 ⑨ × ⑧ $\times4=$ ⑩ (cm³)

角錐や円錐の体積 V

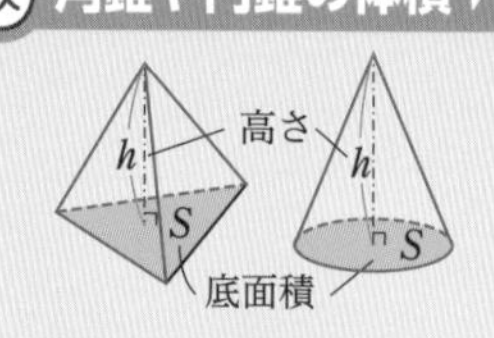

角錐…$V=\frac{1}{3}Sh$

円錐…底面の半径を r とすると，

$V=\frac{1}{3}Sh=\frac{1}{3}\pi r^2h$

基本問題

1 角柱，円柱の体積　次の立体の体積を求めなさい。

教 p.225 Q 1

(1)　四角柱

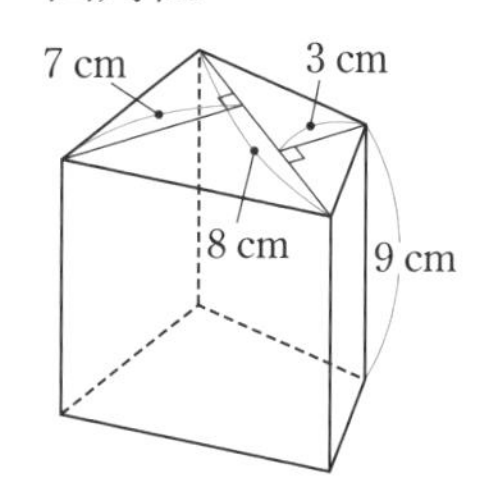

(2)　円柱

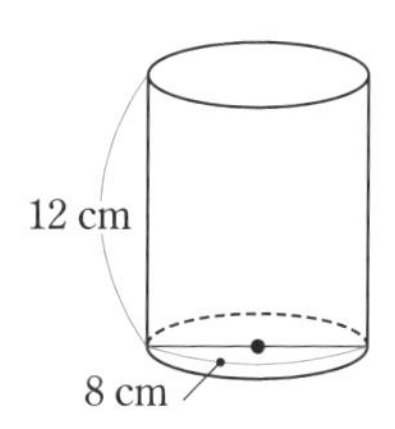

(3)　底面の 1 辺が 2 cm，高さが 7 cm の正四角柱

(4)　底面の半径が 4 cm，高さが 10 cm の円柱

(5)　右の図のような長方形を，直線 ℓ を回転の軸として 1 回転させてできる立体

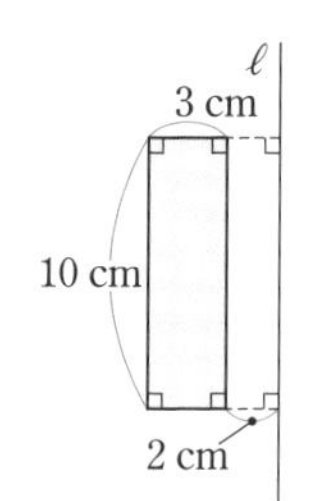

ここがポイント
回転体の体積は，見取図をかいて，どこが底面になるのかを確認し，底面積を求めることが大切。

2 角錐，円錐の体積　次の立体の体積を求めなさい。

教 p.227 Q 1

(1)　四角錐

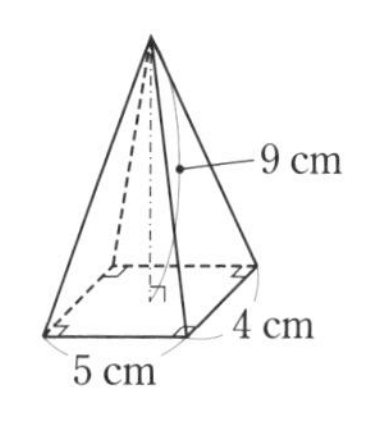

(2)　円錐

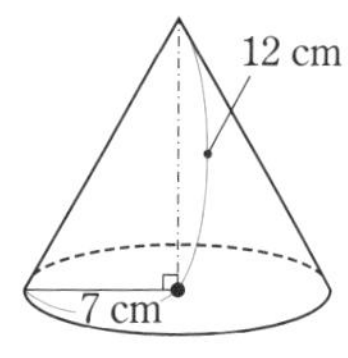

(3)　底面の面積が 45 cm^2，高さが 7 cm の五角錐

(4)　底面の 1 辺が 8 cm，高さが 6 cm の正四角錐

(5)　底面の半径が 15 cm，高さが 11 cm の円錐

(6)　右の図の直角三角形 ABC を，辺 AC を回転の軸として 1 回転させてできる立体

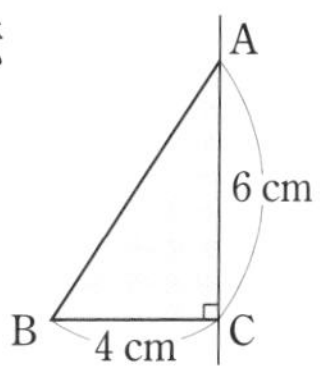

(6)は，底面の半径が 4 cm，高さが 6 cm の円錐ができるね。

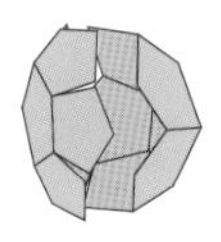

① 6　② 18　③ 9π　④ 45π　⑤ 6　⑥ $\frac{1}{3}$　⑦ 12　⑧ 9π　⑨ $\frac{1}{3}$　⑩ 12π

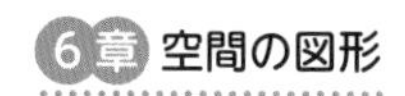

4節　立体の表面積と体積　⑤ 球の表面積と体積
5節　図形の性質の利用　① アイスクリームの体積を比べよう
② 最短の長さを考えよう

例1 球の表面積と体積

教 p.228, 229 →基本問題 1 2

半径 7 cm の球の表面積と体積を求めなさい。

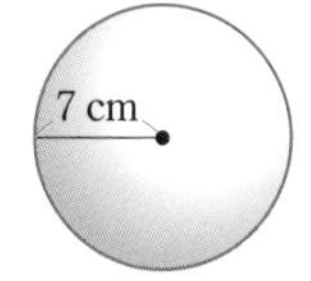

解き方　表面積　$4\pi\times$ ① ＝ ② (cm^2)

体積　③ $\times\pi\times$ ④ ＝ ⑤ (cm^3)

たいせつ

球の表面積 S　$S=4\pi r^2$

球の体積 V　$V=\frac{4}{3}\pi r^3$　〔半径：r〕

例2 最短の長さ

教 p.233 →基本問題 4

右の図のような直方体の頂点Aから頂点Gへ，辺 BF 上の点Pを通ってひもをかけます。ひもの長さが最短になるときの点Pの位置を展開図に示しなさい。

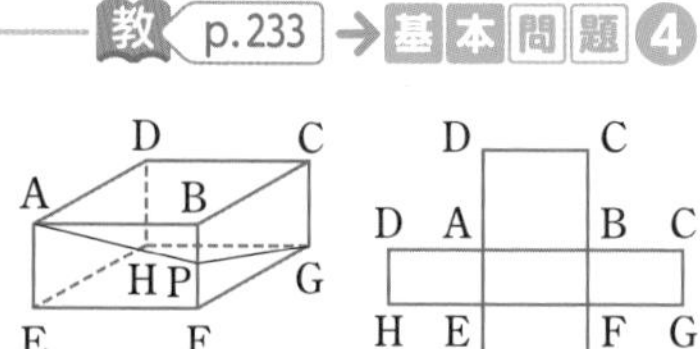

考え方　立体にかけたひもの長さが最も短くなるのは，展開図で直線となるときである。

解き方　展開図の点Aと点 ⑥ を直線で結ぶ。この直線と辺 ⑦ との交点がPの位置である。

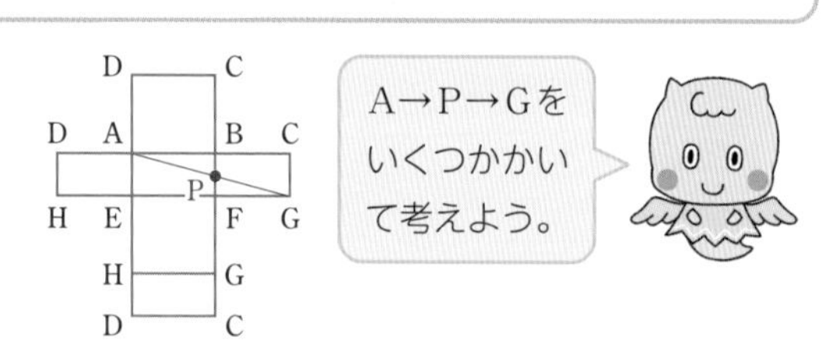

発展 例3 立方体の切り口にできる図形

教 p.237 →基本問題 5

右の図の立方体を，3点 A，B，G を通る平面で切ると，切り口はどんな図形になりますか。

考え方　3点を通る平面は1つしかないので，切り口も1つに決まる。

解き方　平行な2平面に1つの平面が交わってできる直線は平行になるから，3点 A，B，G を通る平面は，AB∥HG となる点Hを通る。また，AB，HG は，ともに面 BFGC，AEHD に垂直だから，切り口は ⑧ である。

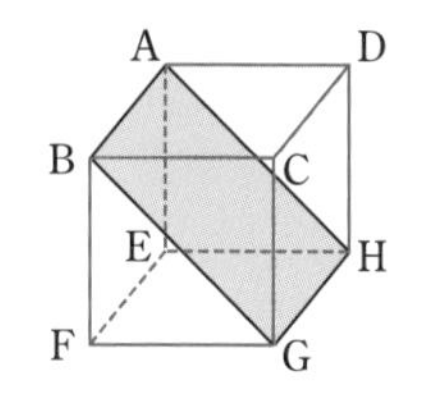

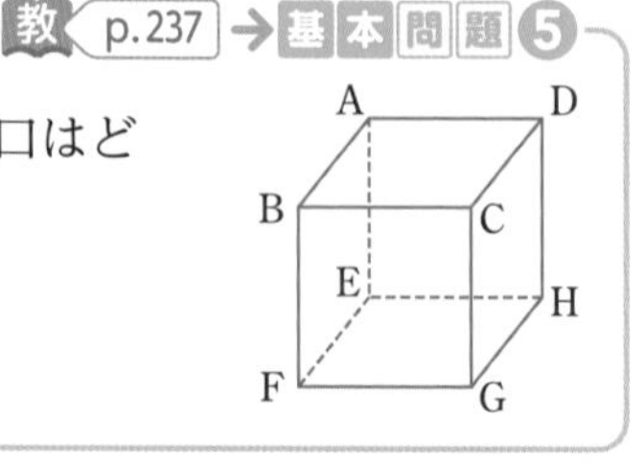

基本問題

解答 p.47

1 球の表面積と体積　半径 3 cm の球と，その球がちょうど入る円柱があります。

(1)　球の表面積と円柱の側面積をそれぞれ求め，それらの関係を答えなさい。

教 p.228 Q 1, p.229 Q 3

(2)　球の体積と円柱の体積をそれぞれ求め，球の体積の円柱の体積に対する割合を求めなさい。

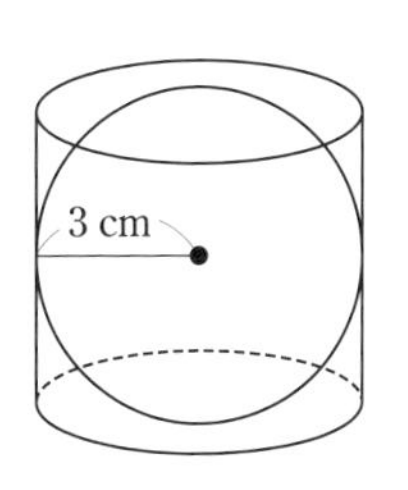

思い出そう

底面の半径 r，高さ h の円柱の体積 V は，
$V=\pi r^2h$

2 球の表面積と体積　右のおうぎ形を，OA を回転の軸として 1 回転させてできる立体の表面積と体積を求めなさい。

教 p.229 Q 4

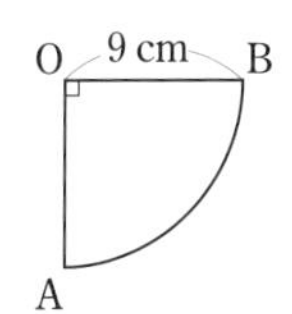

3 立体の体積　右の図のような半球と円錐を組み合わせた立体の体積を求めなさい。

教 p.232 Q 1

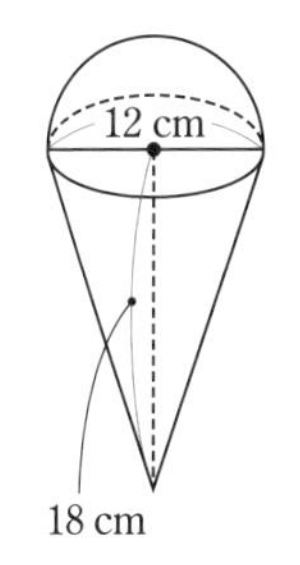

4 最短の長さ　右の図のように，正四角柱の表面にAから辺 BC 上を通ってGまでひもをかけました。ひもの長さが最も短くなるようにしたときのひものようすを，右の展開図に示しなさい。

教 p.233

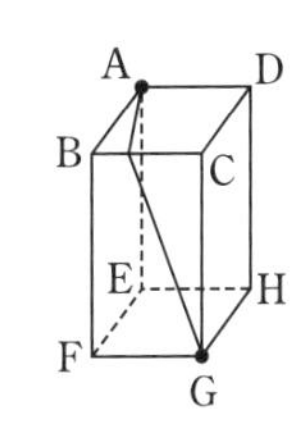

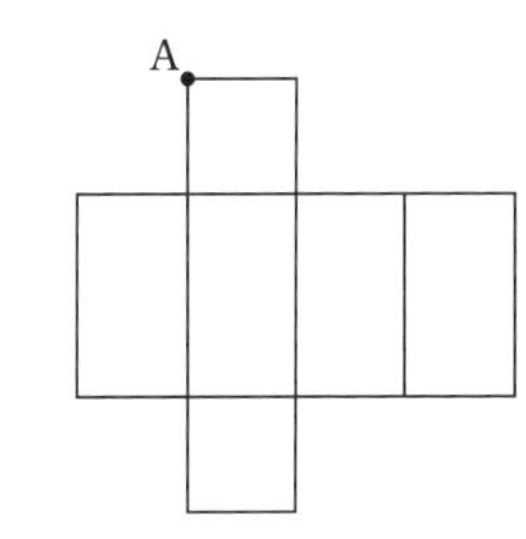

発展 **5** 立方体の切り口にできる図形　立方体を頂点Aを通る平面で切ると，切り口が次の(1)～(3)になる場合があります。どのように切ればよいか，下の図にかき入れなさい。

教 p.237

(1)　正三角形

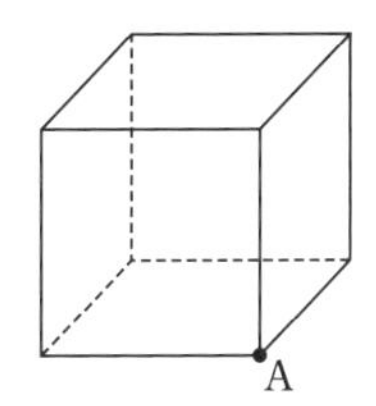

(2)　ひし形

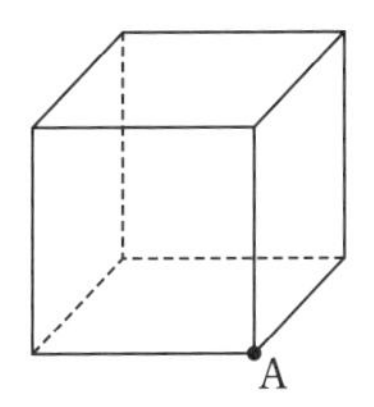

(3)　五角形

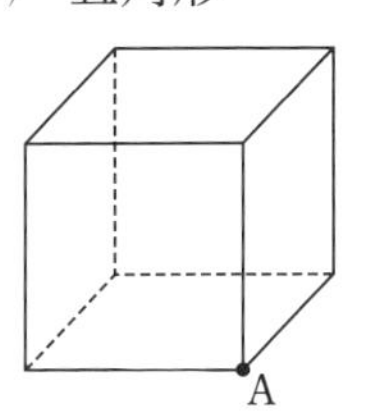

ここがポイント

面と面が交わると直線(辺)が 1 本できる。立方体の面は 6 つだから，切り口の図形の辺の数は，最大でも 6 である。

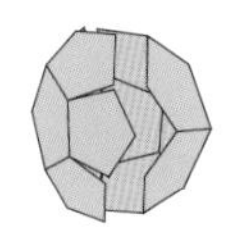

6章

左ページの例の答え　① 7^2 (49)　② 196π　③ $\frac{4}{3}$　④ 7^3 (343)　⑤ $\frac{1372}{3}\pi$　⑥ G　⑦ BF　⑧ 長方形

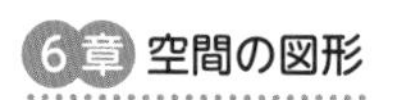

解答 p.48

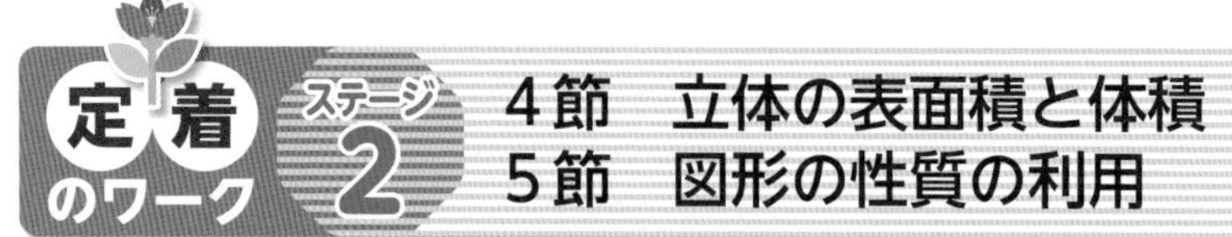

4節　立体の表面積と体積
5節　図形の性質の利用

1 右の図の直角三角形を底面とし，それを垂直な方向に **6 cm** だけ動かしてできた立体について，次の(1)～(3)に答えなさい。

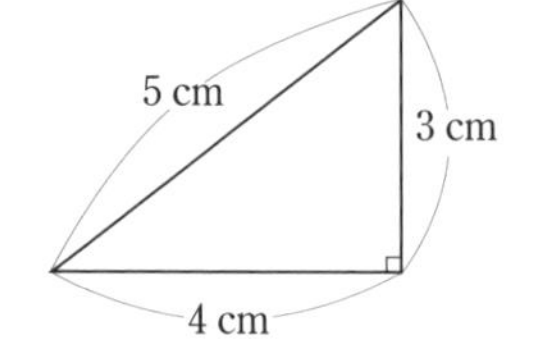

(1)　どんな立体ができますか。

(2)　立体の表面積を求めなさい。

(3)　立体の体積を求めなさい。

よく出る **2** 次の立体の表面積を求めなさい。

(1)　正四角錐

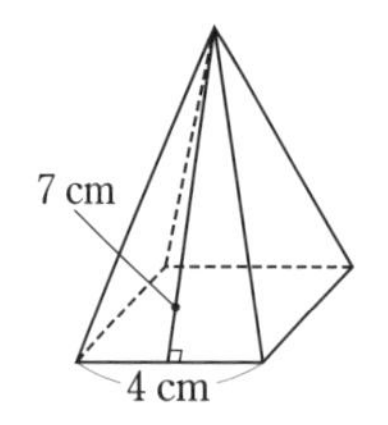

(2)　円錐

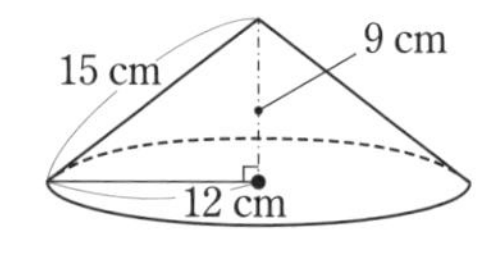

3 右の図の △ABC は，AB＝AC の二等辺三角形です。この二等辺三角形 ABC を，辺 BC を回転の軸として 1 回転させてできる立体の体積を求めなさい。

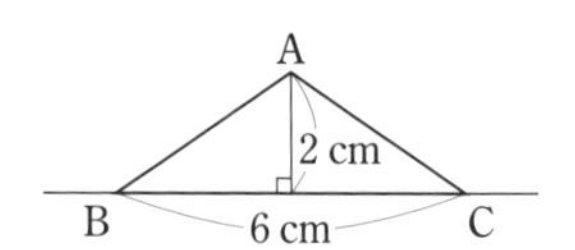

4 右の図の A，B はそれぞれ円錐，円柱の形をした容器です。Aの容器いっぱいに水を入れ，その水をBの容器に入れかえたとき，水の深さは何 cm になりますか。

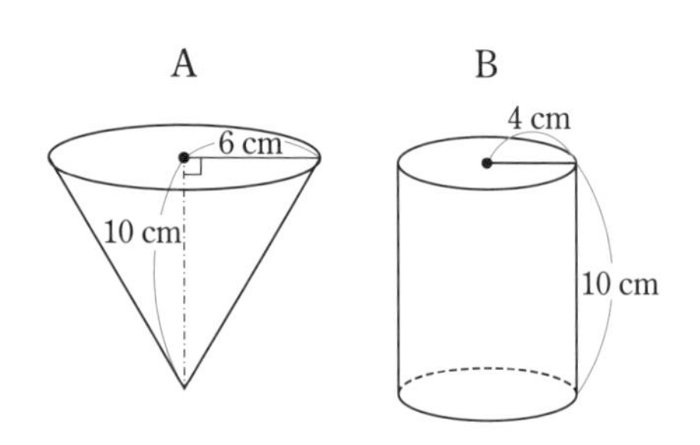

5 右の図のような円柱から円錐を切り取ってできる立体の体積を求めなさい。

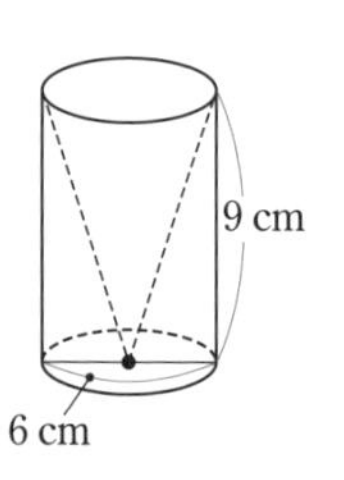

1 角柱や円柱は，底面の図形をそれと垂直な方向に一定の距離だけ動かしてできた立体とみることができる。底面が動いた距離がその立体の高さである。

3 1 回転させてできる立体は，円錐を 2 つつなげた形になる。

6 右の図は，1 辺が 6 cm の立方体です。

(1) 三角錐 AFGH で，△FGH を底面としたときの高さを求めなさい。

(2) 三角錐 AFGH の体積を求めなさい。

7 半径 6 cm の球の表面積と底面の円の半径が 6 cm の円柱の表面積が等しいとき，この円柱の高さを求めなさい。

よく出る **8** 右の図は，底面の半径が 2 cm，母線の長さが 12 cm の円錐です。図のように，円錐の側面にAから 1 周させて，Aまでもどるようにひもをかけました。ひもの長さが最も短くなるようにしたときのひものようすを，円錐の展開図をかいて，そこにかき入れ，その長さを求めなさい。

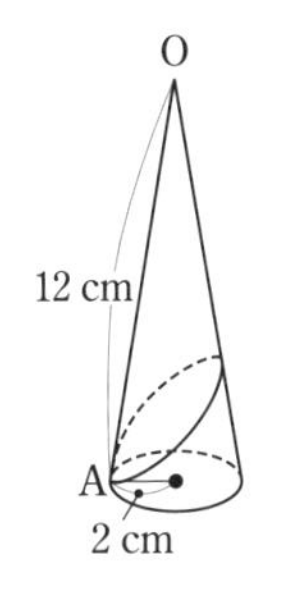

レベルUP **9** 右の図の立方体で，次の 3 点を通る平面で切ると，切り口はどんな図形になりますか。（点 P，Q，R は，EF，FG，GC の中点です。）

(1) 点 A，P，Q　　(2) 点 P，Q，R

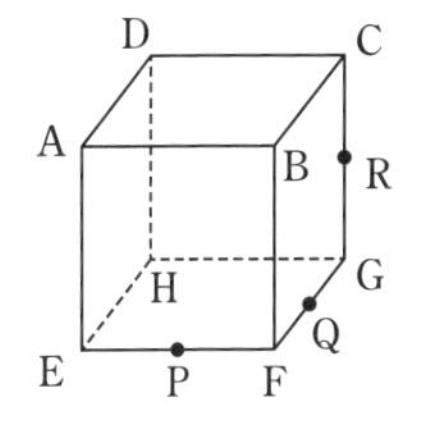

6章

入試問題をやってみよう！

1 右の図のように，縦 3 cm，横 9 cm の長方形から，底辺 3 cm，高さ 3 cm の直角三角形を取り除いてできる台形と，半径 3 cm，中心角 90° のおうぎ形が，直線 ℓ 上にあります。この台形とおうぎ形を，直線 ℓ を軸として 1 回転させます。台形を 1 回転させてできる立体の体積は，おうぎ形を 1 回転させてできる立体の体積の何倍ですか。〔愛媛〕

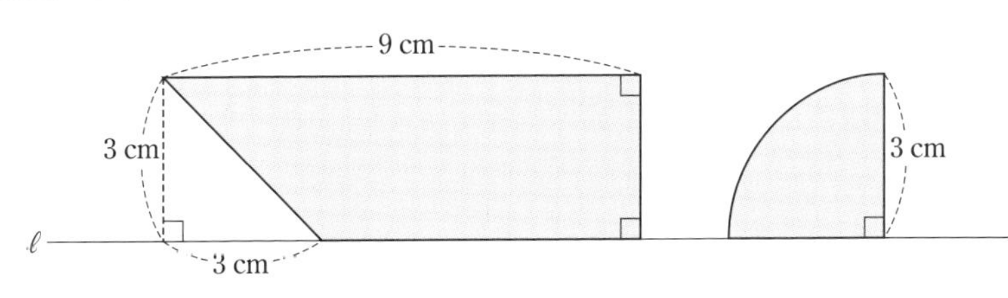

7 (円柱の表面積)＝(側面積)＋2×(底面積) だから，高さを h cm として方程式をつくる。

8 最短距離は，展開図のおうぎ形で，弧の両端の点を結んだ弦の長さになる。

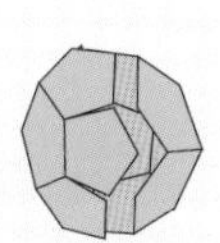

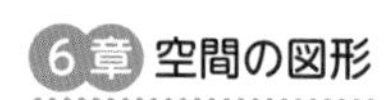

空間の図形

1 下の立体㋐〜㋕について，次の(1)〜(4)にあてはまるものをすべて選び，記号で答えなさい。

4点×4(16点)

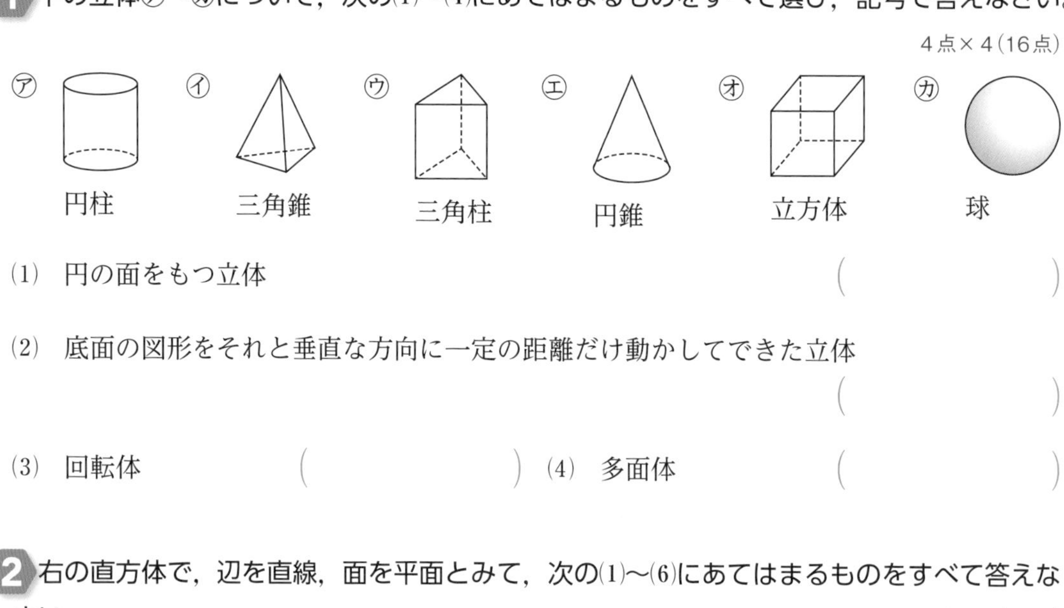

(1) 円の面をもつ立体 (　　　　)

(2) 底面の図形をそれと垂直な方向に一定の距離だけ動かしてできた立体 (　　　　)

(3) 回転体 (　　　　) (4) 多面体 (　　　　)

2 右の直方体で，辺を直線，面を平面とみて，次の(1)〜(6)にあてはまるものをすべて答えなさい。

3点×6(18点)

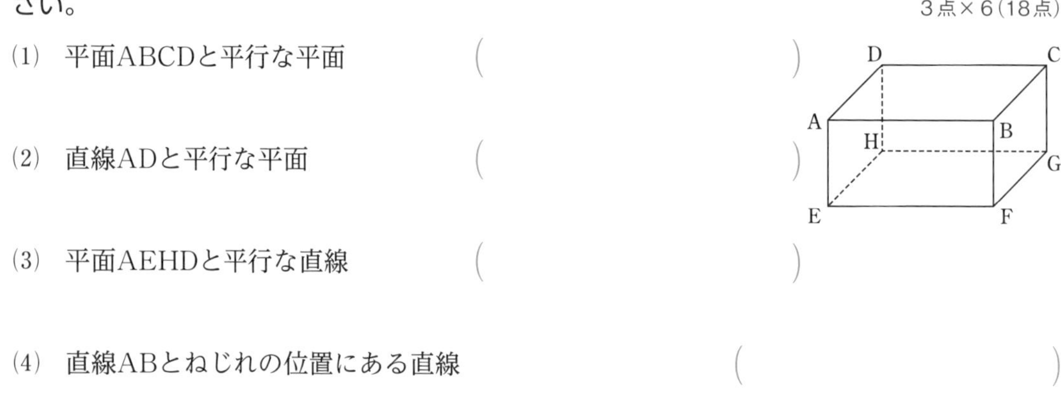

(1) 平面ABCDと平行な平面 (　　　　)

(2) 直線ADと平行な平面 (　　　　)

(3) 平面AEHDと平行な直線 (　　　　)

(4) 直線ABとねじれの位置にある直線 (　　　　)

(5) 直線BCと垂直な直線 (　　　　)

(6) 直線AEと垂直な平面 (　　　　)

3 右の図は，ある直方体の投影図です。この直方体の体積を求めなさい。

(5点)

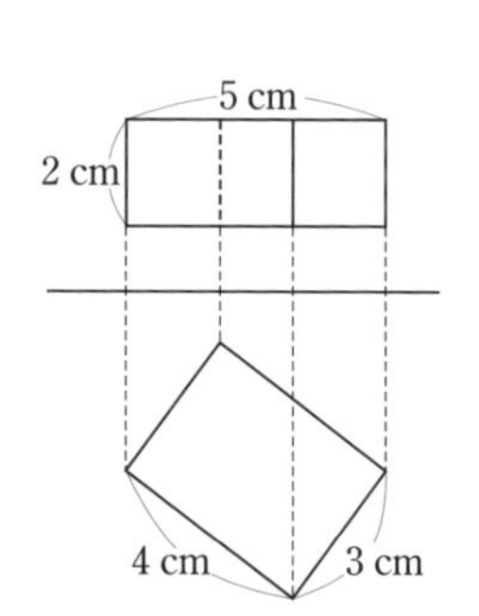

(　　　　)

目標 角柱，角錐，円柱，円錐の区別をしよう。また，長さなどの図形の状況を確認して，表面積や体積を正しく求められるようにしよう。

自分の得点まで色をぬろう!
がんばろう! もう一歩 合格!
0 60 80 100点

4 次の立体の表面積と体積を求めなさい。　5点×4(20点)

(1) 四角柱

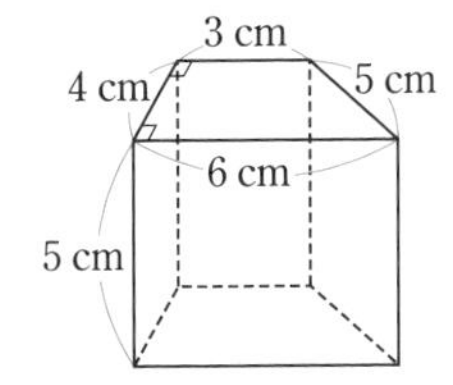

(2) 円柱

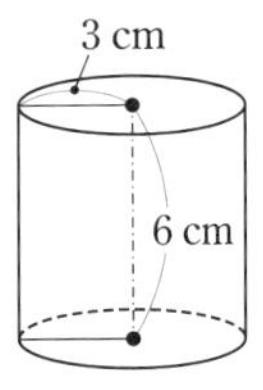

表面積(　　　)　体積(　　　)　表面積(　　　)　体積(　　　)

5 次の立体の表面積と体積を求めなさい。　5点×4(20点)

(1) 正四角錐

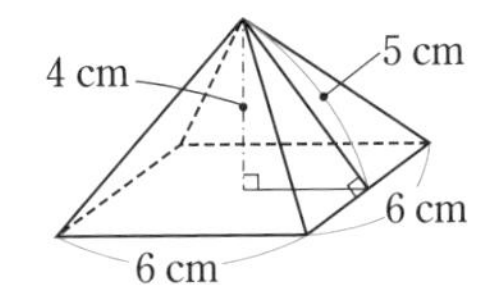

(2) 円錐

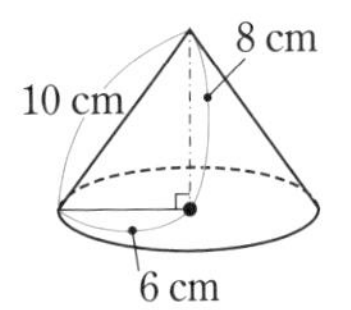

表面積(　　　)　体積(　　　)　表面積(　　　)　体積(　　　)

6 右の図は，すべての辺の長さが6 cmの三角柱ABCDEFです。この三角柱を3点A，E，Fを通る平面で切って2つの立体に分けるとき，その2つの立体の表面積の差は何cm^2ですか。　(5点)

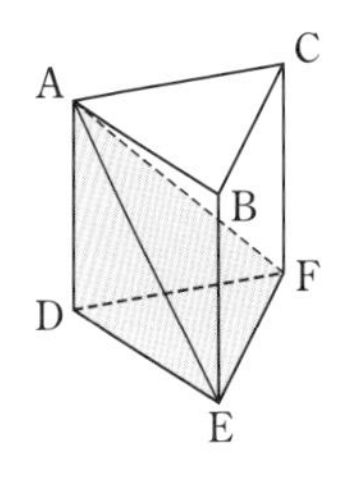

(　　　)

7 右の図形は，おうぎ形と直角三角形からできています。直線ℓを回転の軸として，この図形を1回転させてできる回転体の表面積と体積を求めなさい。　5点×2(10点)

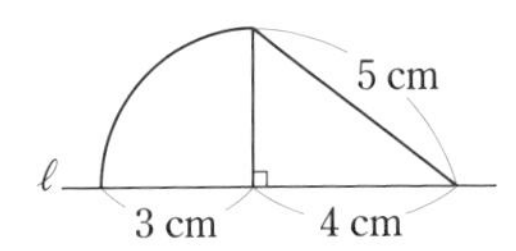

表面積(　　　)　体積(　　　)

8 右の図のように，正四面体OABCの頂点Aから，辺OB上を通って頂点Cまで糸をかけます。糸の長さが最短になるような糸のかけ方を下の展開図に示しなさい。　(6点)

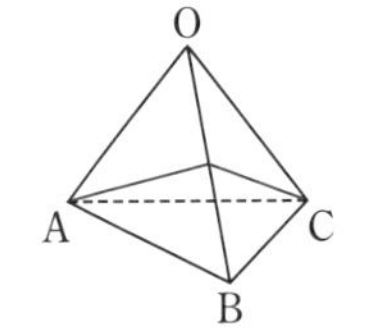

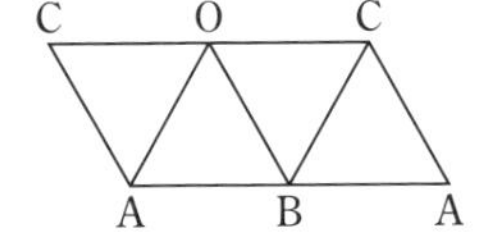

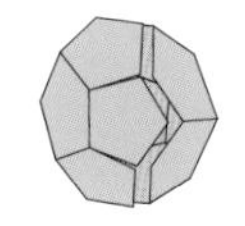

確認のワーク ステージ1

1節　データの分析
① 範囲と度数分布
② ヒストグラムと度数分布多角形　③ 相対度数

例1 度数分布表

教 p.240〜243 → 基本問題 1

右の度数分布表は，40 人の生徒の身長を調べて整理したものです。

(1) 階級の幅は何 cm ですか。
(2) 身長が 153.6 cm の人はどの階級に入りますか。
(3) 度数が最も多い階級をいいなさい。
(4) 右の表をもとにしてヒストグラムをかきなさい。

身長(cm)	度数(人)
以上　未満 140〜145	6
145〜150	10
150〜155	12
155〜160	8
160〜165	4
計	40

解き方 (1) 階級の幅は，145−140=① (cm)
階級として区切った区間の幅のこと

(2) 度数分布表より，② cm 以上 ③ cm 未満の階級
度数(各階級に入る記録の数)の分布のようすを整理した表
以上…その数に等しいか，その数より大きい数。
未満…その数より小さい数(その数は入らない)。
資料を整理するための区間

(3) 度数が最も多いのは，12 人だから，④ cm 以上 ⑤ cm 未満の階級である。

(4) 階級の幅の① cm を横の長さ，度数を縦の長さとする長方形をすき間なく並べて，ヒストグラムをかく。
柱状グラフともいう。

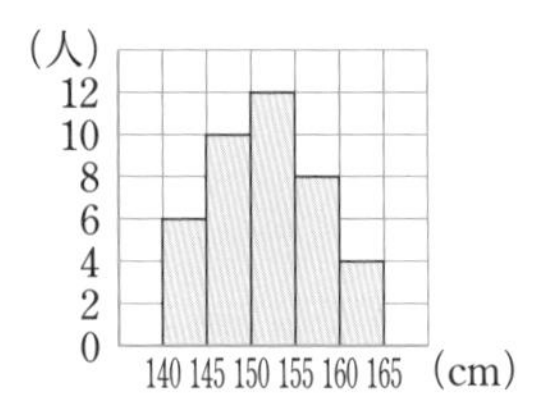

例2 相対度数

教 p.244, 245 → 基本問題 2

右の表は，40 人の生徒の体重を調べて，度数分布表に表したものです。

(1) 各階級の相対度数(右の表の⑥〜⑨)を求めなさい。
(2) 50 kg 以上 60 kg 未満の生徒の割合を求めなさい。

体重(kg)	度数(人)	相対度数
以上　未満 40〜45	6	⑥
45〜50	18	⑦
50〜55	14	⑧
55〜60	2	⑨
計	40	1

解き方 (1) 相対度数 $=\frac{\text{階級の度数}}{\text{度数の合計}}$ から，

$\frac{6}{40}=$ ⑥，$\frac{18}{40}=$ ⑦，$\frac{14}{40}=$ ⑧

$\frac{2}{40}=$ ⑨

(2) 50 kg 以上 60 kg 未満の生徒の人数は，14+2=⑩ (人)

よって，割合は，$\frac{⑩}{40}=$ ⑪　相対度数の和で求めてもよい。

基本問題

解答 p.52

1 度数分布表 下の右の表は，左にある25個のみかんの重さを調べた結果を度数分布表に整理したものです。 教 p.240〜243

95.4	102.5	98.6	106.5	109.5
110.0	104.5	114.6	115.4	108.4
106.5	96.4	104.0	114.6	113.2
103.6	103.7	112.6	109.8	109.5
107.2	118.8	105.8	112.4	108.5

(g)

重さ(g)	度数(個)
以上　未満 95〜100	3
100〜105	①
105〜110	9
110〜115	②
115〜120	2
計	③

(1) 上のデータの範囲(はんい)を求めなさい。

(2) 階級の幅を答えなさい。

(3) 右の表の①〜③にあてはまる数を求めなさい。

(4) 重さが110 g未満のみかんは，何個ありますか。

(5) ヒストグラムと度数分布多角形を，右の図にかき入れなさい。

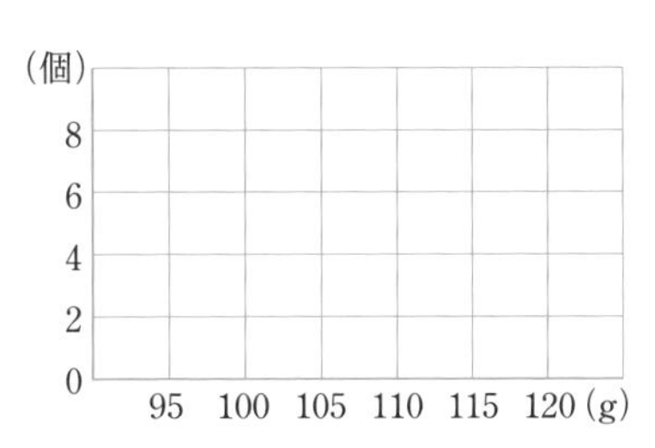

範囲

最大値と最小値との差(範囲)
＝(最大値)−(最小値)

度数分布多角形(度数折れ線)

ヒストグラムの各長方形の上の辺の中点を，順に結んでできる折れ線グラフ。左右の両端には度数0の階級があるものと考えて，線分を横軸までのばす。

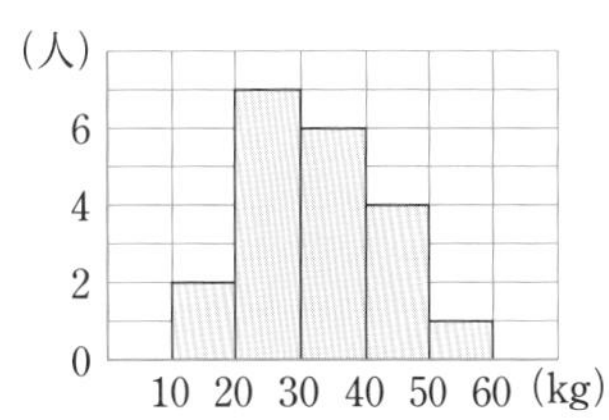

2 相対度数 右の図は，あるクラスの男子の握力を測定した記録をヒストグラムに表したものです。下の表に度数をかき，各階級の相対度数を求めなさい。また，相対度数の分布を表すグラフをかきなさい。 教 p.245 Q 3

階級(kg)	度数(人)	相対度数
以上　未満 10〜20		
20〜30		
30〜40		
40〜50		
50〜60		
計		

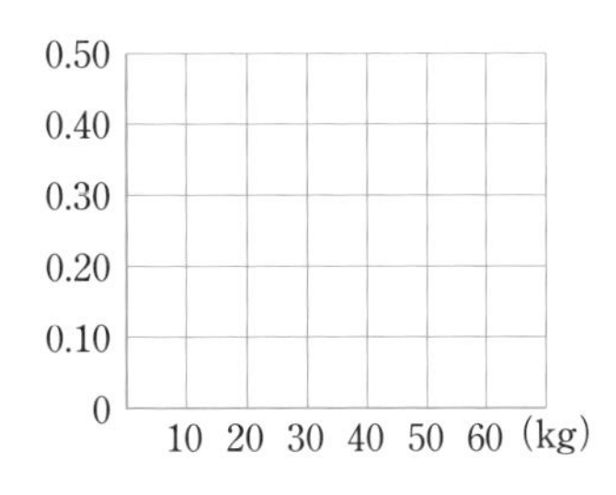

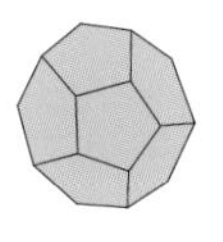

左ページの例の答え　① 5　② 150　③ 155　④ 150　⑤ 155　⑥ 0.15　⑦ 0.45　⑧ 0.35　⑨ 0.05　⑩ 16　⑪ 0.4

7章

1節 データの分析
④ 累積度数と累積相対度数
⑤ 分布のようすと代表値

例1 累積度数と累積相対度数

教 p.246, 247 → 基本問題 1

右の表は，A 中学校の生徒の通学時間のデータをもとにして，度数と相対度数を表したものです。

(1) 通学時間が 30 分以上の生徒は何人ですか。

(2) ②〜⑦をうめて，表を完成させなさい。

時間(分)	度数(人)	累積度数	相対度数	累積相対度数
以上 未満 0〜10	12	12	0.15	0.15
10〜20	24	36	0.30	0.45
20〜30	32	②	0.40	⑤
30〜40	8	③	0.10	⑥
40〜50	4	④	0.05	⑦
計	80		1	

解き方 (1) 8＋4＝① (人)

(2) 36＋32＝②，②＋8＝③，

③＋4＝④

0.45＋0.40＝⑤，⑤＋0.10＝⑥

⑥＋0.05＝⑦

累積度数と累積相対度数

累積度数…最小の階級から各階級までの度数の総和

累積相対度数…最小の階級から各階級までの相対度数の総和

例2 代表値

教 p.248, 249 → 基本問題 2

右の表は，20 人のバレーボール選手の身長を度数分布表に表したものです。

(1) 選手の身長のおよその平均値を求めなさい。

(2) 最頻値を求めなさい。

身長(cm)	度数(人)
以上 未満 145〜155	2
155〜165	4
165〜175	6
175〜185	5
185〜195	3
計	20

考え方 (1) 階級値の身長の選手が度数の人数だけいると考える。
階級値：階級の中央の値

解き方 (1) (階級値)×(度数) の和は，

150×2＋160×4＋170×6＋180×5＋190×3＝⑧

平均値は，⑧÷20＝⑨ (cm)

(2) 最も度数が大きい階級は，165 cm 以上 175 cm 未満だから，最頻値は，⑩ cm

たいせつ

・度数分布表を使った平均値の求め方

$$\text{平均値}=\frac{\{(\text{階級値})\times(\text{度数})\}\text{の合計}}{\text{度数の合計}}$$

・最頻値(モード)…度数分布表やヒストグラム，度数分布多角形で，最大の度数をもつ階級の階級値。

基本問題

解答 p.53

1 **累積度数と累積相対度数** 下の表は，B 中学校の生徒の通学時間のデータをもとにして，度数分布表に表したものです。

教 p.247 Q 2, Q 3

時間（分）	度数（人）	累積度数（人）	相対度数	累積相対度数
以上　未満 0～10	18			
10～20	30			
20～30	42			
30～40	18			
40～50	12			
計	120		1	

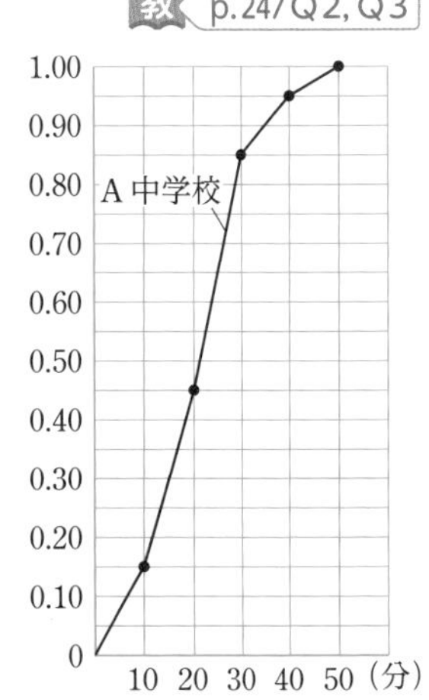

(1) 累積度数，相対度数，累積相対度数を求めて，表を完成させなさい。

(2) 右上の図は，例1 の A 中学校の生徒の通学時間の累積相対度数を，順に折れ線で結んだグラフです。B 中学校の累積相対度数のグラフをかき加えなさい。

(3) グラフから，B 中学校の中央値がふくまれる階級を読み取りなさい。

2 **代表値** 右の表は，50 名の生徒の体重を調べて度数分布表にまとめたものです。

教 p.249 Q 1

体重（kg）	階級値	度数（人）	（階級値）×（度数）
以上　未満 35～40	①	4	③
40～45	42.5	15	637.5
45～50	47.5	16	760
50～55	52.5	②	④
55～60	57.5	5	287.5
計		50	⑤

(1) 表の①～⑤にあてはまる数を求めなさい。

(2) およその平均値を求めなさい。

(3) 最頻値を求めなさい。

(4) ヒストグラムと度数分布多角形を，右の図にかきなさい。また，グラフに，最頻値，平均値を示しなさい。

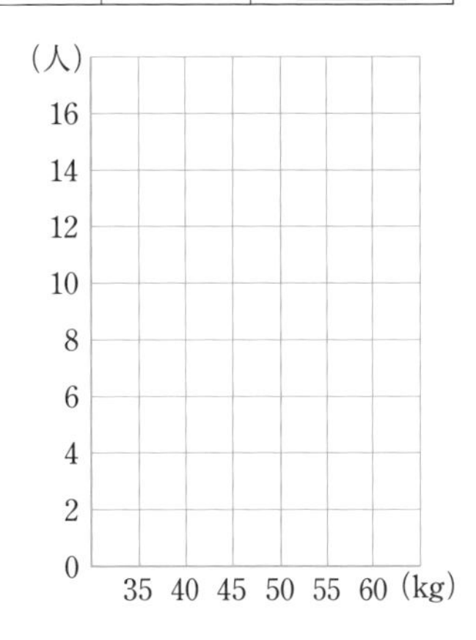

7章

左ページの 例 の答え　① 12　② 68　③ 76　④ 80　⑤ 0.85　⑥ 0.95　⑦ 1　⑧ 3430　⑨ 171.5　⑩ 170

ステージ1　2節 データにもとづく確率 ① 起こりやすさ ② 相対度数と確率
3節 データの利用 ① 自動車の燃費を比べよう ② ダイビングツアーを選ぼう

例1 相対度数と確率

教 p.252〜255 → 基本問題 1 2

右の表は，コインを同じ方法で 1000 回投げる実験を行い，表が出た回数を表したものです。

(1) 表が出る相対度数（右の表の①〜⑤）を，小数第 3 位を四捨五入して小数第 2 位まで求めなさい。

(2) 投げる回数を増やしていくと，表が出る相対度数は，どのように変化しているといえますか。

(3) コインを投げたとき，表が出る確率は，およそいくつになると考えられますか。

投げた回数	表が出た回数	相対度数
200	110	①
400	217	②
600	312	③
800	408	④
1000	503	⑤

考え方 (1) $(\text{表が出る相対度数})=\dfrac{(\text{表が出た回数})}{(\text{投げた回数})}$ より，$\dfrac{110}{200}=$ ①［　　］，$\dfrac{217}{400}\to$ ②［　　］，

$\dfrac{312}{600}=$ ③［　　］，$\dfrac{408}{800}=$ ④［　　］，$\dfrac{503}{1000}\to$ ⑤［　　］

(2) 投げる回数を増やしていくと，⑥［　　］に近づいていく。

(3) (2)から，表が出る確率は，およそ⑦［　　］になると考えられる。

確率
実験や観察を行うとき，あることがらの起こりやすさの程度を表す数。

例2 データの利用

教 p.256, 257 → 基本問題 3

右の表は，2007 年と 2017 年のガソリン軽自動車の燃費のデータを度数分布表に表したものです。

(1) 2017 年のデータの範囲は，2007 年のデータの範囲と比べてどのように変化していますか。

(2) 2017 年の最頻値，平均値を求めなさい。平均値は，四捨五入して小数第 1 位まで求めなさい。

燃費 (km/L)	2007 年	2017 年
以上　未満 10〜15	1	1
15〜20	19	8
20〜25	20	7
25〜30	2	19
30〜35	0	10
35〜40	0	2
計	42	47

解き方 (1) 表から，2007 年は 10 km/L 以上⑧［　　］km/L 未満，

2017 年は 10 km/L 以上⑨［　　］km/L 未満だから，

2017 年のデータの範囲のほうが⑩［　　］なっている。

（範囲）=（最大値）−（最小値）

(2) 最頻値は，⑪［　　］km/L

最大の度数をもつ階級の階級値

平均値は，$\dfrac{12.5\times1+17.5\times8+22.5\times7+27.5\times19+32.5\times10+37.5\times2}{47}\fallingdotseq$ ⑫［　　］(km/L)

基本問題

解答 p.53

1 起こりやすさ 右の表は，ボタンA，B，Cを投げて，表向きになった回数をまとめたものです。 教 p.253Q1

	投げた回数(回)	表向きになった回数(回)
A	250	108
B	300	123
C	500	228

(1) 表向きになる相対度数を，それぞれ小数第3位を四捨五入して小数第2位まで求めなさい。

(2) どのボタンが最も表向きになりやすいと考えられますか。

(3) ボタンAは，表向きと裏向きのどちらが起こりやすいといえますか。

2 相対度数と確率 あるびんのふたを投げる実験をして，表向きになる回数を調べたところ，結果は右の図のようになりました。 教 p.255Q2

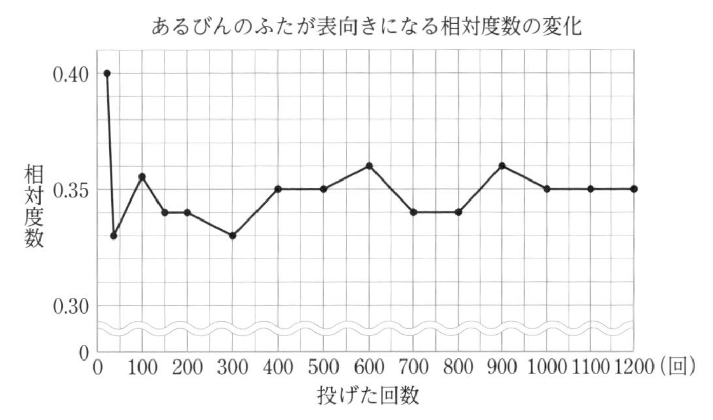

(1) 投げる回数を増やしていくと，表が出る相対度数は，どのように変化しているといえますか。

(2) (1)のことから，表向きになる確率は，およそいくつになると考えられますか。

3 データの利用 例2で，2007年から2017年までの10年間でガソリン軽自動車の燃費はどのように変化したといえますか。 教 p.256～258

4 データの利用 Aさんは，クラス35人が週末に勉強した時間を調べて，その結果を右のようにまとめました。 教 p.256～258

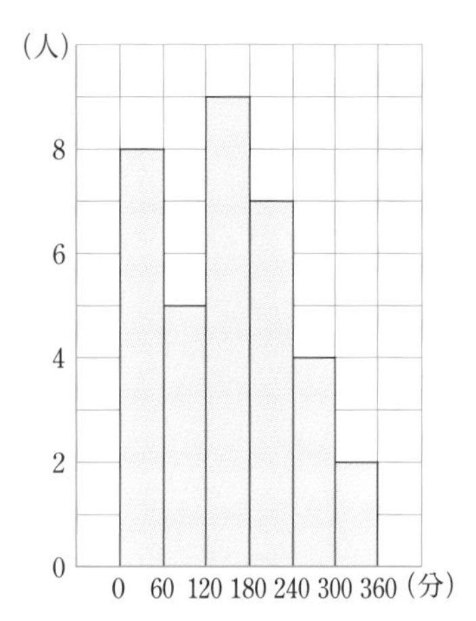

(1) 最頻値をいいなさい。

(2) 週末に勉強した時間が240分以上の人の相対度数を，小数第3位を四捨五入して小数第2位まで求めなさい。

(3) Aさんは，週末に180分勉強しました。クラスの中で，自分より勉強した時間が短い人は，長い人より多いか少ないか答えなさい。また，理由も説明しなさい。

左ページの例の答え　① 0.55　② 0.54　③ 0.52　④ 0.51　⑤ 0.50　⑥ 0.50　⑦ 0.5　⑧ 30　⑨ 40　⑩ 大きく　⑪ 27.5　⑫ 26.2

解答 p.54

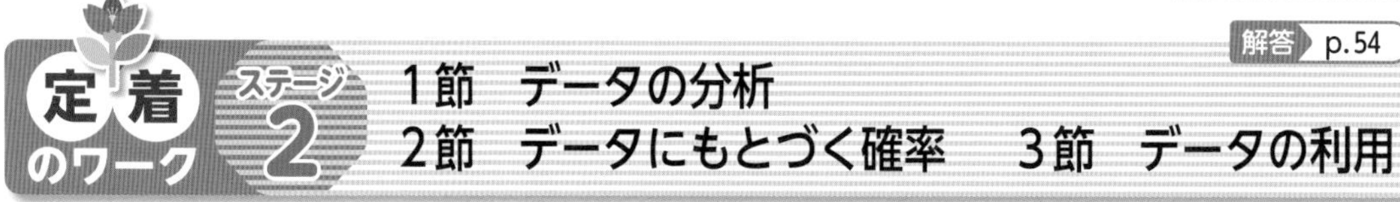

1節 データの分析
2節 データにもとづく確率　3節 データの利用

1 下の表は，あるクラスの走り幅とびの記録を，度数分布表に表したものです。

距離(cm)	度数(人)	累積度数(人)	相対度数	累積相対度数
以上　未満 250～300	2			
300～350	4			
350～400	6			
400～450	10			
450～500	5			
500～550	3			
計	30			

(1) 階級の幅を答えなさい。

(2) 度数が最も多いのは，どの階級ですか。

(3) ヒストグラムと度数分布多角形を右の図にかきなさい。

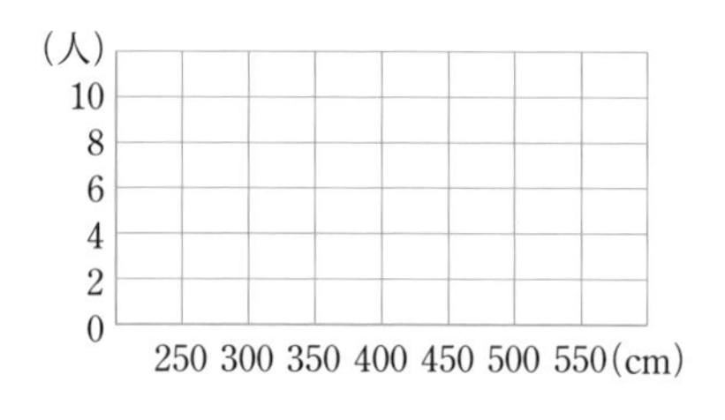

(4) 上の表を完成させなさい。ただし，相対度数は，小数第3位を四捨五入して小数第2位まで求めなさい。

2 右の図は，あるクラスの生徒の身長を調べて，ヒストグラムに表したものです。

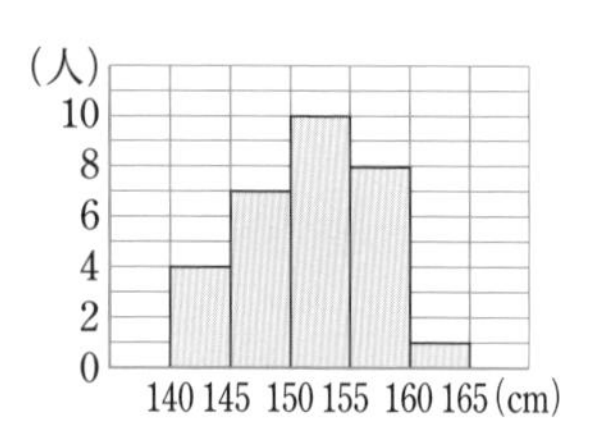

(1) このクラスの生徒の数を求めなさい。

(2) およその平均値を，小数第1位を四捨五入して求めなさい。

(3) 中央値は，どの階級にふくまれますか。

(4) 最頻値を求めなさい。

1 (3) 度数分布多角形をかくとき，左右の両端（りょうたん）には度数が0の階級があるものとする。
(4) 相対度数の和が1にならないときは，相対度数の最も大きな値を調整する。

2 (3) データの数が偶数個なので，中央の2人がふくまれる階級を答える。

3 右の表は，同じさいころを同じ方法で，1000 回投げる実験を行い，奇数の目が出た回数を表したものです。

投げた回数（回）	奇数が出た回数（回）	相対度数
200	113	①
400	191	②
600	294	③
800	404	④
1000	501	⑤

(1) 奇数が出る相対度数①～⑤を，小数第 3 位を四捨五入して小数第 2 位まで求めなさい。

(2) 投げる回数を増やしていくと，奇数が出る相対度数は，どのように変化しているといえますか。

(3) 奇数が出る確率は，およそいくつになると考えられますか。

(4) 偶数が出る確率は，およそいくつになると考えられますか。

入試問題をやってみよう！

1 ある中学校の体育の授業で，2 km の持久走を行いました。右の図は，1 組の男子 16 人と 2 組の男子 15 人の記録を，それぞれヒストグラムに表したものです。〔和歌山〕

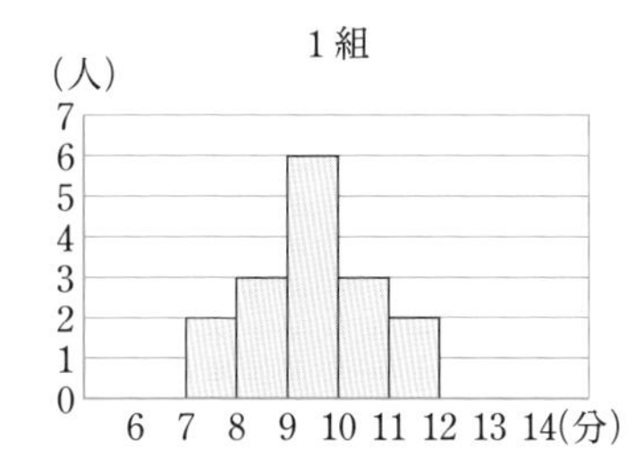

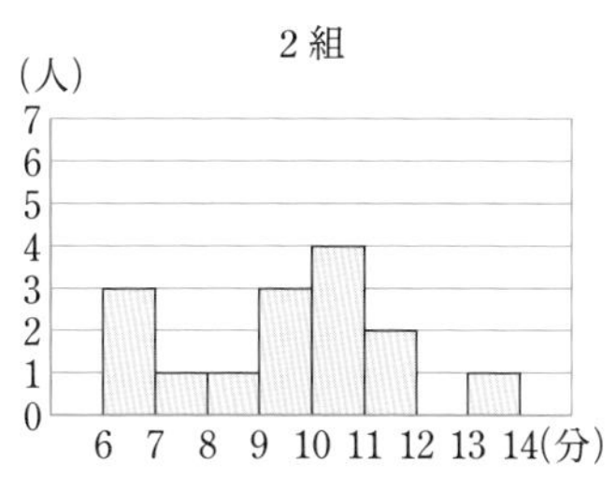

(1) 1 組と 2 組のヒストグラムを比較した内容として適切なものを，次の㋐～㋔の中からすべて選びなさい。

㋐ 範囲が大きいのは 2 組である。
㋑ 11 分以上 12 分未満の階級の相対度数は同じである。
㋒ 平均値，中央値，最頻値の 3 つの値が，ほぼ同じ値になるのは，2 組である。
㋓ 中央値が含(ふく)まれる階級は，1 組も 2 組も同じである。
㋔ 最頻値が大きいのは 1 組である。

(2) 市の駅伝大会に出場するために，1 組と 2 組を合わせた 31 人の記録をよい順に並べ，上位 6 人を代表選手に選びました。この 6 人のうち，1 組の選手の記録の平均値が 7 分 10 秒，2 組の選手の記録の平均値が 6 分 40 秒であるとき，代表選手 6 人の記録の平均値は何分何秒か，求めなさい。

3 (2) 投げる回数を増やしていくと，相対度数は，ある一定の値に近づく。
1 (1) 1 組では，中央値がふくまれる階級は，8 番目と 9 番目の人が入っている階級である。
(2) まず，上位 6 人の代表選手は，1 組と 2 組からそれぞれ何人選ばれたかを考える。

7章

データの分析

1 右の表は，1組と2組の生徒のハンドボール投げの記録を度数分布表にまとめたものです。　10点×7(70点)

記録(m)	1組(人)	2組(人)
以上　未満 8〜12	0	2
12〜16	6	3
16〜20	10	9
20〜24	5	7
24〜28	9	10
28〜32	0	2
計	30	33

(1) データの範囲が大きいのは，どちらの組ですか。

(　　　　)

(2) それぞれの組の中央値は，どの階級に入りますか。

1組(　　　　)　2組(　　　　)

(3) それぞれの組の最頻値を，求めなさい。

1組(　　　　)　2組(　　　　)

(4) それぞれの組のおよその平均値を，小数第1位を四捨五入して求めなさい。

1組(　　　　)　2組(　　　　)

2 右の表は，実際に画びょうを投げて針が下を向いた回数を調べたものです。　6点×5(30点)

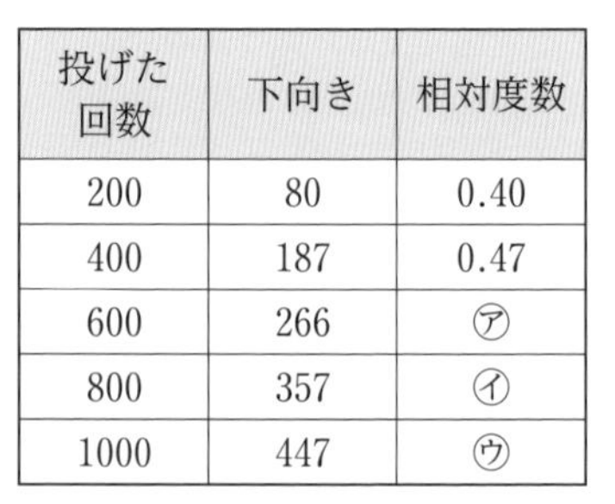

投げた回数	下向き	相対度数
200	80	0.40
400	187	0.47
600	266	㋐
800	357	㋑
1000	447	㋒

(1) ㋐，㋑，㋒にあてはまる数を，小数第3位を四捨五入して小数第2位まで求めなさい。

㋐(　　　　)　㋑(　　　　)　㋒(　　　　)

(2) (1)の結果をもとにして，右のグラフを完成させなさい。

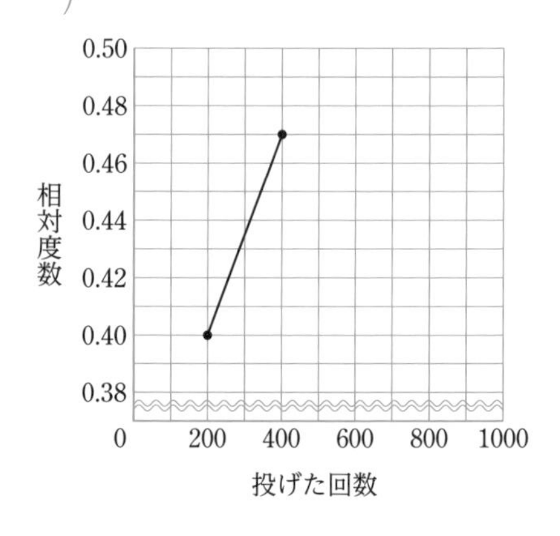

(3) 上向きになる確率と，下向きになる確率では，どちらのほうが大きいと考えられますか。

(　　　　)

中学教科書ワーク

定期テスト対策

教科書の公式&解法マスター

数学 1 年

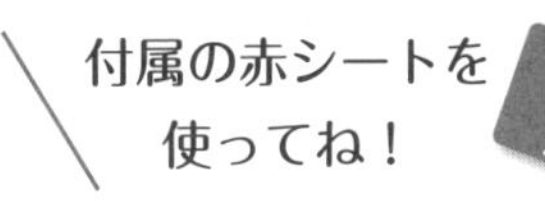

大日本図書版

「スピードチェック」は取りはずして使用できます。

スピードチェック

教科書 p.14～31

1章　数の世界のひろがり

1節　数の見方　2節　正の数，負の数　3節　加法，減法（1）

1	1とその数自身の積の形でしか表せない自然数を〔 素数 〕という。自然数をいくつかの自然数の積の形に表すとき，その1つ1つの自然数の中で，素数であるものを〔 素因数 〕といい，自然数を素因数だけの積の形に表すことを〔 素因数分解 〕するという。　例 70＝2×〔 5 〕×〔 7 〕
2	同じ数をいくつかかけ合わせたものを，その数の〔 累乗（るいじょう） 〕といい，かけ合わせた個数を示す右肩（かた）の数を，累乗の〔 指数 〕という。 例 $(-2)^3=(-2)\times(-2)\times(-2)=-(2\times2\times2)=$〔 -8 〕 $-2^4=-(2\times2\times2\times2)=$〔 -16 〕
3	反対向きの性質をもった数量は，ある基準を定めてその基準を0とし，一方の数量を＋（プラス）を使って表すと，他方の数量は〔 －（マイナス） 〕を使って表せる。 例 0℃より5℃低い温度を，＋または－を使って表すと，〔 －5℃ 〕 400円の収入を＋400円と表すと，700円の支出は〔 －700円 〕
4	0より大きい数を〔 正の数 〕，0より小さい数を〔 負の数 〕という。 ＋を〔 正 〕の符号（ふごう），－を〔 負 〕の符号という。
5	ある数を表す点を数直線上にとったとき，原点からその点までの距離（きょり）を，その数の〔 絶対値 〕という。負の数は，絶対値が大きい数ほど〔 小さい 〕。 例 －7の絶対値は〔 7 〕で，＋2.4の絶対値は〔 2.4 〕 絶対値が15である数は，〔 ＋15 〕と〔 －15 〕
6	数の大小について，（負の数）＜〔 0 〕＜（〔 正の数 〕） 例 －8，－6の大小を不等号を使って表すと，－8〔 ＜ 〕－6
7	同じ符号の2つの数の和は，絶対値の和に〔 同じ 〕符号をつける。 例 $(+5)+(+8)=$〔 $+13$ 〕　$(-4)+(-7)=-(4+7)=$〔 -11 〕 異なる符号の2つの数の和は，絶対値の大きいほうから小さいほうをひいた差に絶対値の〔 大きい 〕ほうの数と同じ符号をつける。 例 $(-2)+(+6)=$〔 $+4$ 〕　$(+3)+(-8)=-(8-3)=$〔 -5 〕

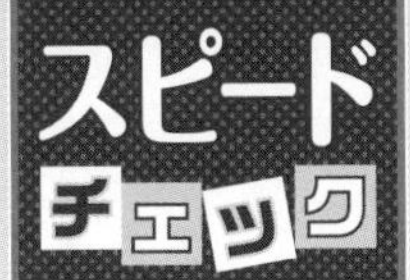

1章　数の世界のひろがり

3節　加法，減法（2）　4節　乗法，除法
5節　正の数，負の数の利用

1	減法は，ひく数の〔 符号 〕を変えて加法になおす。 例 $(-5)-(+9)=(-5)+(-9)=-(5+9)=$〔 -14 〕
2	加法と減法の混じった式は，加法だけの式になおして計算する。 例 $(+4)+(-8)-(-6)=(+4)+(-8)+(+6)=4-8+6=10-8=$〔 2 〕
3	同じ符号の2つの数の積は，絶対値の積に〔 正 〕の符号をつける。 例 $(+5)\times(+6)=$〔 $+30$ 〕　$(-7)\times(-9)=+(7\times9)=$〔 $+63$ 〕 異なる符号の2つの数の積は，絶対値の積に〔 負 〕の符号をつける。 例 $(+3)\times(-8)=$〔 -24 〕　$(-12)\times(+4)=-(12\times4)=$〔 -48 〕
4	積の符号は，負の数の個数が，偶数(ぐうすう)個なら〔 ＋ 〕，奇数(きすう)個なら〔 － 〕で，積の絶対値は，かけ合わせる数の絶対値の〔 積 〕となる。 例 $(-4)\times(-5)\times(-8)=-(4\times5\times8)=$〔 -160 〕
5	同じ符号の2つの数の商は，絶対値の商に〔 正 〕の符号をつける。 例 $(+28)\div(+7)=$〔 $+4$ 〕　$(-72)\div(-9)=+(72\div9)=$〔 $+8$ 〕 異なる符号の2つの数の商は，絶対値の商に〔 負 〕の符号をつける。 例 $(+36)\div(-4)=$〔 -9 〕　$(-45)\div(+3)=-(45\div3)=$〔 -15 〕
6	正の数，負の数でわることは，その数の〔 逆数 〕をかけることと同じ。 例 $\left(+\frac{4}{3}\right)\div\left(-\frac{2}{9}\right)=\left(+\frac{4}{3}\right)\times\left(-\frac{9}{2}\right)=-\left(\frac{4}{3}\times\frac{9}{2}\right)=$〔 -6 〕
7	乗法と除法の混じった式は，〔 乗法 〕だけの式になおして計算する。 例 $(-9)\div(+8)\times(-16)=(-9)\times\left(+\frac{1}{8}\right)\times(-16)=$〔 18 〕
8	四則の混じった式では，〔 乗法，除法 〕を先に計算する。 かっこのある式では，〔 かっこの中 〕を先に計算する。 累乗のある式では，〔 累乗 〕を先に計算する。 例 $(-4)^2-(-17+8)\div(-3)=16-(-9)\div(-3)=16-3=$〔 13 〕

スピードチェック

2章　文字と式

1節　文字と式

1	文字を使った式では，乗法の記号〔 × 〕を省いて書く。 文字と数との積では，数を文字の〔 前 〕に書く。 文字は，ふつう〔 アルファベット 〕順に書く。 例 次の式を，記号 × を使わないで表すと， $b\times3\times a$ は，〔 $3ab$ 〕　$(x-y)\times4$ は，〔 $4(x-y)$ 〕
2	$1\times a$ は，$1a$ としないで〔 a 〕と書く。 $(-1)\times a$ は，$-1a$ としないで〔 $-a$ 〕と書く。 例 次の式を，記号 × を使わないで表すと， $x\times1+(-4)\times y$ は，〔 $x-4y$ 〕　$a\times(-3)+(-1)\times b$ は，〔 $-3a-b$ 〕
3	同じ文字の積は，累乗(るいじょう)の〔 指数 〕を使って表す。 例 $a\times a\times b\times a\times b$ を，記号 × を使わないで表すと，〔 a^3b^2 〕 $4xy^2$ を，記号 × を使って表すと，〔 $4\times x\times y\times y$ 〕
4	文字を使った式では，除法の記号〔 ÷ 〕を使わずに，〔 分数 〕の形で表す。 例 $(x+3y)\div(-2)$ を，記号 ÷ を使わないで表すと，〔 $-\frac{x+3y}{2}$ 〕 $\frac{a-5}{3}$ を，記号 ÷ を使って表すと，〔 $(a-5)\div3$ 〕
5	例 50円切手 x 枚と100円切手 y 枚を買ったときの代金の合計を，式で表すと，〔 $50x+100y$ (円) 〕 例 1個120円のりんごを a 個買って1000円出したときのおつりを，式で表すと，〔 $1000-120a$ (円) 〕
6	式の中の文字を数に置きかえることを，文字にその数を〔 代入 〕するといい，代入して計算した結果を，〔 式の値 〕という。 例 $x=3$ のとき，$4x-5$ の値は，$4x-5=4\times3-5=$〔 7 〕 $a=-4$ のとき，$3-a^2$ の値は，$3-a^2=3-(-4)^2=3-16=$〔 -13 〕

教科書 p.82 ~ 95

2章　文字と式

2節　式の計算　　3節　文字と式の利用
4節　関係を表す式

1	式 $2x+3$ で，$2x$，3 を〔 項 〕，文字をふくむ項 $2x$ で，数の部分 2 をこの項の〔 係数 〕という。また，$2x$ のように，0 でない数と 1 つの文字との積で表される項を 1 次の項といい，$2x$ や $2x+3$ のように，1 次の項だけの式や，1 次の項と数の項との和で表される式を〔 1 次式 〕という。 例 式 $4x-7$ の項は〔 $4x$，-7 〕で，項 $4x$ の係数は〔 4 〕
2	文字の部分が同じ項どうしは，1 つの項にまとめることができる。 例 $7a-4a=(7-4)a=$〔 $3a$ 〕　$3a-4a=(3-4)a=$〔 $-a$ 〕
3	項が 2 つの 1 次式と数との乗法では，分配法則を使って計算する。 例 $-3(5x-8)=(-3)\times5x+(-3)\times(-8)=$〔 $-15x+24$ 〕
4	項が 2 つの 1 次式を数でわるには，1 次式の各項をその数でわるか，わる数の〔 逆数 〕をかける。 例 $(12a-28)\div4=\frac{12a-28}{4}=\frac{12a}{4}-\frac{28}{4}=$〔 $3a-7$ 〕 
5	1 次式の加法は，文字の部分が〔 同じ 〕項どうし，数だけの項どうしをまとめる。また，1 次式の減法は，ひく式の各項の〔 符号 〕を変えて加える。 例 $(4x+5)+(3x-8)=4x+5+3x-8=4x+3x+5-8=$〔 $7x-3$ 〕 例 $(2a-7)-(5a-3)=(2a-7)+(-5a+3)$ $=2a-7-5a+3=2a-5a-7+3=$〔 $-3a-4$ 〕
6	等号 = を使って数量の大きさが等しい関係を表した式を〔 等式 〕という。 例「1 個 a 円のりんご 3 個の代金と，1 個 b 円のなし 5 個の代金は等しい。」を等式で表すと，〔 $3a=5b$ 〕 不等号＞，＜，≧，≦を使って，数量の大小関係を表した式を〔 不等式 〕という。 例「1 本 x 円の鉛筆 6 本と 1 冊 100 円のノート 2 冊の代金は y 円以下である。」を不等式で表すと，〔 $6x+200 \leqq y$ 〕

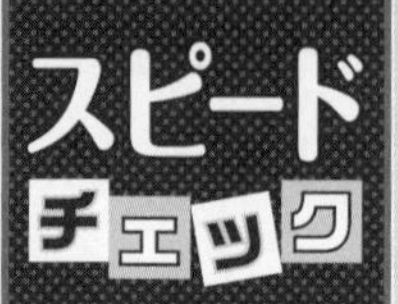

3章　1次方程式

1節　方程式
2節　1次方程式の解き方 (1)

1	x の値によって成り立ったり成り立たなかったりする等式を，x についての〔 方程式 〕という。また，方程式を成り立たせる文字の値を，その方程式の〔 解 〕といい，解を求めることを，方程式を〔 解く 〕という。 例 1，2，3 のうち，方程式 $3x-4=2$ の解は，〔 2 〕
2	等式には，次の1～4の性質がある。 1 $A=B$ ならば，$A+C=B+$〔 C 〕 2 $A=B$ ならば，$A-C=B-$〔 C 〕 3 $A=B$ ならば，$AC=$〔 BC 〕 4 $A=B$ ならば，$\frac{A}{C}=$〔 $\frac{B}{C}$ 〕 $(C \neq 0)$ 等式の両辺を入れかえても，その等式は成り立つ。$A=B$ ならば，$B=A$
3	方程式は，〔 等式 〕の性質を使って，解くことができる。 例 方程式 $x+6=13$ を解くと，$x+6-6=13-6$ より，〔 $x=7$ 〕 方程式 $\frac{1}{7}x=5$ を解くと，$\frac{1}{7}x\times7=5\times7$ より，〔 $x=35$ 〕 方程式 $4x=-24$ を解くと，$\frac{4x}{4}=\frac{-24}{4}$ より，〔 $x=-6$ 〕
4	等式の一方の辺にある項を，符号を変えて他方の辺に移すことを〔 移項 〕という。 方程式を解くには，x をふくむ項をすべて左辺に，数だけの項をすべて右辺に移項し，$ax=b$ の形にしてから，両辺を x の係数〔 a 〕でわればよい。 例 方程式 $2x+5=-3$ を解くと，$2x=-3-5$，$2x=-8$，〔 $x=-4$ 〕 方程式 $8x-9=5x+6$ を解くと，$8x-5x=6+9$，$3x=15$，〔 $x=5$ 〕
5	移項して計算すると $ax+b=0\,(a \neq 0)$ の形になる方程式を，x についての〔 1次方程式 〕という。

3章　1次方程式

2節　1次方程式の解き方（2）
3節　1次方程式の利用

1 かっこがある方程式は，〔 かっこ 〕をはずしてから解く。

例 方程式 $5x-13=2(4x+7)$ は，かっこをはずすと，

$5x-13=8x+14$，$5x-8x=14+13$，$-3x=27$，〔 $x=-9$ 〕

2 係数に小数がある方程式は，両辺に 10 や 100 などをかけて，係数を〔 整数 〕になおすと解きやすくなる。

例 方程式 $0.2x+0.5=1.3$ は，両辺に 10 をかけると，

$2x+5=13$，$2x=13-5$，$2x=8$，〔 $x=4$ 〕

3 係数に分数がある方程式は，両辺に分母の〔 最小公倍数 〕をかけて，係数を〔 整数 〕になおすと解きやすくなる。

例 方程式 $\frac{2}{3}x-\frac{1}{2}=\frac{5}{6}$ は，両辺に 6 をかけると，

$4x-3=5$，$4x=5+3$，$4x=8$，〔 $x=2$ 〕

4 比が等しいことを表す式を〔 比例式 〕という。

比の性質として，$a:b=c:d$ ならば $ad=$〔 bc 〕が成り立つ。

例 $x:18=2:3$ を解くと，$x\times3=18\times2$ より，〔 $x=12$ 〕

例 縦と横の長さの比が 5：8 の長方形の旗を作る。縦の長さを 40 cm にするとき，横の長さを x cm として比例式をつくると，〔 $40:x=5:8$ 〕

5 方程式の文章題では，何を x にするかを決め，等しい関係にある数量を見つけて，〔 方程式 〕をつくる。次に，その方程式を解いて，解を問題の答えとしてよいかどうかを確かめ，答えを決める。

例 ある数の 5 倍から 3 をひくと，もとの数の 4 倍に 5 を加えた数になる。ある数を x として方程式をつくると，〔 $5x-3=4x+5$ 〕

例 現在，母は 43 歳（さい），子は 12 歳である。母の年齢（ねんれい）が子の年齢の 2 倍になるのが現在から x 年後として方程式をつくると，〔 $43+x=2(12+x)$ 〕

スピードチェック

4章　量の変化と比例，反比例

1節　量の変化　　2節　比例

1	ともなって変わる2つの数量 x，y があって，x の値を決めると，それに対応して y の値がただ1つに決まるとき，y は x の〔 関数 〕であるという。 例 直径 $x$cm の円周の長さが $y$cm のとき，y は x の関数で〔 ある 〕。
2	変数 x のとりうる値の範囲を，その変数 x の〔 変域 〕という。 例 x の変域が2以上8未満のとき，不等号を使って表すと，〔 $2 \leqq x < 8$ 〕
3	y が x の関数で，変数 x と y の関係が $y=ax$ $(a \fallingdotseq 0)$ で表されるとき，y は x に〔 比例 〕するといい，このとき，a を〔 比例定数 〕という。 例 1本80円の鉛筆を x 本買ったときの代金を y 円とするとき，y を x の式で表すと，〔 $y=80x$ 〕で，比例定数は〔 80 〕
4	x 軸(じく)と y 軸を合わせて〔 座標軸 〕といい，座標軸の交点を〔 原点 〕という。点Pの座標が$(a，b)$のとき，a を点Pの〔 x 座標 〕，b を点Pの〔 y 座標 〕という。点PをP$(a，b)$と表す。 例 P(3，5)は，原点から〔 右 〕に3，〔 上 〕に5進んだ点を表す。
5	$y=ax$ のグラフは，$a>0$ のとき，〔 原点 〕を通る〔 右上がり 〕の直線であり，x の値が増加すると，対応する y の値も〔 増加 〕する。 例 $y=3x$ のグラフは，〔 右上がり 〕の直線である。 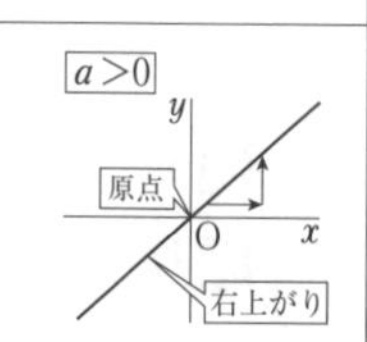 $y=ax$ のグラフは，$a<0$ のとき，〔 原点 〕を通る〔 右下がり 〕の直線であり，x の値が増加すると，対応する y の値は〔 減少 〕する。 例 $y=-5x$ で，x の値が増加すると y の値は〔 減少 〕する。 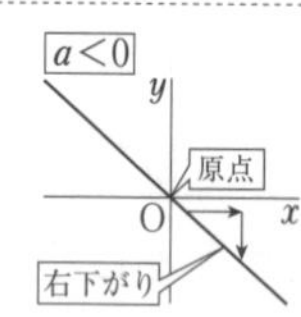
6	$y=ax$ で，1組の x，y の値がわかれば，〔 a 〕の値を求めることができる。 例 y は x に比例し，$x=2$ のとき $y=-8$ である。x と y の関係を表す式を求めると，$-8=a\times2$ より，$a=-4$ だから，〔 $y=-4x$ 〕

4章　量の変化と比例，反比例

3節　反比例　　4節　関数の利用

1 y が x の関数で, 変数 x と y の関係が $y=\frac{a}{x}$ $(a \neq 0)$ で表されるとき, y は x に〔 反比例 〕するといい，このとき，a を〔 比例定数 〕という。

例 面積が $40\,\text{cm}^2$ の長方形で，横の長さを $x$cm，縦の長さを $y$cm とするとき，y を x の式で表すと，〔 $y=\frac{40}{x}$ 〕で，比例定数は〔 40 〕

2 y が x に反比例するとき，積 xy の値は一定で，〔 比例定数 〕に等しい。また，x の値が2倍になると，対応する y の値は〔 $\frac{1}{2}$ 〕倍になり，x の値が $\frac{1}{3}$ 倍になると，対応する y の値は〔 3 〕倍になる。

例 A地点からB地点までの100kmの道のりを自動車で走るとき，時速を $\frac{2}{3}$ 倍にすると，かかる時間は〔 $\frac{3}{2}$ 〕倍になる。

3 $y=\frac{a}{x}$ のグラフは,〔 双曲線 〕とよばれる1組のなめらかな曲線である。

$y=\frac{a}{x}$ のグラフは，$a>0$ のとき，$x>0$ および $x<0$ の範囲内で，x の値が増加すると，対応する y の値は〔 減少 〕する。

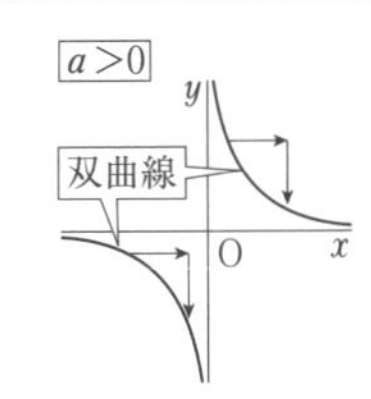

例 $y=\frac{9}{x}$ で，$x>0$ の範囲内で，x の値が増加すると，対応する y の値は〔 減少 〕する。

$y=\frac{a}{x}$ のグラフは，$a<0$ のとき，$x>0$ および $x<0$ の範囲内で，x の値が増加すると，対応する y の値は〔 増加 〕する。

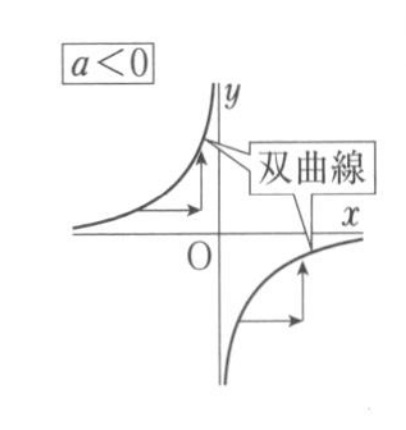

例 $y=-\frac{8}{x}$ で，$x>0$ の範囲内で，x の値が増加すると，対応する y の値は〔 増加 〕する。

4 $y=\frac{a}{x}$ で，1組の x，y の値がわかれば，〔 a 〕の値を求めることができる。

例 y は x に反比例し，$x=3$ のとき $y=-4$ である。x と y の関係を表す式を求めると，$-4=\frac{a}{3}$ より，$a=-12$ だから，〔 $y=-\frac{12}{x}$ 〕

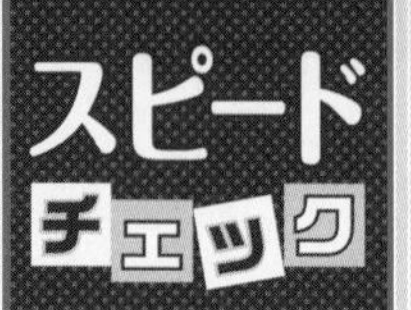

教科書 p.166 ～ 177

5章　平面の図形

1節　平面図形とその調べ方

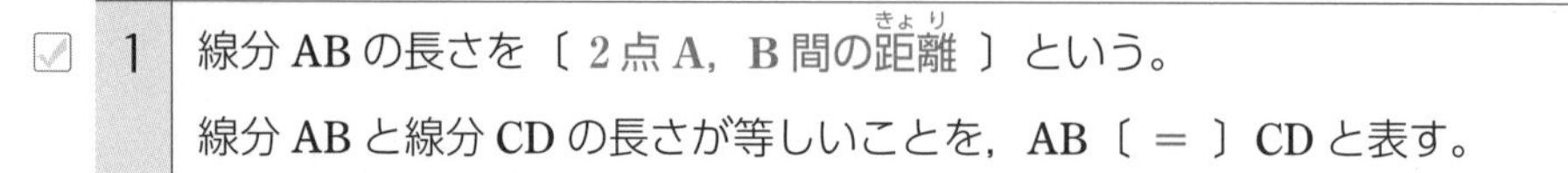

1　線分 AB の長さを〔 2 点 A，B 間の距離（きょり） 〕という。
線分 AB と線分 CD の長さが等しいことを，AB〔 ＝ 〕CD と表す。

2　1 点からひいた 2 つの半直線 OA，OB のつくる角を，
記号を使って〔 ∠AOB 〕と表す。

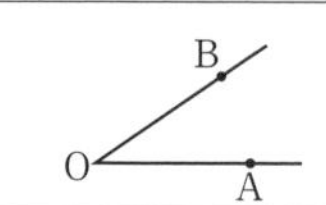

3　直線 ℓ と m が平行であることを，ℓ〔 // 〕m と表し，
垂直であることを，ℓ〔 ⊥ 〕m と表す。
例 長方形 ABCD で，AB//DC，AB＝DC，AD＝BC，AB ⊥ AD

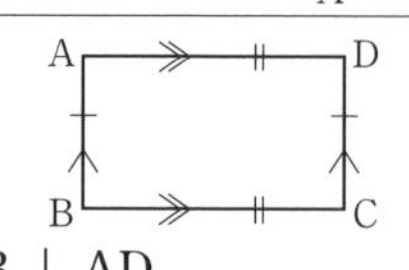

4　直線 ℓ 上にない点 P から ℓ に垂線をひき，ℓ との交点を A とするとき，線分 PA の長さを〔 点 P と直線 ℓ との距離 〕という。2 直線 ℓ，m が平行であるとき，一方の直線上の点と他方の直線との距離は〔 一定 〕である。

5　円周の一部分を〔 弧 〕といい，円周上の 2 点を結ぶ線分を〔 弦 〕という。円の中心を通る弦の長さは，この円の〔 直径 〕の長さを表す。

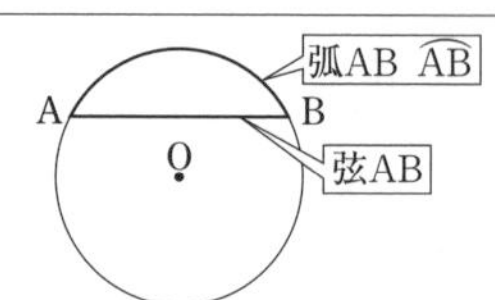

6　円と直線とが 1 点で交わるとき，円と直線とは〔 接する 〕といい，この直線を円の〔 接線 〕，交わる点を〔 接点 〕という。円の接線は，その接点を通る半径に〔 垂直 〕である。

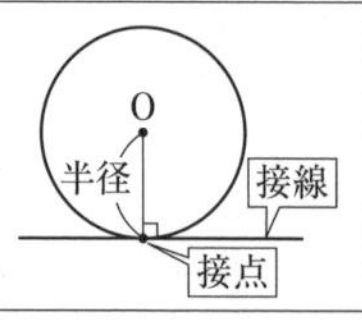

7　弧とその両端（りょうたん）を通る 2 つの半径で囲まれた図形を〔 おうぎ形 〕といい，∠AOB を，$\overset{\frown}{AB}$ に対する〔 中心角 〕または おうぎ形 OAB の中心角という。

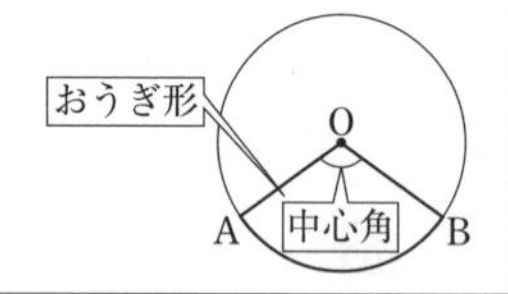

8　1 つの円では，おうぎ形の弧の長さや面積は〔 中心角 〕の大きさに比例する。半径が r，中心角が $a°$ のおうぎ形の弧の長さを ℓ，
面積を S とすると，

ℓ＝〔 $2\pi r$ 〕$\times\dfrac{a}{360}$，S＝〔 πr^2 〕$\times\dfrac{a}{360}$，$S=\dfrac{1}{2}\ell r$

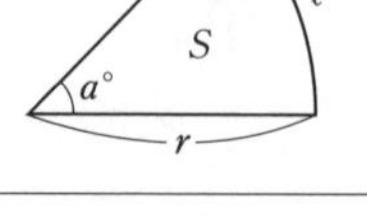

教科書 p.178 ～ 196

5章　平面の図形

2節　図形と作図
3節　図形の移動

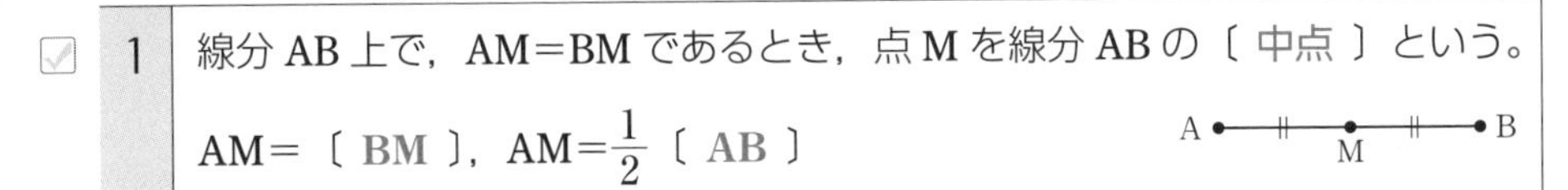

1 線分 AB 上で，AM＝BM であるとき，点 M を線分 AB の〔 中点 〕という。
AM＝〔 BM 〕，AM＝$\frac{1}{2}$〔 AB 〕

2 作図というときには，〔 定規 〕と〔 コンパス 〕だけを道具として使う。定規は，〔 直線 〕や〔 線分 〕をひくために使う。また，コンパスは，〔 円 〕をかいたり，等しい長さを写し取ったりするために使う。

3 線分の中点を通り，その線分に垂直な直線を，その線分の〔 垂直二等分線 〕という。その作図をするには，点 A，B を中心として〔 等しい 〕半径の円をかく。

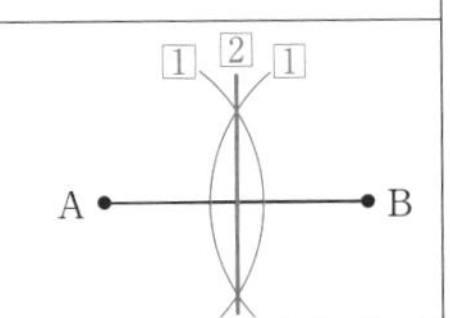

4 角を 2 等分する半直線を，その角の〔 二等分線 〕という。その作図をするには，点 O を中心とする円をかき，角の 2 辺との交点をそれぞれ中心として，半径が〔 等しい 〕円を交わるようにかく。

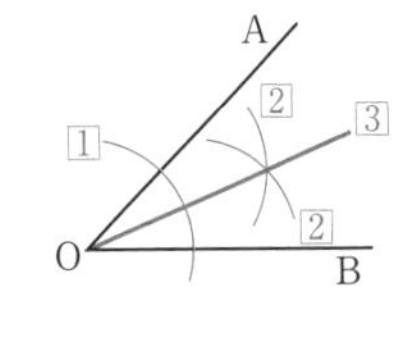

5 直線 ℓ 上の点 O を通る ℓ の垂線を作図すると，

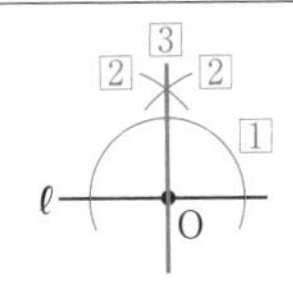

直線 ℓ 上にない点 P を通る ℓ の垂線を作図すると，

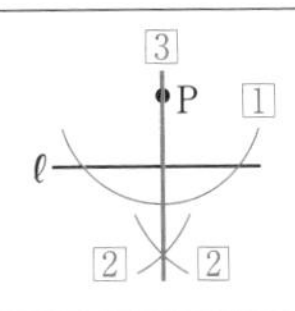

6 図形をある方向に一定の長さだけずらす移動を，〔 平行移動 〕という。平行移動では，対応する点を結ぶ線分はどれも〔 平行 〕で長さが等しい。

7 図形をある定まった点を中心として，一定の角度だけ回す移動を，〔 回転移動 〕といい，中心とする点を〔 回転の中心 〕という。回転移動では，対応する 2 点は，回転の中心から〔 等しい 〕距離にあり，対応する 2 点と回転の中心を結んでできる角は，すべて〔 等しい 〕。

8 図形をある定まった直線 ℓ を軸(じく)として裏返す移動を，〔 対称移動 〕といい，この直線 ℓ を〔 対称軸 〕という。対称移動では，対応する点を結ぶ線分と〔 対称軸 〕は垂直で，その交点から対応する点までの距離は等しい。

スピードチェック

6章　空間の図形

1節　空間にある立体

1　いくつかの平面だけで囲まれた立体を〔 多面体 〕という。
多面体は，その〔 面 〕の数によって，五面体，六面体などという。

2　多面体のうち，2つの底面が平行で，その形が合同な多角形であり，側面がすべて長方形である立体を〔 角柱 〕という。
底面が正三角形，正方形，…である角柱を，それぞれ〔 正三角柱 〕，〔 正四角柱 〕，…という。

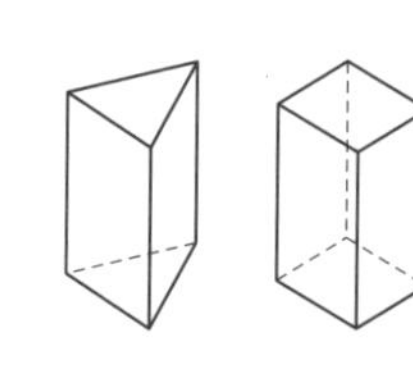

3　底面が三角形，四角形，…である角錐を，それぞれ〔 三角錐 〕，〔 四角錐 〕，…という。底面が正三角形，正方形，…で，側面がすべて合同な二等辺三角形である角錐を，それぞれ〔 正三角錐 〕，〔 正四角錐 〕，…という。

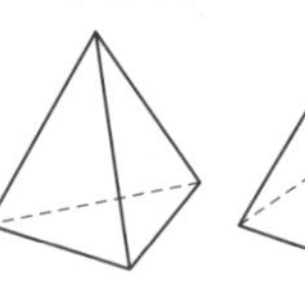

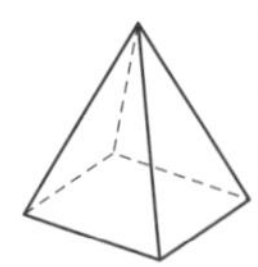

4　円柱と円錐は，底面の形が〔 円 〕であり，側面が〔 曲面 〕である。

5　角柱と角錐は多面体で〔 ある 〕が，円柱と円錐は多面体で〔 ない 〕。

6　すべての面が合同な正多角形で，どの頂点のまわりの面の数も同じである，へこみのない多面体を，〔 正多面体 〕という。
正多面体には，以下の5種類がある。立方体は，正〔 六 〕面体である。

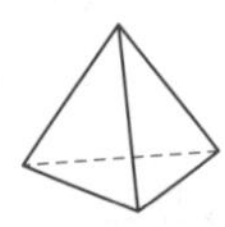

〔 正四面体 〕

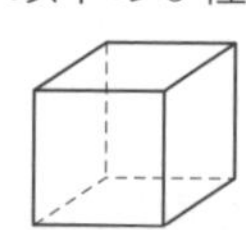

〔 正六面体 〕

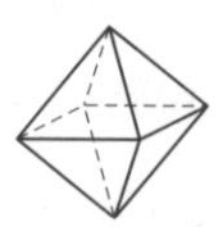

〔 正八面体 〕

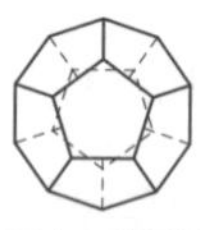

〔 正十二面体 〕

〔 正二十面体 〕

7

	1つの面の形	面の数	頂点の数	辺の数
正四面体	正三角形	4	〔 4 〕	6
正六面体	〔 正方形 〕	6	8	〔 12 〕
正八面体	正三角形	8	〔 6 〕	12
正十二面体	〔 正五角形 〕	12	20	〔 30 〕
正二十面体	正三角形	20	〔 12 〕	30

教科書 p.208～219

6章　空間の図形

2節　空間にある図形
3節　立体のいろいろな見方

1 一直線上にない3点をふくむ平面は，1つに決ま〔 る 〕。

2 同じ平面上にない2直線 ℓ，m は，〔 ねじれの位置 〕にあるという。

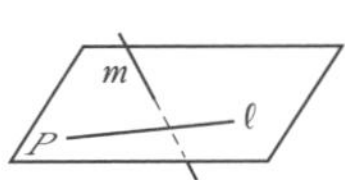

3 直線 ℓ と平面Pが交わらないとき，直線 ℓ と平面Pとは〔 平行 〕であるといい，〔 $\ell /\!/ \mathrm{P}$ 〕と表す。

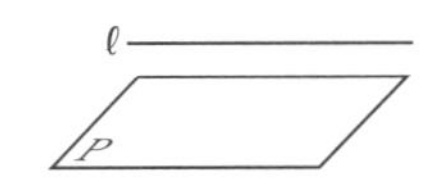

4 平面Pと交わる直線 ℓ が，その交点を通るP上の2つの直線に垂直であるとき，直線 ℓ は平面Pに〔 垂直 〕である。

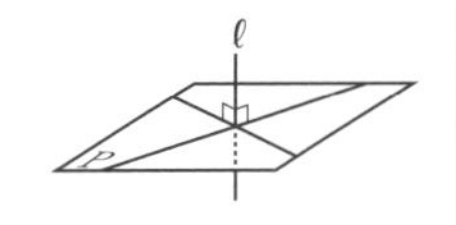

5 平面P上にない点AからPに垂直におろした線分ABの長さを，〔 点Aと平面Pとの距離 〕という。

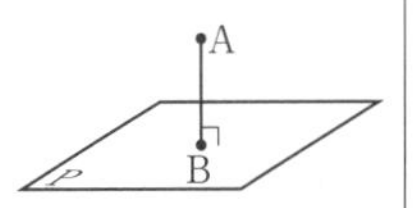

6 交わらない2つの平面P，Qは〔 平行 〕であるといい，〔 $\mathrm{P} /\!/ \mathrm{Q}$ 〕と表す。

7 平面Pが平面Qに垂直な直線 ℓ をふくむとき，平面Pは平面Qに〔 垂直 〕であるといい，〔 $\mathrm{P} \perp \mathrm{Q}$ 〕と表す。

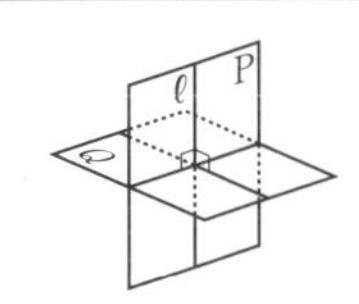

8 角柱や円柱は，底面の図形をそれと〔 垂直 〕な方向に一定の距離だけ動かしてできた立体とみることができる。

円錐や円柱のように，直角三角形，長方形を，それぞれ直線 ℓ のまわりに1回転させてできた立体を〔 回転体 〕といい，直線 ℓ を〔 回転の軸 〕という。
回転体の側面をつくる線分を，〔 母線 〕という。

母線

9 立体を正面から見たときの図を〔 立面図 〕，真上から見たときの図を〔 平面図 〕といい，これらを合わせて〔 投影図 〕という。

スピードチェック

6章　空間の図形
4節　立体の表面積と体積
5節　図形の性質の利用

1	立体の表面全体の面積を〔 表面積 〕といい，側面全体の面積を〔 側面積 〕という。
2	角柱，円柱の表面積は，(側面積)＋〔 2 〕×(〔 底面積 〕) 角錐の表面積は，(〔 側面積 〕)＋(底面積) 例 底面の半径が 3 cm，高さが 5 cm の円柱の側面積は， (展開図で側面となる〔 長方形 〕の横の長さ)＝(底面の円周の長さ)より，$5\times(2\pi\times3)=$〔 30π 〕(cm^2)
3	円錐の表面積は，(側面積)＋(底面の円の面積) 例 底面の半径が 6 cm，母線の長さが 10 cm の円錐の側面積は， 展開図で側面になる〔 おうぎ形 〕の中心角が， $360°\times\dfrac{2\times\pi\times6}{2\times\pi\times10}=$〔 $216°$ 〕より $\pi\times10^2\times\dfrac{216}{360}=$〔 60π 〕(cm^2)
4	角柱の体積は，(底面積)×(〔 高さ 〕) 円柱の体積は，(底面の〔 円 〕の面積)×(高さ) 例 底面の半径が 3 cm，高さが 5 cm の円柱の体積は， $(\pi\times3^2)\times5=$〔 45π 〕(cm^3) 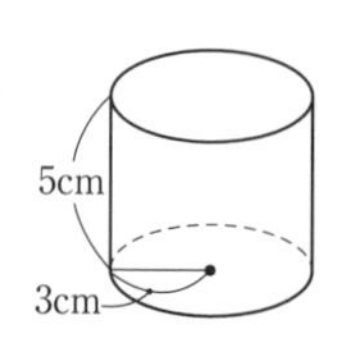
5	角錐の体積は，〔 $\dfrac{1}{3}$ 〕×(〔 底面積 〕)×(高さ) 円錐の体積は，〔 $\dfrac{1}{3}$ 〕×(底面の〔 円 〕の面積)×(高さ) 例 底面の半径が 3 cm，高さが 4 cm の円錐の体積は， $\dfrac{1}{3}\times(\pi\times3^2)\times4=$〔 12π 〕(cm^3) 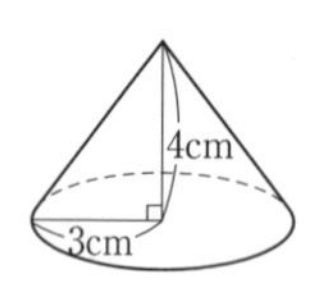
6	半径が r の球の表面積 S と体積 V は，$S=$〔 $4\pi r^2$ 〕，$V=$〔 $\dfrac{4}{3}\pi r^3$ 〕 例 半径が 6 cm の球の表面積 S と体積 V は， $S=4\pi\times6^2=$〔 144π 〕(cm^2)　$V=\dfrac{4}{3}\pi\times6^3=$〔 288π 〕(cm^3)

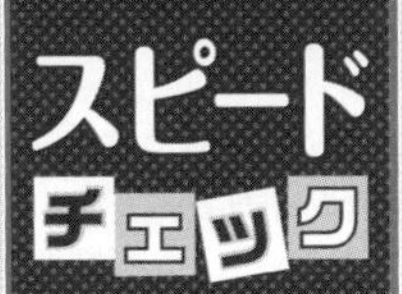

教科書 p.240 ～ 245

7章　データの分析

1節　データの分析（1）

1	データの最大値と最小値との差を〔 範囲 〕といい，データの散らばりの程度を表すのに使う。 (範囲) = (〔 最大値 〕) − (〔 最小値 〕)
2	データを整理するための各区間を〔 階級 〕，区間の幅のことを〔 階級の幅 〕，各階級に入るデータの数を各階級の〔 度数 〕という。 また，データをいくつかの階級に分け，階級ごとにその度数を示して，分布のようすを整理した表を〔 度数分布表 〕という。
3	データの分布のようすを見やすくするために，横軸に階級の幅，縦軸に度数をとって表した柱状グラフを〔 ヒストグラム 〕ともいう。ヒストグラムでは，長方形の面積は，階級の度数に〔 比例 〕している。 ヒストグラムの各階級の長方形の上の辺の中点を，順に折れ線で結んだグラフを〔 度数分布多角形 〕，または度数折れ線といい，複数のデータの分布のようすを比べるのに適している。
4	各階級の度数の，全体に対する割合を，その階級の〔 相対度数 〕という。 $(相対度数) = \dfrac{(階級の度数)}{(度数の合計)}$ 例 度数の合計が 30 のとき，度数が 3 の階級の相対度数は，$\dfrac{3}{30}$ = 〔 0.10 〕
5	例 右の表は，1 年 A 組の生徒の身長を度数分布表に表したものである。 階級の幅は，〔 5 cm 〕 度数が最も多い階級は，〔 150 cm 以上 155 cm 未満 〕の階級 高いほうから 5 番目の生徒が入る階級は，〔 160 cm 以上 165 cm 未満 〕の階級

身長 (cm)	度数 (人)
以上　未満	
140 ～ 145	3
145 ～ 150	5
150 ～ 155	9
155 ～ 160	7
160 ～ 165	4
165 ～ 170	2
計	30

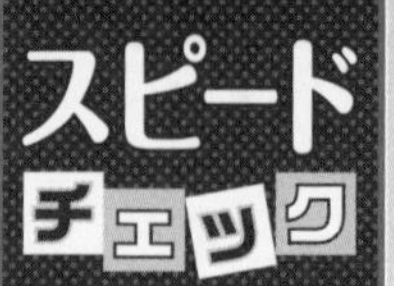

7章　データの分析

1節　データの分析（2）
2節　データにもとづく確率　3節　データの利用

1	最小の階級から各階級までの度数の総和を〔 累積度数 〕という。 また，最小の階級から各階級までの相対度数の総和を〔 累積相対度数 〕という。
2	データ全体の特徴(とくちょう)を1つの数値で表すとき，データ全体を代表する数値を〔 代表値 〕という。代表値としては，平均値がよく用いられる。
3	平均値は，データの個々の値の〔 合計 〕をデータの総数でわって求めることができる。 また，度数分布表が与えられているときは，もとのデータの個々の数値がわからなくても，階級の中央の値である〔 階級値 〕を使って，およその平均値を求めることができる。 (度数分布表を使った平均値) $=\dfrac{\{(\text{階級値})\times(〔\ \text{度数}\ 〕)\}\text{の合計}}{(\text{データの総数})}$
4	度数分布表，または，ヒストグラムや度数分布多角形で，最大の度数をもつ階級値を〔 最頻値(さいひんち) 〕または〔 モード 〕という。
5	代表値を考えるときは，平均値のほかに〔 中央値 〕や〔 最頻値 〕を用いる場合もある。これは分布が左右対称ではないときや，極端(きょくたん)にかけ離(はな)れている値があるときなどである。代表値として何を用いるかは，データの分布やデータの活用する目的によって判断する。
6	くり返しさいころを投げて「3の目が出る」ことの現れる相対度数を調べるとき，回数を増やしていくと相対度数はある一定の値に近づいていくことがわかる。その一定の値を，「3の目が出る」ことの起こりやすさの程度を表す数と考えることができる。 このように，実験や観察を行うとき，あることがらの起こりやすさの程度を表す数を，そのことがらの起こる〔 確率 〕という。

定期テスト対策

得点アップ！予想問題

1
この「**予想問題**」で
実力を確かめよう！

時間も
はかろう

2
「**解答と解説**」で
答え合わせをしよう！

3
わからなかった問題は
戻って復習しよう！

この本での
学習ページ

スキマ時間でポイントを確認！
別冊「**スピードチェック**」も使おう

●予想問題の構成

回数	教科書ページ	教科書の内容	この本での学習ページ
第1回	12～65	1章　数の世界のひろがり	2～27
第2回	66～99	2章　文字と式	28～45
第3回	100～123	3章　1次方程式	46～61
第4回	124～163	4章　量の変化と比例，反比例	62～75
第5回	164～201	5章　平面の図形	76～91
第6回	202～237	6章　空間の図形	92～111
第7回	238～263	7章　データの分析	112～120
第8回	270～279	MATHFUL	―

解答 p.56

第1回 予想問題 1章 数の世界のひろがり

40分 /100

1 次の(1)〜(5)に答えなさい。 3点×5(15点)

(1) 素因数分解を利用して，48 と 72 の最大公約数と最小公倍数を求めなさい。

(2) 地点Aから北へ 6 m 移動することを $+6$ m と表すと，-7 m はどんな移動を表しますか。

(3) $-\dfrac{9}{4}$ と 1.8 の間にある整数をすべて答えなさい。

(4) 7，-8，-1 の大小を，不等号を使って表しなさい。

(5) -0.4 の逆数を求めなさい。

(1)	最大公約数	最小公倍数	(2)	
(3)		(4)		(5)	

2 次の数直線上の点 A，B，C が表す数を答えなさい。 3点×3(9点)

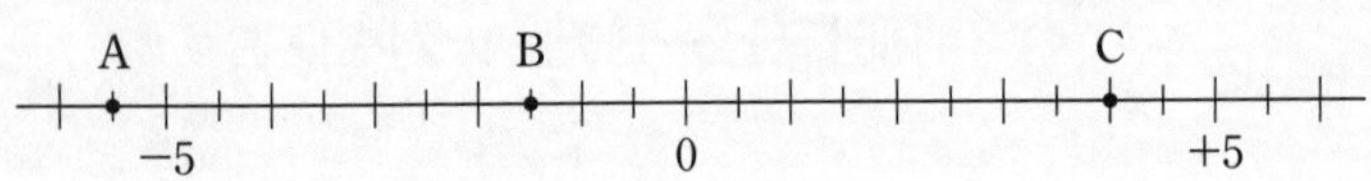

A		B		C	

3 次の計算をしなさい。 3点×12(36点)

(1) $(+4)-(+8)$

(2) $1.6-(-2.6)$

(3) $\left(+\dfrac{3}{5}\right)+\left(-\dfrac{1}{5}\right)$

(4) $-6-9+15$

(5) $(-7)\times(-6)$

(6) $(-3)\times 0$

(7) $(-5)\times(-13)\times(-2)$

(8) $24\div(-4)$

(9) $\left(-\dfrac{5}{6}\right)\div\left(-\dfrac{4}{9}\right)$

(10) $12\div(-3)\times 2$

(11) $2-(-4)^2$

(12) $\left(\dfrac{1}{3}-\dfrac{5}{6}\right)\div\left(-\dfrac{1}{6}\right)^2$

(1)		(2)		(3)		(4)	
(5)		(6)		(7)		(8)	
(9)		(10)		(11)		(12)	

4 分配法則を利用して，次の計算をしなさい。 3点×2（6点）

(1) $(-0.3)\times16-(-0.3)\times6$ (2) $\left(\frac{1}{6}-\frac{3}{8}\right)\times24$

(1)		(2)	

5 次の数の中で，下の(1)～(4)にあてはまる数を選びなさい。 3点×4（12点）

$-\frac{1}{2}$，0.8，-10.5，6，$\frac{9}{4}$，0，18，0.03，-17，$\frac{5}{6}$

(1) 自然数 (2) 整数

(3) 負の数で最も小さい数 (4) 絶対値が最も大きい数

(1)		(2)	
(3)		(4)	

6 数直線上で，0を表す点に碁石（ごいし）があります。さいころを投げて，偶数の目が出たらその目の数だけ正の向きへ，奇数の目が出たらその目の数だけ負の向きへ，碁石が移動します。

3点×2（6点）

(1) 1回目に4の目，2回目に1の目が出たとき，碁石はいくつを表す点に移動しますか。

(2) さいころを2回投げて，碁石が -10 を表す点に移動するのは，どのような目が出たときですか。

(1)		(2)	

7 右の表は，A，B，C，D，Eの5人の身長を，Cを基準にして，身長の差（cm）を示したものです。 4点×2（8点）

A	B	C	D	E
+11.3	−5.8	0	+6.9	−2.4

(1) 一番身長の高い人と，一番身長の低い人との身長の差は何cmですか。

(2) Cの身長が156.2cmのとき，5人の身長の平均を求めなさい。

(1)		(2)	

8 右の表で，縦，横，斜（なな）めのどの3つの数を加えても和が等しくなるように空らんをうめなさい。 （8点）

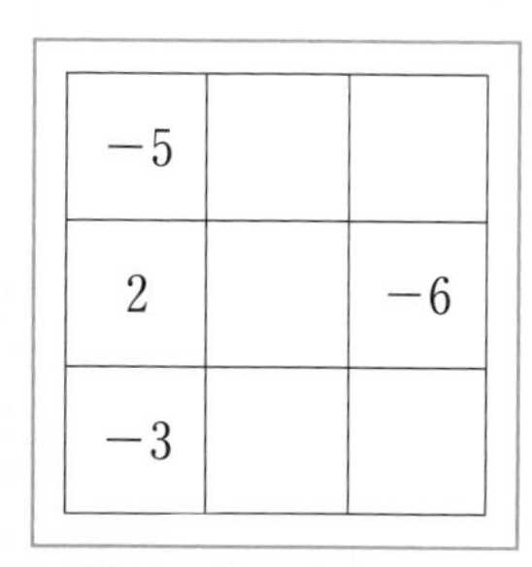

−5		
2		−6
−3		

解答 p.57

第2回 予想問題 2章 文字と式

40分 /100

1 次の式を，記号 ×，÷ を使って表しなさい。

2点×6(12点)

(1) $-4p$　(2) $-a+3b$

(3) $8x^3$　(4) $\dfrac{a}{5}$

(5) $\dfrac{y+7}{2}$　(6) $\dfrac{3}{a}-\dfrac{2}{b}$

(1)		(2)		(3)	
(4)		(5)		(6)	

2 次の数量を式で表しなさい。

3点×4(12点)

(1) 1個350円のケーキ x 個と，120円のジュースを1本買ったときの代金

(2) 8でわると，商が p で余りが5になる数

(3) 秒速2mで，x m進むときにかかる時間

(4) x 円の23％

(1)		(2)		(3)		(4)	

3 次の計算をしなさい。

2点×14(28点)

(1) $5x+7x$　(2) $4b-3b$

(3) $3y-y$　(4) $\dfrac{5}{6}a-\dfrac{2}{3}a-\dfrac{1}{2}a$

(5) $4x\times(-8)$　(6) $(-12a)\div(-3)$

(7) $6(2a-1)$　(8) $(5y-10)\div(-5)$

(9) $x-9-\dfrac{1}{3}x+3$　(10) $-18\times\dfrac{3x-1}{6}$

(11) $3(a-6)-2(2a-3)$　(12) $x+4-3(x+7)$

(13) $2(3y-3)-3(y-2)$　(14) $\dfrac{1}{5}(10m-5)-\dfrac{2}{3}(6m-3)$

(1)		(2)		(3)		(4)	
(5)		(6)		(7)		(8)	
(9)		(10)		(11)		(12)	
(13)		(14)					

4 次の式の値を求めなさい。 4点×2(8点)

(1) $x=-6$ のとき，$-5x-10$ の値

(2) $a=\dfrac{1}{3}$ のとき，$a^2-\dfrac{1}{3}$ の値

(1)		(2)	

5 次の 2 つの式の和を求めなさい。また，左の式から右の式をひいた差を求めなさい。 4点×2(8点)

$8x-7$，$-8x+1$

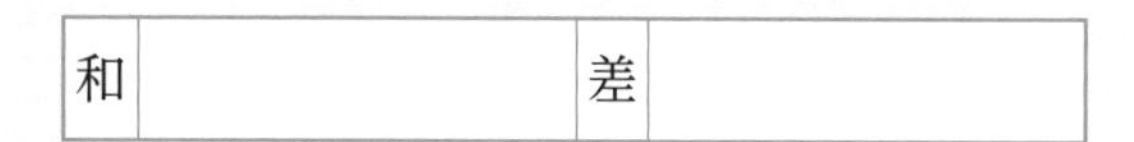

和 差

6 $\boldsymbol{A=-3x+5}$，$\boldsymbol{B=9-x}$ として，次の式を計算をしなさい。 4点×2(8点)

(1) $3A-2B$

(2) $-A+\dfrac{B}{3}$

(1)		(2)	

7 次の数量の関係を等式または不等式で表しなさい。 4点×3(12点)

(1) 180 km の道のりを時速 x km で y 時間走ったとき，残りの道のりは 10 km 以上だった。

(2) x 個のなしを，y 人の子どもに 3 個ずつ配ると，たりない。

(3) x 人の参加者を予定していたが，実際は p 割増えて 300 人になった。

(1)		(2)		(3)	

8 底辺が $\boldsymbol{a}$ **cm**，高さが $\boldsymbol{b}$ **cm** の三角形㋐があります。三角形㋑は，三角形㋐の底辺を 2 倍，高さを $\boldsymbol{\dfrac{1}{3}}$ 倍にした三角形です。三角形㋒は，三角形㋑の底辺を $\boldsymbol{\dfrac{1}{3}}$ 倍，高さを 4 倍にした三角形です。 4点×3(12点)

(1) 底辺が一番短い三角形はどれですか。また，その長さは何 cm ですか。

(2) 高さが一番低い三角形はどれですか。また，その長さは何 cm ですか。

(3) $a=6$，$b=3$ のとき，三角形㋒の面積を求めなさい。

(1)	三角形		(2)	三角形		(3)	

解答 p.59

第3回 予想問題 3章 1次方程式

40分 /100

1 下の方程式を解くときの(1)〜(3)の変形では，次の等式の性質㋐〜㋓のどれを使っていますか。記号で答えなさい。また，そのときのCの値も答えなさい。 4点×3(12点)

等式の性質

㋐ $A=B$ ならば $A+C=B+C$　　㋑ $A=B$ ならば $A-C=B-C$

㋒ $A=B$ ならば $AC=BC$　　㋓ $A=B$ ならば $\dfrac{A}{C}=\dfrac{B}{C}$ $(C\neq 0)$

$$\frac{-2x+3}{9}=-1$$
(1)
$$-2x+3=-9$$
(2)
$$-2x=-12$$
(3)
$$x=6$$

(1)		$C=$	(2)		$C=$	(3)		$C=$

2 次の方程式を解きなさい。 4点×6(24点)

(1) $7-x=-4$　　(2) $\dfrac{x}{2}=8$

(3) $-6x-11=-5x+3$　　(4) $9x+2=-x+3$

(5) $-4(2+3x)+1=-7$　　(6) $5(x+3)=2(x-3)$

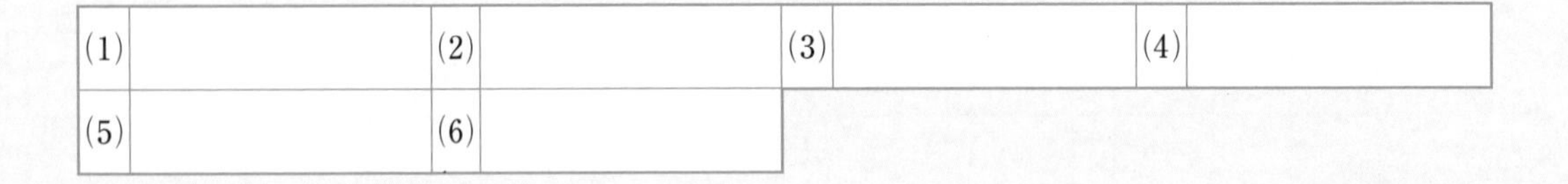

(1)		(2)		(3)		(4)	
(5)		(6)					

3 次の方程式を解きなさい。 4点×4(16点)

(1) $3.7x+1.2=-6.2$　　(2) $0.05x+4.8=0.19x+2$

(3) $\dfrac{1}{5}+\dfrac{x}{3}=1+\dfrac{x}{5}$　　(4) $\dfrac{2x-1}{2}=\dfrac{x-2}{3}$

(1)		(2)		(3)		(4)	

4 次の比例式を解きなさい。　4点×2(8点)

(1)　$x：8=2：64$　　(2)　$10：12=5：(2-x)$

(1)		(2)	

5 xについての方程式 $5x-4a=10(x-a)$ の解が -4 であるとき，aの値を求めなさい。　(4点)

6 1個230円のももと1個120円のオレンジを合わせて6個買うと，代金の合計は940円でした。　4点×3(12点)

(1)　ももをx個買うとして，オレンジの個数をxを使って表しなさい。

(2)　(1)を利用して，方程式をつくりなさい。

(3)　買ったももとオレンジの個数をそれぞれ求めなさい。

(1)		(2)	
(3)	もも	オレンジ	

7 画用紙を何人かの子どもに分けるのに，1人に6枚ずつ分けると13枚たりません。また，1人に4枚ずつ分けると9枚余ります。画用紙の枚数を求めなさい。　(6点)

8 家から学校まで，兄は分速80 mで歩き，妹は分速60 mで歩いていくと，妹は兄より3分15秒多くかかります。家から学校までの道のりを求めなさい。　(6点)

9 次の(1)，(2)に答えなさい。　6点×2(12点)

(1)　同じ重さのビー玉8個の重さをはかったら，20 gでした。このビー玉150個の重さは何gですか。

(2)　クッキーが63個あります。いま，2つの箱A，Bに個数の比が 4：5 になるように分けて入れます。Aの箱は何個にすればよいですか。

(1)		(2)	

第4回 予想問題

4章　量の変化と比例，反比例

1 次の(1)〜(5)について，y を x の式で表しなさい。また，y が x に比例するものと，反比例するものは，その比例定数を答えなさい。　5点×5(25点)

(1)　1辺の長さが x cm の正八角形の周の長さは y cm である。

(2)　縦が x cm，横が y cm の長方形の面積は 20 cm^2 である。

(3)　長さ 80 cm のリボンから x cm のリボンを切り取ったときの残りの長さは y cm である。

(4)　2000 m の道のりを分速 x m で進むときにかかる時間は y 分である。

(5)　容器に毎分 5 L の割合で水を入れていくとき，x 分間にたまる水の量は y L である。

(1)		比例定数	(2)		比例定数	(3)		比例定数
(4)		比例定数	(5)		比例定数			

2 y が x に比例し，$x=2$ のとき $y=-6$ です。　4点×2(8点)

(1)　y を x の式で表しなさい。

(2)　$x=-5$ のときの y の値を求めなさい。

(1)		(2)	

3 y が x に反比例し，$x=-4$ のとき $y=2$ です。　4点×2(8点)

(1)　y を x の式で表しなさい。

(2)　$x=8$ のときの y の値を求めなさい。

(1)		(2)	

4 右の図の点 A，B，C の座標を答えなさい。　3点×3(9点)

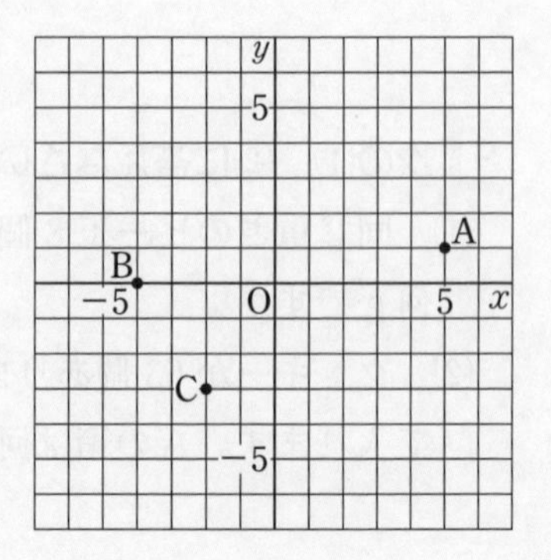

A		B	
C			

5 次のグラフをかきなさい。　4点×3(12点)

(1) $y=\frac{3}{2}x$　(2) $y=-\frac{1}{4}x$　(3) $y=-\frac{8}{x}$

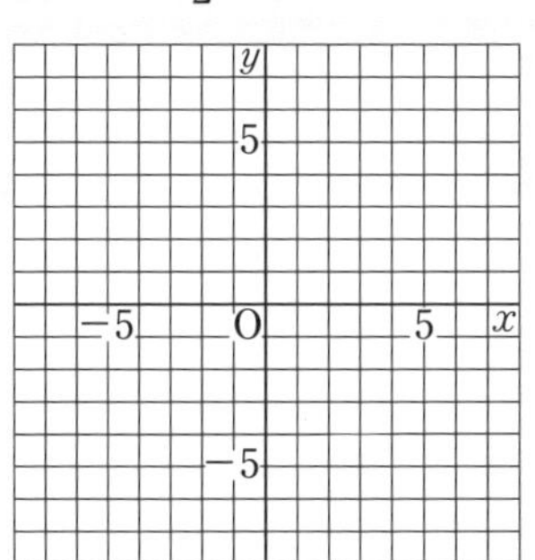

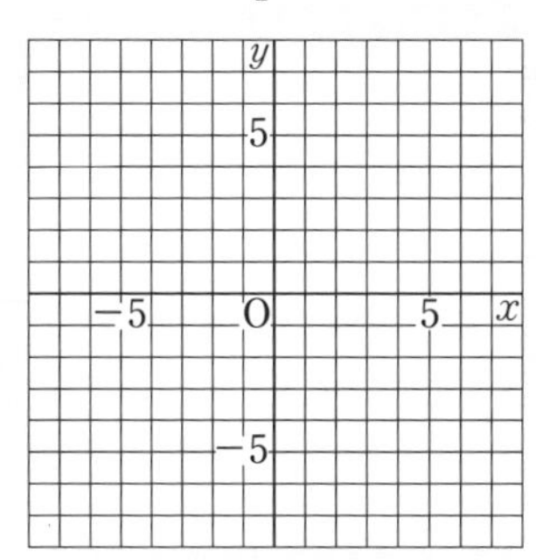

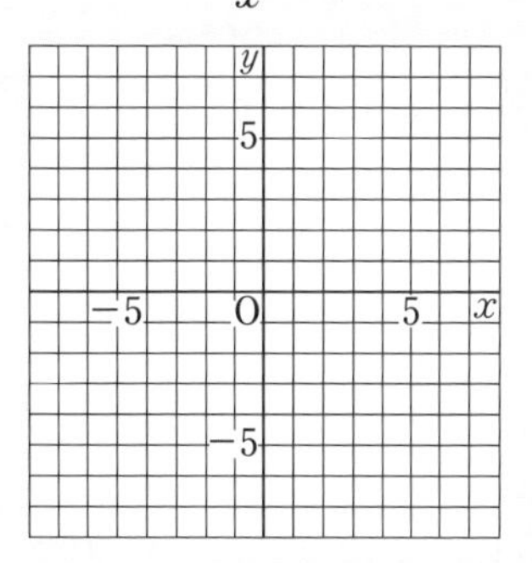

6 右のグラフについて，次の(1)〜(3)に答えなさい。

4点×5(20点)

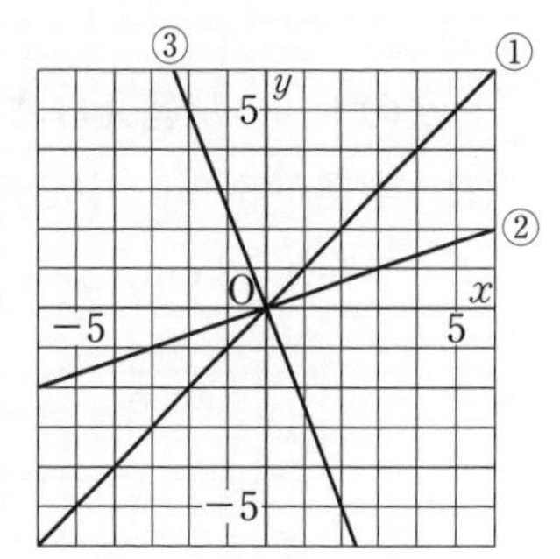

(1) ①〜③について，yをxの式で表しなさい。

(2) 点$(-9,\ a)$は②の直線上にあります。aの値を求めなさい。

(3) xの値が増加するとyの値が減少するグラフは，①〜③のうちのどれですか。

(1)	①	②	③
(2)		(3)	

7 $y=\frac{a}{x}$ のグラフが点$(3,\ -4)$を通るとき，このグラフ上の点でx座標，y座標の値がともに整数である点は何個ありますか。　(6点)

8 右の図のような長方形ABCDで，点Pは辺BC上をBからCまで動きます。BPの長さがx cmのときの三角形ABPの面積をy cm^{2}として，次の(1)〜(3)に答えなさい。　4点×3(12点)

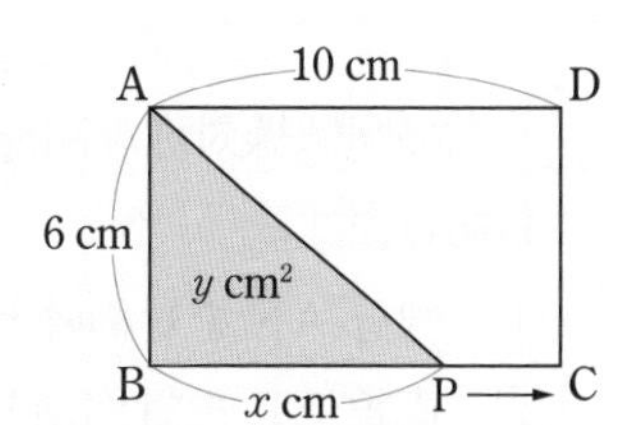

(1) yをxの式で表しなさい。

(2) xの変域を求めなさい。

(3) 三角形ABPの面積が，長方形ABCDの面積の$\frac{1}{3}$になるのは，PがBから何cm動いたときですか。

(1)		(2)		(3)	

解答 p.61

第5回 予想問題 5章 平面の図形

40分 /100

1 次の□にあてはまることばを答えなさい。

3点×4(12点)

(1) 2点A，Bを通る直線のうち，AからBまでの部分を□ABという。

(2) 線分を2等分する点を，その線分の□という。

(3) 2直線が垂直であるとき，一方の直線を他方の直線の□という。

(4) 円の接線は，接点を通る半径に□である。

(1)		(2)		(3)		(4)	

2 次の(1)，(2)に答えなさい。

4点×4(16点)

(1) 半径が5 cm，中心角が288°のおうぎ形の弧の長さと面積を求めなさい。

(2) 半径が12 cm，弧の長さが9π cmのおうぎ形の中心角と面積を求めなさい。

(1)	弧の長さ	面積	(2)	中心角	面積

3 右の図は，円周を6等分し，各点を結んだ線分をかき入れたものです。

4点×4(16点)

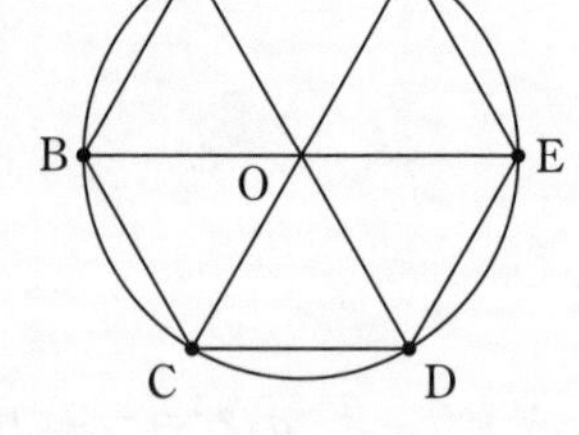

(1) 点Aから点Bまでの円周の部分を何というか答えなさい。

(2) 線分BCと線分FEの位置関係を，記号を使って表しなさい。

(3) 線分CDと線分AFの長さが等しいことを，記号を使って表しなさい。

(4) △ABOを平行移動させて重なる三角形をすべて答えなさい。

(1)		(2)		(3)	
(4)					

4 右の図は線対称な図形であり，点Oを中心とする点対称な図形でもあります。

4点×3(12点)

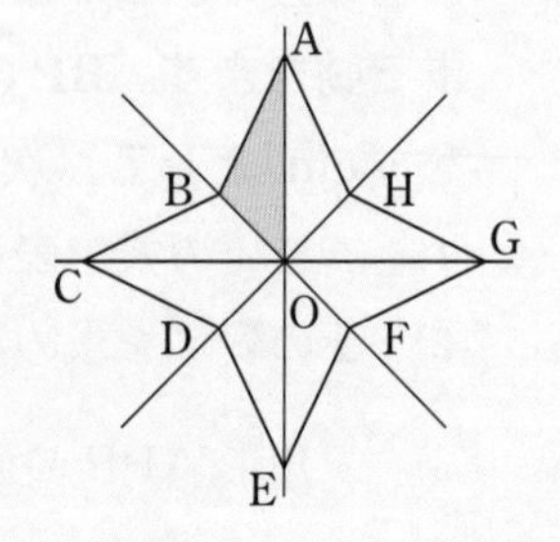

(1) 線分AEを対称軸とするとき，点Bに対応する点はどれですか。

(2) 直線AEを対称軸として，△BCOを対称移動させたときに重なる三角形はどれですか。

(3) △ABOを点Oを中心にして，反時計回りに，90°回転移動させたとき重なる三角形はどれですか。

(1)		(2)		(3)	

5 右の図の△ABC について，次の(1)〜(3)に答えなさい。 5点×3(15点)

(1) ∠BAC は，㋐，㋑，㋒のどこですか。

(2) ∠ABC の二等分線を作図しなさい。

(3) 辺 BC を底辺とみたときの △ABC の高さを作図しなさい。

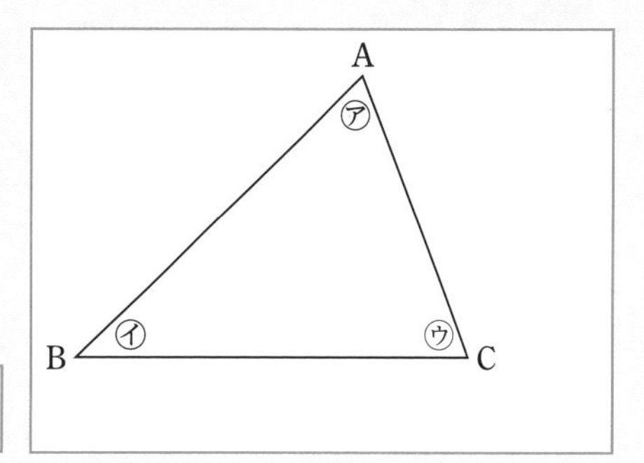

(1)		(2)，(3)	右の図に記入

6 直線 ℓ 上にあって，2 点 A，B から等しい距離にある点Pを作図しなさい。 (6点)

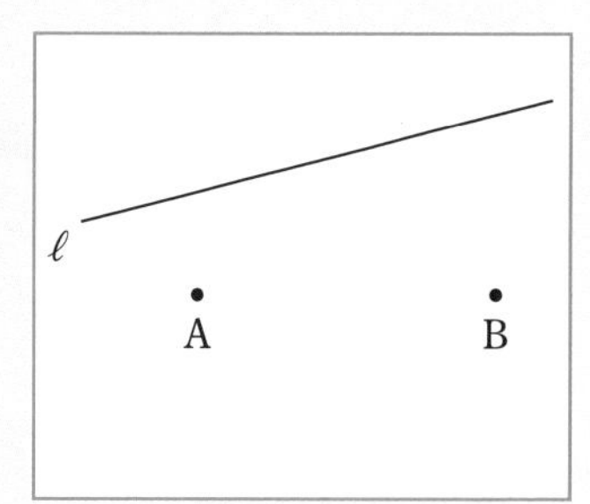

7 ∠AOP＝135° となる半直線 OP を作図しなさい。 (7点)

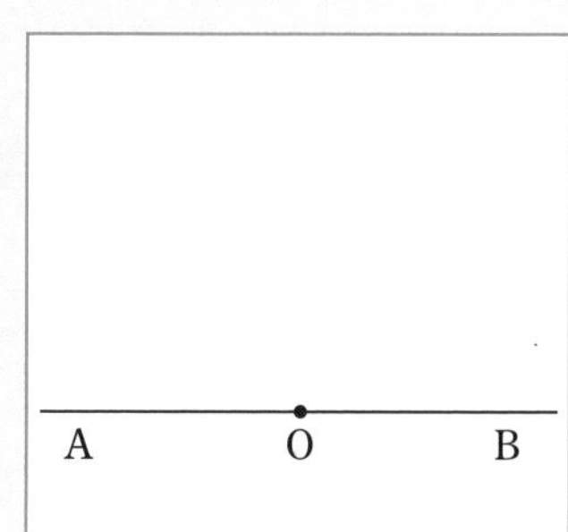

8 右の図で，直線 ℓ，m からの距離が等しく，線分 AB 上にある点Pを作図しなさい。 (8点)

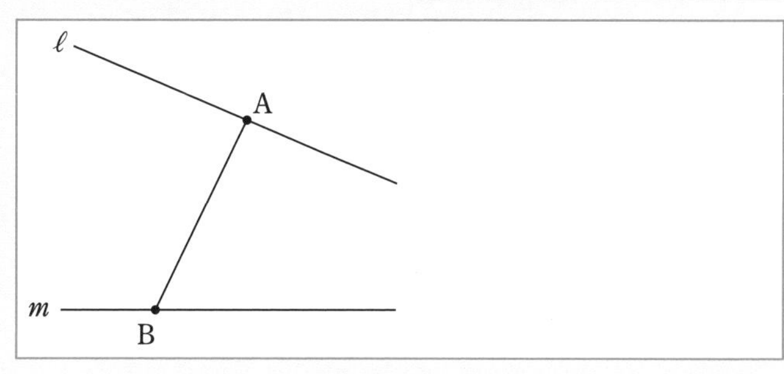

9 右の図で，直線 ℓ 上の点Aで直線 ℓ に接し，点Bを通る円を作図しなさい。 (8点)

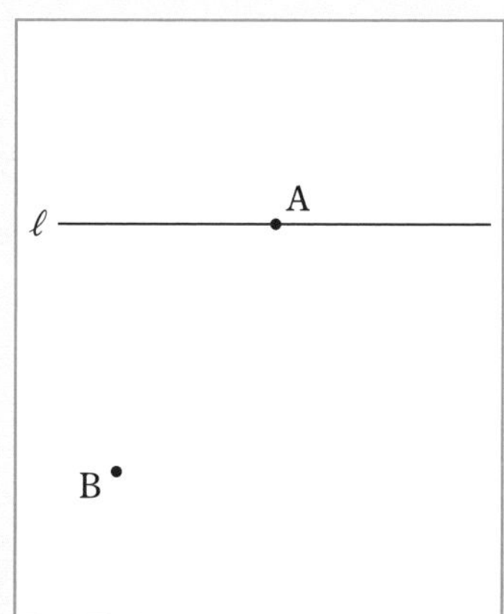

解答 p.62

第6回 予想問題 6章 空間の図形

40分 /100

1 右の図は，底面が直角三角形の三角柱です。この三角柱で，辺を直線，面を平面とみて，(1)〜(6)のそれぞれにあてはまるものをすべて答えなさい。

3点×6(18点)

(1) 直線 AB と垂直に交わる直線

(2) 直線 BC と垂直な平面

(3) 直線 AD と平行な平面

(4) 平面 DEF と垂直な直線

(5) 平面 BEFC と垂直な平面

(6) 直線 EF とねじれの位置にある直線

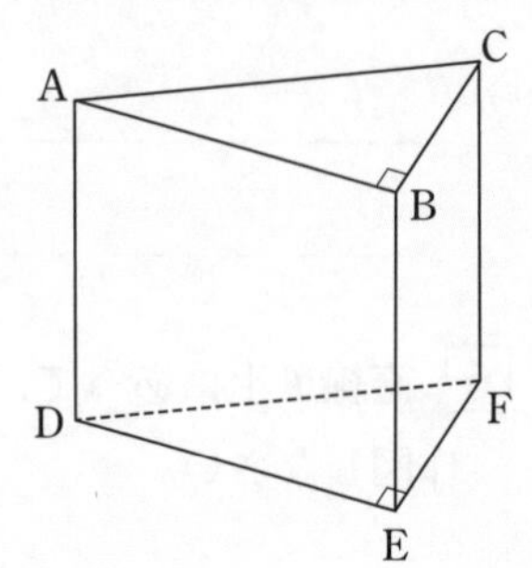

(1)		(2)	
(3)		(4)	
(5)		(6)	

2 次の(1)〜(8)について，それぞれの条件にあてはまる立体を㋐〜㋗の中からすべて選び，記号で答えなさい。

3点×8(24点)

(1) 平面だけで囲まれている。

(2) 曲面だけで囲まれている。

(3) 平面と曲面で囲まれている。

(4) 6つの面で囲まれている。

(5) 回転体である。

(6) ある面をその面と垂直な方向に動かしてできる。

(7) どの面も合同である。

(8) 立面図と平面図がともに円である。

㋐ 正四面体	㋔ 正四角柱
㋑ 円柱	㋕ 正八面体
㋒ 正六面体	㋖ 円錐
㋓ 五角錐	㋗ 球

(1)		(2)		(3)		(4)	
(5)		(6)		(7)		(8)	

3 2つの直線 ℓ, m と，2つの平面 P, Q があります。次の(1)〜(5)の関係が正しければ○，正しくなければ × をつけなさい。

3点×5(15点)

(1) $\ell \perp m$, $\ell /\!/ \mathrm{P}$ ならば，$m \perp \mathrm{P}$

(2) $\ell /\!/ m$, $\ell \perp \mathrm{P}$ ならば，$m \perp \mathrm{P}$

(3) $\ell /\!/ \mathrm{P}$, $m /\!/ \mathrm{P}$ ならば，$\ell /\!/ m$

(4) $\ell \perp \mathrm{P}$, $\ell \perp \mathrm{Q}$ ならば，$\mathrm{P} /\!/ \mathrm{Q}$

(5) $\ell /\!/ \mathrm{P}$, $\mathrm{P} \perp \mathrm{Q}$ ならば，$\ell \perp \mathrm{Q}$

(1)		(2)		(3)		(4)		(5)	

4 右の図の長方形 ABCD を，辺 DC を回転の軸として 1 回転させてできる立体について，次の(1)〜(4)に答えなさい。　4点×4（16点）

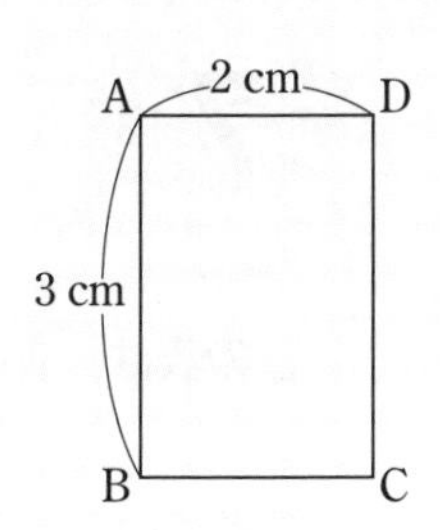

(1)　できる立体の見取図をかきなさい。

(2)　できる立体の投影図をかきなさい。

(3)　表面積を求めなさい。

(4)　体積を求めなさい。

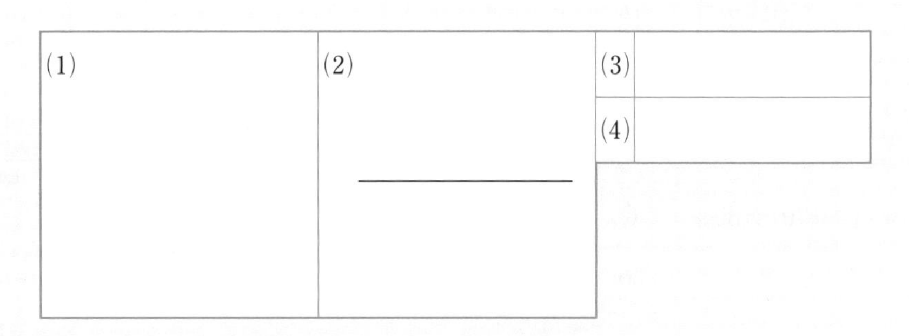

5 右の図の直角三角形 ABC を，辺 AC を回転の軸として 1 回転させてできる立体について，次の(1)〜(3)に答えなさい。　4点×3（12点）

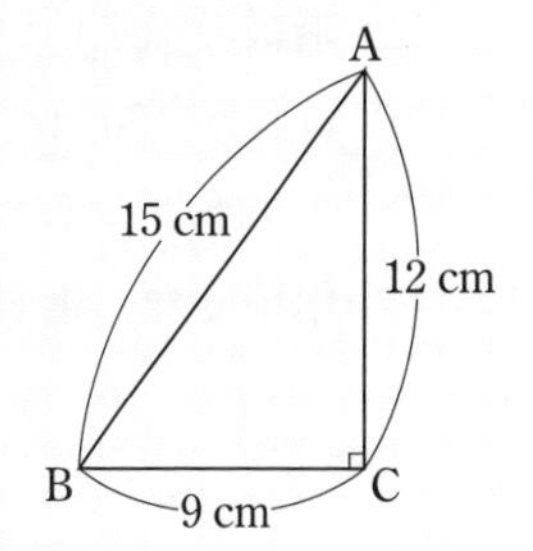

(1)　側面のおうぎ形の中心角を求めなさい。

(2)　表面積を求めなさい。

(3)　体積を求めなさい。

(1)		(2)		(3)	

6 右の展開図からできる立体について，次の(1)，(2)に答えなさい。　(1)3点，(2)4点（7点）

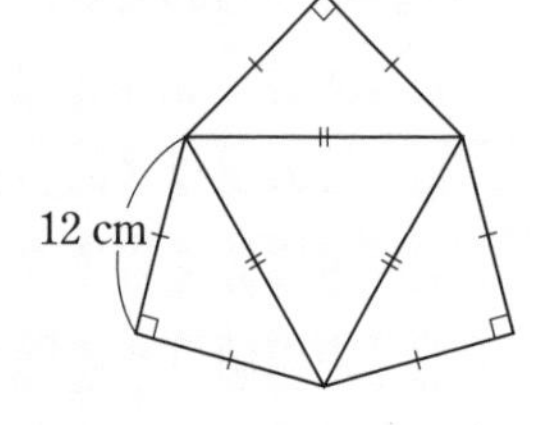

(1)　立体の名前をいいなさい。

(2)　立体の体積を求めなさい。

(1)		(2)	

7 半径 9 cm の球の表面積と体積を求めなさい。　4点×2（8点）

表面積	体積

解答 p.64

第7回 予想問題　7章　データの分析

40分　/100

1 右の表は，ある学年の生徒の身長を調べて度数分布表に整理したものです。

(1)，(2)4点×2　(3)，(4)10点×2(28点)

身長(cm)	度数(人)	累積度数(人)	相対度数	累積相対度数
以上　未満 130～140	3			
140～150	18			
150～160	21			
160～170	12			
170～180	6			
計	60			

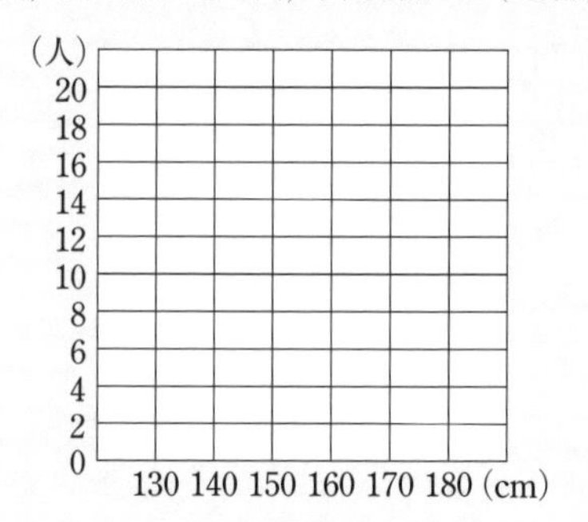

(1) 階級の幅をいいなさい。

(2) 身長が 150 cm の生徒は，どの階級に入りますか。

(3) ヒストグラムと度数分布多角形を，右上の図にかきなさい。

(4) 累積度数，相対度数，累積相対度数を求めて，表を完成させなさい。

(1)		(2)		(3)	右上の図に記入	(4)	左上の表に記入

2 右の図は，あるクラスの生徒の体重の記録をヒストグラムに表したものです。

4点×6(24点)

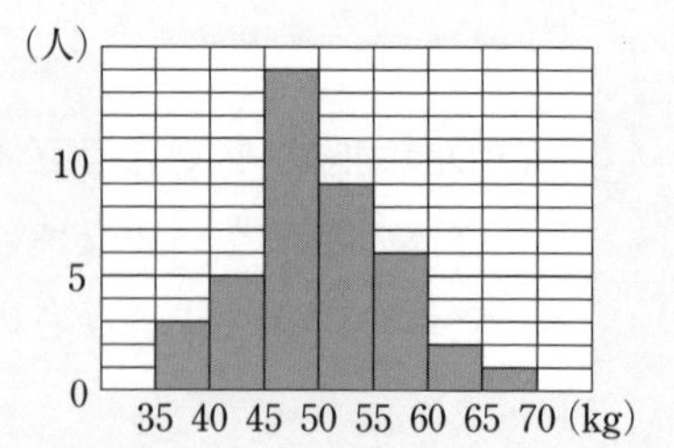

(1) 体重が 55 kg 以上の生徒は何人いますか。

(2) このクラスの生徒の人数を求めなさい。

(3) 平均値を求めなさい。

(4) 中央値はどの階級にふくまれますか。

(5) 最頻値を求めなさい。

(6) ヒストグラムを利用して，度数分布多角形をかきなさい。

(1)		(2)		(3)	
(4)		(5)		(6)	上の図に記入

3 次のデータは，12 人の数学の小テストの得点を示したものです。 4点×3(12点)

18, 25, 28, 13, 9, 30, 10, 16, 21, 23, 20, 15 (点)

(1) 得点の分布の範囲を求めなさい。

(2) 平均値を求めなさい。

(3) 中央値を求めなさい。

(1)		(2)		(3)	

4 右の表は，ある中学校の女子と男子の走り幅とびの記録を度数分布表に整理したものです。 3点×7(21点)

(1) 300 cm 以上 340 cm 未満の階級の相対度数をそれぞれ求めなさい。

(2) 最頻値をそれぞれ求めなさい。

(3) 女子の中央値がふくまれる階級を求めなさい。

(4) およその平均値を，小数第 1 位を四捨五入してそれぞれ求めなさい。

距離 (cm)	女子	男子
	度数 (人)	度数 (人)
以上 未満 220～260	3	1
260～300	14	6
300～340	21	14
340～380	7	20
380～420	5	13
420～460	0	2
計	50	56

(1)	女子	男子	(2)	女子	男子
(3)			(4)	女子	男子

5 右の表は，びんの王冠(おうかん)をくり返し投げて，表が出た回数を調べたものです。 5点×3(15点)

(1) 表の中の x と y の値を求めなさい。

(2) この王冠投げで，表が出る確率と裏が出る確率は，どちらのほうが大きいと考えられますか。

投げた回数 (回)	表が出た回数 (回)	相対度数
300	109	0.363
500	188	y
800	293	0.366
1200	x	0.370

(1)	x	y	(2)	

解答 p.64

第8回 予想問題

MATHFUL

20分 /100

1 日本の河川や湖，湾には「基準面」という基準となる水面の高さがそれぞれ決まっています。ある川の水位が台風のため，−31 cm から 89 cm になりました。水位は何 cm 上がったといえますか。

(25点)

2 食料の輸送が環境へ与える負荷を表す方法として，「フード・マイレージ」という考え方があり，輸送量に輸送距離をかけることによって求められます。
同じ輸送手段であれば，フード・マイレージが高いほど，二酸化炭素排出量も多くなります。
A さんは，栗(くり) 0.4 kg を使って栗ご飯をつくろうとしています。右の表を使って，地元産の栗を使ったときと，中国産の栗を使ったときのフード・マイレージはそれぞれ何 kg・km になるか計算しなさい。

15点×2(30点)

	輸送距離
地元産	5 km
中国産	2800 km

地元産	中国産

3 視力検査で使われるランドルト環(かん)と呼ばれている図形の全体の長さと切れ目の長さから視力が決まります。次の表は，視力と全体の長さと切れ目の長さを測りまとめたものです。

15点×3(45点)

視力	0.1	0.2	0.3	…	1.0	…	1.5	…
全体の長さ (mm)	75	37.5	25	…	7.5	…	ア	…
切れ目の長さ (mm)	15	7.5	5	…	1.5	…	イ	…

(1) アとイにあてはまる数を求めなさい。

(2) 切れ目の長さを x mm，視力を y とするとき，y を x の式に表しなさい。

(1)	ア	イ	(2)	

教科書ワーク 数学 特別ふろく①

どこでもワーク

こちらにアクセスして，ご利用ください。
https://portal.bunri.jp/app.html

① 計算編 テンキー入力形式で学習できる！ 重要公式つき！

解き方を穴埋め形式で確認！

テンキー入力で，計算しながら解ける！

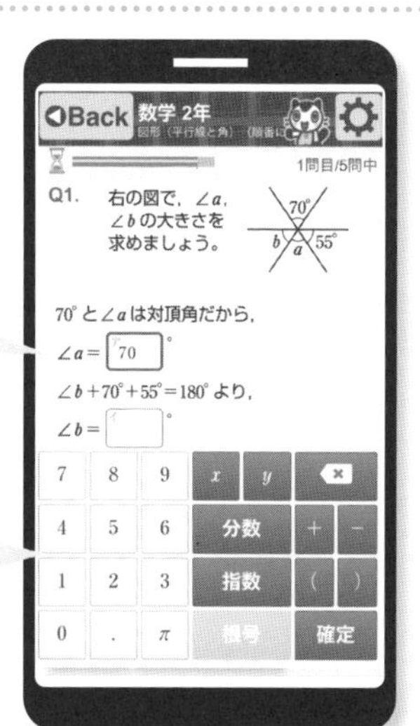

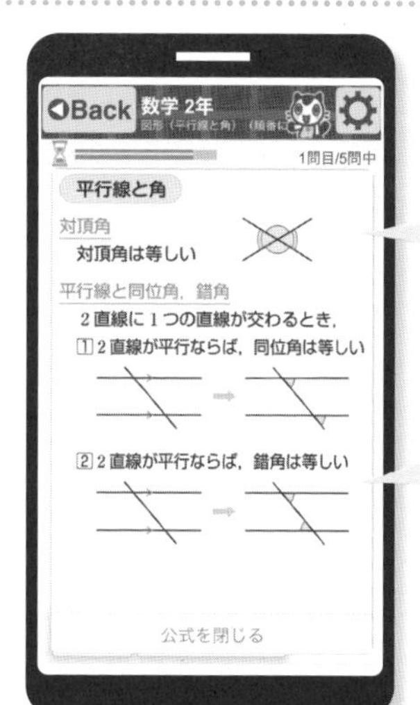

重要公式をその場で確認できる！

カラーだから見やすく，わかりやすい！

② 図形編 グラフや図形を自分で動かして，学習理解をサポート！

自分で数値を決められるから，いろいろなグラフの確認ができる！

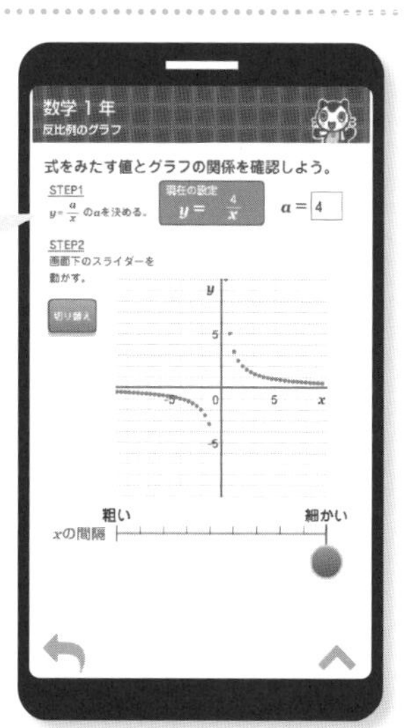

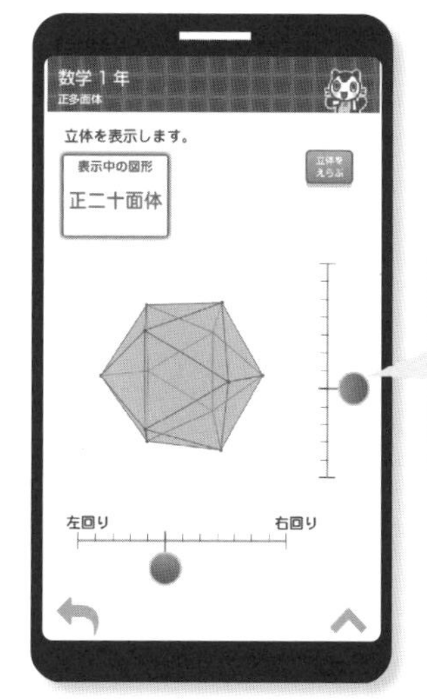

上下左右に回転させて，様々な角度から立体をみることができる！

注意　●アプリは無料ですが，別途各通信会社からの通信料がかかります。
● iPhone の方は Apple ID，Android の方は Google アカウントが必要です。対応 OS や対応機種については，各ストアでご確認ください。
●お客様のネット環境および携帯端末により，アプリをご利用いただけない場合，当社は責任を負いかねます。ご理解，ご了承いただきますよう，お願いいたします。
●正誤判定は，計算編のみの機能となります。
●テンキーの使い方は，アプリでご確認ください。

中学教科書ワーク

解答と解説

大日本図書版

数学1年

この「解答と解説」は，取りはずして使えます。

※ステージ１の例の答えは本冊右ページ下にあります。

1章　数の世界のひろがり

p.2〜3　ステージ1

❶ 2，3，5，7，11，13，17，19，23，29

❷ (1) $2\times3\times11$　(2) $3\times5\times7$
(3) $2\times7\times13$

❸ (1) $2^3\times7$　(2) $2\times3^2\times7$
(3) $3^2\times5^2$

❹ (1) $32=2^5$，$40=2^3\times5$
(2) 8　(3) 160

❺ (1) 最大公約数　4　最小公倍数　112
(2) 最大公約数　20　最小公倍数　840

❻ 最大公約数　4　最小公倍数　120

解説

❶ 1は素数にふくめない。

❷ 小さい素数から順にわっていく。
(2) 1の位の数が5の場合は，まず5でわるとよい。$105=3\times5\times7$

```
5) 105
3)  21
     7
```

❸ 同じ素因数は，累乗の指数を使ってまとめる。

❹ $32=2\times2\times2\times2\times2$
$40=2\times2\times2\qquad\times5$
最大公約数　$2\times2\times2=8$
最小公倍数　$2\times2\times2\times2\times2\times5=160$

❺ (1) $16=2\times2\times2\times2$
$28=2\times2\qquad\times7$
最大公約数　$2\times2=4$
最小公倍数　$2\times2\times2\times2\times7=112$

```
2) 16  28
2)  8  14
    4   7
```

(2) $120=2\times2\times5\times6$
$140=2\times2\times5\quad\times7$
最大公約数　$2\times2\times5=20$
最小公倍数　$2\times2\times5\times6\times7=840$

```
2) 120  140
2)  60   70
5)  30   35
     6    7
```

❻ $8=2\times2\times2$
$20=2\times2\qquad\times5$
$24=2\times2\times2\quad\times3$
最大公約数　$2\times2=4$
最小公倍数　$2\times2\times2\times5\times3=120$

p.4〜5　ステージ1

❶ (1) ＋142 m　(2) −92 m

❷ (1) −8　(2) −1

❸ (1) −200円の収入　(2) −5 L増える

❹ (1) 5 km南にある
(2) 水温が3℃下がる

❺ (1) ＋8　(2) ＋3.6　(3) $-\frac{2}{5}$

❻ ㋑

解説

❶ 地上からの高さが200 mより高い場所の高さを＋を使って表し，低い場所の高さを−を使って表す。

❷ 反対の意味を表すことばを考える。
(1) 「重い」の反対の意味を表すことばは「軽い」である。「重い」に＋の符号を使っているので，「軽い」は−の符号を使って表す。
(2) ある時刻から後を表すのに＋の符号を使っているので，ある時刻より前の時刻は−の符号を使って表す。

❸ (1) 支出 ⟷ 収入
(2) 減る ⟷ 増える

❹ (1) 「北」の反対の意味を表すことばは「南」。
(2) 「上がる」の反対の意味を表すことばは「下がる」。

❺ (1) 0より大きい数なので，＋の符号を使う。
(2) 小数も，0より大きい数は＋の符号を使う。
(3) 0より小さいので，−の符号を使う。

❻ ㋐ 0より小さい数は負の数といい，負の符号を使って表す。「正の符号」がまちがいである。
㋒ 自然数は正の整数のことで，0はふくまないので，まちがいである。
㋓ ミス注意! 整数は，正の整数，0，負の整数からなる。0がふくまれることを忘れないようにしよう。

p.6~7 ステージ1

❶ A(-13)　B(-8)　C$(+2)$　D$(+12)$

❷ (4)　(2)　(3)　(1)

-4　-3　-2　-1　0　$+1$　$+2$　$+3$　$+4$

❸ (1) -12, $+12$

(2) -3, -2, -1, 0, $+1$, $+2$, $+3$

❹ $+0.2$ と -0.2

$+0.1$ と $-\frac{1}{10}$

❺ (1) $+1>-8$　(2) $-9<-3$

(3) $-0.2>-2$　(4) $-\frac{3}{5}<-\frac{1}{5}$

(5) $-8<0<+7$　(6) $-\frac{1}{3}<-\frac{1}{5}<+\frac{1}{2}$

解説

❷ 数直線では，0 に対応する点O(オー)を原点といい，原点より右に正の数，原点より左に負の数を配置する。この数直線の 1 めもりは 0.5 を表している。

(2) -1 と 0 の中央の点である。

(3) $+1$ と $+2$ の中央の点である。

(4) -4 と -3 の中央の点である。

❸ (1) 原点からの距離が 12 になる数で 2 つある。

(2) 数直線をかいて考える。

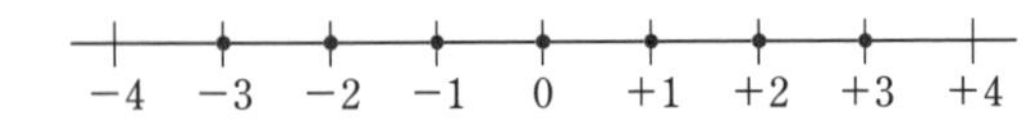

❹ $-\frac{1}{2}=-0.5$, $-\frac{1}{10}=-0.1$ と考える。

$+$, $-$の符号をとった数が同じであれば，絶対値が等しいといえる。

❺ (1) (正の数)$>$(負の数) だから，

$+1>-8$ または $-8<+1$

(2) 負の数は，その絶対値が大きい数ほど小さい。

$9>3$ だから，$-9<-3$ または $-3>-9$

(5) (負の数)$<0<$(正の数) だから，

$-8<0<+7$ または $+7>0>-8$

(6) $\frac{1}{3}>\frac{1}{5}$ なので，

$-\frac{1}{3}<-\frac{1}{5}$ または $-\frac{1}{5}>-\frac{1}{3}$

よって，$-\frac{1}{3}<-\frac{1}{5}<+\frac{1}{2}$

または，$+\frac{1}{2}>-\frac{1}{5}>-\frac{1}{3}$

p.8~9 ステージ1

❶ (1) $+13$　(2) -9　(3) $+33$

(4) -46　(5) $+1.9$　(6) -1

❷ (1) -3　(2) $+6$　(3) -1.7

(4) $+1$　(5) 0　(6) 0

(7) -9　(8) -10

❸ (1) -6　(2) $+2$　(3) -9

(4) -1　(5) $-\frac{5}{16}$

解説

❶ 同じ符号の 2 つの数の和は，2 つの数の絶対値の和に 2 つの数と同じ符号をつける。

(6) $\left(-\frac{1}{4}\right)+\left(-\frac{3}{4}\right)=-\left(\frac{1}{4}+\frac{3}{4}\right)=-\frac{4}{4}=-1$

❷ 異なる符号の 2 つの数の和は，絶対値の大きいほうから小さいほうをひき，絶対値の大きいほうの数と同じ符号をつける。

(1) $(+7)+(-10)=-(10-7)=-3$

(5)(6) 絶対値の等しい異なる符号の 2 つの数の和は 0 になる。

(7)(8) どんな数に 0 を加えても，0 にどんな数を加えても，和はその数自身になる。

❸ いくつかの正の数，負の数を加えるとき，数の順序や組み合わせを変えて計算してもよい。

(1) 負の数どうしの和を先に計算する。

$(-11)+(+14)+(-9)$

$=(+14)+\underline{(-11)+(-9)}$

$=(+14)+\underline{(-20)}=-6$

(2) $(-7)+\underline{(+1)+(+5)+(+3)}$

$=(-7)+\underline{(+9)}=+2$

(3) 0 になる組み合わせがあれば，先に計算する。

$(-27)+(+9)+(+27)+(-18)$

$=\underline{\{(-27)+(+27)\}}+\{(+9)+(-18)\}$

$=\underline{0}+(-9)=-9$

(4) (-1) と $(+1)$ との和は 0 になる。

$(+1.8)+(-0.8)+(-1)+(+1)+(-2)$

$=(+1.8)+\underline{(-0.8)+(-2)}$

$=(+1.8)+\underline{(-2.8)}=-1$

(5) $\left(-\frac{1}{2}\right)+\left(+\frac{1}{4}\right)+\left(-\frac{1}{8}\right)+\left(+\frac{1}{16}\right)$

$=\underline{\left(-\frac{8}{16}\right)+\left(-\frac{2}{16}\right)}+\left(+\frac{4}{16}\right)+\left(+\frac{1}{16}\right)$

$=\underline{\left(-\frac{10}{16}\right)}+\left(+\frac{5}{16}\right)=-\frac{5}{16}$

p.10〜11 ステージ1

1 (1) $(+7)+(-8)$　(2) $(+1)+(+5)$
(3) $(-2)+(-10)$　(4) $(-4)+(+9)$

2 (1) -2　(2) $+8$　(3) -4
(4) $+2$　(5) -1.6　(6) $-\frac{3}{2}$
(7) -2.6　(8) $+2$　(9) $+11$
(10) $+16$

3 (1) $+5$　(2) $+\frac{2}{3}$　(3) -1.7

4 (1) $+5$　(2) -0.3　(3) $+\frac{3}{5}$

解説

1 ある数から正の数または負の数をひくには，ひく数の符号を変えて加えればよい。
(1) ひく数の $+8$ を -8 に変えて加える。
(2) ひく数の -5 を $+5$ に変えて加える。

2 (1) $(+2)-(+4)$ ↓ひく数の符号を変えて，加法になおす。
$=(+2)+(-4)$ ↓加法の計算をする。
$=-2$

(2) $(+5)-(-3)$
$=(+5)+(+3)$
$=+8$

(6) $\left(-\frac{7}{8}\right)-\left(+\frac{5}{8}\right)$
$=\left(-\frac{7}{8}\right)+\left(-\frac{5}{8}\right)$
$=-\frac{12}{8}=-\frac{3}{2}$

(7) $(-0.8)-(+1.8)$
$=(-0.8)+(-1.8)$
$=-2.6$

(9) $(-6)-(-15)-(-2)$
$=(-6)+(+15)+(+2)$
$=+11$

ひく数がふえても，左から順に加法に変えていけばよい。

(10) $(+8)-(-11)-(+3)$
$=(+8)+(+11)+(-3)$
$=+16$

3 ある数から 0 をひいた差はその数自身になる。
(1) $(+5)-0=+5$

4 0 からある数をひいた差は，その数の符号を変えた数になる。
(1) $0-(-5)=+5$
(2) $0-(+0.3)=0+(-0.3)=-0.3$

p.12〜13 ステージ1

1 (1) 正の項… $+1$
負の項… $-5,\ -8$
(2) 正の項…なし
負の項… $-9,\ -6,\ -4$
(3) 正の項… $+0.7,\ +1.3,\ +2.1$
負の項… -0.6

2 (1) $-4+9-1$
(2) $-17+3-5-8$

3 (1) -3　(2) -5　(3) -16
(4) -21　(5) 5.4　(6) $-\frac{1}{8}$

4 (1) 14　(2) -16　(3) 1.9
(4) $-\frac{1}{3}$

解説

1 加法だけの式になおして，正の項，負の項に分ける。

2 加法だけの式になおしてから，かっこと加法の記号を省く。
(2) $(-17)-(-3)+(-5)-8$
$=(-17)+(+3)+(-5)+(-8)$
$=-17+3-5-8$

3 (3) $3-7-16+4$ ↓正の項，負の項どうしをまとめる。
$=\underline{3+4}\ -7-16$ ↓正の項，負の項どうしをそれぞれ計算する。
$=7-23$
$=-16$

(5) $3.5-5.3+8.2-1$ ↓正の項，負の項どうしをまとめる。
$=3.5+8.2-5.3-1$
$=11.7-6.3=5.4$

4 (2) $0-9-(+16)+9$ ↓(-9) と $(+9)$ の加法は 0 になることを利用する。
$=-9+9+(-16)$
$=0+(-16)=-16$

(3) $1.5-(+0.8)-(-1.2)$ ↓加法になおす。
$=1.5+(-0.8)+(+1.2)$ ↓( ) と $+$ の記号を省く。
$=1.5-0.8+1.2$ ↓正の項をまとめる。
$=1.5+1.2-0.8$
$=2.7-0.8=1.9$

(4) 項だけを並べた式になおして通分する。
$-\frac{2}{3}+\left(-\frac{1}{2}\right)-\left(-\frac{5}{6}\right)$
$=-\frac{2}{3}-\frac{1}{2}+\frac{5}{6}$
$=-\frac{4}{6}-\frac{3}{6}+\frac{5}{6}=-\frac{2}{6}=-\frac{1}{3}$

p.14~15 ステージ2

❶ (1) $2^2\times3\times13$
(2) 最大公約数 4　　最小公倍数 160
(3) -5 m
(4) 1000 円の支出
(5) -75 m 高い

❷

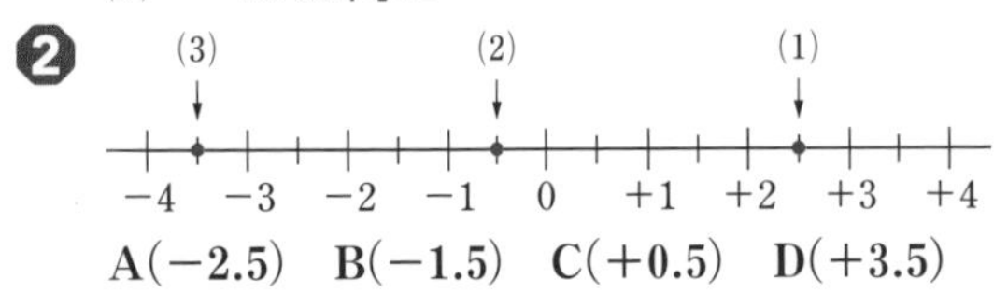

A(-2.5)　B(-1.5)　C($+0.5$)　D($+3.5$)

❸ (1) $-\frac{1}{2}<-\frac{1}{5}<+\frac{1}{10}$
(2) $-\frac{7}{2}<-3<-2.5$

❹ (1) -8 と $+8$　　(2) 9 個
(3) -3　　(4) 8 個

❺ (1) -7　(2) -55　(3) 6
(4) 0　(5) 0.9　(6) 18
(7) -8　(8) 6　(9) 5.6
(10) -33　(11) $-\frac{5}{12}$　(12) 1.1

❻ (1) ㋐ -9　㋑ $+19$
(2) C
(3) 24 点

● ● ● ● ●

① (1) -5　(2) 9　(3) -8
(4) 6　(5) $-\frac{7}{20}$　(6) $\frac{1}{18}$

解 説

❶ (2) $20=2\times2\qquad\times5$
$32=2\times2\times2\times2\times2$

❸ ミス注意! 不等号の向きを同じにすることを忘れないようにする。

❹ (4) $\frac{17}{4}=4\frac{1}{4}$, $\frac{41}{5}=8\frac{1}{5}$ より，
絶対値が 5 以上 8 以下の整数を考える。
絶対値が 5, 6, 7, 8 の整数は，
-8, -7, -6, -5, 5, 6, 7, 8 の 8 個ある。

❺ (1) $(-42)+(+35)$
$=-(42-35)=-7$

(4) $(+37)+(-18)+(-22)+(+3)$
$=37-18-22+3$
$=37+3-18-22$
$=40-40=0$
（(　)と＋の記号を省く。正の項，負の項をまとめる。）

(6) 0 からある数をひいた差は，その数の符号を変えた数になる。

(8) $(+18)+(-26)-(+15)-(-29)$
$=18-26-15+29$
$=18+29-26-15$
$=47-41=6$
（正の項，負の項をまとめる。）

(9) $(-1.8)-(-5.5)+(+3.2)-(+1.3)$
$=-1.8+5.5+3.2-1.3$
$=5.5+3.2-1.8-1.3$
$=8.7-3.1=5.6$
（正の項，負の項をまとめる。）

(10) $-12-27+29-23$
$=-12-27-23+29$
$=-62+29=-33$
（正の項，負の項をまとめる。）

(11) $\frac{1}{6}+\left(-\frac{2}{3}\right)-\frac{1}{2}-\left(-\frac{7}{12}\right)$
$=\frac{1}{6}-\frac{2}{3}-\frac{1}{2}+\frac{7}{12}$
$=\frac{2}{12}-\frac{8}{12}-\frac{6}{12}+\frac{7}{12}$
$=\frac{2}{12}+\frac{7}{12}-\frac{8}{12}-\frac{6}{12}$
$=\frac{9}{12}-\frac{14}{12}=-\frac{5}{12}$
（通分する。正の項，負の項をまとめる。）

(12) $\frac{1}{5}-\left\{1.8-\left(0.9+\frac{9}{5}\right)\right\}$
$=0.2-\{1.8-(0.9+1.8)\}$
$=0.2-(1.8-2.7)$
$=0.2-(-0.9)$
$=0.2+0.9=1.1$
（分数を小数にする。(　)の中の計算をする。）

❻ (1) $(+15)+(-12)+(+6)=+9$ より，
㋐$+(+9)=0$　　よって，㋐$=-9$
$(-11)+(-9)+(+1)=-19$ より，
$(-19)+$㋑$=0$　　よって，㋑$=+19$
(2) 2 回目までの得点の合計は，A は -2 点，B は $+7$ 点，C は -8 点，D は $+3$ 点となる。

① (1) $-16+11=-5$
(2) $2-(-7)=2+7=9$
(3) $-7+3-4=3-7-4=3-11=-8$
(4) $-3-(-8)+1=-3+8+1=-3+9=6$
(5) $\left(-\frac{3}{4}\right)+\frac{2}{5}=-\frac{15}{20}+\frac{8}{20}=-\frac{7}{20}$
(6) $\frac{8}{9}+\left(-\frac{3}{2}\right)-\left(-\frac{2}{3}\right)=\frac{8}{9}-\frac{3}{2}+\frac{2}{3}$
$=\frac{16}{18}+\frac{12}{18}-\frac{27}{18}=\frac{28}{18}-\frac{27}{18}=\frac{1}{18}$

p.16～17 ステージ1

1 (1) +10 (2) +12 (3) +12
(4) +60

2 (1) −15 (2) −16 (3) −18
(4) −42

3 (1) 0 (2) 0 (3) 0 (4) 0

4 (1) −50 (2) 36 (3) −9
(4) $\frac{2}{3}$ (5) 0 (6) 360
(7) −2 (8) −0.8 (9) $-\frac{7}{2}$
(10) $\frac{1}{6}$ (11) $-\frac{4}{7}$ (12) $\frac{3}{8}$

解説

1 同じ符号の 2 つの数の乗法は，2 つの数の絶対値の積に正の符号をつける。

2 異なる符号の 2 つの数の乗法は，2 つの数の絶対値の積に負の符号をつける。

3 0 にどんな数をかけても，どんな数に 0 をかけても，積は 0 になる。

4 (1) 異なる符号の 2 つの数の乗法なので，答えの符号は−である。
(2) 同じ符号の 2 つの数の乗法なので，答えの符号は＋である。
(3)(4) −1 にある数をかけたり，ある数に −1 をかけると，絶対値はその数と同じで符号だけが変わる。
(5) 0 にどんな数をかけても積は 0 になる。
(6) $(-24)\times(-15)$
$=+(24\times15)=360$
(7) $(+0.8)\times(-2.5)$
$=-(0.8\times2.5)=-2$
(9)～(12) 分数のかけ算は，できるだけ途中で約分をしていくとよい。
(9) $\left(+\frac{7}{8}\right)\times(-4)=-\left(\frac{7}{\cancel{8}_2}\times\frac{\cancel{4}^1}{1}\right)=-\frac{7}{2}$
(10) $\left(-\frac{5}{9}\right)\times\left(-\frac{3}{10}\right)=+\left(\frac{\cancel{5}^1}{\cancel{9}_3}\times\frac{\cancel{3}^1}{\cancel{10}_2}\right)=\frac{1}{6}$
(11) $\left(-\frac{6}{7}\right)\times\left(+\frac{2}{3}\right)=-\left(\frac{\cancel{6}^2}{7}\times\frac{2}{\cancel{3}_1}\right)=-\frac{4}{7}$
(12) $\left(-\frac{7}{12}\right)\times\left(-\frac{9}{14}\right)=+\left(\frac{\cancel{7}^1}{\cancel{12}_4}\times\frac{\cancel{9}^3}{\cancel{14}_2}\right)=\frac{3}{8}$

p.18～19 ステージ1

1 (1) −130 (2) 32 (3) −7700
(4) −252 (5) −5 (6) −4
(7) 0 (8) 81

2 (1) 3^5 (2) $-(-2)^3$ (3) 0.4^4
(4) $\left(-\frac{1}{3}\right)^2$

3 (1) 81 (2) −81 (3) 144
(4) 36 (5) −63 (6) −100
(7) −9 (8) 8

解説

1 いくつかの数の積は，
[1] 符号を決める。負の数が偶数個のときは「＋」，奇数個のときは「−」になる。
[2] かけ合わせる数の絶対値の積の計算をする。その際，交換法則や結合法則が利用できないか考えてみる。
例：$5\times2=10$　$25\times4=100$　$125\times8=1000$
(5) $\left(-\frac{1}{4}\right)\times(-12)\times\left(-\frac{5}{3}\right)$ ）符号を決める。
$=-\left(\frac{1}{\cancel{4}_1}\times\cancel{12}^{\cancel{3}^1}\times\frac{5}{\cancel{3}_1}\right)$
$=-5$

2 同じ数をいくつかかけ合わせたものを，その数の累乗といい，かけ合わせた個数を示す右肩(かた)の数を累乗の指数という。
(1) 3 を 5 個かけ合わせているので，3^5
(2) −2 を 3 個かけ合わせた数に−の符号をつけているので，$-(-2)^3$
(3) 0.4 を 4 個かけ合わせているので，0.4^4
(4) $-\frac{1}{3}$ を 2 個かけ合わせているので，$\left(-\frac{1}{3}\right)^2$

3 累乗の計算は，どの数が何個かけられているかを確認してから，計算する。
(1) $(-3)^4$ ⟶ −3 を 4 個かけ合わせる。
$(-3)\times(-3)\times(-3)\times(-3)=81$
(2) -3^4 ⟶ 3 を 4 個かけ合わせた数に−をつける。
$-(3\times3\times3\times3)=-81$
(3) $(3\times4)^2$ ⟶ 3×4=12 より，12 を 2 個かけ合わせる。
$12^2=12\times12=144$
(4) $(-1)\times(-6^2)=(-1)\times\{-(6\times6)\}$
$=(-1)\times(-36)=36$
(7) $(-30^2)\times(-0.1)^2$
$=(-900)\times0.01=-9$

p.20~21 ステージ1

1 (1) 4　(2) 0　(3) -10
(4) 2

2 (1) $\frac{1}{25}$　(2) -16　(3) $-\frac{21}{4}$
(4) $\frac{25}{9}$

3 (1) 9　(2) $\frac{8}{5}$　(3) $\frac{1}{10}$
(4) -3

4 (1) 25　(2) -20　(3) -2
(4) -19　(5) 0　(6) -30
(7) -22　(8) -5

解説

1 (1)(4) 同じ符号の2つの数の除法は，2つの数の絶対値の商に正の符号をつける。
(3) 異なる符号の2つの数の除法は，2つの数の絶対値の商に負の符号をつける。

2 (1) $\left(-\frac{2}{5}\right)\div(-10)$　除法を乗法になおす。(逆数をかける)
$=\left(-\frac{2}{5}\right)\times\left(-\frac{1}{10}\right)=+\left(\frac{2}{5}\times\frac{1}{10}\right)=\frac{1}{25}$

(4) $\left(-\frac{5}{6}\right)\div(-0.3)$　小数を分数になおす。
$=\left(-\frac{5}{6}\right)\div\left(-\frac{3}{10}\right)$
$=\left(-\frac{5}{6}\right)\times\left(-\frac{10}{3}\right)=+\left(\frac{5}{6}\times\frac{10}{3}\right)=\frac{25}{9}$

3 乗法と除法が混じった式は，乗法だけの式になおして計算する。
(2) $(-20)\times\frac{3}{5}\div\left(-\frac{15}{2}\right)$　除法を乗法になおす。
$=(-20)\times\frac{3}{5}\times\left(-\frac{2}{15}\right)=+\left(20\times\frac{3}{5}\times\frac{2}{15}\right)=\frac{8}{5}$

(3) $\left(-\frac{2}{3}\right)\div(-2)^3\times\frac{6}{5}=\left(-\frac{2}{3}\right)\div(-8)\times\frac{6}{5}$
$=+\left(\frac{2}{3}\times\frac{1}{8}\times\frac{6}{5}\right)=\frac{1}{10}$

4 (1) $7-6\times(-3)=7-(-18)=7+18=25$
(6) $6+(8-2)^2\times(-1)$　( )の中を計算し累乗の計算をする。
$=6+36\times(-1)=6-36=-30$
(7) $\left(\frac{2}{9}-\frac{5}{6}\right)\times\underline{36}=\frac{2}{9}\times\underline{36}-\frac{5}{6}\times\underline{36}=8-30=-22$
(8) $\underline{\left(-\frac{5}{8}\right)}\times5+\underline{\left(-\frac{5}{8}\right)}\times3$
$=\underline{\left(-\frac{5}{8}\right)}\times(5+3)=\underline{\left(-\frac{5}{8}\right)}\times8=-5$

p.22~23 ステージ1

1 ㋐に入る数…5.6　$-\frac{8}{3}$　$+\frac{9}{2}$　-0.05
㋑に入る数…-27　0
㋒に入る数…6　72

2 ㋑，㋓，㋗

3 (1) 783 g　(2) 156.6 g

4 (1) 18 cm
(2) A…156 cm　B…160 cm
C…149 cm　D…153 cm
E…167 cm

解説

1 そのなかに入るものがはっきりしている集まりのことを「集合」という。
㋐はいままで学んできたすべての数の集合である。小数や分数もふくまれる。
㋑の整数の集合は，正の整数，0，負の整数がふくまれる。
㋒の自然数は，正の整数である。

2 数の範囲(はんい)を自然数の集合から整数の集合にひろげると，減法はいつでもできるようになる。さらに，数の範囲をすべての数の集合にまでひろげると，除法もいつでもできるようになる。
自然数どうしで減法を行うと，$3-5=-2$ のように，自然数にはならない場合がある。
また，除法も，$2\div5=0.4$ のように，自然数にならない場合がある。
整数どうしの除法も，$-4\div8=-0.5$ のように整数にならない場合がある。

3 (1) 基準との差の合計は，
$(-20)+(-15)+(+32)+(-4)+(+40)=33$ (g)
重さの合計は，$150\times5+33=783$ (g)
(2) 缶の重さの平均値は，全部の缶の重さの合計を個数でわって求めるから，$783\div5=156.6$ (g)

4 (1) 最も身長が高い人はE，最も身長の低い人はCだから，その差は，
$(+11)-(-7)=18$ (cm) になる。
(2) 5人の身長の平均値は，
(Aの身長)$+\{0+(+4)+(-7)+(-3)+(+11)\}\div5=$(Aの身長)$+1$
(Aの身長)$+1$ が 157 cm だから，
Aの身長は，$157-1=156$ (cm)

p.24〜25　ステージ2

1 (1) -6　(2) $\frac{2}{3}$　(3) $\frac{4}{5}$

(4) $-\frac{15}{8}$　(5) $\frac{3}{16}$　(6) $-\frac{3}{32}$

2 (1) -2　(2) -5　(3) -12

(4) 1　(5) $-\frac{1}{20}$　(6) 1

(7) 5　(8) $-\frac{11}{6}$　(9) -380

(10) 79

3 (1) -2, -1, 0　(2) -1, 0, 1

(3) -1, 1

4 □…÷　○…＋

5 (1) ㋐, ㋒　(2) ㋐

6 (1) 3 m 西へ移動する。　(2) 10m

● ● ● ● ●

① (1) 45　(2) -2　(3) -2

(4) $-\frac{1}{7}$　(5) 10　(6) 16

② ㋑

解説

1 (3)〜(6)　正の数，負の数でわることは，その数の逆数をかけることと同じだから，除法は乗法になおすことができる。

(1) $(+1.2)\times(-5)$ 　符号を決める。
$=-(1.2\times5)$
$=-6$

(2) $\left(-\frac{4}{5}\right)\times\left(-\frac{5}{6}\right)$ 　符号を決める。
$=+\left(\frac{4}{5}\times\frac{5}{6}\right)$
$=\frac{2}{3}$

(3) $(-8)\div(-10)$ 　符号を決める。
$=+(8\div10)$
$=\frac{8}{10}=\frac{4}{5}$

(4) $\frac{5}{12}\div\left(-\frac{2}{9}\right)$ 　除法を乗法になおす。
$=\frac{5}{12}\times\left(-\frac{9}{2}\right)$ 　符号を決める。
$=-\left(\frac{5}{12}\times\frac{9}{2}\right)$
$=-\frac{15}{8}$

(5) $\frac{1}{6}\div\left(-\frac{4}{15}\right)\times\left(-\frac{3}{10}\right)$ 　除法を乗法になおす。
$=\frac{1}{6}\times\left(-\frac{15}{4}\right)\times\left(-\frac{3}{10}\right)$ 　符号を決める。
$=+\left(\frac{1}{6}\times\frac{15}{4}\times\frac{3}{10}\right)$
$=\frac{3}{16}$

(6) $(-6)\div\left(-\frac{8}{3}\right)\div(-24)$ 　除法を乗法になおす。
$=(-6)\times\left(-\frac{3}{8}\right)\times\left(-\frac{1}{24}\right)$ 　符号を決める。
$=-\left(6\times\frac{3}{8}\times\frac{1}{24}\right)$
$=-\frac{3}{32}$

2 (1) $(-1)^2\times10-4\times3$ 　累乗の計算をする。
$=1\times10-4\times3$
$=10-12=-2$

(2) $35-(-15)\div(-3)\times2^3$ 　累乗の計算をする。
$=35-(-15)\div(-3)\times8$
$=35-15\div3\times8=35-40=-5$

(3) $20-4\times\{13-(+5)\}$ 　{ }の中の計算をする。
$=20-4\times8$
$=20-32=-12$

(4) $(-2)^2-(-9^2)\div(-3)^3$ 　累乗の計算をする。
$=4-(-81)\div(-27)$ 　除法の計算をする。
$=4-3$
$=1$

(5) $\left(0.5^2-\frac{1}{3}\right)\times\frac{3}{5}$ 　小数を分数になおす。
$=\left\{\left(\frac{5}{10}\right)^2-\frac{1}{3}\right\}\times\frac{3}{5}$ 　累乗の計算をする。
$=\left(\frac{1}{4}-\frac{1}{3}\right)\times\frac{3}{5}$ 　( )の中を計算する。
$=\left(\frac{3}{12}-\frac{4}{12}\right)\times\frac{3}{5}$
$=-\frac{1}{12}\times\frac{3}{5}=-\frac{1}{20}$

(6) $-6-(3-5)^2\div4+(-2)^3\times(-1)$ 　( )の中，累乗の計算。
$=-6-(-2)^2\div4+(-8)\times(-1)$
$=-6-4\div4+8$
$=-6-1+8=1$

(7) $\{(-2)^3+(-4)\times3\}\div(5-3^2)$ 　累乗の計算をする。
$=\{-8+(-4)\times3\}\div(5-9)$
$=(-8-12)\div(-4)=-20\div(-4)=5$

(8) $\left(-\frac{1}{8}\right)\div\left(-\frac{3}{4}\right)-\frac{8}{9}\div\left(-\frac{2}{3}\right)^2$ ← 累乗の計算をする。

$=\left(-\frac{1}{8}\right)\div\left(-\frac{3}{4}\right)-\frac{8}{9}\div\frac{4}{9}$ ← 除法を乗法になおす。

$=\frac{1}{8}\times\frac{4}{3}-\frac{8}{9}\times\frac{9}{4}$

$=\frac{1}{6}-2=-\frac{11}{6}$

(9) $\underline{(-19)}\times15+\underline{(-19)}\times5$ ← 分配法則を使う。

$=\underline{(-19)}\times(15+5)$

$=(-19)\times20=-380$

(10) $\underline{(-18)}\times\left(-\frac{8}{9}-\frac{7}{2}\right)$ ← 分配法則を使う。

$=\underline{(-18)}\times\left(-\frac{8}{9}\right)+\underline{(-18)}\times\left(-\frac{7}{2}\right)$

$=16+63=79$

3 絶対値が3より小さい整数は，
-2，-1，0，1，2である。

4 計算の結果を小さくすることから，負の数になるように□と○にあてはまる記号や符号を考える。

5 (1) たとえば，■が2，●が5とすると，
㋑と㋓は，自然数にならない。

(2) たとえば，■が-2，●が-5とすると，
㋑と㋒と㋓は，負の整数にならない。

6 勝って3m東へ移動することを$+3$m，負けて2m西へ移動することを-2mと表すことにする。

(1) 4回のうち1回勝って，3回負けることになるので，$(+3)\times1+(-2)\times3=-3$
よって，3m西へ移動する。

(2) 10回のうちBが6回勝つということは，Aが4回勝つことになる。また，Aは4回勝って6回負けることになるから，
$(+3)\times4+(-2)\times6=0$ より，はじめの位置にいる。
Bは6回勝って4回負けることになるから，
$(+3)\times6+(-2)\times4=+10$ より，はじめの位置より東へ10m移動している。
AとBの間の距離は，$(+10)-0=10$(m)

② a，bが負の数のとき，

㋐ $a\times b\to$(負の数)×(負の数)→(正の数)

㋑ $a+b\to$(負の数)+(負の数)→<u>(負の数)</u>

㋒ $(a+b)$は負の数だから，$-(a+b)$は正の数。

㋓ $a-b$が正の数の場合，$(a-b)^2$は正の数。
$a-b$が0の場合，$(a-b)^2$は0になる。
$a-b$が負の数の場合，$(a-b)^2$は正の数。

p.26~27 ステージ3

1 (1) 最大公約数 9　最小公倍数 90
(2) -0.4　(3) $-\frac{10}{3}$

2 (1) $+5$　(2) -5　(3) 0
(4) 0　(5) 0　(6) 0
(7) 1　(8) 1

3 (1) 26　(2) -10.7　(3) $-\frac{11}{12}$
(4) 140　(5) -100　(6) $-\frac{9}{32}$
(7) -1　(8) -13　(9) $\frac{1}{3}$
(10) -1

4 (1) -6　(2) $-\frac{1}{2}$

5 ㋒，㋔

6 (1) ① 6時　② 13時　③ 19時
④ 23時
(2) 22時　(3) -10時間

7 (1) 17個　(2) 501個

解説

1 (1) 最大公約数　$3\times3=9$
最小公倍数　$3\times3\times2\times5=90$

```
3) 18  45
3)  6  15
    2   5
```

(2) 負の数は，その絶対値が大きい数ほど小さいので，$\frac{1}{5}=0.2$ より，
$0.9>0.4>\frac{1}{5}$ だから，$-0.9<-0.4<-\frac{1}{5}$
よって，小さいほうから並べると，-6，-0.9，-0.4，…となるので，小さいほうから3番目の数は-0.4である。

(3) $0.3=\frac{3}{10}$ だから，-0.3の逆数は，$-\frac{10}{3}$

2 (1) 絶対値の等しい異なる符号の2つの数の和は，0だから，□には$+5$があてはまる。

(2) 同じ数の差は0だから，□には-5があてはまる。

(3) どんな数に0を加えても，和はその数自身になるから，□には0があてはまる。

(4) どんな数から0をひいても，差はその数自身になるから，□には0があてはまる。

(5) どんな数に0をかけても，積は0になるから，□には0があてはまる。

(6)　0をどんな数でわっても，商は0になるから，□には0があてはまる。

(7)　どんな数に1をかけても，積はその数自身になるから，□には1があてはまる。

(8)　どんな数を1でわっても，商はその数自身になるから，□には1があてはまる。

3 (2)　$10-(+7.2)+(-13.5)$
$=10-7.2-13.5=10-20.7=-10.7$

(3)　$\frac{1}{3}-1+\frac{1}{2}-\frac{3}{4}$
$=\frac{4}{12}-\frac{12}{12}+\frac{6}{12}-\frac{9}{12}$
$=\frac{4}{12}+\frac{6}{12}-\frac{12}{12}-\frac{9}{12}=\frac{10}{12}-\frac{21}{12}=-\frac{11}{12}$

(4)　$(+4)\times(-7)\times(-5)$
$=+(4\times5\times7)=140$

(5)　$36\div(-9)\times(-5)^2$
$=(-4)\times25=-100$

(6)　$(-3)^3\div(-4^2)\div(-6)$
$=(-27)\div(-16)\div(-6)$　累乗を先に計算する。
$=-\left(27\times\frac{1}{16}\times\frac{1}{6}\right)=-\frac{9}{32}$

(7)　$13-2\times\{4-(-3)\}$
$=13-2\times7$　{ }の中の計算をする。
$=13-14=-1$　乗法の計算を先にする。

(8)　$(-2)^3-(-5^2)\div(-5)$
$=(-8)-(-25)\div(-5)$　累乗の計算をする。
$=-8-5=-13$　除法の計算を先にする。

(9)　$\left(-\frac{5}{2}-\frac{1}{2}\right)\times\left(-\frac{1}{9}\right)$
$=\left(-\frac{6}{2}\right)\times\left(-\frac{1}{9}\right)$　( )の中の計算をする。
$=+\left(3\times\frac{1}{9}\right)=\frac{1}{3}$　符号を決める。

(10)　$\frac{1}{4}\times\left(-\frac{11}{3}\right)-\left(\frac{5}{6}-\frac{3}{4}\right)$
$=-\left(\frac{1}{4}\times\frac{11}{3}\right)-\left(\frac{10}{12}-\frac{9}{12}\right)$　( )の中の計算をする。
$=-\frac{11}{12}-\frac{1}{12}=-\frac{12}{12}=-1$

得点アップのコツ

■計算の順序に気をつけよう！

累乗が先　かっこの中が先　乗法 除法 ➡ 加法 減法

4 分配法則を利用する。

$(a+b)\times c=a\times c+b\times c$

(1)　$\left(\frac{4}{7}-\frac{2}{5}\right)\times(-35)$
$=\frac{4}{7}\times(-35)-\frac{2}{5}\times(-35)$　$(a-b)\times c=a\times c-b\times c$
$=-20+14=-6$

(2)　$18\times\frac{1}{4}-20\times\frac{1}{4}$
$=(18-20)\times\frac{1}{4}$　$a\times c-b\times c=(a-b)\times c$
$=(-2)\times\frac{1}{4}=-\frac{1}{2}$

5 □に負の数をあてはめると，

(□+5) → 正の数または負の数または0
(□+2) → 正の数または負の数または0
(□−2) → いつでも負の数
(□−5) → いつでも負の数
$(□-5)^2$ → いつでも正の数
$(□+5)^2$ → 正の数または0

したがって，

ウ　(負の数)×(負の数) → (正の数)
オ　(正の数)+1 → (正の数)

6 (1)　東京を基準にしているので，東京の時刻に時差を加えると，その都市の時刻が求められる。

① $20+(-14)=6$ (時)
② $20+(-7)=13$ (時)
③ $20+(-1)=19$ (時)
④ $20+(+3)=23$ (時)

(2)　東京とホノルルの時差は −19時間だから，ホノルルから考えると，東京の時刻はホノルルの時刻より19時間進んでいることになる。

ホノルル　⇄（−19時間／+19時間）　東京

$3+(+19)=22$ (時)

(3)　シドニーを基準とするから，
$(-9)-(+1)=-10$ (時間)

7 (1)　$(+4)-(-13)=17$ (個)

(2)　$(+4)+0+(-13)+(+9)+(+5)=5$
基準との差の平均値は $5\div5=1$ より，1個だから，生産個数の平均値は $500+1=501$ (個)

別解 $(504+500+487+509+505)\div5$
$=2505\div5=501$ (個)

2章 文字と式

p.28〜29 ステージ1

❶ (1) m　(2) a

(3) ① 50　② 100

(4) ① b　② a

❷ (1) $7y$　(2) $3ab$

(3) $\frac{5}{8}x$　(4) $13(x-y)$

(5) c　(6) $-y$

(7) $a+3b$　(8) $4-0.1x$

(9) $5-3y^2$　(10) $-2x^2-a$

❸ (1) $3xy$　(2) $2(a+b)$

❹ (1) $8x\ (\text{cm}^2)$　(2) $60xy$ (円)

(3) $a^2b\ (\text{cm}^3)$

解説

❶ (1) (あめの個数)=(1人に配る個数)×(人数)

(2) (代金)=(1個の値段)×(個数)

(3) (合わせた金額)=(50円硬貨の金額)+(100円硬貨の金額)

(4) (おつり)=(出した金額)−(ケーキの代金)

❷ (1) 乗法の記号×を省き，数を文字の前に書く。

(2) 数を文字の前に書き，文字をアルファベット順に並べる。$b\times3\times a=3ab$

(3) 分数も文字の前に書く。

(4) ミス注意! $(x-y)$ を1つのまとまりとして考える。$13\times(x-y)=13(x-y)$

(5) 1と文字の積は，1を書かずに省く。

(6) −1と文字の積は，1を書かずに省く。

(7) 乗法の記号×は省くが，加法の記号+は省かない。$a\times1+3\times b=a+3b$

(8) ミス注意! $0.1x$ を $0.x$ と書かない。
$4-0.1\times x=4-0.1x$

(9) 同じ文字の積は，累乗の指数を使って表す。
$5+y\times y\times(-3)=5-3\times y\times y=5-3y^2$

(10) $x\times(-2)\times x-a\times1=-2\times x\times x-1\times a$
$=-2x^2-a$

❸ (1) $(x\times y)\times3=3\times x\times y=3xy$

(2) $(a+b)\times2=2(a+b)$

❹ (1) (平行四辺形の面積)=(底辺)×(高さ) より，
$8\times x=8x\ (\text{cm}^2)$

(2) $60\times x\times y=60xy$ (円)

(3) $a\times b\times a=a^2b\ (\text{cm}^3)$

p.30〜31 ステージ1

❶ (1) $\frac{x}{10}$　(2) $-\frac{a}{8}$

(3) $\frac{m+n}{4}$　(4) $\frac{x}{2}-y$

(5) $\frac{y}{3}-6x$　(6) $\frac{7a}{5}$

❷ (1) $8\times a\times b$　(2) $4\times b\times b$

(3) $(x+1)\div3$　(4) $2\times x-9\times y\div x$

❸ (1) $\frac{x}{5}$ cm　(2) $0.75x$ kg

(3) $0.7b$ 人　(4) 時速 $\frac{y}{3}$ km

(5) $\frac{3}{4}a$ km　(6) $\frac{x}{400}$ 分

❹ (1) $3-\frac{x}{100}$ (m)　(2) $\frac{x}{1000}+y$ (kg)

解説

❶ (2) $a\div(-8)=\frac{a}{-8}=-\frac{a}{8}$

(4) $x\div2+y\div(-1)=\frac{x}{2}+\frac{y}{-1}=\frac{x}{2}-y$

(6) ミス注意! $\frac{7a}{5}$ を $\frac{7}{5}a$ と書いてもよいが，$1\frac{2}{5}a$ とは書かない。

❷ (3) $x+1$ をひとまとまりと考え，かっこをつける。$\frac{x+1}{3}=(x+1)\div3$

(4) $2x-\frac{9y}{x}=2\times x-9y\div x=2\times x-9\times y\div x$

❸ (1) $x\div5=\frac{x}{5}$ (cm)

(2) 75% を小数で表すと 0.75

別解 $0.75x$ を分数で表して，$\frac{3}{4}x$ でもよい。

(3) 7割を小数で表すと 0.7

別解 $0.7b$ を分数で表して，$\frac{7}{10}b$ でもよい。

(4) (速さ)=(道のり)÷(時間)　$y\div3=\frac{y}{3}$

(5) (道のり)=(速さ)×(時間) で，
45分$=\frac{45}{60}$ 時間だから，$a\times\frac{45}{60}=\frac{3}{4}a$ (km)

❹ (1) x cm$=\frac{x}{100}$ m だから，$3-\frac{x}{100}$ (m)

(2) x g$=\frac{x}{1000}$ kg だから，$\frac{x}{1000}+y$ (kg)

p.32〜33 ステージ1

1 (1) -6 (2) -5 (3) 3 (4) -9

2 (1) 28 (2) -3 (3) 36 (4) 36 (5) $-\frac{3}{5}$ (6) -738

3 (1) 30 m (2) 26.25 m

4 (1) $\frac{5}{6}$ (2) $\frac{34}{3}$ (3) $\frac{11}{18}$ (4) 2

5 (1) 鉛筆5本の代金
(2) 鉛筆10本と消しゴム4個の代金

解説

1 xに3を代入して計算する。

(1) $2x-12=2\times3-12=6-12=-6$

(2) $-4x+7=-4\times3+7=-12+7=-5$

(3) $\frac{9}{x}=\frac{9}{3}=3$

(4) $-x^2=(-1)\times3\times3=-9$

2 aに-6を代入して計算する。

(1) $-4a+4=-4\times(-6)+4=24+4=28$

(3) $a^2=(-6)^2=(-6)\times(-6)=36$

(4) $(-a)^2=\{-(-6)\}^2=6^2=36$

(5) $\frac{a}{10}=\frac{-6}{10}=-\frac{3}{5}$

(6) $3a-20a^2=3\times(-6)-20\times(-6)^2$
$=-18-720=-738$

ポイント
負の数を代入するときは，かっこをつけることを忘れないようにする。

3 (1) $25\times2-5\times2^2=50-20=30$ (m)

(2) $25\times3.5-5\times3.5^2=87.5-61.25=26.25$ (m)

4 (1) $-a+b=-\left(-\frac{1}{2}\right)+\frac{1}{3}=\frac{3}{6}+\frac{2}{6}=\frac{5}{6}$

(2) $10-8ab=10-8\times\left(-\frac{1}{2}\right)\times\frac{1}{3}=10+\frac{4}{3}=\frac{34}{3}$

(3) $-a+b^2=-\left(-\frac{1}{2}\right)+\left(\frac{1}{3}\right)^2$
$=\frac{1}{2}+\frac{1}{9}=\frac{9}{18}+\frac{2}{18}=\frac{11}{18}$

(4) $-12ab=-12\times\left(-\frac{1}{2}\right)\times\frac{1}{3}=2$

5 (1) $5x=x\times5=$(鉛筆1本の値段)$\times5$

(2) $10x+4y=10\times$(鉛筆1本の値段)
$+4\times$(消しゴム1個の値段)

p.34〜35 ステージ2

1 (1) $7ax$ (2) $-bc$
(3) $-3xy$ (4) $4(m-9)$
(5) $2ab^2c$ (6) $0.5-0.4x$
(7) $-\frac{a-b}{5}$ (8) $\frac{3a}{4}$
(9) $\frac{x^2y}{2}$ (10) $abc+\frac{a}{c}$
(11) $\frac{3x^2}{y}$ (12) $-\frac{2a^2b}{c}$

2 (1) $x\div10$
(2) $(-1)\times a\times b\times b\times b$
(3) $x\div7-y\div2$
(4) $3\times a\times a+x\div5$
(5) $(2\times a-b)\div4$

3 (1) $120a+80b$ (円)
(2) 時速 $\frac{80}{a}$ km
(3) $0.3x+0.6y$ (kg)
(4) $1000a+b$ (m) または $a+\frac{b}{1000}$ (km)

4 (1) 31 (2) 27 (3) -7

5 (1) -3 (2) $-\frac{1}{15}$

6 (1) 大人1人と中学生4人の入館料の合計
(2) 大人2人と中学生5人の入館料の合計をはらうのに，1万円を出したときのおつり

7 (1) 直方体の辺の長さの合計
(2) 一の位の数が3である3桁の自然数
(3) 歩いた道のり

● ● ● ● ●

① (1) -15 (2) -8

② (1) 30800円
(2) $240+4x$ (個)

解説

1 (2) **ミス注意!** -1と文字との積は，1を書かずに省く。
$b\times(-1)\times c=(-1)\times bc=-bc$

(3) $y\times(-3)\times x=(-3)\times x\times y$
$=-3xy$

(4) $(m-9)\times4=4\times(m-9)$
$=4(m-9)$

(5) $b\times b\times c\times a\times2=2\times a\times b\times b\times c$
$=2ab^2c$

(6) ミス注意! 減法の記号－は省かない。

$0.5-0.4\times x=0.5-0.4x$

(7) $(a-b)\div(-5)=\frac{a-b}{-5}=-\frac{a-b}{5}$

(8) $a\times3\div4=3a\div4=\frac{3a}{4}$

(9) $x\times y\times x\div2=x\times x\times y\div2=\frac{x^2y}{2}$

(10) ミス注意! 加法の記号＋は省かない。

$a\times b\times c+a\div c=abc+\frac{a}{c}$

(11) $3\times x\times x\div y=3x^2\div y=\frac{3x^2}{y}$

(12) $a\times(-2)\times a\times b\div c=(-2)\times a^2\times b\div c$

$=-\frac{2a^2b}{c}$

2 (1) $\frac{x}{10}=x\div10$

$\left[x\times\frac{1}{10}\right.$ も可$\left.\right]$

(2) $-ab^3=-a\times b^3$

$=(-1)\times a\times b\times b\times b$

(3) $\frac{x}{7}-\frac{y}{2}=x\div7-y\div2$

$\left[x\times\frac{1}{7}-y\times\frac{1}{2}\right.$ も可$\left.\right]$

(4) $3a^2+\frac{x}{5}=3\times a\times a+x\div5$

$\left[3\times a\times a+x\times\frac{1}{5}\right.$ も可$\left.\right]$

(5) $\frac{2a-b}{4}=(2\times a-b)\div4$

$\left[(2\times a-b)\times\frac{1}{4}\right.$ も可$\left.\right]$

3 (1) (代金の合計)

＝(りんごの代金)＋(バナナの代金) より，
（$120\times a$）（$80\times b$）

$120\times a+80\times b=120a+80b$ (円)

(2) (速さ)＝$\frac{(道のり)}{(時間)}$ より，時速 $\frac{80}{a}$ km

(3) 1割は小数で表すと 0.1 だから，

$x\times0.3+y\times0.6=0.3x+0.6y$ (kg)

別解 $0.3x$，$0.6y$ を分数で表して，

$\frac{3}{10}x+\frac{3}{5}y$ (kg) でもよい。

(4) 単位を m にそろえると，1 km＝1000 m より，

$1000\times a+b=1000a+b$ (m)

単位を km にそろえると，1 m＝$\frac{1}{1000}$ km より，

$a+\frac{1}{1000}\times b=a+\frac{b}{1000}$ (km)

4 x に -3 をかっこをつけて代入する。

(1) $1-10x=1-10\times x$

$=1-10\times(-3)$

$=1+30=31$

(2) $-x^3=-(-3)^3$

$=-(-27)=27$

(3) $\frac{21}{x}=\frac{21}{(-3)}=-7$

5 a に -1，b に $\frac{1}{3}$ を代入する。

(1) $2a-3b=2\times(-1)-3\times\frac{1}{3}$

$=-2-1=-3$

(2) $-\frac{1}{5}a^2b=-\frac{1}{5}\times(-1)^2\times\frac{1}{3}$

$=-\frac{1}{5}\times1\times\frac{1}{3}=-\frac{1}{15}$

7 (2) a を 1 から 9 までの整数，
b，c を 0 から 9 までの整数とするとき，
式 $100a+10b+c$ は，
百の位の数が a，十の位の数が b，一の位の数が c である 3 桁(けた)の自然数を表している。

(3) (速さ)×(時間)＝(道のり)

① (1) $a=2$，$b=-3$ を代入する。

$-\frac{12}{a}-b^2=-\frac{12}{2}-(-3)^2$

$=-6-9=-15$

(2) $x=-1$，$y=\frac{7}{2}$ を代入する。

$x^3+2xy=(-1)^3+2\times(-1)\times\frac{7}{2}$

$=-1-7=-8$

② (1) 1 個 110 円で売るとき，
1 日で売れる個数は，
$240+4\times(120-110)=280$ (個)
よって，1 日で売れる金額の合計は，
$110\times280=30800$ (円)

(2) x 円値下げするとき，
1 日あたり売れる個数は，
$240+4\times x=240+4x$ (個)

p.36〜37 ステージ1

1 (1) 項… $2x$，3　xの係数… 2

(2) 項… $-a$，$0.3b$，-4

aの係数… -1　bの係数… 0.3

(3) 項… $\frac{x}{4}$，$-\frac{y}{3}$

xの係数… $\frac{1}{4}$　yの係数… $-\frac{1}{3}$

2 ①，③，④

3 (1) $13x$　(2) $5y$

(3) $-\frac{1}{6}x$ または $-\frac{x}{6}$　(4) $7x$

(5) $8x+2$　(6) $y+1$

4 (1) $20x$　(2) $-24y$

(3) $2m$　(4) $-8x$

(5) $35x$　(6) $-1.2x$

5 (1) $10x-8$　(2) $x-4$

(3) $-10+5x$　(4) $6x+4$

(5) $12x+9$　(6) $-20x+15$

(7) $2a+18$　(8) $-6a+12$

解説

1 加法の形になおしてから項を考える。

(1) $2x=2\times x$ だから，xの係数は 2

(2) $-a=(-1)\times a$ だから，aの係数は -1

$0.3b=0.3\times b$ だから，bの係数は 0.3

(3) $\frac{x}{4}-\frac{y}{3}=\frac{x}{4}+\left(-\frac{y}{3}\right)$ より，項は $\frac{x}{4}$，$-\frac{y}{3}$

$\frac{x}{4}=\frac{1}{4}\times x$ だから，xの係数は $\frac{1}{4}$

$-\frac{y}{3}=-\frac{1}{3}\times y$ だから，yの係数は $-\frac{1}{3}$

2 1次の項だけの式や，1次の項と数の項との和で表されている式を選ぶ。②は，1次式でない。

3 (1) $8x+5x$
$=(8+5)x$
$=13x$
（分配法則を使って，1つにまとめる。）

(2) $7y-2y$
$=(7-2)y$
$=5y$
（分配法則を使う。）

(3) $\frac{x}{3}-\frac{x}{2}$
$=\left(\frac{1}{3}-\frac{1}{2}\right)\times x=-\frac{1}{6}x$
（係数が分数でも，考え方は同じ。）

(4) $x-3x+9x$
$=(1-3+9)x$
（分配法則を使う。）
$=7x$

(5) $10x+3-2x-1$
$=(10-2)x+(3-1)$
$=8x+2$
（文字の部分が同じ項どうし，数の項どうしを計算する。）

(6) $-y-7+2y+8$
$=(-1+2)y+\{(-7)+8\}=y+1$

ポイント
文字の部分が同じ項を1つにまとめる。
数の項は数の項どうしを1つにまとめる。

4 (3) $10m\times\frac{1}{5}$
$=10\times m\times\frac{1}{5}$
（文字の項を係数と文字に分ける。）
$=10\times\frac{1}{5}\times m=2m$

(5) $(-7x)\times(-5)$
$=(-7)\times x\times(-5)$
（文字の項を係数と文字に分ける。）
$=(-7)\times(-5)\times x=35x$

(6) $(-0.3)\times 4x$
$=-0.3\times 4\times x=-1.2x$

ポイント
文字をふくむ項に数をかけるときは，係数にその数をかける。

5 (2) $-(-x+4)$
$=(-1)\times(-x)+(-1)\times 4=x-4$

(4) $\frac{2}{3}(9x+6)$
$=\frac{2}{3}\times 9x+\frac{2}{3}\times 6=6x+4$
（分配法則を使う。）

(5) $(8x+6)\times\frac{3}{2}$
$=8x\times\frac{3}{2}+6\times\frac{3}{2}$
（分配法則を使う。）
$=12x+9$

(6) $(4x-3)\times(-5)$
$=4x\times(-5)-3\times(-5)=-20x+15$

(8) $\left(\frac{2}{3}a-\frac{4}{3}\right)\times(-9)$
$=\frac{2}{3}a\times(-9)-\frac{4}{3}\times(-9)=-6a+12$

ポイント
分配法則を使う。
$a(b+c)=ab+ac$　$(a+b)c=ac+bc$

p.38〜39 ステージ1

❶ (1) $5x$　(2) $-15x$
(3) $-6a-3$　(4) $4x-2$

❷ (1) $4x-18$　(2) $-14a+21$
(3) $-6x+9$　(4) $5-5x$

❸ (1) $7a+2$　(2) $6m-4$
(3) $-3x-3$　(4) $8y-13$

❹ (1) $6x-2$　(2) $-x-7$
(3) $-4x+18$　(4) $4x-4$

❺ (1) $-4x+3$　(2) $7x+1$

解説

❶ (1) $15x\div 3=\dfrac{15x}{3}$ ← 分数の形にする。
$=5x$

(2) $9x\div\left(-\dfrac{3}{5}\right)=9x\times\left(-\dfrac{5}{3}\right)$ ← わる数の逆数をかける。
$=-9\times\dfrac{5}{3}\times x$
$=-15x$

(3) $(12a+6)\div(-2)=\dfrac{12a+6}{-2}$
$=\dfrac{12a}{-2}+\dfrac{6}{-2}$
$=-6a-3$

(4) $(28x-14)\div 7=\dfrac{28x-14}{7}$
$=\dfrac{28x}{7}-\dfrac{14}{7}$
$=4x-2$

❷ (1) $\dfrac{2x-9}{8}\times 16=(2x-9)\times 2$
$=2x\times 2+(-9)\times 2$
$=4x-18$

(2) $\dfrac{2a-3}{5}\times(-35)=(2a-3)\times(-7)$
$=2a\times(-7)+(-3)\times(-7)$
$=-14a+21$

(3) $(-21)\times\dfrac{2x-3}{7}=-3\times(2x-3)$
$=(-3)\times 2x+(-3)\times(-3)$
$=-6x+9$

(4) $10\times\dfrac{1-x}{2}=5\times(1-x)$
$=5\times 1+5\times(-x)$
$=5-5x$

❸ (1) $(a+4)+(6a-2)=a+4+6a-2$
$=a+6a+4-2$
$=7a+2$

(2) $(5-m)+(7m-9)=5-m+7m-9$
$=-m+7m+5-9$
$=6m-4$

(3) $(3x-8)-(6x-5)=3x-8-6x+5$
$=3x-6x-8+5$
$=-3x-3$

(4) $(6y-4)-(-2y+9)=6y-4+2y-9$
$=6y+2y-4-9$
$=8y-13$

ポイント
1次式の加法は，文字の部分が同じ項どうし，数だけの項どうしをまとめる。減法は，ひく式の各項の符号を変えて加える。

❹ (1) $2(x+3)+4(x-2)=2x+6+4x-8$
$=2x+4x+6-8$
$=6x-2$

(2) $4(x-3)-5(x-1)=4x-12-5x+5$
$=4x-5x-12+5$
$=-x-7$

(3) $-6(2x-5)-4(3-2x)=-12x+30-12+8x$
$=-12x+8x+30-12$
$=-4x+18$

(4) $\dfrac{1}{4}(8x-4)+\dfrac{1}{3}(6x-9)=2x-1+2x-3$
$=2x+2x-1-3$
$=4x-4$

❺ Aに $-x+2$，Bに $3x-1$ をそれぞれかっこをつけて代入する。
代入したあとは，1次式の計算として進めていけばよい。

(1) $A-B=(-x+2)-(3x-1)$
$=-x+2-3x+1$
$=-x-3x+2+1$
$=-4x+3$

(2) $2A+3B=2(-x+2)+3(3x-1)$
$=-2x+4+9x-3$
$=-2x+9x+4-3$
$=7x+1$

p.40〜41 ステージ1

❶ $3(a-1)$(個)　または　$3a-3$(個)

❷ (1) $4x+2y=1920$　(2) $7x-6=y+5$
(3) $4a+5b=12$　(4) $x-5<2$
(5) $5x+3y \geqq 30$　(6) $3a+5b<1000$

❸ (1) x 個のクッキーを n 人の子どもに 3 個ずつ配ると 12 個余る。
(2) x 個のクッキーを n 人の子どもに 4 個ずつ配るとたりなくなる。

解説

❶ 右の図のように区切ると，正三角形の周囲には，$(a-1)$個ずつ 3 組の碁石が並んでいることがわかるので，全体の個数は，
$(a-1)\times 3=3(a-1)$(個)

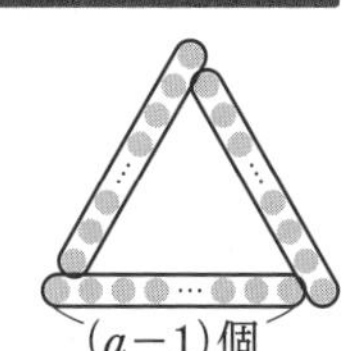

別解 右の図のように区切ると，正三角形の 1 辺には，a 個の碁石が並び，3 つの頂点では，碁石が重なっていることがわかるので，全体の個数は，
$a\times 3-3=3a-3$(個)

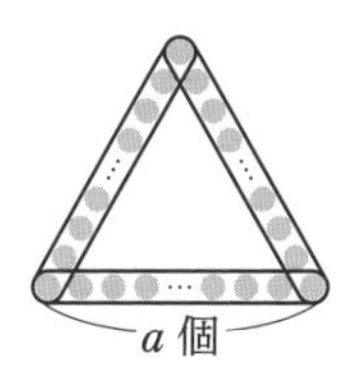

❷ (1) (ケーキの代金)+(ジュースの代金)=1920円
(2) ある数 x の 7 倍から 6 をひいた数 → $7x-6$
y に 5 を加えた数 → $y+5$
(3) (時速 4 km で歩いた道のり)+(時速 5 km で歩いた道のり)=12 km
(4) (切り取った残りの長さ)<2 m
(5) (5 冊セットのノートの全部の冊数)
+(3 冊セットのノートの全部の冊数)≧30 冊
(6) (鉛筆(えんぴつ)の代金)+(消しゴムの代金)<1000 円

ポイント
「等しい」→ 等号 ＝
「たりない」「余る」「〜未満」→ 不等号 <，>
「〜以上」「〜以下」→ 不等号 ≦，≧

❸ (1) 子どもの人数が n 人だから，$3n$ はクッキーを 1 人に 3 個ずつ配るときに必要なクッキーの個数を表している。クッキー全部の個数 x 個は，それよりも 12 個多い。
(2) 4 個ずつ配るときに必要な個数が $4n$ 個で，クッキー全部の個数 x 個より多いことを表している。つまり，4 個ずつ配るとクッキーがたりなくなるということである。

p.42〜43 ステージ2

❶ (1) $-5x$　(2) $-5x-11$
(3) $-3a-1$　(4) $-x+2$
(5) $10a+9$　(6) $-2x-10$
(7) $-2+4x$　(8) $14x-6$

❷ (1) 和… $-4a-2$　差… $8a-4$
(2) 和… $-15x$　差… $-x-20$

❸ (1) $4x-8$　(2) $-x+2$
(3) $-3x+6$

❹ $4n-4$(個)

❺ (1) $x+\frac{1}{4}=y$
(2) $0.8x=y$　または　$\frac{4}{5}x=y$
(3) $80x+100<600$
(4) $1.1x \geqq 5000$　または　$\frac{11}{10}x \geqq 5000$
(5) $3x+2y>1000$

❻ (1) 平行四辺形の面積は 20 cm² である。
(2) 平行四辺形の周りの長さは 25 cm より短い。

● ● ● ● ●

① (1) $-14x+26$　(2) $\frac{a+17}{12}$

② $200+2a$ (g)

③ $\frac{4}{5}a+3b<1000$　または，$0.8a+3b<1000$

解説

❶ (1) $13x-18x=(13-18)x$
$=-5x$
(2) $(4x-6)+(-9x-5)=4x-6-9x-5$
$=4x-9x-6-5$
$=-5x-11$
(3) $-5a-(-2a+1)=-5a+2a-1$
$=-3a-1$
(4) $(4x-8)\times\left(-\frac{1}{4}\right)=4x\times\left(-\frac{1}{4}\right)+(-8)\times\left(-\frac{1}{4}\right)$
$=-x+2$
(5) $\left(\frac{5}{6}a+\frac{3}{4}\right)\times 12=\frac{5}{6}a\times 12+\frac{3}{4}\times 12$
$=10a+9$
(6) $(6x+30)\div(-3)=(6x+30)\times\left(-\frac{1}{3}\right)$
$=6x\times\left(-\frac{1}{3}\right)+30\times\left(-\frac{1}{3}\right)$
$=-2x-10$

(7) $-16\times\frac{1-2x}{8}=(-2)\times(1-2x)$
$=(-2)\times1+(-2)\times(-2x)$
$=-2+4x$

(8) $\frac{3}{5}(20x-5)-\frac{1}{6}(18-12x)$
$=\frac{3}{5}\times20x+\frac{3}{5}\times(-5)+\left(-\frac{1}{6}\right)\times18+\left(-\frac{1}{6}\right)\times(-12x)$
$=12x-3-3+2x$
$=12x+2x-3-3$
$=14x-6$

2 (1) 和 $(2a-3)+(-6a+1)$
$=2a-3-6a+1$
$=-4a-2$
差 $(2a-3)-(-6a+1)$
$=2a-3+6a-1$
$=8a-4$

(2) 和 $(-8x-10)+(-7x+10)$
$=-8x-10-7x+10$
$=-15x$
差 $(-8x-10)-(-7x+10)$
$=-8x-10+7x-10$
$=-x-20$

3 (1) $A-B=(3x-6)-(-x+2)$
$=3x-6+x-2$
$=3x+x-6-2$
$=4x-8$

(2) $-3A-8B=-3(3x-6)-8(-x+2)$
$=-9x+18+8x-16$
$=-9x+8x+18-16$
$=-x+2$

(3) $\frac{1}{3}A+4B=\frac{1}{3}(3x-6)+4(-x+2)$
$=x-2-4x+8$
$=x-4x-2+8$
$=-3x+6$

4 正方形の1辺には，n 個の○が並び，
4つの頂点では，○が重なっているので，
全体の個数は，$n\times4-4=4n-4$ (個)

5 (1) (歩いた時間)+(走った時間)$=y$ 時間 で，
15分$=\frac{15}{60}$ 時間$=\frac{1}{4}$ 時間 より，$x+\frac{1}{4}=y$

(2) 2割引きの値段は，もとの値段の8割の値段だから，$x\times0.8=y$ より，$0.8x=y$

別解 8割は分数で表すと $\frac{8}{10}$ なので，
$x\times\frac{8}{10}=y$ より，$\frac{4}{5}x=y$

(3) (鉛筆の値段)+(消しゴムの値段)<600 円
鉛筆の値段は $80x$ 円，消しゴムの値段は100円なので，$80x+100<600$

(4) (今週の入場者数)$\geqq5000$ 人
今週は先週より10％増えたので，
今週の入場者数は，
$x+x\times0.1=x+0.1x=1.1x$ (人)

(5) (ケーキの代金)>1000 円
(ケーキの代金)$=x\times3+y\times2=3x+2y$ より，
$3x+2y>1000$

ポイント
a 割 → $0.1a$ $\left(\frac{1}{10}a\right)$　a ％ → $0.01a$ $\left(\frac{1}{100}a\right)$

6 (1) ah は，平行四辺形の面積を表している。
(2) $2(a+b)$ は，平行四辺形の周りの長さを表している。

① (1) $-4(3x-5)+(6-2x)$
$=-12x+20+6-2x$
$=-12x-2x+20+6$
$=-14x+26$

(2) $\frac{3a+1}{4}-\frac{4a-7}{6}$
$=\frac{3(3a+1)}{12}-\frac{2(4a-7)}{12}$
$=\frac{3(3a+1)-2(4a-7)}{12}$
$=\frac{9a+3-8a+14}{12}$
$=\frac{9a-8a+3+14}{12}$
$=\frac{a+17}{12}$

② 特売日に増えたお菓子の重さは，
$200\times\frac{a}{100}=2a$ (g)
よって，特売日のお菓子の重さは，
$200+2a$ (g)

③ すいか1個の代金 → $a\times\left(1-\frac{2}{10}\right)=\frac{4}{5}a$ (円)
トマト3個の代金 → $b\times3=3b$ (円)
よって，$\frac{4}{5}a+3b<1000$

p.44~45 ステージ3

1 (1) $5a-4b$　(2) $-\dfrac{y}{10}$

(3) $\dfrac{x-1}{3m}$　(4) $-5b+ac^2$

2 (1) $\dfrac{a}{5}=b$　(2) $100-3a \geqq b$

(3) $\dfrac{4+m}{2}<n$　(4) $80x \leqq y$

(5) $0.85x=y$

3 (1) 32　(2) 4

4 (1) 大人 2 人の入園料と子ども 3 人の入園料の合計

(2) 大人 3 人の入園料と子ども 5 人の入園料は等しい。

5 (1) $8x$　(2) $-13x+8$

(3) $-\dfrac{3}{4}m$　(4) $-\dfrac{1}{12}x$

(5) $-y-1$　(6) 0

(7) $-16x+6$　(8) $-5m+15$

(9) $18-9y$　(10) $9a+3$

6 $a+24$ (cm²)

7 ㋐ 右の図のように区切ると，全体の個数は$(a+1)$個の 2 倍になる。

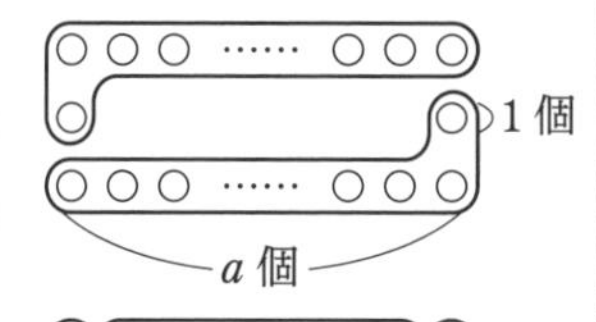

㋑ 右の図のように区切ると，全体の個数は$(a-2)$個の 2 倍と 3 個ずつ 2 列分の和になる。

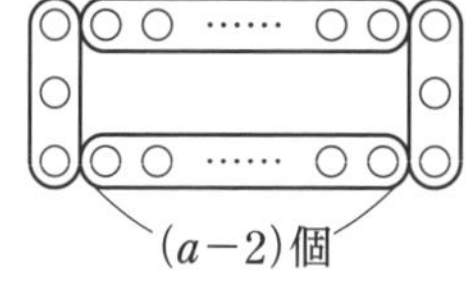

解説

2 (1) 1 m あたりの値段を求めるには，全体の値段を長さでわればよい。

(2) 配った画用紙の枚数は $3\times a=3a$ (枚) より，余った画用紙は $100-3a$ (枚) となるから，これが b 枚以上であることを不等式に表せばよい。

(3) 2 つの数の平均を求めるには，その和を 2 でわる。

(4) 1 時間 20 分を 80 分になおす。
(歩いた道のり)$\leqq y$ m

(5) 15 % は小数で表すと 0.15
$1-0.15=0.85$ から，出席した人数は $0.85x$ 人

3 (1) $(-x)^5=\{-(-2)\}^5=2^5=32$

(2) $-\dfrac{8}{x}=-\dfrac{8}{(-2)}=\dfrac{8}{2}=4$

5 (3) $\dfrac{m}{4}-m=\dfrac{1}{4}\times m-1\times m$
$=\left(\dfrac{1}{4}-1\right)\times m=-\dfrac{3}{4}m$

(4) $\dfrac{x}{2}-\dfrac{x}{3}-\dfrac{x}{4}=\left(\dfrac{1}{2}-\dfrac{1}{3}-\dfrac{1}{4}\right)x$
$=\left(\dfrac{6}{12}-\dfrac{4}{12}-\dfrac{3}{12}\right)x=-\dfrac{1}{12}x$

(5) $(y-6)+(5-2y)=y-6+5-2y$
$=-y-1$

(6) $(-3+8x)-(8x-3)=-3+8x-8x+3$
$=0$

(7) $-8\left(2x-\dfrac{3}{4}\right)=(-8)\times 2x+(-8)\times\left(-\dfrac{3}{4}\right)$
$=-16x+6$

(8) $(12m-36)\times\left(-\dfrac{5}{12}\right)$
$=12m\times\left(-\dfrac{5}{12}\right)+(-36)\times\left(-\dfrac{5}{12}\right)$
$=-5m+15$

(9) $(-54+27y)\div(-3)$
$=(-54+27y)\times\left(-\dfrac{1}{3}\right)$
$=-54\times\left(-\dfrac{1}{3}\right)+27y\times\left(-\dfrac{1}{3}\right)$
$=18-9y$

(10) $2(7a-6)+5(3-a)=14a-12+15-5a$
$=14a-5a-12+15$
$=9a+3$

得点アップのコツ
分配法則を使ってかっこをはずすとき，かける数やかけられる数の符号に注意しよう。

6 正方形の面積から，3 つの三角形の面積をひいて求める。
EB$=8-6=2$ (cm)，DF$=8-a$ (cm) より，
(三角形 ECF の面積)
$=8\times 8-\dfrac{1}{2}\times 6\times a-\dfrac{1}{2}\times 8\times 2-\dfrac{1}{2}\times(8-a)\times 8$
$=64-3a-8-4(8-a)$
$=64-3a-8-32+4a$
$=-3a+4a+64-8-32$
$=a+24$ (cm²)

2章

3章 1次方程式

p.46〜47 ステージ1

❶ $\frac{2}{3}$

❷ ㋑, ㋓

❸ (1) $120x+100=820$ (2) $x=6$

❹ (1) $x=5$ (2) $x=10$
(3) $x=10$ (4) $x=-11$
(5) $x=2$ (6) $x=-4$
(7) $x=\frac{1}{2}$ (8) $x=10$
(9) $x=-81$ (10) $x=\frac{1}{4}$
(11) $x=5$ (12) $x=4$

解説

❶ 左辺の $6x-1$ の x に5つの数を代入して, 右辺の3と等しくなるものをさがす。

$x=-\frac{1}{3}$ → 左辺 $=6\times\left(-\frac{1}{3}\right)-1$
$=-2-1=-3$ ⇨ ×

$x=0$ → 左辺 $=6\times0-1=0-1=-1$ ⇨ ×

$x=\frac{1}{3}$ → 左辺 $=6\times\frac{1}{3}-1=2-1=1$ ⇨ ×

$x=\frac{2}{3}$ → 左辺 $=6\times\frac{2}{3}-1=4-1=3$ ⇨ ○

$x=1$ → 左辺 $=6\times1-1=6-1=5$ ⇨ ×

❷ x に4を代入して, 左辺=右辺 となるものを選ぶ。

	左辺	右辺
㋐	$4-6=-2$	2
㋑	$-5\times4=-20$	-20
㋒	$2\times4+1=9$	-7
㋓	$10-3\times4=-2$	-2

❸ (1) (120円切手の代金)+(10円切手の代金)=820円
から, $120\times x+10\times10=820$ $120x+100=820$

(2) x に1, 2, 3, …を代入して調べる。
$x=6$ のとき, 左辺 $=120\times6+100=820$ となり, 右辺と等しくなる。

❹ (1) $x+7=12$
$x+7-7=12-7$ 等式の性質[2]を使う。
$x=5$

(2) $x-2=8$
$x-2+2=8+2$ 等式の性質[1]を使う。
$x=10$

(3) $-9+x=1$
$-9+x+9=1+9$ 等式の性質[1]を使う。
$x=10$

(4) $x+1=-10$
$x+1-1=-10-1$ 等式の性質[2]を使う。
$x=-11$

(5) $3x=6$
$\frac{3x}{3}=\frac{6}{3}$ 等式の性質[4]を使う。
$x=2$

(6) $-12x=48$
$\frac{-12x}{-12}=\frac{48}{-12}$ 等式の性質[4]を使う。
$x=-4$

(7) $10x=5$
$\frac{10x}{10}=\frac{5}{10}$ 等式の性質[4]を使う。
$x=\frac{1}{2}$

(8) $\frac{3}{5}x=6$
$\frac{3}{5}x\times\frac{5}{3}=6\times\frac{5}{3}$ 等式の性質[3]を使う。
$x=10$

(9) $\frac{x}{3}=-27$
$\frac{x}{3}\times3=-27\times3$ 等式の性質[3]を使う。
$x=-81$

(10) $\frac{2}{5}x=\frac{1}{10}$
$\frac{2}{5}x\times\frac{5}{2}=\frac{1}{10}\times\frac{5}{2}$ 等式の性質[3]を使う。
$x=\frac{1}{4}$

(11) $4x-3=17$
$4x-3+3=17+3$ 等式の性質[1]を使う。
$4x=20$
$\frac{4x}{4}=\frac{20}{4}$ 等式の性質[4]を使う。
$x=5$

(12) $8-3x=-4$
$8-3x-8=-4-8$ 等式の性質[2]を使う。
$-3x=-12$
$\frac{-3x}{-3}=\frac{-12}{-3}$ 等式の性質[4]を使う。
$x=4$

p.48~49 ステージ1

1
(1) $x=-3$　(2) $x=12$
(3) $x=4$　(4) $x=2$
(5) $x=5$　(6) $x=10$
(7) $x=-12$　(8) $x=\frac{1}{2}$
(9) $x=11$　(10) $x=4$
(11) $x=-6$　(12) $x=-1$

2
(1) $x=3$　(2) $x=1$
(3) $x=-4$　(4) $x=0$

3
(1) $x=-2$　(2) $x=\frac{1}{9}$
(3) $x=2$　(4) $x=4$

解説

1
(1)
$x+5=2$
$x=2-5$　5を符号を変えて右辺に移項する。
$x=-3$　右辺を計算する。

(2)
$x-9=3$
$x=3+9$
$x=12$

(3)
$3x-8=4$
$3x=4+8$
$3x=12$
$x=4$

(4)
$-5x+6=-4$
$-5x=-4-6$
$-5x=-10$
$x=2$

(5)
$4x=-3x+35$
$4x+3x=35$
$7x=35$
$x=5$

(6)
$6x=7x-10$
$6x-7x=-10$
$-x=-10$
$x=10$

(7)
$-2x=-x+12$
$-2x+x=12$
$-x=12$
$x=-12$

(8)
$-x=3x-2$
$-x-3x=-2$
$-4x=-2$
$x=\frac{2}{4}$　両辺を-4でわる。
$x=\frac{1}{2}$

(9)
$2x-9=x+2$
$2x-x=2+9$
$x=11$

(10)
$3x+4=-2x+24$
$3x+2x=24-4$
$5x=20$
$x=4$

(11)
$-4x+2=-6x-10$
$-4x+6x=-10-2$
$2x=-12$
$x=-6$

(12)
$8-5x=-x+12$
$-5x+x=12-8$
$-4x=4$
$x=-1$

2
(1)
$3(x-2)+4=7$
$3x-6+4=7$　(　)をはずす。
$3x=9$
$x=3$

(2)
$4x+6=-5(x-3)$
$4x+6=-5x+15$　(　)をはずす。
$9x=9$
$x=1$

(3)
$7-(2x-5)=-4(x-1)$
$7-2x+5=-4x+4$　(　)をはずす。
$2x=-8$
$x=-4$

(4)
$3(2x-5)-(x-6)=-9$
$6x-15-x+6=-9$　(　)をはずす。
$5x=0$
$x=0$

ポイント
かっこがある方程式は，分配法則を使ってかっこをはずして解く。

3
(2)
$0.27x+0.07=0.9x$
$27x+7=90x$　両辺に100をかける。
$-63x=-7$
$x=\frac{1}{9}$

(3)
$1.2x-0.6=0.4x+1$
$12x-6=4x+10$　両辺に10をかける。
$8x=16$
$x=2$

(4)
$0.2(x-2)+1.6=2$
$2(x-2)+16=20$　両辺に10をかける。
$2x-4+16=20$　(　)をはずす。
$2x=8$
$x=4$

参考 小数をふくみ，かっこのある方程式では，かっこを先にはずしても計算できるが，10倍，100倍して先に小数を整数にしたほうが，計算が複雑にならず，まちがいが減る。

ポイント
係数に小数がある方程式は，両辺に10や100などをかけて，係数を整数になおして解く。

p.50~51 ステージ1

❶ (1) $x=-12$　(2) $a=2$
(3) $x=20$　(4) $y=4$

❷ (1) $x=-9$　(2) $x=-7$
(3) $x=4$　(4) $x=-26$

❸ (1) $x=12$　(2) $x=6$
(3) $x=2$　(4) $x=20$

❹ (1) $x=49$　(2) $x=\frac{1}{2}$
(3) $x=4$　(4) $x=9$
(5) $x=4$　(6) $x=\frac{1}{3}$

解説

❶ 両辺に分母の最小公倍数をかけて，係数を整数になおす。

(1)
$$\frac{1}{6}x-2=\frac{1}{3}x$$
両辺に 6 をかける。
$$\left(\frac{1}{6}x-2\right)\times6=\frac{1}{3}x\times6$$
$$x-12=2x$$
$$x-2x=12$$
$$-x=12$$
$$x=-12$$

(2)
$$\frac{a}{2}-\frac{2}{3}=\frac{a}{6}$$
両辺に 6 をかける。
$$\left(\frac{a}{2}-\frac{2}{3}\right)\times6=\frac{a}{6}\times6$$
$$3a-4=a$$
$$3a-a=4$$
$$2a=4$$
$$a=2$$

(3)
$$\frac{x}{2}+1=\frac{2}{5}x+3$$
両辺に 10 をかける
$$\left(\frac{x}{2}+1\right)\times10=\left(\frac{2}{5}x+3\right)\times10$$
$$5x+10=4x+30$$
$$5x-4x=30-10$$
$$x=20$$

(4)
$$\frac{y}{4}-\frac{2}{3}=1-\frac{y}{6}$$
両辺に 12 をかける。
$$\left(\frac{y}{4}-\frac{2}{3}\right)\times12=\left(1-\frac{y}{6}\right)\times12$$
$$3y-8=12-2y$$
$$3y+2y=12+8$$
$$5y=20$$
$$y=4$$

ミス注意! 両辺に分母の最小公倍数をかけるとき，文字をふくむ項だけでなく，数の項にもかけることを忘れないようにしよう。
たとえば，(1)の場合の左辺は，
$\frac{1}{6}x\times6-2$ としない。
2 にも 6 をかけて 12 とする。

ポイント
係数に分数をふくむ方程式は，まず，分母をはらうことを考える。

❷ 両辺に分母の最小公倍数をかけて，分母をはらう。

(1)
$$\frac{x-3}{4}=\frac{1}{3}x$$
両辺に 3 と 4 の最小公倍数 12 をかける。
$$\left(\frac{x-3}{4}\right)\times12=\frac{1}{3}x\times12$$
$$3(x-3)=4x$$
( )をはずす。
$$3x-9=4x$$
x をふくむ項を左辺に移項する。
$$3x-4x=9$$
$$-x=9$$
$$x=-9$$

(2)
$$\frac{2x-1}{5}=\frac{x-2}{3}$$
両辺に 3 と 5 の最小公倍数 15 をかける。
$$\left(\frac{2x-1}{5}\right)\times15=\left(\frac{x-2}{3}\right)\times15$$
$$3(2x-1)=5(x-2)$$
( )をはずす。
$$6x-3=5x-10$$
$$6x-5x=-10+3$$
$$x=-7$$

(3)
$$\frac{-x+6}{2}=x-3$$
両辺に 2 をかける。
$$\left(\frac{-x+6}{2}\right)\times2=(x-3)\times2$$
$$-x+6=2(x-3)$$
$$-x+6=2x-6$$
$$-x-2x=-6-6$$
$$-3x=-12$$
$$x=4$$

(4)
$$\frac{2x+1}{6}-\frac{x-8}{4}=0$$
両辺に 12 をかける。
$$2(2x+1)-3(x-8)=0$$
( )をはずす。
$$4x+2-3x+24=0$$
$$4x-3x=-24-2$$
$$x=-26$$

3 比の値が等しくなることから求める。

(1) $x:15=4:5$

$\frac{x}{15}=\frac{4}{5}$

$x=\frac{4}{5}\times15=12$

(2) $x:14=3:7$

$\frac{x}{14}=\frac{3}{7}$

$x=\frac{3}{7}\times14=6$

(3) $10:25=x:5$

$\frac{10}{25}=\frac{x}{5}$

$\frac{x}{5}=\frac{10}{25}$

$x=\frac{10}{25}\times5=2$

(4) $x:12=15:9$

$\frac{x}{12}=\frac{15}{9}$

$x=\frac{15}{9}\times12=20$

4 (1) $4:7=28:x$

$4\times x=7\times28$ ← 比の性質を利用する。

$4x=7\times28$

$x=\frac{7\times28}{4}$

$x=49$

(2) まず，左辺を整数の比にする。

$3.1:12.4=31:124=1:4$

$1:4=x:2$

$1\times2=4\times x$ ← 比の性質を利用する。

$2=4x$

$4x=2$

$x=\frac{1}{2}$

(3) $(x-2):4=1:2$

$2(x-2)=4$

$2x-4=4$

$2x=8$

$x=4$

(4) $4:(x+3)=5:15$

$4\times15=5(x+3)$

$5(x+3)=60$

$5x+15=60$

$5x=45$

$x=9$

(5) $\frac{6}{7}:x=3:14$

$\frac{6}{7}\times14=x\times3$

$12=3x$

$3x=12$

$x=4$

(6) $5:3=x:\frac{1}{5}$

$5\times\frac{1}{5}=3\times x$

$1=3x$

$3x=1$

$x=\frac{1}{3}$

ポイント

[比の性質]　$a:b=c:d$ ならば，$ad=bc$

比例式の中にふくまれる x の値を求めることを，**比例式を解く**といい，「比の性質」を用いて x の値を求めることができる。

p.52〜53 ステージ2

1 ㋐，㋒

2 (1) $x=-\frac{1}{2}$　(2) $x=-\frac{7}{4}$

(3) $x=\frac{3}{4}$　(4) $x=0$

(5) $y=6$　(6) $x=7$

(7) $x=3$　(8) $x=2$

(9) $x=6$　(10) $x=\frac{11}{2}$

3 両辺を 8 でわる。両辺に $\frac{1}{8}$ をかける。

4 $a=5$

5 (1) ① ㋑，C…$2x$　または　㋐，C…$-2x$

② ㋓，C…3　または　㋒，C…$\frac{1}{3}$

(2) ① ㋐，C…1　または　㋑，C…-1

② ㋒，C…$-\frac{4}{3}$　または　㋓，C…$-\frac{3}{4}$

6 (1) $a=\frac{7}{2}$　(2) 40

7 $a=9$，$b=4$

$a=8$，$b=3$

$a=7$，$b=2$

$a=6$，$b=1$

8 (1) $x=8$　(2) $x=21$

(3) $x=4$　(4) $x=1$

● ● ● ● ●

① (1) $x=-2$　(2) $x=-17$

解説

1 ㋐〜㋓の方程式の x に -3 を代入して，左辺＝右辺 になるかどうか調べる。

㋐の左辺… $3\times(-3)-4=-9-4=-13$

㋐の右辺… $5\times(-3)+2=-15+2=-13$

㋐は，左辺＝右辺 となるので，㋐の解は -3 である。

㋑の左辺… $11\times(-3)-6=-33-6=-39$

㋑の右辺… $-9+2\times(-3)=-9-6=-15$

㋑は，左辺＝右辺 とならないので，㋑の解は -3 ではない。

㋒の左辺… $-7\times\{(-3)-5\}=-7\times(-8)=56$

㋒の右辺… $8\times\{1-2\times(-3)\}=8\times(1+6)=56$

㋒は，左辺＝右辺 となるので，㋒の解は -3 である。

㊤の左辺… $\frac{-3}{6}-2=-\frac{1}{2}-\frac{4}{2}=-\frac{5}{2}$

㊤の右辺… $(-3)-\frac{9}{2}=-\frac{6}{2}-\frac{9}{2}=-\frac{15}{2}$

㊤は，左辺＝右辺 とならないので，
㊤の解は -3 ではない。

2 (1) $4x+2=0$
$4x=-2$ （左辺の 2 を右辺へ移項する。）
$x=-\frac{2}{4}=-\frac{1}{2}$

(2) $-\frac{2}{3}x=\frac{7}{6}$
$-\frac{2}{3}x\times\left(-\frac{3}{2}\right)=\frac{7}{6}\times\left(-\frac{3}{2}\right)$ （両辺に $-\frac{2}{3}$ の逆数をかける。）
$x=-\frac{7}{4}$

(3) $3x-2=-x+1$
$3x+x=1+2$ （文字をふくむ項を左辺へ，数の項を右辺へ移項する。）
$4x=3$
$x=\frac{3}{4}$

(4) $11x-7=-10x-7$
$11x+10x=-7+7$ （文字をふくむ項を左辺へ，数の項を右辺へ移項する。）
$21x=0$
$x=0$

(5) $3y-(4-y)=8+2y$
$3y-4+y=8+2y$ （（　）をはずす。）
$3y+y-2y=8+4$
$2y=12$
$y=6$

(6) $2(2x-5)-(x+9)=2$
$4x-10-x-9=2$ （（　）をはずす。）
$3x-19=2$
$3x=2+19$
$3x=21$
$x=7$

(7) 係数に小数がある方程式は，両辺に 10，100 などをかけて，係数を整数になおす。

$-0.2x+0.7=0.1$
$-2x+7=1$ （両辺に 10 をかける。）
$-2x=1-7$
$-2x=-6$
$x=3$

(8) $0.05x-0.3=0.4x-1$
$5x-30=40x-100$ （両辺に 100 をかける。）
$5x-40x=-100+30$
$-35x=-70$
$x=2$

(9) 係数に分数がある方程式は，両辺に分母の最小公倍数をかけて，係数を整数になおす。

$\frac{8}{3}x-5=\frac{1}{2}x+8$
$16x-30=3x+48$ （両辺に 6 をかける。）
$16x-3x=48+30$
$13x=78$
$x=6$

(10) $\frac{x-1}{3}=\frac{x+2}{5}$
$5(x-1)=3(x+2)$ （両辺に 15 をかける。）
$5x-5=3x+6$
$5x-3x=6+5$
$2x=11$
$x=\frac{11}{2}$

3 [1]両辺を 8 でわる。
$\frac{8x}{8}=\frac{20}{8}$
$x=\frac{5}{2}$

[2]両辺に $\frac{1}{8}$ をかける。
$8x\times\frac{1}{8}=20\times\frac{1}{8}$
$x=\frac{5}{2}$

4 $7-2x=5$ を解くと，
$-2x=5-7$
$-2x=-2$
$x=1$
$a-3x=2x$ の x に 1 を代入すると，
$a-3\times1=2\times1$
$a-3=2$
$a=5$

5 (1) ① 両辺から $2x$ をひいている。
別解 両辺に $-2x$ をたしている。
② 両辺を 3 でわっている。
別解 両辺に $\frac{1}{3}$ をかけている。

6 (1) $\frac{x+a}{2}=1+\frac{a-x}{3}$
$3(x+a)=6+2(a-x)$ 両辺に 6 をかける。
$3x+3a=6+2a-2x$
$3a-2a=6-2x-3x$
$a=6-5x=6-5\times\frac{1}{2}=\frac{7}{2}$

(2) $x+2=\frac{x-4}{3}$
$3(x+2)=x-4$ 両辺に 3 をかける。
$3x+6=x-4$
$2x=-10$
$x=-5$
$x=-5$ を x^2-3x に代入すると，
$x^2-3x=(-5)^2-3\times(-5)=25+15=40$

7 $ax-20=bx$ の解が 4 だから，
x に 4 を代入すると，$a\times4-20=b\times4$
両辺を 4 でわると，$a-5=b$ より，$a-b=5$
ここで，a，b は 1 けたの自然数だから，
$9-4=5$，$8-3=5$，$7-2=5$，$6-1=5$ である。

8 (3) $\frac{1}{2}:\frac{1}{3}=6:x$
$\frac{1}{2}\times x=\frac{1}{3}\times6$
$\frac{1}{2}x=2$
$x=4$

比の性質
$a:b=c:d$
ならば
$ad=bc$

(4) $8:(x+5)=4:3$
$8\times3=(x+5)\times4$
$24=4x+20$
$-4x=-4$
$x=1$

①(1) $0.2(x-2)=x+1.2$
$2(x-2)=10x+12$ 両辺に 10 をかける。
$2x-4=10x+12$
$-8x=16$
$x=-2$

(2) $\frac{x-4}{3}+\frac{7-x}{2}=5$
$2(x-4)+3(7-x)=30$ 両辺に 6 をかける。
$2x-8+21-3x=30$
$-x=17$
$x=-17$

p.54〜55 ステージ1

1 (1) Aのノート… 100 円
Bのノート… 150 円
(2) 大人… 320 円　子ども… 160 円
(3) 80 円

2 (1) 鉛筆 1 本… 40 円
持っていた金額… 210 円
(2) 子ども… 5 人　色紙… 33 枚
(3) あめ… 76 個　袋… 7 枚

解説

1 (1) Aのノートの値段を x 円とすると，
Bのノートの値段は $x+50$ (円) と表せる。
Aのノート 3 冊の代金… $3x$
Bのノート 2 冊の代金… $(x+50)\times2$
$3x+(x+50)\times2=600$ より，$x=100$

(2) 子どもの入園料を x 円とすると，
$2(x+160)+3x=1120$ より，$x=160$
子どもの入園料が 160 円なので，
大人の入園料は，$160+160=320$ (円)

(3) のり 1 個の値段を x 円とすると，
Aさんの代金… $35\times12+3x$ (円)
Bさんの代金… $35\times15+4x$ (円)
BさんとAさんの差は 185 円なので，
$35\times15+4x-(35\times12+3x)=185$ より，$x=80$

2 (1) 持っていた金額は，鉛筆 1 本の値段を x 円とすると，
6 本買うと 30 円たりない → $6x-30$ (円)
5 本買うと 10 円余る → $5x+10$ (円)
よって，$6x-30=5x+10$ より，$x=40$
鉛筆 1 本の値段は，40 円
持っていた金額は，$6\times40-30=210$ (円)

(2) 子どもの人数を x 人とすると，
色紙の枚数は $5x+8$ (枚)，$7x-2$ (枚) と表せる。
$5x+8=7x-2$ より，$x=5$
子どもの人数は，5 人
色紙の枚数は，$5\times5+8=33$ (枚)

(3) 袋の枚数を x 枚とすると，
あめの個数は，$10x+6$ (個)，$12x-8$ (個) と表せる。$10x+6=12x-8$ より，$x=7$
袋の枚数は，7 枚
あめの個数は，$10\times7+6=76$ (個)

p.56~57 ステージ1

1 (1) ① $x+5$

② $40(x+5)$

③ $60x$

(2) 方程式… $40(x+5)=60x$

追いつく時間… 10 分後

(3) 追いつくことができない。

2 方程式… $5(7+x)=31+x$

Bさんの年齢(ねんれい)がAさんの年齢の 5 倍になるとき

… 1 年前

3 (1) できない

(2) できる

4 6 分以内

解 説

1 (1) ① 妹が歩いた時間があてはまる。妹は姉が家を出発する 5 分前に家を出発しているので，姉が歩いた時間より 5 分多く歩いている。

したがって，妹の歩いた時間は，$x+5$ (分) となる。

② 妹の歩いた道のりがあてはまる。

妹の歩く速さ…分速 40 m

妹の歩いた時間… $x+5$ (分) ⟵ ①より

これより，妹の歩いた道のりは，

$40\times(x+5)=40(x+5)$

速さ　歩いた時間　歩いた道のり

③ 姉の歩いた道のりがあてはまる。

姉の歩く速さ…分速 60 m

姉の歩いた時間… x (分)

これより，姉の歩いた道のりは，

$60\times x=60x$

(2) 姉が妹に追いつくのは，妹が歩いた道のりと姉の歩いた道のりが等しくなるときなので，

$40(x+5)=60x$

$40x+200=60x$

$40x-60x=-200$

$-20x=-200$

$x=10$

よって，10 分後に妹に追いつく。

(3) (2)より，姉が妹に追いつくときの道のりは，$60\times10=600$ から 600 m となり，500 m より長いので，姉が妹に追いつく前に妹は駅に着いてしまい，追いつけない。

2 現在 7 歳(さい)のAさんは，x 年後に $7+x$ (歳) になっている。同様にBさんは，x 年後に $31+x$ (歳) になっている。

x 年後にBさんの年齢がAさんの年齢の 5 倍になるとすると，

$5(7+x)=31+x$

$35+5x=31+x$

$5x-x=31-35$

$4x=-4$

$x=-1$

答えは -1 年後なので，1 年前となる。

3 (1) 1 枚 50 円の画用紙を x 枚買うとすると，1 枚 80 円の画用紙の枚数は $16-x$ (枚) となるので，

$50x+80(16-x)=1000$

$50x+1280-80x=1000$

$50x-80x=1000-1280$

$-30x=-280$

$x=\frac{28}{3}$

x は自然数でなければ問題に合わないので，買うことはできないことになる。

(2) AさんがBさんにおはじき x 個をあげたとすると，

$(48-x):(48+x)=3:5$

$5(48-x)=3(48+x)$

$5\times48-5x=3\times48+3x$

$-5x-3x=3\times48-5\times48$

$-8x=(3-5)\times48$

$-8x=-2\times48$

$x=12$

x は整数になるのでできる。

4 試合数が 28 だから，$28\div4=7$ より，1 面で行われるのは 7 試合になる。

休憩は試合数より 1 少ないので，6 回になる。

1 回の休憩時間を x 分とすると，試合と休憩の合計時間は，$20\times7+x\times6=140+6x$ (分)

試合と休憩の合計時間を 176 分とするから，

$140+6x=176$

$6x=36$

$x=6$

よって，1 回の休憩時間を 6 分以内にすればよい。

p.58〜59 ステージ2

❶ (1) 140円　(2) 4個
(3) 900円　(4) 12人
(5) 105人

❷ (1) 8分後に追いつける。　(2) 8 km

❸ 3年後

❹ (1) 450円　(2) できない

❺ 方程式…$10x+4=(40+x)+18$
もとの自然数…46

❻ A…750円
B…1650円
C…1200円

①14個
②38人
③400円

解説

❶ (1) チョコレート1個の値段をx円とすると，
$500-3x=80$　$-3x=-420$　$x=140$

(2) りんごの個数をx個とすると，みかんの個数は$x+2$(個) と表せるので，
$80(x+2)+140x=1040$
$80x+160+140x=1040$
$220x=880$
$x=4$

(3) 姉が最初に持っていた金額をx円とすると，弟が最初に持っていた金額は$1400-x$(円) と表せるので，
$x-380=2(1400-x-240)$
$x-380=2(1160-x)$
$x-380=2320-2x$
$3x=2700$
$x=900$

(4) 子どもの人数をx人とすると，鉛筆の本数は$8x-14$(本) と$7x-2$(本) の2通りに表せるので，$8x-14=7x-2$ より，$x=12$

(5) 部屋の数をx室とする。最後の1室は3人になることから，6人の部屋は$x-1$(室) で，生徒の人数は$6(x-1)+3$(人) と表せる。また，1室の人数を1人増やして7人にすると，3室余ることから，使う部屋の数は$x-3$(室) で，生徒の人数は$7(x-3)$(人) と表せるので，
$6(x-1)+3=7(x-3)$
$6x-6+3=7x-21$
$-x=-18$
$x=18$
生徒の人数は，$6\times(18-1)+3=105$(人)

別解 生徒の人数をx人として，部屋の数をxを使って表して解くこともできる。
6人ずつの部屋にすると最後の部屋が3人になるから，部屋の数は$\frac{x+3}{6}$室と表せる。また，7人ずつの部屋にすると3室余ることから，部屋の数は$\frac{x}{7}+3$(室) と表せるので，
$\frac{x+3}{6}=\frac{x}{7}+3$
$\left(\frac{x+3}{6}\right)\times42=\left(\frac{x}{7}+3\right)\times42$
$7(x+3)=6x+126$
$7x+21=6x+126$
$x=105$

❷ (1) 弟が出発してからx分後に兄に追いついたとすると，
$180x=60(x+16)$
$180x=60x+960$
$180x-60x=960$
$120x=960$
$x=8$
追いついたのは，
家から，$180\times8=1440$ より，1440 m
1440 m<1600 m より，弟は，公園に着くまでに兄に追いつくことができる。

(2) 行きにかかった時間→$\frac{x}{12}$(時間)
帰りにかかった時間→$\frac{x}{4}$(時間)
方程式をつくるときは，単位をそろえないといけないから，
2時間40分$=2\frac{40}{60}$時間$=\frac{8}{3}$時間 より，
$\frac{x}{12}+\frac{x}{4}=\frac{8}{3}$　$\frac{x}{12}\times12+\frac{x}{4}\times12=\frac{8}{3}\times12$
$x+3x=32$　$4x=32$　$x=8$

❸ x年後の母の年齢は$42+x$(歳)，子どもの年齢は$12+x$(歳) であるから，
$42+x=3(12+x)$　これを解いて，$x=3$

3章

❹ (1) 姉の出す金額をx円とすると，妹の出す金額は$750-x$(円)と表せる。

$x:(750-x)=3:2$ より，$2x=3(750-x)$

これを解いて，$x=450$

(2) $x:(750-x)=7:5$ より，$5x=7(750-x)$

これを解いて，$x=437.5$

xの値が小数になってしまうのでできない。

❺ もとの自然数は，十の位の数が4，一の位の数がxだから，

$10\times4+x=40+x$

もとの自然数の十の位の数と一の位の数を入れかえた数は，

$10\times x+4=10x+4$

入れかえた数は，もとの自然数より18大きくなるので，$10x+4=(40+x)+18$

これを解いて，$x=6$

よって，もとの自然数は，$40+6=46$

❻ Bさんのお金をx円とすると，

Aさんのお金は，$\frac{1}{3}x+200$(円)

Cさんのお金は，$2\left(\frac{1}{3}x+200\right)-300$(円)

$$\left(\frac{1}{3}x+200\right)+x+\left\{2\left(\frac{1}{3}x+200\right)-300\right\}=3600$$

$$\frac{1}{3}x+200+x+\frac{2}{3}x+400-300=3600$$

$$2x=3300$$

$$x=1650$$

それぞれのお金は，

Aさん… $\frac{1}{3}\times1650+200=750$(円)

Bさん… 1650円

Cさん… $750\times2-300=1200$(円)

① ゼリーの個数をx個とすると，

(ゼリーの代金)+(プリンの代金)+(箱代)=(代金の合計) だから，

$80x+120(24-x)+100=2420$

これを解いて，$x=14$

② クラスの人数をx人とすると，

$300x+2600=400x-1200$

これを解いて，$x=38$

③ 子ども1人の入園料をx円とすると，

$(x+600):x=5:2$ より，$2(x+600)=5x$

これを解いて，$x=400$

p.60〜61 ステージ3

❶ (1) ○　(2) ×　(3) ×　(4) ○

❷ (1) $x=-9$　(2) $x=-4$

(3) $x=\frac{1}{9}$　(4) $x=-16$

(5) $x=5$　(6) $x=-9$

❸ (1) $x=3$　(2) $x=5$

(3) $x=-5$　(4) $x=2$

(5) $x=21$　(6) $x=2$

❹ (1) $x=4$　(2) $x=-6$

❺ $a=1$

❻ 3年前

❼ 縦… 7 cm　横… 12 cm

❽ (1) $5x-2=4x+8$

(2) 人数… 10人　画用紙… 48枚

❾ 1時間12分

❿ 80人

⓫ 1.4 m

解説

❶ それぞれの式のxに-8を代入して，左辺=右辺 となるかどうかを調べる。

	左辺	右辺
(1)	$3\times(-8)-2=-26$	-26
(2)	$-4\times(-8)=32$	-32
(3)	$9\times(-8)-11=-83$	$-4\times(-8)+2=34$
(4)	$-11\times(-8)-\{3-(-8)\}=77$	$5-9\times(-8)=77$

❷ (1) $x+7=-2$

$x=-2-7$　（数の項を右辺に移項する。$+7\to-7$(符号が変わる)）

$x=-9$

(2) $4x-3=-19$

$4x=-19+3$　（数の項を右辺に移項する。$-3\to+3$(符号が変わる)）

$4x=-16$　（両辺をxの係数4でわる。）

$x=-4$

(3) $45x=5$　（xの係数を1にするために，両辺を45でわる。）

$\frac{45x}{45}=\frac{5}{45}$

$x=\frac{1}{9}$

(4) $-\frac{3}{8}x=6$　（xの係数を1にするために，$-\frac{8}{3}$を両辺にかける。）

$-\frac{3}{8}x\times\left(-\frac{8}{3}\right)=6\times\left(-\frac{8}{3}\right)$

$x=-16$

(5) $5x-6=3x+4$
$5x-3x=4+6$
$2x=10$
$x=5$
（文字の項を左辺に，数の項を右辺に移項する。）

(6) $-6x-9=-4x+9$
$-6x+4x=9+9$
$-2x=18$
$x=-9$
（文字の項を左辺に，数の項を右辺に移項する。）

3 (1) $3(x-1)=-x+9$
$3x-3=-x+9$
$3x+x=9+3$
$4x=12$
$x=3$
（( )をはずす。文字の項は左辺に，数の項は右辺に移項する。）

(2) $2(6-x)-3(x-6)=5$
$12-2x-3x+18=5$
$-5x=-25$
$x=5$
（( )をはずす。）

(3) $1.3x+2=-0.3(x+20)$
$13x+20=-3(x+20)$
$13x+20=-3x-60$
$16x=-80$
$x=-5$
（両辺に 10 をかける。）

(4) $0.5-0.2x=0.05x$
$50-20x=5x$
$-25x=-50$
$x=2$
（両辺に 100 をかける。）

(5) $\frac{1}{3}x=\frac{1}{7}x+4$
$7x=3x+84$
$4x=84$
$x=21$
（両辺に 21 をかける。）

(6) $\frac{-x+8}{6}=\frac{3x-4}{2}$
$-x+8=3(3x-4)$
$-x+8=9x-12$
$-10x=-20$
$x=2$
（両辺に 6 をかける。）

4 (1) $x:18=2:9$　　$x\times9=18\times2$　　$9x=36$
$x=4$

(2) $(x+2):(x-4)=2:5$　$5(x+2)=2(x-4)$
$5x+10=2x-8$　　$3x=-18$　　$x=-6$

5 方程式 $2x-\frac{-x+a}{4}=11$ の x に 5 を代入して，
$2\times5-\frac{-5+a}{4}=11$　　$10-\frac{-5+a}{4}=11$
$-\frac{-5+a}{4}=1$　　$-5+a=-4$　　$a=1$

6 x 年後に父の年齢が子どもの年齢の 5 倍になるとすると，
$53+x=5(13+x)$　　$53+x=65+5x$
$x-5x=65-53$　　$-4x=12$　　$x=-3$
答えは，-3 年後なので，3 年前となる。

7 縦の長さを x cm とすると，
横の長さは $x+5$ (cm)
(縦の長さと横の長さの和)×2=(周の長さ) より，
$(x+x+5)\times2=38$　　$2(2x+5)=38$
$2x+5=19$　　$2x=14$　　$x=7$
縦の長さが 7 cm より，横の長さは $7+5=12$ (cm)

8 (1) 画用紙の枚数は $5x-2$ (枚)，$4x+8$ (枚) の 2 通りに表せる。したがって，$5x-2=4x+8$
(2) $5x-2=4x+8$　　$5x-4x=8+2$　　$x=10$
よって，グループの人数は，10 人
画用紙の枚数は，$5\times10-2=48$ (枚)

9 2 人が出会うまでの時間を x 時間とする。(兄が進んだ道のり)+(弟が進んだ道のり)=12 km だから，$6x+4x=12$ より，$x=\frac{6}{5}=1\frac{1}{5}$
$\frac{1}{5}$ 時間は，$60\times\frac{1}{5}=12$ (分) より，1 時間 12 分。

10 女子の人数を x 人とすると，男子の人数は $x+20$ (人) だから，1 年生全体では $x+x+20$ (人) となる。めがねをかけている人は，男子が $(x+20)\times0.31$ (人)，女子が $0.4x$ (人)，全体では $(2x+20)\times0.35$ (人) となるので，
$(x+20)\times0.31+0.4x=(2x+20)\times0.35$
両辺に 100 をかけて，
$31(x+20)+40x=35(2x+20)$
$71x+620=70x+700$　　$x=80$

11 姉のリボンの長さを x m とすると，
姉と妹のリボンの長さの比が 7 : 5 だから，
全体を 12 と考えて，
$x:2.4=7:12$　　$x\times12=2.4\times7$　　$x=1.4$

得点アップのコツ
文章題では，求めるものを x とおいて，文章にそって式をたて，何が=で結ばれるかを考えること。

4章 量の変化と比例，反比例

p.62〜63 ステージ1

1 (1) ① 84　② 78　③ 72

(2) いえる

(3) $0 \leqq x \leqq 15$

2 (1) $0 \leqq x \leqq 4$

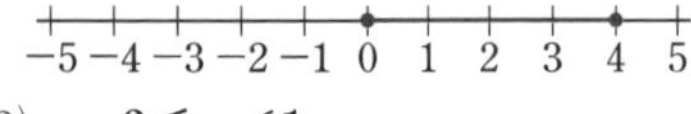

(2) $-3 \leqq x < 1$

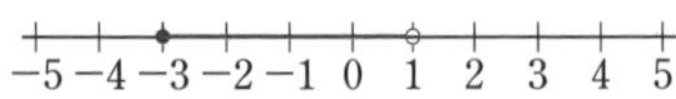

3 (1) $y=80x$

(2) いえる　比例定数…80

(3) 2倍，3倍，4倍，… になる。

4 (1) A(2, 4)　B(−4, 1)
C(−3, −2)　D(0, −1)
E(3, 0)

(2)

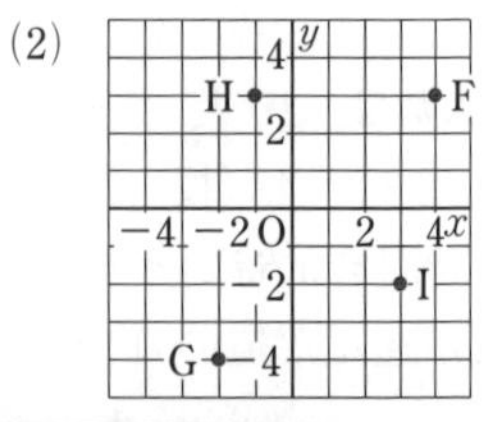

解説

1 (1) ①　$90-6=84$ (L)
②　$90-6\times2=78$ (L)
③　$90-6\times3=72$ (L)

(2)　x の値を決めると，それに対応して y の値もただ1つに決まるので，y は x の関数である。

(3)　$90\div6=15$ から，15分後の水そうの水の量は0Lになる。

2 (1)　0以上 → $0\leqq x$，4以下→ $x\leqq4$
これらのことをまとめて $0\leqq x\leqq4$ と表す。
また，数直線上では以上や以下は•で表す。

(2)　−3以上 → $-3\leqq x$　1未満 → $x<1$
また，数直線上では未満は◦で表す。

3 (1)　$y=80\times x$ より，$y=80x$

(2)(3)　$y=ax$ の式で表されるので，y は x に比例している。y が x に比例するとき，x の値が2倍，3倍，4倍，…になると，y の値も2倍，3倍，4倍，…になる。

4 点Aは，原点Oから右へ2，上へ4進んだ点だから，x 座標が2，y 座標が4となり，A(2, 4)と表す。また，F(4, 3)は，原点から右へ4，上へ3進んだ点である。

p.64〜65 ステージ1

1 (1)　減少する。

(2) ① 5　② 0　③ −2.5
④ −5　⑤ −7.5

(3)　2.5減少する。

2 右の図

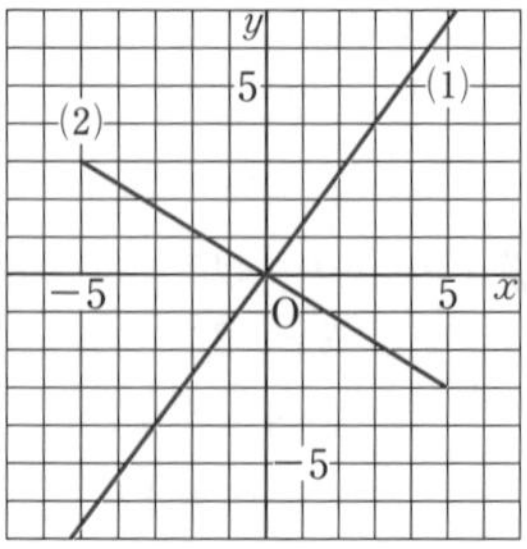

3 (1) ① $y=\frac{3}{2}x$

② $y=-\frac{9}{2}$

(2) ① $y=-6x$

② $x=-2$

4 (1) ㋐，㋑

(2) $y=-\frac{1}{3}x$

(3) $y=3$

解説

1 (3)

x：　1 —1増加→ 2 —1増加→ 3

y：−2.5 —2.5減少→ −5 —2.5減少→ −7.5

2 (1)　比例定数が正の数なので，右上がりのグラフになる。

(2)　x の変域から，(−5, 3)，(5, −3)を両端（りょうたん）とするグラフになる。

3 (1) ①　$y=ax$ に $x=2$，$y=3$ を代入すると，
$3=a\times2$　$a=\frac{3}{2}$　よって，$y=\frac{3}{2}x$

②　$y=\frac{3}{2}\times(-3)=-\frac{9}{2}$

(2) ①　$y=ax$ に $x=3$，$y=-18$ を代入すると，
$-18=a\times3$　$a=-6$
よって，$y=-6x$

②　$12=-6x$　$x=-2$

4 (1)　$a<0$ のとき，右下がりの直線になる。

(2)　$y=ax$ に $x=3$，$y=-1$ を代入すると，
$-1=a\times3$　$a=-\frac{1}{3}$
よって，$y=-\frac{1}{3}x$

(3)　$y=ax$ に $x=4$，$y=1$ を代入して，
$1=a\times4$　$a=\frac{1}{4}$　よって，$y=\frac{1}{4}x$
x に12を代入して，$y=\frac{1}{4}\times12=3$

p.66~67 ステージ2

1 ㋑，㋓

2 (1) $y=12x$　(2) 480 km

(3) $0 \leqq y \leqq 540$

3

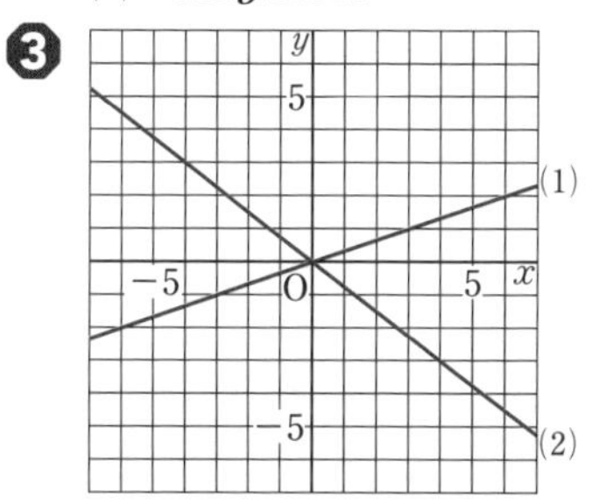

4 (1) $y=-4x$　(2) $y=12$

5 (1) $y=-\frac{5}{2}x$

(2) ① 5　② $\frac{5}{2}$　③ 0

④ $-\frac{5}{2}$

(3) $x=-8$

6 (1) S(6, 4)　(2) $2p$

(3) S($3p$, $2p$)　(4) $y=\frac{2}{3}x$

● ● ● ● ●

① $y=9$

② ㋒

解説

1 ㋐…縦の長さ x が決まっても，横の長さが決まらないので，面積 y はただ１つに決まらない。

㋒…同じ身長でも，体重の異なる人はいるから，y はただ１つに決まらない。

2 (1) ガソリン 1 L で走る距離は，

$360 \div 30=12$ (km)

$y=$(ガソリン 1 L で走る距離)$\times x$ だから，

$y=12x$

(2) 自動車が走る距離はガソリンの量に比例して，$y=12x$ という関係にあるので，

$x=40$ を代入すると，

$y=12 \times 40=480$ より，480 km 走る。

y が x に比例するとき，x の値が 2 倍，3 倍，…になると，対応する y の値も 2 倍，3 倍，…になっているよ。

(3) 変数のとりうる値の範囲を変域という。

この自動車のガソリンの量と走る距離は，$y=12x$ と比例定数が正の数なので，x が増加すれば y も増加する。

x の変域が $0 \leqq x \leqq 45$ のときの y の変域は，

$x=0$ のとき，$y=12 \times 0=0$

$x=45$ のとき，$y=12 \times 45=540$

よって，ガソリンが 0 L 以上 45 L 以下で，自動車が走る距離は，0 km 以上 540 km 以下となり，$0 \leqq y \leqq 540$ と表すことができる。

3 (1) $x=3$ のとき，$y=\frac{1}{3} \times 3=1$ より，グラフは，原点と点 (3, 1) を通る直線となる。

(2) $x=4$ のとき，$y=-\frac{3}{4} \times 4=-3$ より，グラフは，原点と点 (4, −3) を通る直線となる。

ポイント

グラフをかくときは，座標が整数である点を利用するとかきやすい。

$y=\frac{b}{a}x$ のグラフをかくときは，点 (a, b) を利用する。

また，比例のグラフは，必ず原点 (0, 0) を通ることも利用しよう。

4 (1) $y=ax$ に $x=3$，$y=-12$ を代入すると，

$-12=a \times 3$ より，$a=-4$

よって，$y=-4x$

(2) $y=ax$ に $x=6$，$y=24$ を代入すると，

$24=a \times 6$ より，$a=4$

よって，$y=4x$ となる。

$x=3$ のときの y の値は，$y=4 \times 3=12$

5 (1) y が x に比例していて，表から $x=2$ のとき，$y=-5$ であることがわかるので，

$y=ax$ に $x=2$，$y=-5$ を代入して，

$-5=a \times 2$　$a=-\frac{5}{2}$

よって，$y=-\frac{5}{2}x$

(2) $y=-\frac{5}{2}x$ の x に，−2，−1，0，1 をそれぞれ代入する。

① $y=-\frac{5}{2} \times (-2)=5$

② $y=-\frac{5}{2} \times (-1)=\frac{5}{2}$

4章

③　$y=-\frac{5}{2}\times0=0$

④　$y=-\frac{5}{2}\times1=-\frac{5}{2}$

(3)　$y=-\frac{5}{2}x$ に $y=20$ を代入して，

$20=-\frac{5}{2}x$　　$x=20\div\left(-\frac{5}{2}\right)=-8$

❻ (1)　PQの長さは，点Pの y 座標に等しいから，PQ=4 である。
四角形PQRSは正方形であることより，
PS=PQ=4 となるから，点Sの x 座標は点Pの x 座標より4大きく $2+4=6$，y 座標は点Pの y 座標4に等しい。
よって，S(6，4)

(2)　点Pは $y=2x$ のグラフ上の点で x 座標が p だから，y 座標は $2p$ である。
$p>0$ より，PQ=$2p$

(3)　PS=PQ=$2p$ だから，点Sの x 座標は $p+2p=3p$，y 座標は点Pの y 座標 $2p$ に等しい。よって，S($3p$，$2p$)

(4)　いくつか調べてみると，
P(1，2)のとき，S(3，2)
P(2，4)のとき，S(6，4)
P(3，6)のとき，S(9，6)
となって，点Sの（y 座標）÷（x 座標）は，どれも一定で $\frac{2}{3}$ になっている。
このことから，点Sは比例のグラフ上の点と考えることができるので，
比例定数が $\frac{2}{3}$ より，$y=\frac{2}{3}x$

（補足）　$y=ax$ に(3)で求めた点Sの座標を代入して，$2p=a\times3p$，$a=\frac{2p}{3p}=\frac{2}{3}$ と求められる。

① y が x に比例しているから，比例定数を a とすると，$y=ax$ と表される。
この式に $x=2$，$y=-6$ を代入すると，
$-6=a\times2$ より，$a=-3$
$y=-3x$ の x に -3 を代入すると，$y=9$

② $y=-2x$ は比例定数が負の数なので，グラフは右下がりの直線になる。
よって，㋒か㋓である。
$x=1$ のとき $y=-2$ なので，㋒となる。

p.68～69　ステージ1

❶ (1) ① **24**　② **12**　③ **8**
④ **6**　⑤ **4.8**　⑥ **4**

(2) $\frac{1}{2}$ 倍，$\frac{1}{3}$ 倍，$\frac{1}{4}$ 倍，… になる。

(3) 一定

(4) $y=\frac{24}{x}$

❷ 右の図

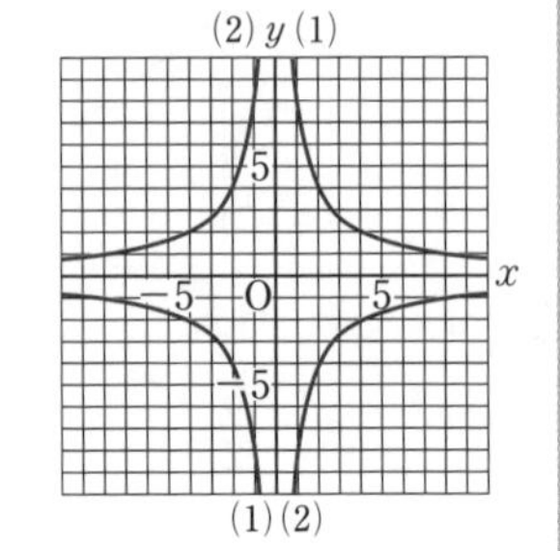

❸ (1) $y=-\frac{12}{x}$

(2) $y=\frac{6}{x}$

❹ (1) $y=\frac{2}{x}$

(2) $y=-\frac{3}{x}$

解説

❶ (1)　（長方形の面積）=（縦）×（横）より，
$24=y\times x$
すなわち，$24=xy$ の x に1，2，3，4，5，6をそれぞれ代入して，y の値を求める。

(3)　xy の値は，一定の数24になる。

(4)　y は x に反比例し，比例定数が24だから，
$y=\frac{24}{x}$

❸ (1)　y が x に反比例するから，比例定数を a とすると，$y=\frac{a}{x}$ と表される。$x=6$ のとき $y=-2$ だから，$-2=\frac{a}{6}$ より，$a=-12$
よって，$y=-\frac{12}{x}$

別解　$xy=a$ の関係を利用して比例定数を求めてもよい。
$a=xy=6\times(-2)=-12$

(2)　$xy=a$ の関係を利用したほうが，比例定数を求めやすい。
$a=xy=\left(-\frac{3}{4}\right)\times(-8)=6$　　よって，$y=\frac{6}{x}$

❹ (1)　$y=\frac{a}{x}$ のグラフが点(1，2)を通るから，
$x=1$ のとき $y=2$ である。
よって，$2=\frac{a}{1}$ より，$a=2$ だから，$y=\frac{2}{x}$

(2)　グラフが点(1，-3)を通ることから，比例定数を求める。

p.70~71 ステージ1

❶ (1) 右の図
(2) 6分後
(3) 300 m

❷ (1) $y=\frac{240}{x}$
(2) 12 cm

❸ (1) $y=\frac{12}{x}$
(2) $\frac{3}{5}\leqq x\leqq 10$
$\frac{6}{5}\leqq y\leqq 20$
(3) 右の図
(4) 1.5 cm

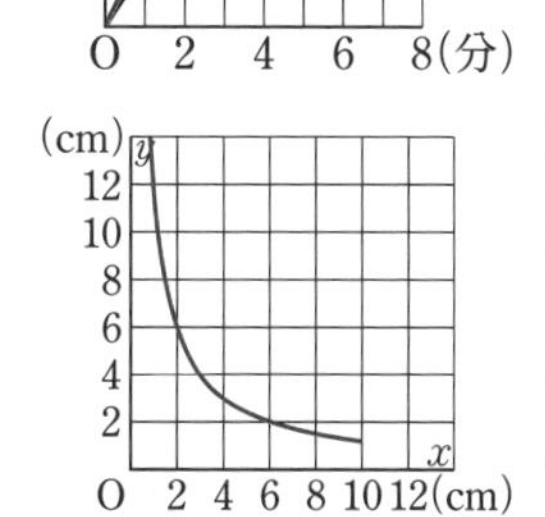

解説

❶ (1) 弟の進むようすを式に表すと，$y=200x$
グラフは，原点と点(6, 1200)を通る直線になる。
(2) 弟のグラフの y 座標が1200のときの x 座標は6である。
(3) 弟が図書館に着いたとき，兄は家から900 m のところにいるから，あと 1200−900=300 (m)
(グラフでは，縦のめもり3つ分の差になる。)

❷ (1) $xy=30\times 8$ から，$xy=240$
よって，$y=\frac{240}{x}$
(2) $y=\frac{240}{x}$ に $x=20$ を代入して，$y=\frac{240}{20}=12$

❸ (1) 三角形の面積の公式に代入すると，
$x\times y\div 2=6$ だから，$xy=12$ より，$y=\frac{12}{x}$
(2) x は BP の長さを表し，点 P は AB 上を動くので，最大でも辺 AB の長さの 10 cm，同様に考えて，y は最大でも 20 cm までの値しかとれない。
$x=10$ のとき $y=\frac{6}{5}$，$y=20$ のとき $x=\frac{3}{5}$ より，x の変域は $\frac{3}{5}\leqq x\leqq 10$,
y の変域は $\frac{6}{5}\leqq y\leqq 20$ となる。
(4) $y=\frac{12}{x}$ に $y=8$ を代入して，
$8=\frac{12}{x}$ より，$x=1.5$

p.72~73 ステージ2

❶ (1) $y=\frac{20}{x}$　比例定数 20
(2) $y=10-0.3x$
(3) $y=\frac{150}{x}$　比例定数 150

❷ (1) ㋒
(2) $y=\frac{3}{x}$
(3) 右の図

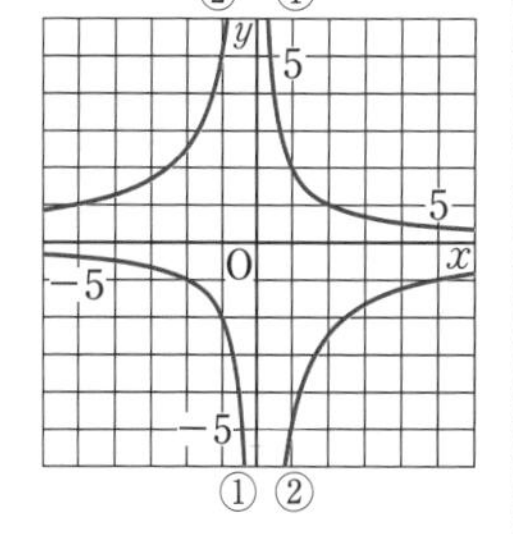

❸ (1) $y=-\frac{4}{x}$
(2) $x=16$
(3) $-4\leqq y\leqq -1$

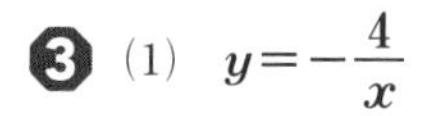

❹ (1) $y=\frac{80}{x}$
(2) 16株

❺ (1) $y=2x$
(2) x の変域
…$0\leqq x\leqq 5$
y の変域
…$0\leqq y\leqq 10$
(3) 右の図
(4) 3.5 cm

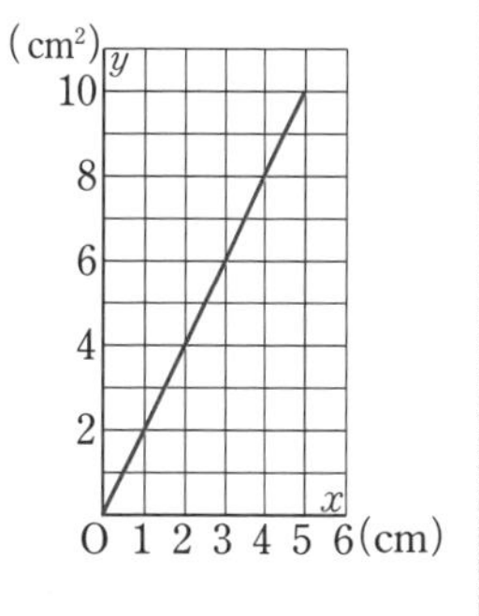

① (1) $a=18$　$p=-2$
(2) $\frac{18}{5}\leqq y\leqq 18$

解説

❶ (1) $20=x\times y$ より，$y=\frac{20}{x}$
(2) $y=10-0.3\times x$ より，$y=10-0.3x$
(3) $150=x\times y$ より，$y=\frac{150}{x}$

❷ (1) $y=\frac{a}{x}$ の a の値が正の数か負の数かでグラフのある場所が決まるから，グラフのある場所から a の値の符号がわかる。
(2) ㋑のグラフは点(1, 3)を通っているので，$xy=a$ に代入して，$a=3$
(3) ① 点(1, 2)，(2, 1)，(−1, −2)，(−2, −1)を通るなめらかな曲線をかく。
② 点(1, −5)，(5, −1)，(−1, 5)，(−5, 1)を通るなめらかな曲線をかく。

4章

❸ (1)　y は x に反比例するので，$y=\frac{a}{x}$ と表される。$x=-6$ のとき $y=\frac{2}{3}$ なので，反比例の式に代入すると，$\frac{2}{3}=\frac{a}{-6}$ より，

$a=\frac{2}{3}\times(-6)=-4$ だから，$y=-\frac{4}{x}$

(2)　$y=-\frac{4}{x}$ より，$xy=-4$　　y に $-\frac{1}{4}$ を代入すると，$x\times\left(-\frac{1}{4}\right)=-4$　　$x=16$

(3)　$y=-\frac{4}{x}$ に $x=1$，$x=4$ を代入すると，

$y=-\frac{4}{1}=-4$，$y=-\frac{4}{4}=-1$

$y=-\frac{4}{x}$ のグラフは，$x>0$ の範囲内で，x の値が増加すると，対応する y の値も増加するので，y の変域は，$-4\leqq y\leqq -1$ となる。

❹ (1)　$80=x\times y$ より，$y=\frac{80}{x}$

(2)　$y=\frac{80}{x}$ に $y=5$ を代入すると，

$5=\frac{80}{x}$　　$5x=80$　　$x=16$

❺ (1)　$y=x\times4\div2$　　$y=2x$

(2)　点PはBからCまで動くので，
x の変域は，$0\leqq x\leqq5$ である。
また，$y=2x$ で，$x=0$ のとき $y=0$，$x=5$ のとき $y=10$ だから，
y の変域は，$0\leqq y\leqq10$

(3)　x が5のとき y は10なので，グラフは原点と点(5，10)を通る直線になる。
このとき，点(5，10)より先まで直線はのばさないようにする。

(4)　$y=2x$ に $y=7$ を代入すると，$x=3.5$

① (1)　点Aの座標は(3，6)なので，
$a=xy=3\times6=18$
$y=\frac{18}{x}$ は，B$(-9,\ p)$ を通ることより，
$x=-9$，$y=p$ を代入すると，$p=\frac{18}{-9}=-2$

(2)　$x=1$ のとき $y=18$，$x=5$ のとき $y=\frac{18}{5}$ より，$\frac{18}{5}\leqq y\leqq18$

p.74〜75 ステージ3

❶ (1)　㋐，㋒，㋔，㋕
(2)　㋑，㋓
(3)　㋐，㋓，㋔
(4)　㋒，㋕

❷ (1)　式 … $y=\frac{6}{x}$
反比例する　　比例定数 … 6
(2)　式 … $y=15x$
比例する　　比例定数 … 15

❸ (1)　$y=-3x$
(2)　$y=-\frac{24}{x}$

❹

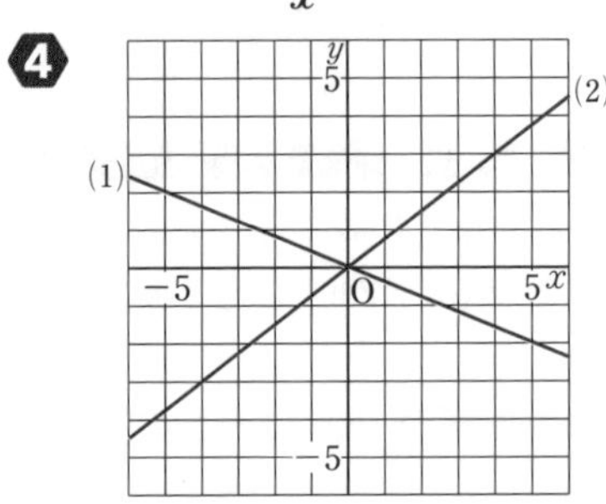

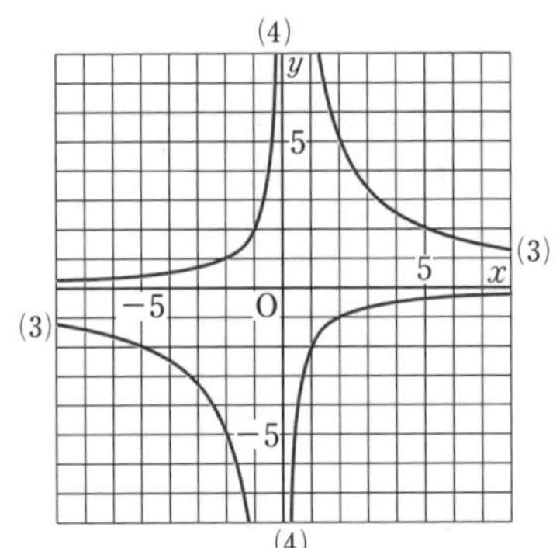

❺ (1)　$y=\frac{1}{3}x$　　□ … -1
(2)　$y=-\frac{6}{x}$　　□ … 1

❻ (1)　$\frac{8}{3}$　　(2)　3

❼ (1)　$y=75x$
(2)　$0\leqq x\leqq16$
$0\leqq y\leqq1200$
(3)　12分

❽ (1)　600 L　　(2)　$y=\frac{600}{x}$
(3)　20 L

解説

❶ (1)　$y=ax$ で表されるもの選ぶ。

㋔は，$y=3x$ と変形できる。

(2) $y=\frac{a}{x}$ または $xy=a$ で表されるものを選ぶ。

(3) $y=ax$ で $a>0$ のものと，$y=\frac{a}{x}$ で $a<0$ のものを選ぶ。

㊀は，$y=-\frac{3}{x}$ と変形できる。

(4) $y=ax$ で $a<0$ のものを選ぶ。

2 (1) 6 m のひもを x 等分するので，1 本分のひもの長さは $y=\frac{6}{x}$ で求められる。

$y=ax$ → 比例
$y=\frac{a}{x}$ または
$xy=a$ → 反比例

(2) 1 m あたりの重さは，$45\div3=15$ (g)
(針金全体の重さ)＝(1 m あたりの重さ)×(長さ)
だから，$y=15\times x$
よって，$y=15x$

3 (1) y は x に比例するので，$y=ax$ と表される。この式に $x=5$，$y=-15$ を代入すると，
$-15=a\times5$ より，$a=-3$
よって，$y=-3x$

(2) y は x に反比例するので，$y=\frac{a}{x}$ と表される。
この式に $x=-2$，$y=12$ を代入すると，
$12=\frac{a}{-2}$ より，$a=-24$
よって，$y=-\frac{24}{x}$

4 (1)(2) $y=\frac{b}{a}x$ のグラフは，原点と $(a,\ b)$ の 2 点を通る直線となる。
(1)は，点 $(5,\ -2)$，(2)は，点 $(4,\ 3)$ を通る。

(3) 点 $(2,\ 5)$，$(5,\ 2)$，$(-2,\ -5)$，$(-5,\ -2)$ を通る双曲線をかく。

(4) 点 $(1,\ -2)$，$(2,\ -1)$，$(-1,\ 2)$，$(-2,\ 1)$ を通る双曲線をかく。

得点アップのコツ
比例のグラフは，原点とグラフが通るもう 1 つの点をとってかく。このとき，なるべく原点から離れた点をとると，ずれにくくなる。

5 (1) y は x に比例するから，$y=ax$ とする。
$2=a\times6$ より，$a=\frac{1}{3}$
よって，$y=\frac{1}{3}x$
この式に $x=-3$ を代入すると，
$y=\frac{1}{3}\times(-3)=-1$

(2) y は x に反比例するから，$y=\frac{a}{x}$ とする。
$a=(-2)\times3=-6$ より，$y=-\frac{6}{x}$
$xy=-6$ に $y=-6$ を代入すると，
$x\times(-6)=-6$　　$x=1$

6 (1) y が x に比例するので，
$y=ax$ に $x=3$，$y=4$ を代入すると，
$4=a\times3$ より，$a=\frac{4}{3}$
よって，$y=\frac{4}{3}x$
この式に $x=2$ を代入すると，$y=\frac{4}{3}\times2=\frac{8}{3}$

(2) y が x に反比例するので，
$a=xy$ に $x=3$，$y=4$ を代入して，
$a=3\times4=12$
よって，$y=\frac{12}{x}$
この式に $x=4$ を代入すると，$y=\frac{12}{4}=3$

7 (1) (道のり)＝(速さ)×(時間) から，
$y=75x$

(2) $y=75x$ に $y=1200$ を代入すると，
$1200=75x$　　$75x=1200$　　$x=16$
よって，x の変域は，$0\leqq x\leqq16$
y の変域は，$0\leqq y\leqq1200$

(3) $y=75x$ に $y=900$ を代入すると，
$900=75x$　　$75x=900$　　$x=12$

8 (1) 2 時間は 120 分だから，
水そういっぱいに入る水の量は，
$5\times120=600$ (L)

(2) 1 分間に x L ずつ水を入れるとき，
y 分でいっぱいになるとすると，
(いっぱいのときの水そうの水の量)
＝(1 分間に入れる水の量)×(時間) より，
$600=x\times y$
すなわち，$y=\frac{600}{x}$

(3) (2)の $xy=600$ の y に 30 を代入すると，
$x\times30=600$ より，$x=600\div30=20$

5章 平面の図形

p.76〜77 ステージ1

❶ (1) 距離
(2) ① ＝ ② 2
(3) ① 平行 ② ∥
(4) ① ⊥ ② 垂線 ③ 垂線
(5) 一定

❷ ∠a＝∠BAC（または，∠CAB，∠A）
∠b＝∠DBC（または，∠CBD）
∠c＝∠ACD（または，∠DCA）

❸ AB∥DC，AB⊥AD，AB⊥BC

❹ (1) 2 cm
(2) 1.8 cm

❺

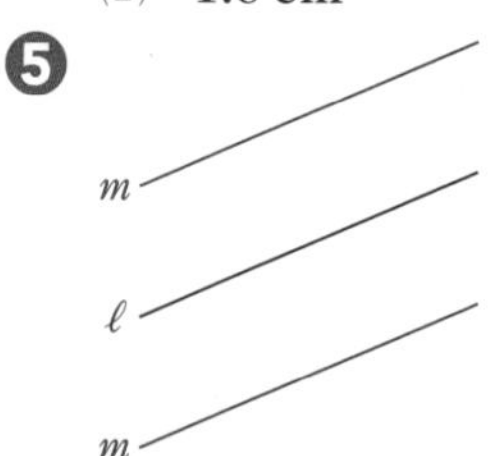

解説

❶ (2) 線分の長さが等しいことは＝を使って表す。
参考 長さが$\frac{1}{2}$のときは，AB＝$\frac{1}{2}$CDと表す。

❷ 1点からひいた2つの半直線のつくる図形が角である。∠aは，∠BAC，∠CAB，∠Aと表す。
参考 ∠aの大きさが30°のとき，∠a＝30°，あるいは，∠BAC＝30° などと表す。

❸ 正方形は，向かい合う辺は平行で，となり合う辺は垂直である。

❹ 点と直線との距離は，点Pから直線ℓにひいた垂線との交点をQとして，線分PQの長さを測ればよい。
垂線は右のように，三角定規を使ってかくとよい。

〈かき方例〉
(1)

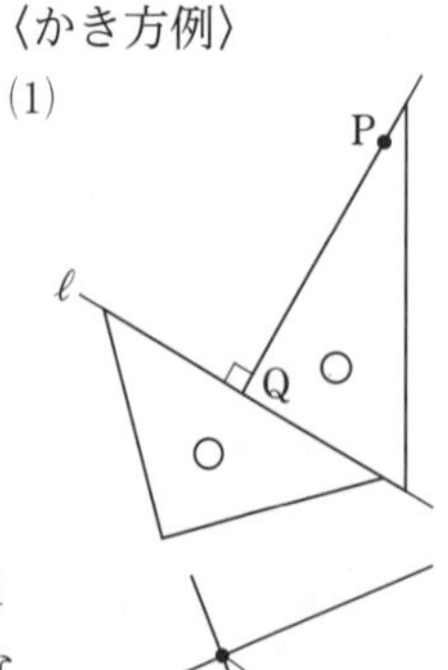

❺ 右の図のように，ℓ上の1点Pを通り，直線ℓに垂直な直線をひき，点Pから上下に8 mmになるところに印をつける。その2点を通り，直線ℓに平行な2直線をひく。

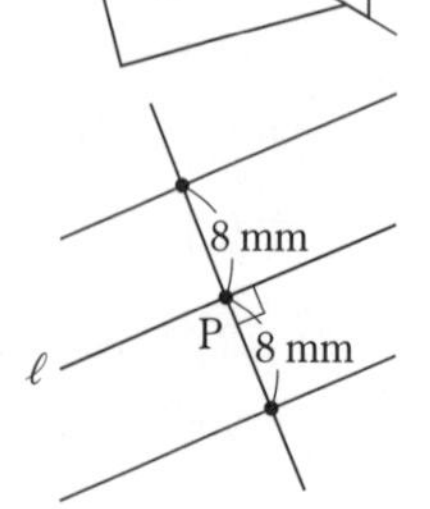

p.78〜79 ステージ1

❶ (1) 一定 (2) $\overset{\frown}{AB}$ (3) 直径
(4) 垂直 (5) おうぎ形，中心角
(6) 比例

❷ (1)

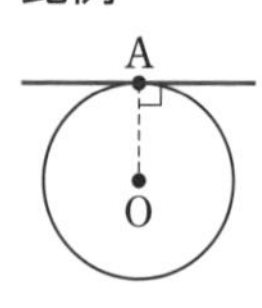

(2)

❸ (1) 円周の長さ：14π cm 面積：49π cm^2
(2) 円周の長さ：18π cm 面積：81π cm^2

❹ (1) 中心角：90° 面積：25π cm^2
(2) 中心角：270° 弧の長さ：15π cm

解説

❶ (3) 円の弦は，円周上の2点を結ぶ線分のことで，最も長い弦はその円の直径である。
(6) 1つの円では，中心角が2倍，3倍，…になると，弧の長さや面積も2倍，3倍，…になる。

❷ 円の中心と接点を結んだ半径に垂直な直線をひく。

❸ 半径rの円で，円周の長さをℓ，円の面積をSとすると，$\ell=2\pi r$，$S=\pi r^2$
(1) 円周の長さは，$2\pi\times7=14\pi$ (cm)
面積は，$\pi\times7^2=49\pi$ (cm^2)
(2) 円周の長さは，$18\times\pi=18\pi$ (cm)
半径の長さは9 cmだから，
面積は，$\pi\times9^2=81\pi$ (cm^2)

❹ 半径r，中心角a°のおうぎ形の弧の長さをℓ，面積をSとすると，$\ell=2\pi r\times\frac{a}{360}$，$S=\pi r^2\times\frac{a}{360}$

(1) $2\pi\times10\times\frac{a}{360}=5\pi$ $a=5\pi\times\frac{360}{20\pi}=90$

面積は，$\pi\times10^2\times\frac{90}{360}=25\pi$ (cm^2)

別解 中心角は，$360°\times\frac{5\pi}{2\pi\times10}=90°$

面積は，$\pi\times10^2\times\frac{5\pi}{2\pi\times10}=25\pi$ (cm^2)

(2) $\pi\times10^2\times\frac{a}{360}=75\pi$ $a=75\pi\times\frac{360}{100\pi}=270$

弧の長さは，$2\pi\times10\times\frac{270}{360}=15\pi$ (cm)

別解 中心角は，$360°\times\frac{75\pi}{\pi\times10^2}=270°$

弧の長さは，$2\pi\times10\times\frac{75\pi}{\pi\times10^2}=15\pi$ (cm)

p.80~81 ステージ2

1 (1) AC=CD=DE=EB
AD=CE=DB
AE=CB
(2) 点A
(3) 線分AB，線分CE

2 (1) AB=DC，AD=BC
(2) AB∥DC，AD∥BC
(3) AO=CO，BO=DO
(4) ∠AOB=∠DOC，∠AOD=∠BOC

3 (1) 1.2 cm　(2) 1.6 cm

4 ① 弦AB　② 弧BC　③ $\overset{\frown}{BC}$
④ 接線　⑤ 接点　⑥ 直角

5 55°

6 (1) 円周の長さ：24π cm　面積：144π cm^2
(2) 弧の長さ：12πcm　面積：90π cm^2

7 (1) $\frac{2}{9}$倍　(2) 9 cm
(3) 72π cm^2

● ● ● ● ●

① 3π cm^2

解説

1 (1) 線分ABを4等分するので，線分ABの長さを1と考えると，$\frac{1}{4}$，$\frac{2}{4}=\frac{1}{2}$，$\frac{3}{4}$の長さの線分がそれぞれできる。
$\frac{1}{4}$の長さの線分は，AC，CD，DE，EBで，
$\frac{1}{2}$の長さの線分は，AD，CE，DBで，
$\frac{3}{4}$の長さの線分は，AE，CBである。
(2) 半直線CEは，線分CEをEのほうへまっすぐに限りなく延ばしたものだから，点Aは半直線CE上にはない。
(3) AD=DB より，点Dは線分ABの中点となり，CD=DE より，点Dは線分CEの中点となる。

2 (1)(2) 長方形では，向かい合う辺が平行で，その長さが等しくなっている。
AB∥DC　AD∥BC
AB=DC　AD=BC
(3) 対角線はACとBDである。中点とは，線分を2等分する点である（問題の図の点O）。
対角線ACは，点Oで2等分されているので，
AO=CO
対角線BDは，点Oで2等分されているので，
BO=DO
(4) 点Oで向かい合う角は2組ある。

ポイント
図形の特徴(とくちょう)は，記号を使って次のように表すことができる。
長さが等しい → =
平行 → ∥
垂直 → ⊥

3 (1) 点Cと辺ABとの距離（CH）を定規で測る。

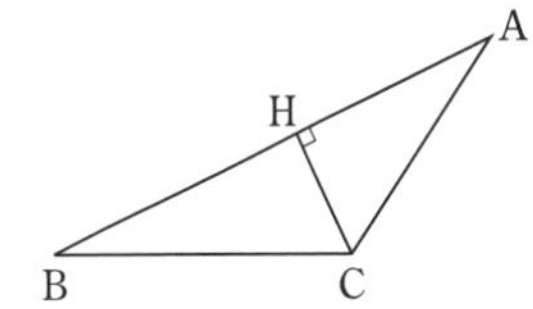

(2) 直線ℓ上に点Pをとる。点Pを通り直線ℓに垂直な線をひいて，直線mとの交点をQとすると，線分PQの長さが直線ℓとmの距離になる。

4 ① 線分ABは，円周上の2点を結んだものなので，弦である。
② 円周の一部分なので，弧である。
③ B，Cを両端とする弧なので，$\overset{\frown}{BC}$と表す。
④~⑥ 円と直線が1点で交わるとき，この直線を円の「接線」といい，交わる点を「接点」という。また，円の接線はその接点を通る半径に垂直である。

5 ∠OPAは90°だから，
∠AOP=180°−(35°+90°)=55°

6 (1) 円周の長さは，$2\pi\times12=24\pi$ (cm)
面積は，$\pi\times12^2=144\pi$ (cm^2)
(2) 弧の長さは，$30\pi\times\frac{144}{360}=12\pi$ (cm)
面積は，$\pi\times15^2\times\frac{144}{360}=90\pi$ (cm^2)

7 (1) $\frac{80}{360}=\frac{2}{9}$ (倍)
(2) 求める半径をr cmとすると，$2\pi r\times\frac{2}{9}=4\pi$
$r=4\pi\times\frac{9}{4\pi}=9$ (cm)
(3) $\pi\times18^2\times\frac{2}{9}=72\pi$ (cm^2)

① $\pi\times3^2\times\frac{120}{360}=3\pi$ (cm^2)

p.82~83 ステージ1

❶

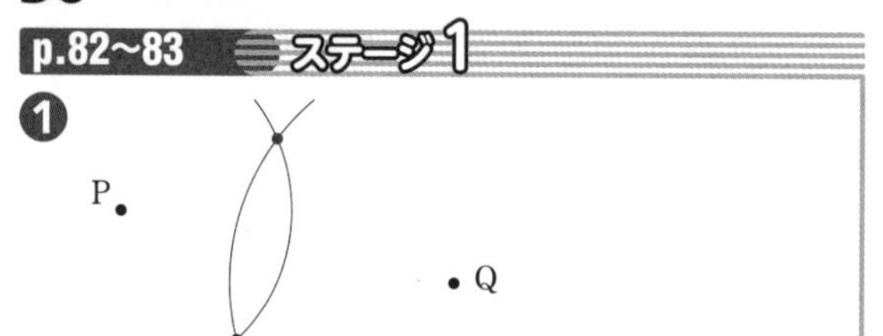

❷ (1) **AM＝BM**

(2) (例)

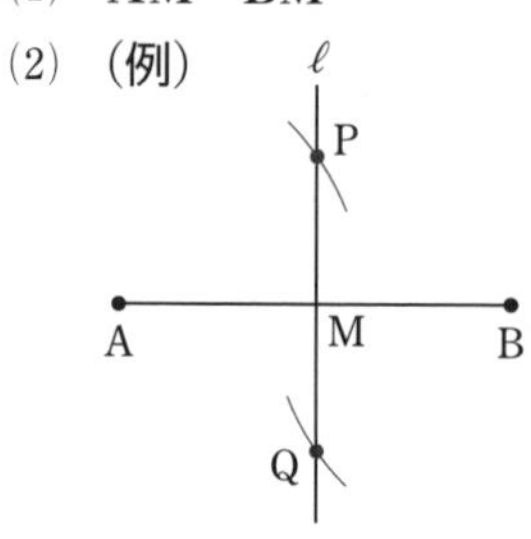

(3) ひし形

❸

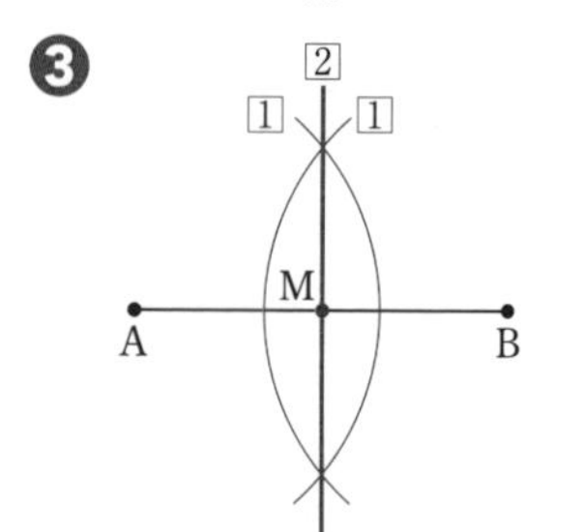

❹ (1)

(2)

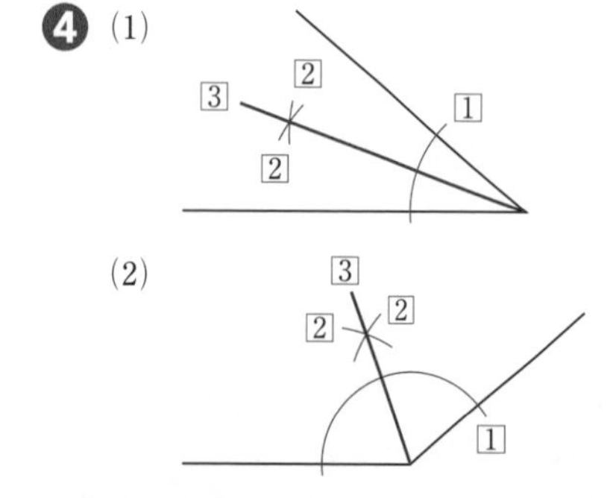

解 説

❶ 点Pを中心として，半径 1.5 cm の円をかく。点Qを中心として，半径 2 cm の円をかく。2つの円の交点が，求める点である。求める点は2つある。

参考 ある点を中心としてかいた円の円周上の点は，ある点から等しい距離にある点の集合といえる。

❷ (1) 交点Mが線分 AB の中点であるということは，線分 AM と線分 BM の長さが等しいということである。

(2) 点Aを中心として，半径が AM より大きい円をかき，ℓ との交点（Mより上側にある）をPとする。また，点Bを中心として，同じ半径の円をかき，ℓ との交点（Mより下側にある）をQとする。

(3) 直線 ℓ は線分 AB の垂直二等分線だから，PA＝PB，QA＝QB である。
また，(2)より AP＝BQ だから，
PA＝PB＝QA＝QB となるので，
四角形 PAQB はひし形である。

❸ 線分 AB の中点がMであるとき，
Mを通り，AB に垂直な直線を，
線分 AB の垂直二等分線という。
線分 AB の垂直二等分線上の点は，2点 A，B から等しい距離にあることを利用して，垂直二等分線をかく。

〈1〉 点Aを中心にして，半径が線分 AB の $\frac{1}{2}$ より大きい円をかく。(1)

〈2〉 同じように，点Bを中心にして，半径が〈1〉と同じ円をかく。(1)

〈3〉 〈1〉，〈2〉でかいた2つの円の交点（2つある）を直線で結ぶ。(2)

〈4〉 〈3〉の直線と線分 AB の交点をMとすると，点Mが線分 AB の中点である。

❹ 角の二等分線を作図するには，

1 角の頂点を中心とする適当な半径の円をかき，角をつくる半直線との交点を求める。

2 1の2つの交点をそれぞれ中心として，等しい半径の円をかき，2つの円の交点を求める。

3 角の頂点から2で求めた交点を通る半直線をひく。

参考 角の二等分線上の点から角の2辺までの距離は等しい。
また，角の内部にあって，その角の2辺までの距離が等しい点は，その角の二等分線上にある。

p.84~85　ステージ1

❶ (1)

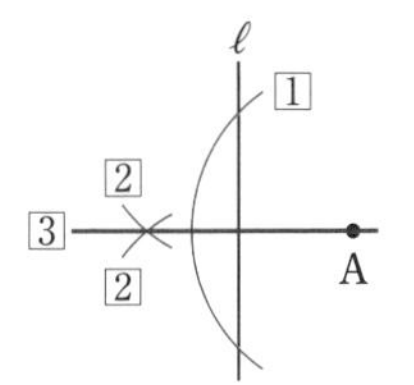

(2)

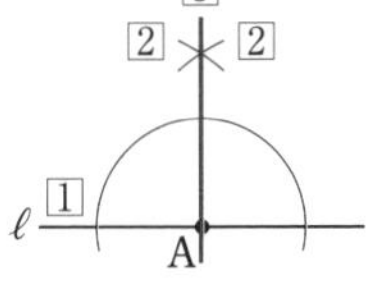

❷ (1)

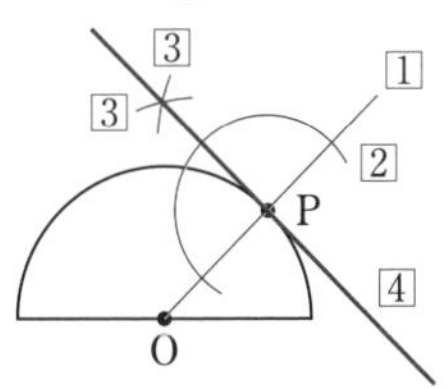

(2)

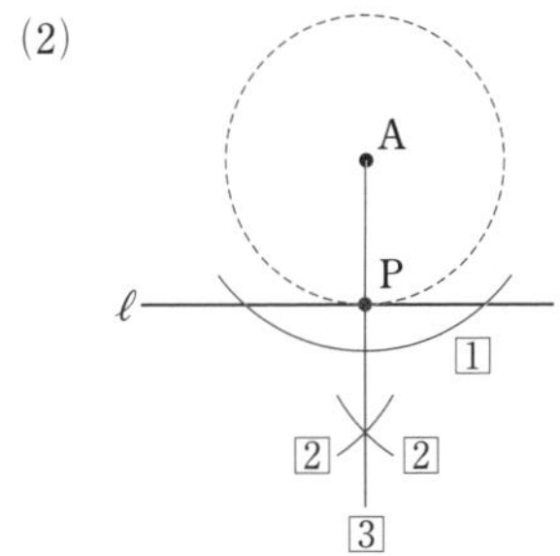

❸

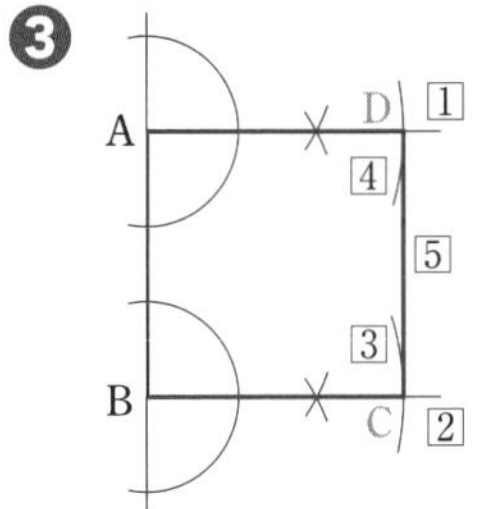

❹

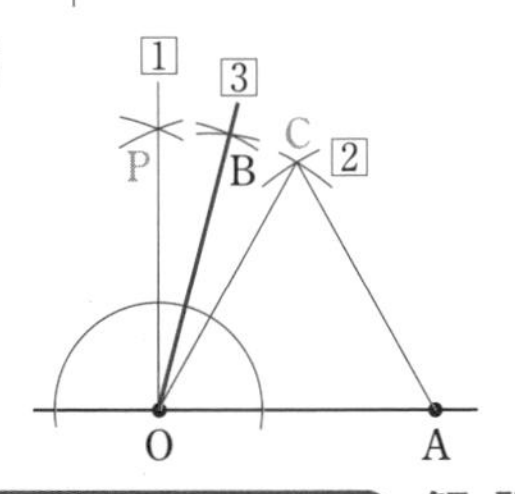

解説

❶ (1) 直線上にない点を通る垂線は，次のように作図する。

[1] 点Aを中心として，直線 ℓ と2点で交わる円をかく。

[2] 交わった2点をそれぞれ中心として，等しい半径の円をかく。

[3] [2]でかいた円の交点と点Aを結ぶ。

この結んだ直線が垂線である。

(2) 垂線は，直線 ℓ を 180° の角とみたときの二等分線であるともいえる。

[1] 点Aを中心として，適当な半径の円をかき，直線 ℓ との交点をP，Qとする。

[2] 2点P，Qをそれぞれ中心として，等しい半径の円をかき，その交点の1つをRとする。

[3] 直線 RA をひく。

❷ (1) 円の接線は，接点を通る半径に垂直だから，点Pを通る半直線 OP の垂線をひけばよい。

垂線のかき方は，❶(2)を参照。

(2) 点Aを通る直線 ℓ への垂線をひくと，垂線と直線 ℓ との交点が求める接点となる。

この接点と点Aまでの距離は，直線 ℓ が点Aを中心とした円の接線になるときの円の半径になる。

❸ [1] 点Aを通り，直線 AB に垂直な直線をひく。

[2] 点Bを通り，直線 AB に垂直な直線をひく。

[3] 点Bを中心に半径 AB の円のかき，[2]との交点をCとする。

[4] 点Aを中心に半径 AB の円をかき，[1]との交点をDとする。

[5] 点DとCを直線で結ぶと四角形 ABCD は正方形になる。

❹ [1] 点Oを通り，直線 OA に垂直な直線をひき，その直線上に点Pをとる。

[2] 点O，A から半径 OA の円をかき交点をCとして，正三角形 OAC をかく。

[3] $\angle$POC の二等分線をかき，二等分線上に点Bをとると，

$\angle AOB=\angle AOC+\angle COB=60^\circ+30^\circ\div2=75^\circ$

から，$\angle AOB=75^\circ$ となる。

ポイント

角のつくり方

45° …… 90° の角をつくってから，角の二等分線を利用する。

60° …… 正三角形をかく。

30°，15° …… 60° の角をつくってから，角の二等分線を利用する。

p.86～87 ステージ1

❶ (1)

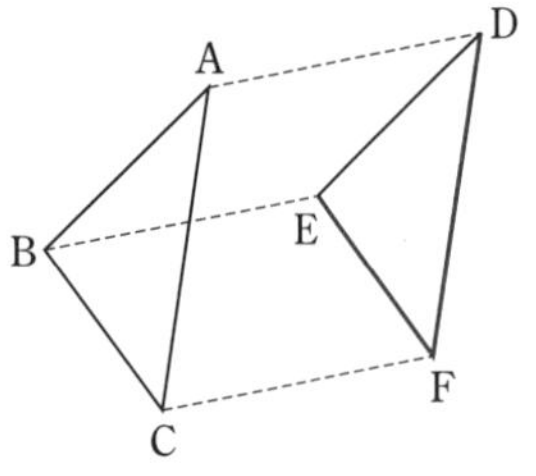

(2) ① **∥，BE (CF)**

　　または　=，CF

② **DE，DE**

❷ (1) **右の図**

(2) **線分 OA′**

(3) **∠BOB′**

∠COC′

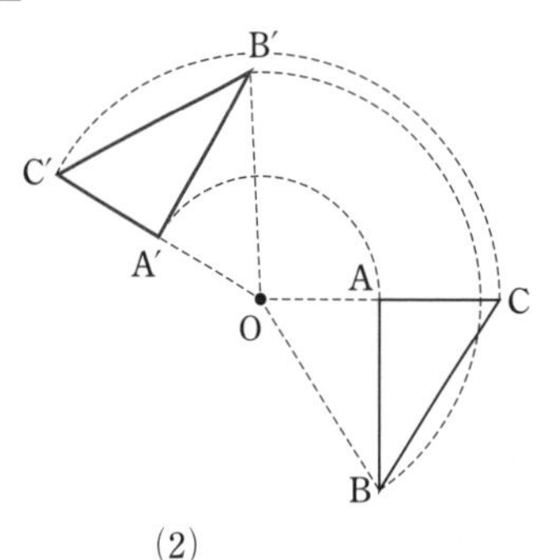

❸ (1)　　(2)

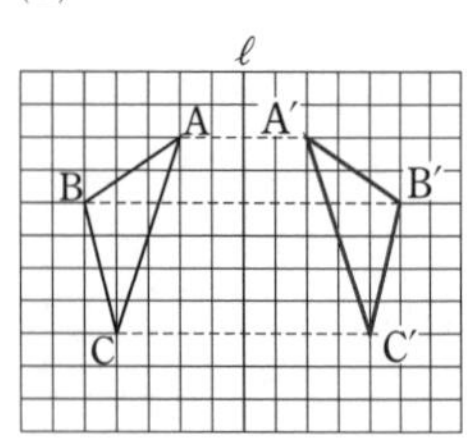

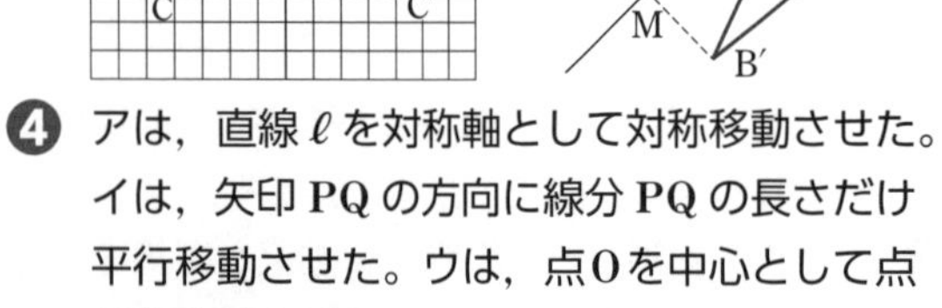

❹ **アは，直線 ℓ を対称軸として対称移動させた。イは，矢印 PQ の方向に線分 PQ の長さだけ平行移動させた。ウは，点 O を中心として点対称移動させた。**

解説

❶ (1) 図形をある方向へ一定の長さだけずらす移動を平行移動という。

問題の図では，AB が右上の方向の DE の位置に移動している。

このとき，AD=BE になっている。

また，AD と BE は平行になっている。

したがって，点 C を移動させた点 F は，

AD=BE=CF となり，

AD，BE，CF は平行となる。

(2) ① 平行移動では，対応する点を結ぶ線分は，どれも平行で，長さが等しい。つまり，

AD，BE，CF は平行で，

AD=BE=CF

② 平行移動した図形ともとの図形を比べると，対応する辺はどれも平行で，長さが等しい。

AB=DE　　AB∥DE

BC=EF　　BC∥EF

AC=DF　　AC∥DF

❷ (1) まず，点 O を中心として半径 OA の円をかく。反時計回りに ∠A′OA=150° となるように A′ をとる。

同様にして，OB を半径とする円，OC を半径とする円をかき，∠B′OB=∠C′OC=150° となるような点 B′，C′ をとる。

A′，B′，C′ を結んで △A′B′C′ をかく。

(2) OA も OA′ も点 O を中心としてえがいた円の半径なので等しい。

OA=OA′，OB=OB′，OC=OC′

(3) ∠AOA′ は，△ABC を回転させた角度に等しいので，150° である。

∠BOB′ も ∠COC′ も 150° で，∠AOA′ と等しい大きさである。

ポイント

図形をある定まった点 O を中心として，一定の角度だけ回す移動を**回転移動**という。
このとき，点 O を**回転の中心**という。

❸ (2) 点 A から直線 ℓ に垂直に交わる直線をひき，ℓ との交点を L とし，直線 AL 上に AL=A′L となる点 A′ をとる。

同様にして，点 B′，C′ をとる。

A′，B′，C′ を線分で結び，△A′B′C′ をかく。

対称移動したとき，

AA′⊥ℓ　　BB′⊥ℓ　　CC′⊥ℓ

AL=A′L　　BM=B′M　　CN=C′N

となる。

ポイント

図形をある定まった直線 ℓ を軸として裏返す移動を**対称移動**という。
このとき，直線 ℓ を**対称軸**という。

❹ ア…△ABC を対称移動させた。

イ…アを平行移動させた。

ウ…イを点対称移動させた。

ポイント

平行移動，回転移動，対称移動の 3 つの移動を使うと，図形をいろいろな位置に動かすことができる。

p.88～89 ステージ2

1 (1) 90°

(2) PO＝PB

2

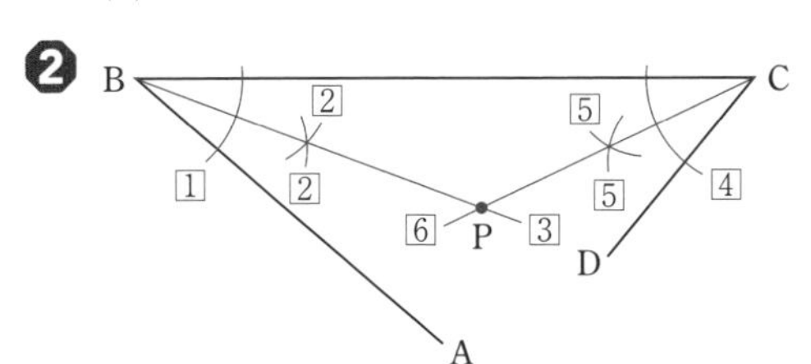

3

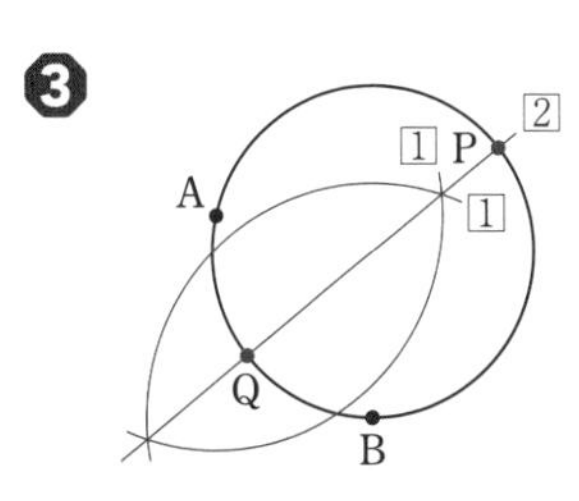

4 (1)

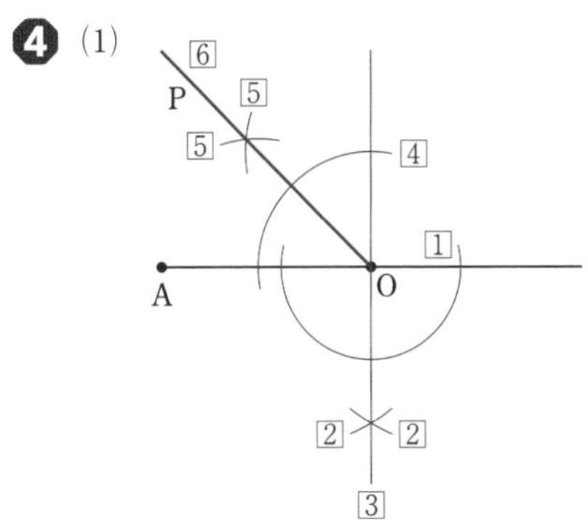

(2)

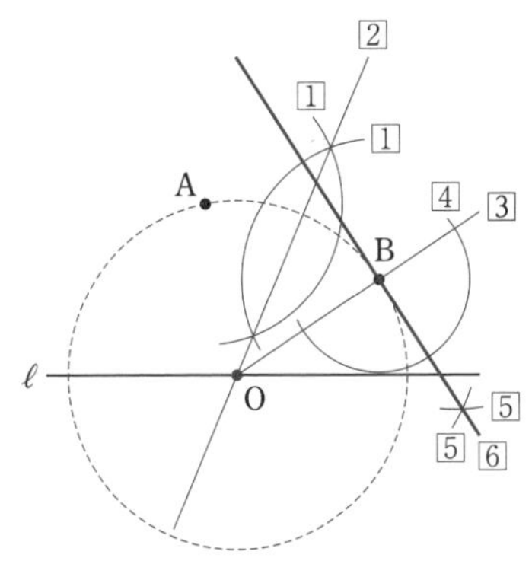

5 (1)

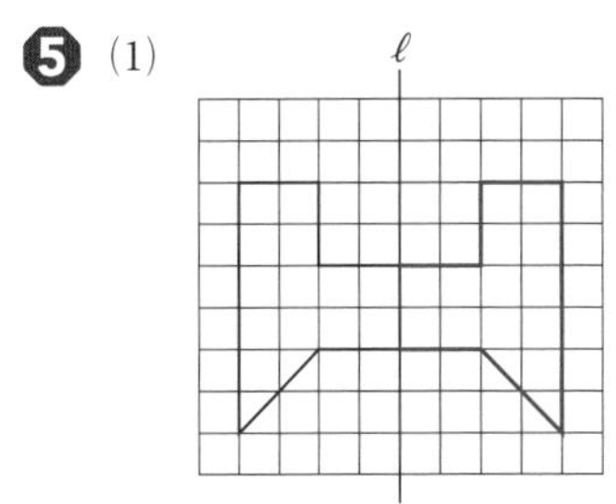

(2)

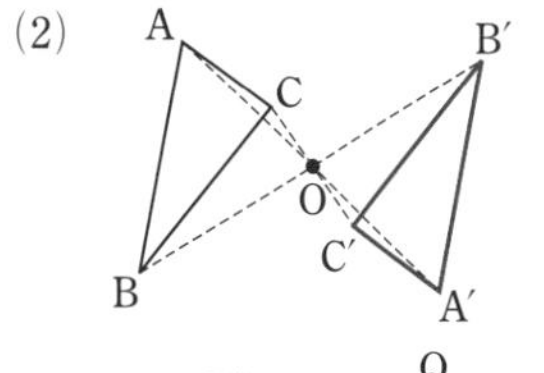

6

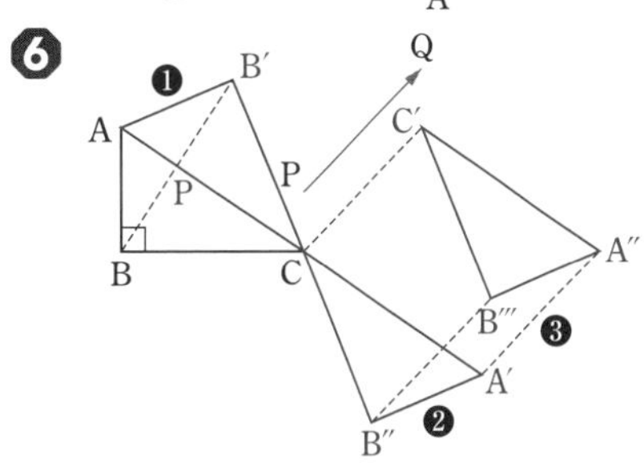

7 (1)

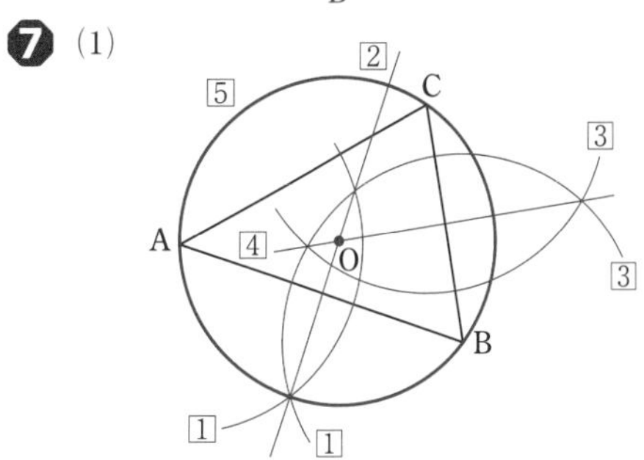

(2)

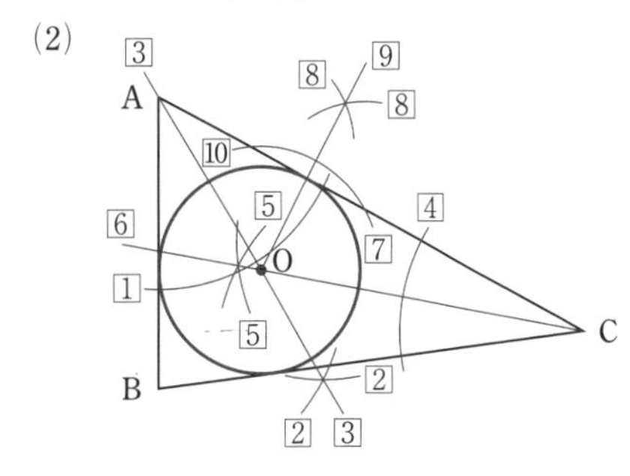

● ● ● ● ●

1

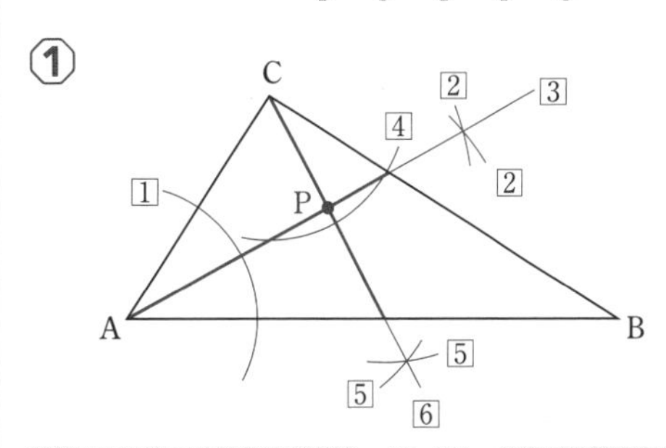

解説

1 (1) 円の接線は，接点を通る半径に垂直だから，$\ell \perp$OA より，∠PAO＝90° である。

(2) AO＝AB より，点Aは線分 OB の中点であり，∠PAO＝90° だから，直線 ℓ は線分 OB の垂直二等分線である。

よって，ℓ 上に点Pをとると，PO＝PB となる。

❷ ∠ABC の二等分線上の点は，2 つの半直線 BA，BC から等しい距離にある。
同様に，∠BCD の二等分線上の点は，2 つの半直線 CB，CD から等しい距離にある。
よって，∠ABC と ∠BCD のそれぞれの角の二等分線の交点 P を作図で求めると，その交点 P は，線分 AB，BC，CD から等しい距離にある。

❸ 弦 AB の垂直二等分線上の点は，A，B から等しい距離にある。
したがって，この垂直二等分線を作図して，円と交わる点をc求めればよい。

❹ (1) まず，点 O を通り，直線 AO に垂直な直線をひく。このとき，直線 AO と点 O を通る垂線のつくる角は 90° である。45° は 90° の $\frac{1}{2}$ なので，直線 AO と点 O を通る垂線のつくる角の二等分線を作図する。
(2) 線分 AB の垂直二等分線と直線 ℓ との交点が，円 O の中心である。
点 B を通り，半直線 OB に垂直な直線が求める接線である。

❺ (1) もとの図形とかいた図形を合わせてできる図形は，線対称な図形になる。
右の図で，AG＝A′G′，FE＝F′E，GF＝G′F′ など，対応する辺の長さは等しい。また，FF′⊥ℓ　CC′⊥ℓ となる。
(2) 図形を 180° 回転移動させることを，点対称移動という。右の図で，点対称移動させた図形ともとの図形では，対応する点を結ぶ線分は回転の中心を通り，回転の中心によって 2 等分される。

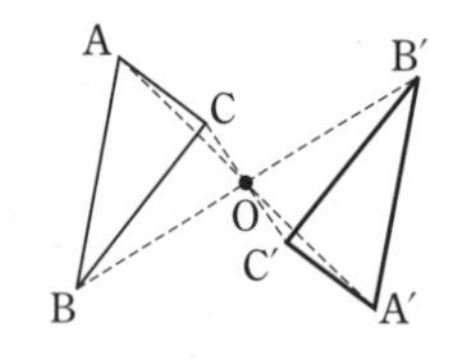

(AO＝OA′，BO＝OB′，CO＝OC′)

❻ ❶ 点 B から AC へ垂線をひき，AC との交点を P として，BP＝B′P となる点 B′ を垂線上にとる。
点 A と B′，点 C と B′ を直線で結ぶ。
❷ 直線 B′C をひき B′C＝B″C となる点 B″ をとる。
直線 AC をひき AC＝A′C となる点 A′ をとる。
点 A′ と B″ を直線で結ぶ。
❸ 点 C，A′，B″ から，PQ に平行な直線をひき，CC′＝A′A″＝B″B‴＝PQ となる点 C′，A″，B‴ をとる。
点 C′ と A″，A″ と B‴，B‴ と C′ を直線で結ぶ。

❼ (1) △ABC の 3 つの頂点を通る円をかくには，辺 AB，BC，CA のうち，2 つの辺の垂直二等分線を作図する。
この 2 つの垂直二等分線の交点が，求める円の中心 O となる。

ポイント
外接円・外心
三角形の 3 つの頂点を通る円を，その三角形の「外接円」といい，その中心を「外心」という。
三角形の 3 辺の垂直二等分線は外心で交わる。

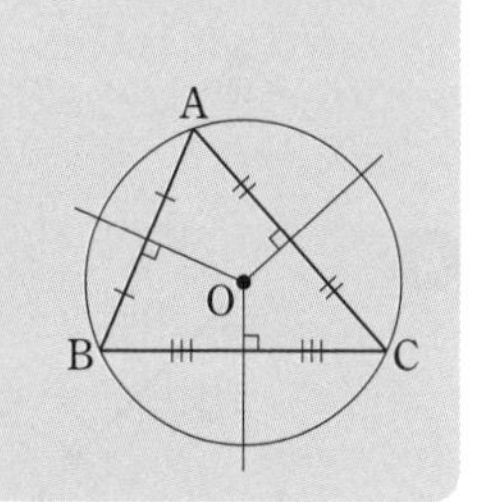

(2) △ABC の 3 つの辺が接線となる円をかくには，∠A，∠B，∠C のうち 2 つの角の二等分線を作図し，二等分線の交点が求める円の中心となる。円の中心から △ABC の 1 辺に垂線をひき，その交点と円の中心を結ぶ線分を半径とする円をかく。

ポイント
内接円・内心
三角形の 3 つの辺に接する円を，その三角形の「内接円」といい，その中心を「内心」という。
三角形の 3 つの角の二等分線は内心で交わる。

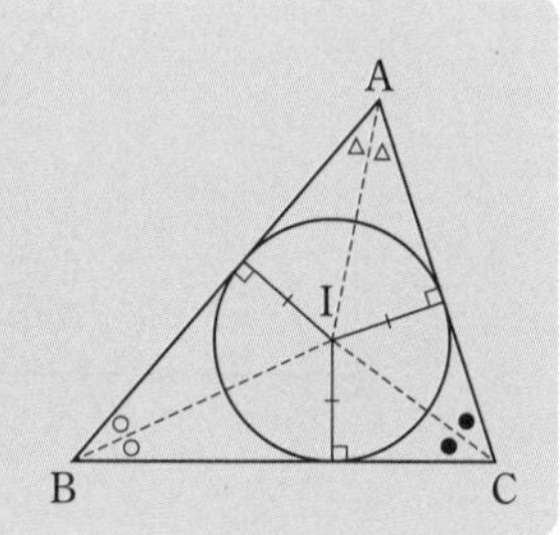

① 2 辺 AB，AC からの距離が等しい点 P は，∠CAB の二等分線上にある。
点 C と ∠CAB の二等分線上の点 P との距離が最短となるのは，直線 CP と ∠CAB の二等分線が垂直になるときである。
よって，∠CAB の二等分線をひき，点 C から ∠CAB の二等分線に垂線をひいて，その二等分線との交点を P とすればよい。

p.90〜91 ステージ3

1 (1) ① **線分 AD**

② **AC⊥BD**

(2) ① **線分 CD**

② **∠BAC＝∠DCA**

2 (1)(2)(3) 下の図

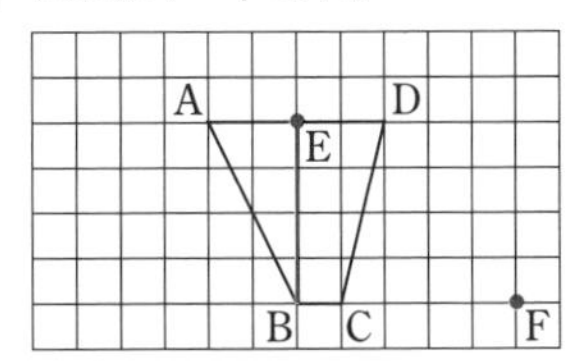

3 (1) **弧の長さ：6π cm**

面積：12π cm^2

(2) **中心角：216°**

面積：60π cm^2

4 **点Aから点 A″ の方向へ線分 AA″ の長さだけ平行移動させる。**

5 (1) ㋘

(2) ㋐，㋑，㋒，㋘，㋙，㋚

6 (1)

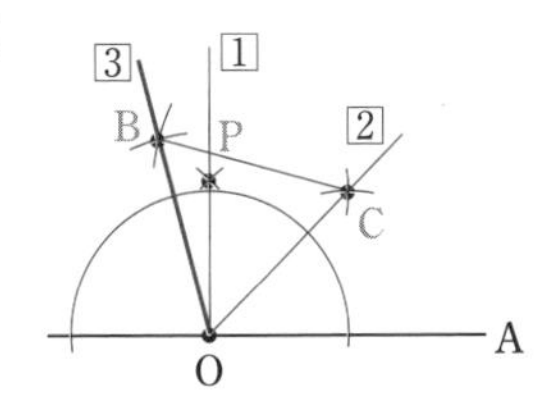

(2) ①

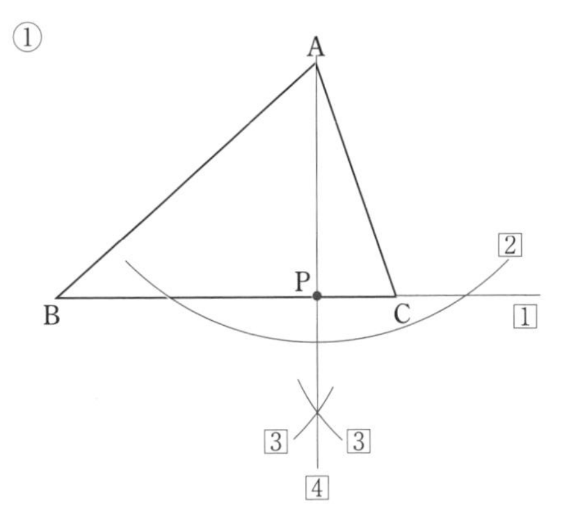

②

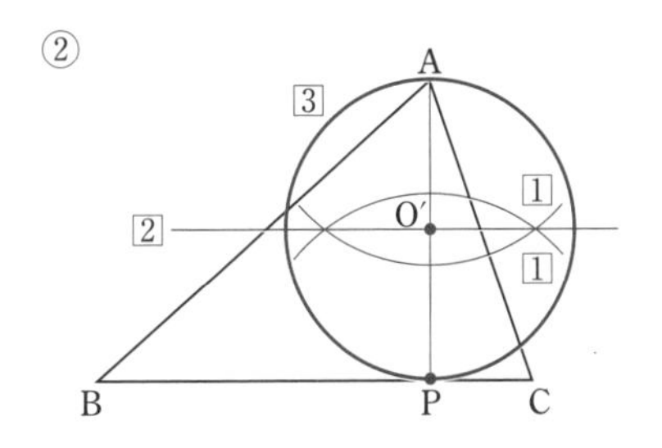

7 ①

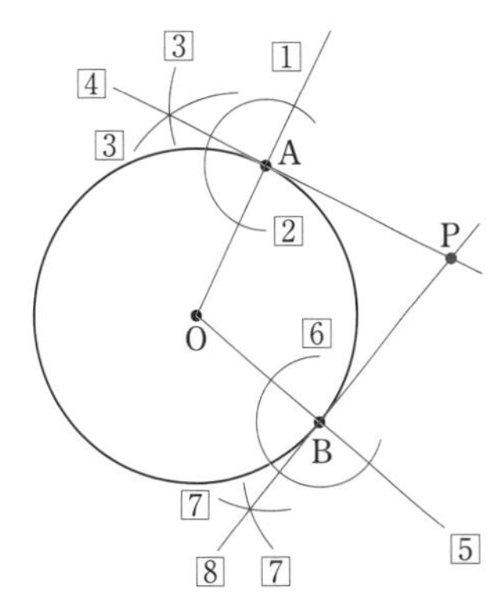

②

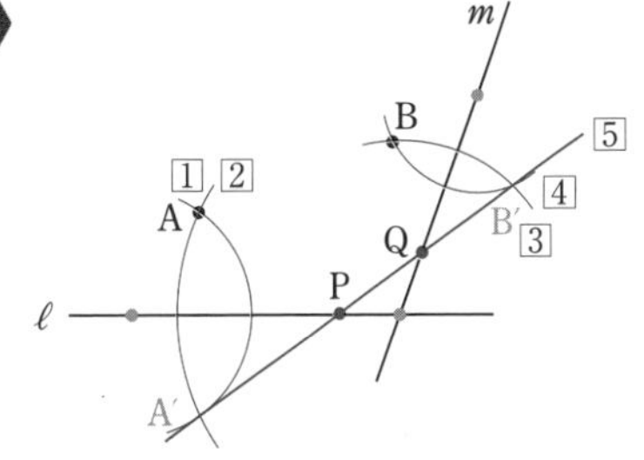

8

解 説

1 (1) 線分 AC が対称軸なので，ひし形 ABCD を線分 AC を折り目として折り返すと，△ABC と △ADC が重なる。

① AB と AD が重なる。

② 線分 AC は，線分 BD の垂直二等分線だから，AC⊥BD

(2) 点Oが回転の中心だから，ひし形 ABCD を点Oを中心として 180° だけ回転移動させると，もとの図形に重なる。

このとき，点Aに対応する点は C，点Bに対応する点はDである。

① 点Oを中心として 180° だけ回転移動させると，AB と CD が重なる。

② 点Oを中心として 180° だけ回転移動させると，∠BAC と ∠DCA が重なる。

よって，∠BAC＝∠DCA

5章

2 (1) 辺ADの長さは，4ます分あるので，
$4\div2=2$ より，Aより右へ2ます目に点Eをとる。

(2) 辺BCをBからCの方向に延長するので，点Fは，半直線BC上にある。
また，BCの長さは，1ます分なので，
$BF=BC\times5=1\times5=5$ より，
Bから右へ5ます目の点がFとなる。

(3) 平行な2直線の距離は，一方の直線上の点から他方の直線にひいた垂線の長さで求められる。点Bは直線BC上の点だから，点Bから直線ADに垂線をひく。

3 (1) 弧の長さは，$2\pi\times4\times\dfrac{270}{360}=6\pi\,(\mathrm{cm})$

面積は，$\pi\times4^2\times\dfrac{270}{360}=12\pi\,(\mathrm{cm}^2)$

(2) 中心角は，$360°\times\dfrac{12\pi}{20\pi}=216°$

面積は，$\pi\times10^2\times\dfrac{216}{360}=60\pi\,(\mathrm{cm}^2)$

別解 $\pi\times10^2\times\dfrac{12\pi}{20\pi}=60\pi\,(\mathrm{cm}^2)$

別解 半径がr，弧の長さがℓのおうぎ形の面積Sは，$S=\dfrac{1}{2}\ell r$ と表すこともできるから，

$\dfrac{1}{2}\times12\pi\times10=60\pi\,(\mathrm{cm}^2)$

4 対称移動では，対応する点を結ぶ線分は対称軸に垂直だから，△ABCとそれを直線ℓについて対称移動させた△A′B′C′において，
AA′，BB′，CC′は平行である。
同様に，A′A″，B′B″，C′C″は平行だから，
AA″，BB″，CC″は平行になる。
したがって，△ABCを△A″B″C″に1回の移動で移すには，点Aから点A″の方向へ線分AA″の長さだけ平行移動させればよい。

5 ㋐～㋟の図形は，向きはちがうがすべて同じ形をしている。

(1) ㋐を下に平行移動させると㋘と重なる。

(2) 右上の図の点Oを回転の中心として時計回りに㋓を回転させると，90°で㋑に，180°で㋐に，270°で㋒に重なる。
また，点Pを回転の中心として180°回転させると㋘に重なる。
さらに，点Qを回転の中心として反時計回りに90°回転すると㋚に重なる。そして，点Rを中心にして時計回りに90°回転させると㋙に重なる。

6 (1) 例 $105°=45°+60°$ と考えて作図する。

1 点Oを通る線分OAの垂線を作図して，垂線上の点Pをとる。

2 ∠AOPの二等分線を作図して，二等分線上に点Cをとる。

3 点O，Cを中心として半径OCの円をかき，交点をBとする。

$90°\div2+60°=105°$ から，$\angle AOB=105°$ となる。

(2) ① **別解** 点Aを通り，線分BCに垂直な直線を作図するには，次のような方法もある。

1 点Bを中心として，半径ABの円をかく。

2 点Cを中心として，半径ACの円をかく。

3 1，2の交点を通る直線をひく。

この直線と辺BCの交点をPとする。

② 線分APの垂直二等分線とAPの交点をO′として，半径O′Aの円をかく。

7 ① 点Aを通り，半直線OAに垂直な直線と，点Bを通り，半直線OBに垂直な直線との交点がPである。

② 線分APの垂直二等分線と，線分BPの垂直二等分線との交点を求めると，その交点O′は3点A，P，Bからの距離が等しい点である。
よって，3点A，B，Pを通る円の中心はO′である。

8 右の図のように，直線ℓを対称軸として，点Aと対称な点A′と，直線mを対称軸として，点Bと対称な点B′をそれぞれ作図する。
直線A′B′が直線ℓ，mとそれぞれ交わる点が求める点P，Qである。

垂直二等分線，角の二等分線など基本の作図のしかたをきちんと覚え，それらを組み合わせた作図もできるようにしておこう。

6章 空間の図形

p.92〜93 ステージ1

1 (1) ㋐，㋒，㋔
(2) ㋒，㋔
(3) ㋐

2 (1) 三角柱
(2)
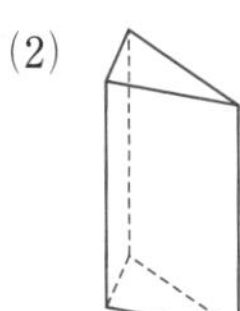

(3) 辺 GF，点 A と点 G

3 (1) 三角錐
(2) 四面体
(3) 高さ

4 (1) 合同
(2) 同じである
(3) 5
(4) 正十二面体

解説

1 ㋐は三角錐，㋑は球，㋒は三角柱，㋓は円錐，㋔は四角柱，㋕は円柱である。
(1) ㋑は曲面でできている。㋓と㋕は曲面と平面でできている。
(2) 底面が三角形や四角形，五角形などの多角形で，底面が 2 つあるのが角柱である。
(3) 側面が三角形なのは角錐である。

2 (1) 底面の形が三角形の角柱である。
(3) 点 A は点 I と重なり，点 I は点 G と重なる。点 B は点 D と重なり，点 D は点 F と重なる。

3 (1) 底面が三角形の角錐である。
(2) 面の数で考える。
(3) 頂点から底面に垂直におろした線分の長さは，角錐，円錐の高さになる。

4 (1), (2) すべての面が合同な正多角形で，どの頂点のまわりの面の数も同じである，へこみのない多面体が，正多面体である。
(3) 正多面体は，正四面体，正六面体，正八面体，正十二面体，正二十面体の 5 種類しかない。
(4) 1 つの面の形が正五角形である正多面体は，正十二面体だけである。

p.94〜95 ステージ1

1 ㋐，㋒

2 (1) 平面 AHGB
(2) 直線 AD，直線 CD，直線 EH，直線 GH
(3) 平面 BFGC，平面 AEFB

3 (1) 平面 AEHD，平面 BFGC
(2) いえる。
理由：(例) 直線 AB は面 BFGC と垂直だから。

4 (1) 平面 ADEB，平面 ABC，平面 DEF
(2) 平面 ABC，平面 DEF

5 (1) 直線 AB，直線 DC，直線 EF，直線 HG
(2) 直線 AB，直線 DC，直線 EF，直線 HG

解説

1 交わる 3 直線をふくむ平面 (㋑) や平行な 3 直線をふくむ平面 (㋓) はできない場合がある。

ポイント
平面が 1 つに決まる条件
・一直線上にない 3 点をふくむ平面
・一直線とその上にない点をふくむ平面
・交わる 2 直線をふくむ平面
・平行な 2 直線をふくむ平面

2 (1) 点 A，H，B，G をふくむ平面
(2) ねじれの位置とは，同じ平面上にない 2 つの直線の関係のこと。辺 BF と同じ平面上にない，辺 BF と平行でない辺をさがす。
(3) 辺 DH と交わらない面をさがす。

3 (1) 平面に交わる直線は，その交点を通る平面上の 2 直線に垂直ならば，その平面に垂直である。
AB⊥AD，AB⊥AE
から，AB⊥面 AEHD
AB⊥BC，AB⊥BF
から，AB⊥面 BFGC

4 (1) 図は，立方体をまっぷたつに分けた三角柱である。つまり，底面は直角三角形である。
(2) 角柱では，底面と側面は垂直な関係にある。

5 (1) 面 BFGC に垂直な辺は，辺 AB，辺 DC，辺 EF，辺 HG である。
(2) 面 AEHD と面 BFGC の両方に垂直な辺は，辺 AB，辺 DC，辺 EF，辺 HG である。

p.96～97 ステージ1

❶ (1) 五角形　(2) 正三角形
(3) 正方形

❷ (1) 円柱　(2) 円錐
(3) 球

❸ (1) 長方形　(2) 直角三角形
(3) 台形

❹ (1) 四角錐　(2) 四角柱

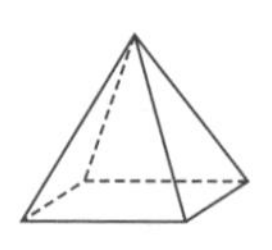

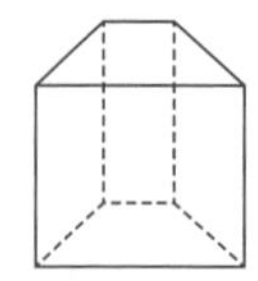

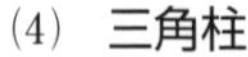

(3) 三角錐　(4) 三角柱

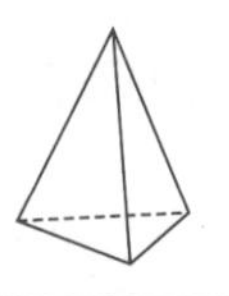

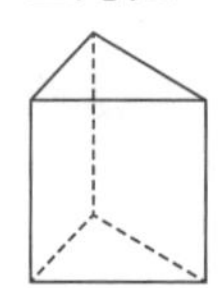

解説

❶ (1)

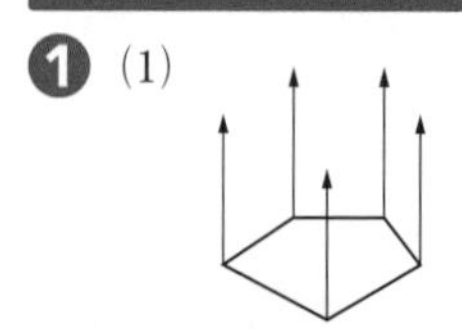

(2)

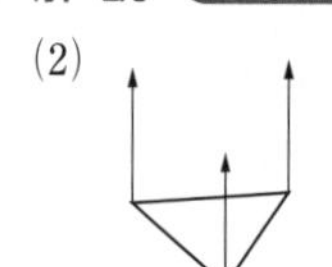

(3)

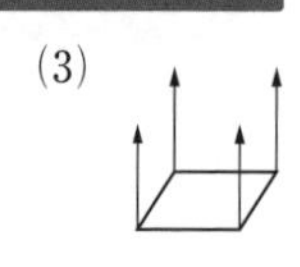

ポイント
角柱や円柱は，底面の図形を，それと垂直な方向に一定の距離だけ動かしてできる立体ともいえる。

❷ (1)　(2)　(3)
❸ (1)　(2)　(3)

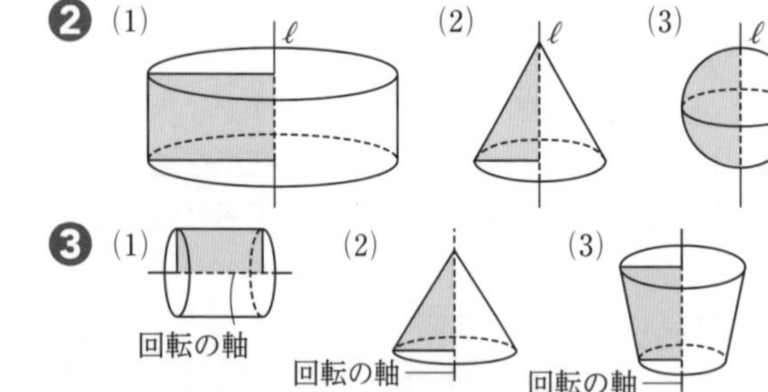

❹ 立面図が三角形の場合は角錐か円錐，長方形の場合は角柱か円柱である。
(1) 底面が長方形の四角錐である。
(2) 底面が台形の四角柱である。
(3) 底面が三角形の三角錐である。
(4) 底面が三角形の三角柱である。

ポイント
立体を正面や真上から見たときの図で表すのが投影図。見える辺は実線で，見えない辺は破線でかく。

p.98～99 ステージ1

❶ (1) **辺 AE，EB，BC，CD**
(2) **点 B，辺 HG**

❷ (1) **正三角錐（正四面体）**
(2) **点 C**
(3) **辺 AD**

❸ (1) **円錐**
(2) **16 cm**
(3) **8π cm**

❹

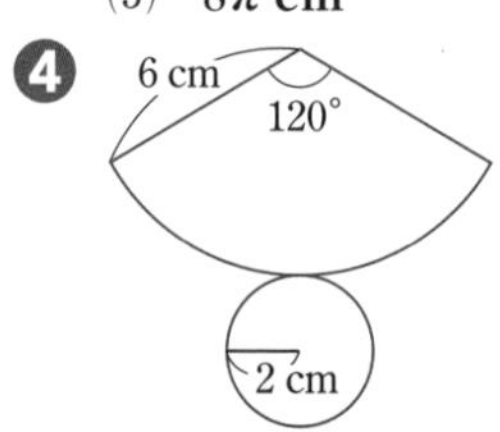

解説

❶ (1) 辺 AE, EB, BC, CD にそって切り開いたものである。
(2) 展開図を組み立てると，点Fは点C，点Gは点B，点Hは点Eと重なる。

❷ (1) 展開図を組み立てると，右の図のような正三角錐ができる。

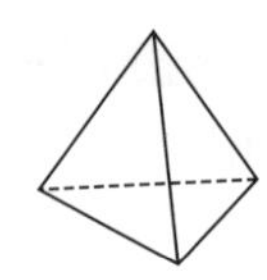

(2)(3) 展開図を組み立てると，点Aは点C，点Dは点Fと重なる。

❸ (1) 展開図を組み立てると，右の図のような円錐ができる。

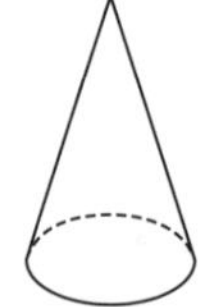

(2) 側面になるおうぎ形の半径が母線の長さである。
(3) $\overset{\frown}{BC}$ の長さは，底面の円周に等しいから，
$2\pi\times4=8\pi$ (cm)

❹ 展開図で，側面にあたるおうぎ形の中心角の大きさは，$360\times\dfrac{2\pi\times2}{2\pi\times6}=120$ より，120°
半径 6 cm，中心角 120° のおうぎ形をかき，
半径 2 cm の円がおうぎ形に接するようにかく。

ポイント

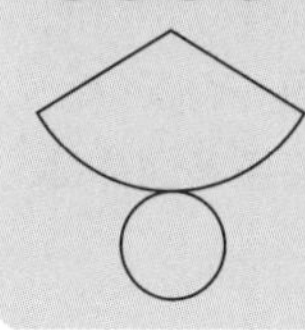

円錐の展開図は，おうぎ形と円からできている。

p.100~101 ステージ2

❶ (1) 正三角形　(2) 正八面体
(3) 正四面体

❷ ㋑, ㋒, ㋔

❸ (1) 直線 BE, 直線 ED, 直線 BF, 直線 CF, 直線 FG
(2) 直線 AC, 直線 DG
(3) 直線 AB, 直線 AD, 直線 CG, 直線 BC
(4) ない

❹ (1) ㋐, ㋒, ㋔　(2) ㋐, ㋑, ㋓

❺ (1) ㋓　(2) ㋐　(3) ㋔
(4) ㋑　(5) ㋒

❻ (1)

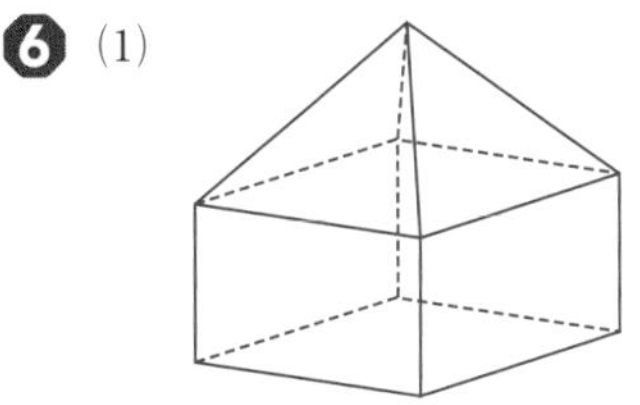

(2) 9　(3) 線分 AB

❼ (1) 144°
(2)

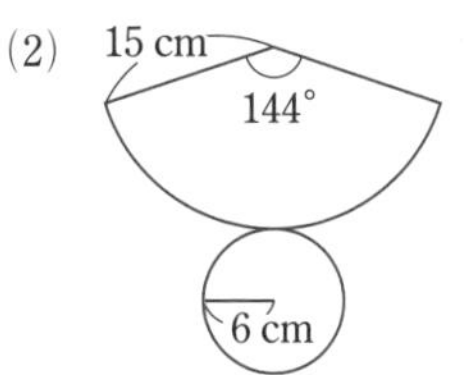

● ● ● ● ●

①

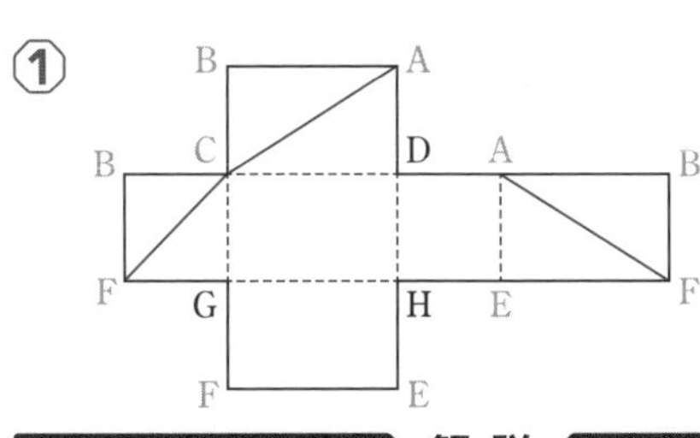

解説

❶ (1) 正二十面体の面の形は正三角形である。
(2) 1つの頂点に集まる面の数が4であるのは, 正八面体だけである。
(3) 各面の中央の点をそれぞれ A, B, C, D とすると, そのうちの2点を結ぶ線分は AB, AC, AD, BC, BD, CD の6本あって, どれも長さが等しいから, 正四面体ができる。

ポイント
正多面体には, 正四面体, 正六面体, 正八面体, 正十二面体, 正二十面体の5つがある。

❷ ㋐ 2点をふくむ面は無数にできる。3点ないと平面は決まらない。
㋓ 同じ直線上にある点では, 3点あっても平面は決まらない。
㋕ ねじれの位置にある2直線をふくむ平面はできない。

❸ (4) 直線 EF と CB はねじれの位置にあるので, 同じ平面上にない。よって, 4点 E, F, C, B を通る平面はない。

❹ (1) 円柱や円錐のように, ある直線のまわりに1回転させてできた立体を回転体という。
長方形 → 円柱
直角三角形 → 円錐
半円 → 球 (直径を軸とする。)
(2) 角柱や円柱は, 底面をそれと垂直な方向に動かしてできた図形とも考えられる。

❺ (1) 正面から見ると三角形 → 立面図は三角形
真上から見ると三角形 → 平面図は三角形
よって, ㋓
(2) 正面から見ると長方形 → 立面図は長方形
真上から見ると四角形 → 平面図は四角形
よって, ㋐
(3) 正面から見ると三角形 → 立面図は三角形
真上から見ると長方形 → 平面図は長方形
よって, ㋔
(4) 正面から見ると円 → 立面図は円
真上から見ると長方形 → 平面図は長方形
よって, ㋑
(5) 正面から見ると三角形 → 立面図は三角形
真上から見ると円 → 平面図は円
よって, ㋒

❻ (2) 見取図で考えるとよい。
正四角錐の側面が4つ, 四角柱の側面が4つ, 底面が1つだから, 面の数は9になる。
(3) 投影図では, 立面図と平面図の対応する頂点を上下でそろえてかき, 破線で結んである。
よって, 平面図の点 O, Q に対応する立面図の点は, それぞれ A, B となる。

❼ (1) $360^\circ \times \dfrac{2\pi \times 6}{2\pi \times 15} = 144^\circ$
(2) 側面は, 半径 15 cm, 中心角 144° のおうぎ形で, 底面は, 半径 6 cm の円である。

① 展開図に, 頂点の記号を書き入れて考える。

p.102~103 ステージ1

❶ (1) $300\ cm^2$ (2) $132\pi\ cm^2$

❷ (1) $224\ cm^2$ (2) $78.3\ cm^2$

❸ (1) $288°$ (2) $20\pi\ cm^2$

(3) $36\pi\ cm^2$

❹ (1) $27\pi\ cm^2$ (2) $20\pi\ cm^2$

❺ 直線ABを軸とした回転体のほうが，$210\pi\ cm^2$ 大きくなる。

解説

❶ (1) 側面積　$8\times(5+12+13)=240\ (cm^2)$

底面積　$5\times12\div2=30\ (cm^2)$

表面積　$240+2\times30=300\ (cm^2)$

(2) 1回転させてできる立体は，底面の半径が6 cm，高さが5 cmの円柱である。

側面積　$5\times(2\pi\times6)=60\pi\ (cm^2)$

底面積　$\pi\times6^2=36\pi\ (cm^2)$

表面積　$60\pi+2\times36\pi=132\pi\ (cm^2)$

❷ (1) $8\times10\div2\times4+8\times8=224\ (cm^2)$

(2) $5\times9\div2\times3+10.8=78.3\ (cm^2)$

❸ (1) $360°\times\frac{2\times\pi\times4}{2\times\pi\times5}=288°$

(2) $\pi\times5^2\times\frac{288}{360}=20\pi\ (cm^2)$

別解　$\pi\times5^2\times\frac{2\times\pi\times4}{2\times\pi\times5}=20\pi\ (cm^2)$

(3) $20\pi+\pi\times4^2=36\pi\ (cm^2)$

❹ (1) 側面積は，$\pi\times6^2\times\frac{2\times\pi\times3}{2\times\pi\times6}=18\pi\ (cm^2)$

底面積は，$\pi\times3^2=9\pi\ (cm^2)$

表面積は，$18\pi+9\pi=27\pi\ (cm^2)$

(2) 底面の半径は，$4\div2=2\ (cm)$

表面積は，

$\pi\times8^2\times\frac{2\times\pi\times2}{2\times\pi\times8}+\pi\times2^2=20\pi\ (cm^2)$

❺ 直線ABを軸として作った回転体の表面積は，

$\pi\times13^2\times\frac{2\times\pi\times12}{2\times\pi\times13}+\pi\times12^2=300\pi\ (cm^2)$

直線BCを軸として作った回転体の表面積は，

$\pi\times13^2\times\frac{2\times\pi\times5}{2\times\pi\times13}+\pi\times5^2=90\pi\ (cm^2)$

$300\pi-90\pi=210\pi\ (cm^2)$

得点アップのコツ

円錐の側面積は，π×(円錐の母線の長さ)×(底面の円の半径)で求めることもできる。

p.104~105 ステージ1

❶ (1) $360\ cm^3$ (2) $192\pi\ cm^3$

(3) $28\ cm^3$ (4) $160\pi\ cm^3$

(5) $210\pi\ cm^3$

❷ (1) $60\ cm^3$ (2) $196\pi\ cm^3$

(3) $105\ cm^3$ (4) $128\ cm^3$

(5) $825\pi\ cm^3$ (6) $32\pi\ cm^3$

解説

❶ (1) 底面積　$8\times7\div2+8\times3\div2=40\ (cm^2)$

体積　$40\times9=360\ (cm^3)$

参考　底面積を求めるとき，計算の工夫(くふう)ができる。$8\times7\div2+8\times3\div2=(7+3)\times8\div2=10\times4=40\ (cm^2)$

(2) 底面積　$\pi\times(8\div2)^2=16\pi\ (cm^2)$

体積　$16\pi\times12=192\pi\ (cm^3)$

(3) 底面積　$2\times2=4\ (cm^2)$

体積　$4\times7=28\ (cm^3)$

(4) 底面積　$\pi\times4^2=16\pi\ (cm^2)$

体積　$16\pi\times10=160\pi\ (cm^3)$

(5) 直線ℓを回転の軸として1回転させると，右の図のような底面の半径が5 cmで高さが10 cmの円柱から底面の半径が2 cmで高さが10 cmの円柱を切り取った立体ができる。よって，体積は，

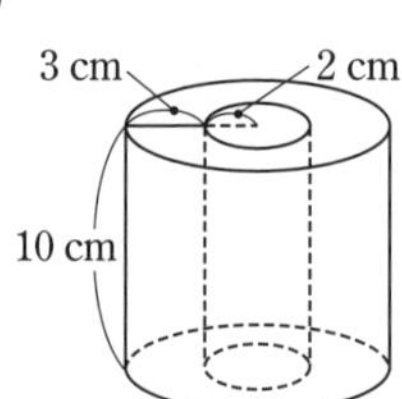

$\pi\times5^2\times10-\pi\times2^2\times10=210\pi\ (cm^3)$

❷ (1) $\frac{1}{3}\times(4\times5)\times9=60\ (cm^3)$

(2) $\frac{1}{3}\times(\pi\times7^2)\times12=196\pi\ (cm^3)$

(3) $\frac{1}{3}\times45\times7=105\ (cm^3)$

(4) $\frac{1}{3}\times8^2\times6=128\ (cm^3)$

(5) $\frac{1}{3}\times(\pi\times15^2)\times11=825\pi\ (cm^3)$

(6) 1回転させてできる立体は，底面の半径が4 cm，高さが6 cmの円錐である。

$\frac{1}{3}\times(\pi\times4^2)\times6=32\pi\ (cm^3)$

ポイント

角錐や円錐の体積は角柱，円柱の体積の$\frac{1}{3}$である。

p.106～107 ステージ1

1 (1) 球の表面積 … 36π cm^2
円柱の側面積 … 36π cm^2
球の表面積と円柱の側面積は等しい。
(2) 球の体積 … 36π cm^3
円柱の体積 … 54π cm^3
割合 … $\dfrac{2}{3}$

2 表面積 … 243π cm^2　体積 … 486π cm^3

3 360π cm^3

4

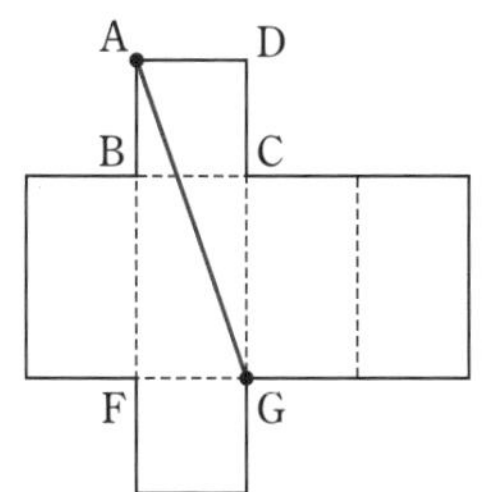

5 (1) (例)

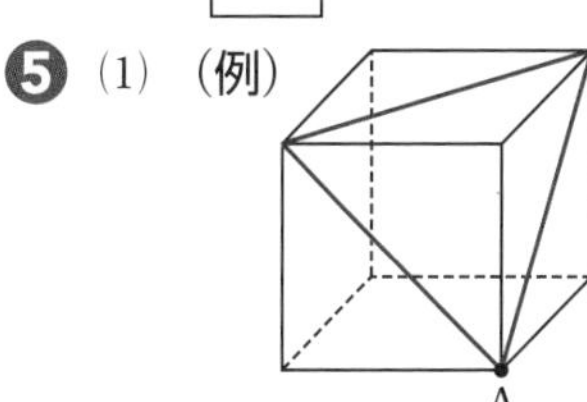

(2) (例)

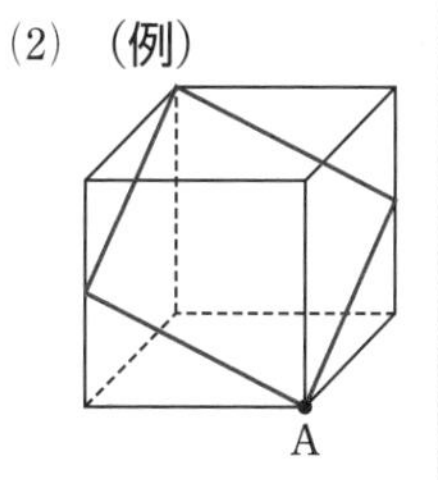

(3) (例)

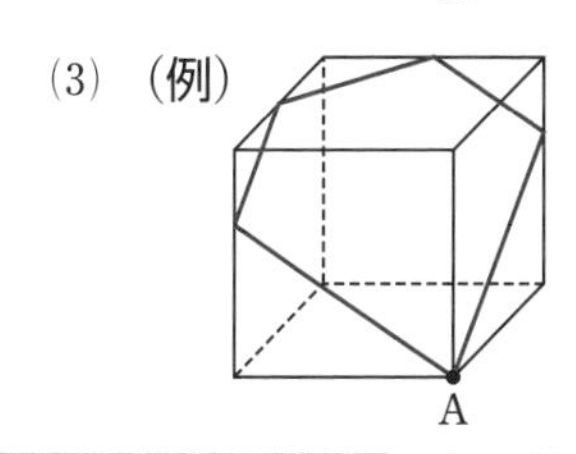

解説

1 (1) 球の表面積　$4\pi\times3^2=36\pi$ (cm^2)
円柱の側面積　$6\times(2\pi\times3)=36\pi$ (cm^2)
（$2\pi\times3$：底面の円周の長さ）
よって，球の表面積と円柱の側面積は等しい。
参考 半径が r cm の球の表面積を求める公式は，$S=4\pi r^2$
また，半径 r cm の球がちょうど入る円柱の側面積 S' は，高さが $2r$ cm，
底面の円周の長さが $2\pi r$ cm より，
$S'=2r\times2\pi r=4\pi r^2$
よって，球の表面積は，その球がちょうど入る円柱の側面積に等しいといえる。

(2) 球の体積　$\dfrac{4}{3}\times\pi\times3^3=36\pi$ (cm^3)
円柱の体積　$(\pi\times3^2)\times6=54\pi$ (cm^3)
（$\pi\times3^2$：底面積　6：高さ(球の直径)）
よって，球の体積の円柱の体積に対する割合は，
$36\pi\div54\pi=\dfrac{2}{3}$

ポイント
球の表面積と体積
半径 r の球の表面積を S とすると，$S=4\pi r^2$
半径 r の球の体積を V とすると，$V=\dfrac{4}{3}\pi r^3$

2 OA を回転の軸として 1 回転させると，右の図のような半球ができる。

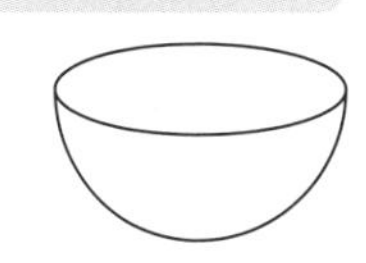

表面積は，$4\pi\times9^2\div2+\pi\times9^2=243\pi$ (cm^2)
（$4\pi\times9^2\div2$：球の表面積の半分　$\pi\times9^2$：切り口の円の面積）
体積は，$\dfrac{4}{3}\times\pi\times9^3\div2=486\pi$ (cm^3)
（球の体積の半分）

3 円錐と半球の和として求める。
半球の半径は，$12\div2=6$ (cm)
円錐の体積は，$\dfrac{1}{3}\times\pi\times6^2\times18=216\pi$ (cm^3)
半球の体積は，$\dfrac{4}{3}\times\pi\times6^3\times\dfrac{1}{2}=144\pi$ (cm^3)
あわせて，$216\pi+144\pi=360\pi$ (cm^3)

4 展開図に正四角柱の頂点の記号を書き入れると，右の図のようになる。

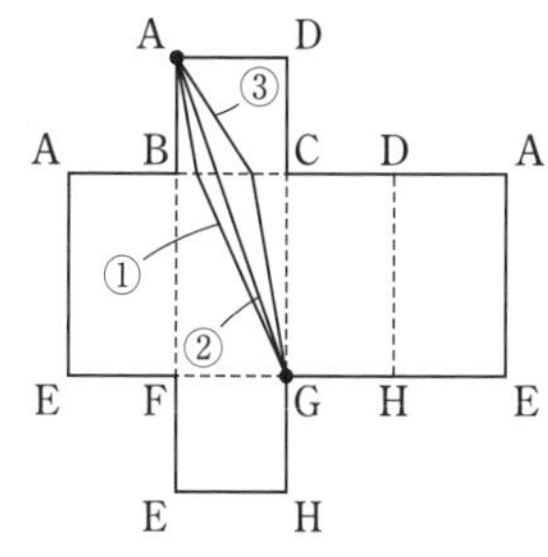

問題は，A から辺 BC 上を通って G にひもをかけるということなので，A と G を結ぶ。A と G を結ぶ 3 本の線①，②，③の長さを比べてみると，直線で結んだ②がいちばん短いことがわかる。したがって，答えは，A と G を直線で結んだ図ということになる。

5 (1) 切り口が正三角形になるということは，切り口の 3 つの辺の長さがどれも等しくなる必要がある。A を通る正方形の対角線の長さはどれも等しくなるので，A を通る 3 本の対角線を組み合わせればよい。答えの (例) 以外に右上の図のような切り口も考えられる。

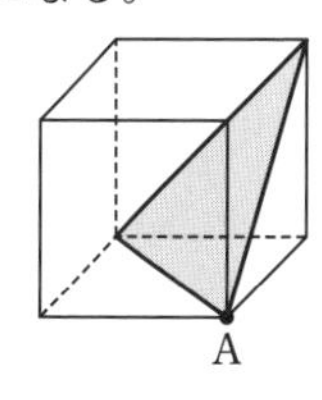

(2) ひし形は 4 つの辺の長さが等しいので，切り口の 4 つの辺の長さが等しくなるようにする。

(3) 切り口が五角形になるためには，点Aを通り立方体の5つの面に切り口の辺が現れるようにかいていく。
立方体を2つ重ねて，ひし形の切り口を上下に動かすと，立方体の切り口が五角形になる場合を確かめることができる。

A

※立方体の切り口

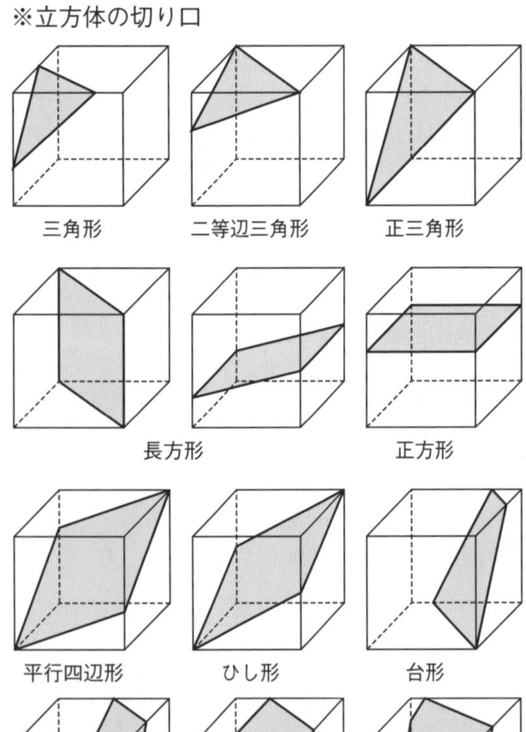

三角形　二等辺三角形　正三角形

長方形　正方形

平行四辺形　ひし形　台形

等脚台形　五角形　六角形

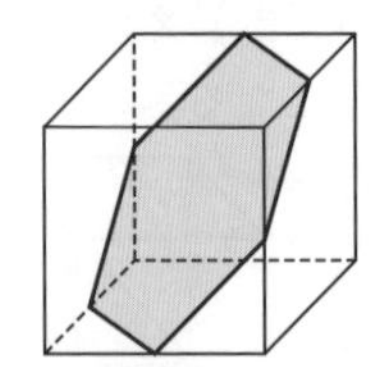

正六角形（各辺の中点を通るとき）

参考 面と面が交わると直線（辺）が1本できる。
立方体の面は6つだから，切り口の図形の辺の数は最大でも6つである（六角形までしかかけない）。
切り口の図形をかくときは，立方体の平行な面には平行な線分が現れることに注意してかくとよい。

p.108～109 ステージ2

1 (1) 三角柱　(2) $84\ \mathrm{cm}^2$
(3) $36\ \mathrm{cm}^3$

2 (1) $72\ \mathrm{cm}^2$　(2) $324\pi\ \mathrm{cm}^2$

3 $8\pi\ \mathrm{cm}^3$

4 $7.5\ \mathrm{cm}\left(\dfrac{15}{2}\ \mathrm{cm}\right)$

5 $54\pi\ \mathrm{cm}^3$

6 (1) 6 cm
(2) $36\ \mathrm{cm}^3$

7 6 cm

8 右の図
長さ … 12 cm

9 (1) 台形　(2) 正六角形

①　4倍

解説

1 (1) 直角三角形を底面とし，底面がそれと垂直な方向に6 cm動くと，右の図のような三角柱ができる。

(2) 展開図は，次のようになる。

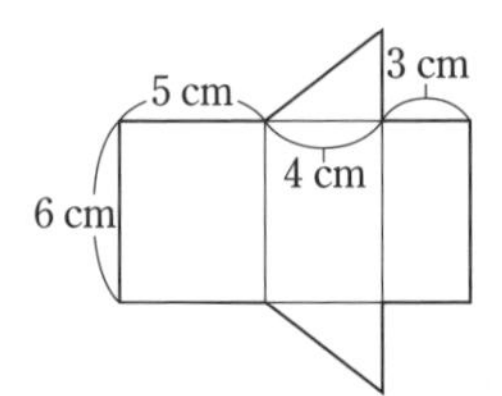

側面積　$6\times(3+4+5)=72\ (\mathrm{cm}^2)$
底面積　$4\times3\div2=6\ (\mathrm{cm}^2)$
表面積　$72+2\times6=84\ (\mathrm{cm}^2)$

(3) （体積）＝（底面積）×（高さ）　なので，
$(4\times3\div2)\times6=36\ (\mathrm{cm}^3)$

2 (1) 展開図は，次のようになる。

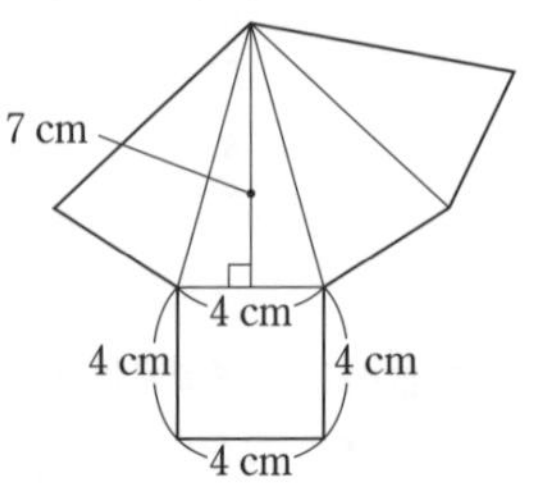

側面積　$(4\times7\div2)\times4=56\ (\mathrm{cm}^2)$
底面積　$4\times4=16\ (\mathrm{cm}^2)$
表面積　$56+16=72\ (\mathrm{cm}^2)$

(2)　展開図は，右のようになる。

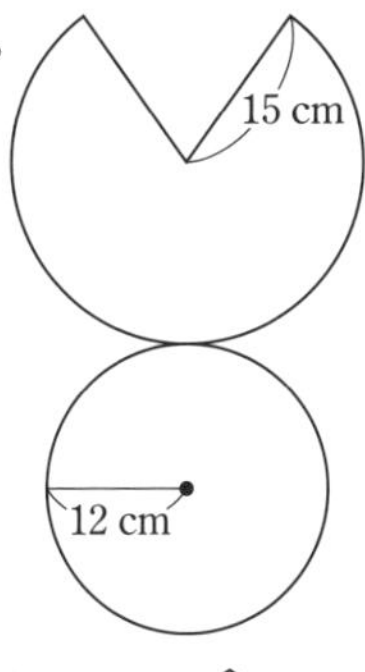

側面積　$\pi\times15^2\times\dfrac{2\times\pi\times12}{2\times\pi\times15}$

$=180\pi\,(\mathrm{cm}^2)$

底面積　$\pi\times12^2=144\pi\,(\mathrm{cm}^2)$

表面積　$180\pi+144\pi$

$=324\pi\,(\mathrm{cm}^2)$

❸ 辺 BC を軸として 1 回転させると，右の図のような円錐を 2 つつなげた立体ができる。

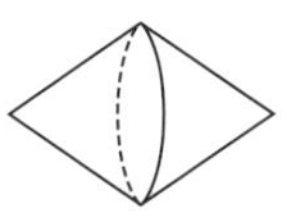

円錐 1 つの体積は，底面の半径が 2 cm，高さが $6\div2=3\,(\mathrm{cm})$ なので，

$\dfrac{1}{3}\times\pi\times2^2\times3=4\pi\,(\mathrm{cm}^3)$

よって，求める立体の体積は，

$4\pi\times2=8\pi\,(\mathrm{cm}^3)$

❹ Aの容器に入る水の量は，

$\dfrac{1}{3}\times\pi\times6^2\times10=120\pi\,(\mathrm{cm}^3)$

となる。これをBの容器に入れると，

Bの容器の底面積が，

$\pi\times4^2=16\pi\,(\mathrm{cm}^2)$

だから，水の深さは，

$120\pi\div16\pi=\dfrac{15}{2}=7.5\,(\mathrm{cm})$

❺ 底面の半径が $6\div2=3\,(\mathrm{cm})$ で，高さが 9 cm の円柱の体積は，

$\pi\times3^2\times9=81\pi\,(\mathrm{cm}^3)$

切り取る円錐の体積は，

$\dfrac{1}{3}\times\pi\times3^2\times9=27\pi\,(\mathrm{cm}^3)$

よって，求める立体の体積は，

$81\pi-27\pi=54\pi\,(\mathrm{cm}^3)$

別解　切り取る円錐の体積は，

円柱の体積の $\dfrac{1}{3}$ だから，

切り取ってできる立体の体積は，

円柱の体積の $1-\dfrac{1}{3}=\dfrac{2}{3}$ である。

よって，求める立体の体積は，

$(\pi\times3^2\times9)\times\dfrac{2}{3}=54\pi\,(\mathrm{cm}^3)$

❻ (1)　角錐の高さは，頂点から底面にひいた垂線の長さである。

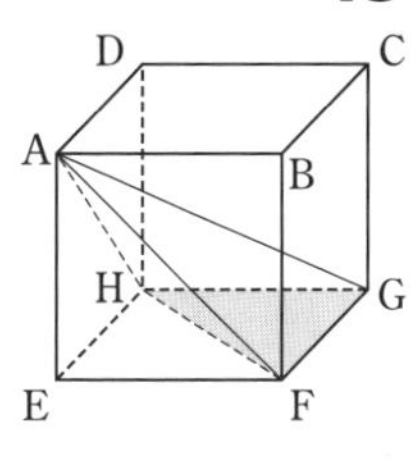

三角錐 AFGH の高さは，頂点Aから底面 FGH にひいた垂線，つまり AE が高さになる。

(2)　$\dfrac{1}{3}\times(6\times6\div2)\times6=36\,(\mathrm{cm}^3)$

❼ 球の表面積は，$4\pi\times6^2=144\pi(\mathrm{cm}^2)$

円柱の底面積は，$\pi\times6^2=36\pi\,(\mathrm{cm}^2)$

よって，側面積は，$144\pi-36\pi\times2=72\pi\,(\mathrm{cm}^2)$

円柱の高さを h cm とすると，

$h\times(2\pi\times6)=72\pi$　　$h=6$

❽ 側面になるおうぎ形の中心角を a° とすると，

$2\pi\times12\times\dfrac{a}{360}=2\pi\times2$ が成り立つ。

この方程式を解くと，$a=60$ より，中心角は 60° だから，展開図は右のようになる。展開図にAと重なる点 A′ をかき入れると，ひもの長さが最も短くなるときの長さを表しているのは，おうぎ形の弧の両端を結ぶ線分 AA′ である。

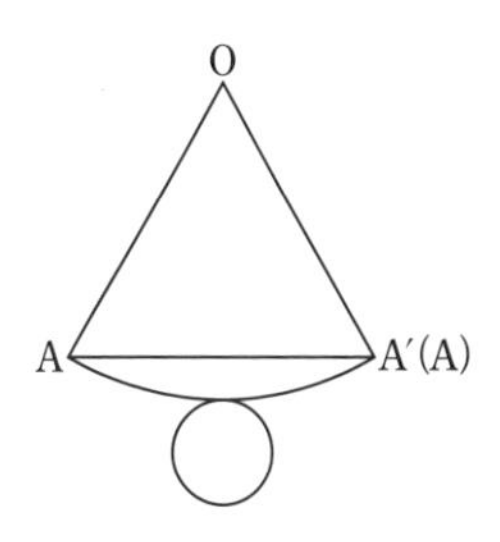

おうぎ形の中心角が 60° で OA＝OA′ だから，△OAA′ は 1 辺の長さが 12 cm の正三角形になるので，求める長さは 12 cm である。

❾ (1)　3 点 A，P，Q を通る平面は，AC∥PQ となる点Cを通る。切り口は，四角形 APQC で台形になる。

(2)　DC，AD，AE の中点を S，T，U とすると，3 点 P，Q，R を通る平面は，点 S，T，U も通る。切り口は，正六角形 PQRSTU になる。

① 台形を 1 回転させてできる立体の体積は，

$\underline{\pi\times3^2\times9}-\underline{\dfrac{1}{3}\times\pi\times3^2\times3}=72\pi\,(\mathrm{cm}^3)$

（底面の半径が 3 cm で高さが 9 cm の円柱）（底面の半径が 3 cm で高さが 3 cm の円錐）

おうぎ形を 1 回転させてできる立体の体積は，

$\left(\dfrac{4}{3}\pi\times3^3\right)\div2=18\pi\,(\mathrm{cm}^3)$ ← 半径が 3 cm の半球

よって，$72\pi\div18\pi=4$ (倍)

6章

p.110~111 ステージ3

1 (1) ㋐，㋓

(2) ㋐，㋒，㋔

(3) ㋐，㋓，㋕

(4) ㋑，㋒，㋔

2 (1) 平面 EFGH

(2) 平面 BFGC，平面 EFGH

(3) 直線 BF，直線 FG，直線 CG，直線 BC

(4) 直線 CG，直線 DH，直線 EH，直線 FG

(5) 直線 AB，直線 BF，直線 CD，直線 CG

(6) 平面 ABCD，平面 EFGH

3 24 cm^3

4 (1) 表面積 … 126 cm^2

体積 … 90 cm^3

(2) 表面積 … 54π cm^2

体積 … 54π cm^3

5 (1) 表面積 … 96 cm^2

体積 … 48 cm^3

(2) 表面積 … 96π cm^2

体積 … 96π cm^3

6 36 cm^2

7 表面積 … 33π cm^2

体積 … 30π cm^3

8

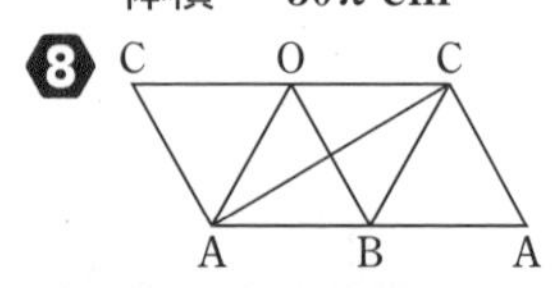

解説

1 (1) 円錐や円柱の底面は円の形をしている。

(2) 角柱や円柱は，底面がそれと垂直な方向に一定の距離だけ動かしてできた立体とみることができる。底面の周の動いたあとは，その立体の側面であり，動かした距離が高さにあたる。

円 → 円柱

三角形 → 三角柱

正方形 → 正四角柱

(3) 円柱や円錐は，1つの直線を回転の軸として平面図形を回転させてできる立体とみることができる。このとき，円柱や円錐の側面をつくる線分を，円柱や円錐の母線という。

長方形 → 円柱

直角三角形 → 円錐

半円 → 球

(4) いくつかの平面だけで囲まれた立体を多面体という。多面体は，その面の数によって，四面体，五面体などという。

三角錐 → 四面体

三角柱 → 五面体

立方体 → 六面体

2 (1) 直方体の向かい合う面は平行である。

(2) AD∥BC，AD は平面 BFGC にふくまれないから，AD はそれに平行な直線をふくむ平面 BFGC と平行である。

同様に，AD∥EH，AD は平面 EFGH にふくまれないから，AD はそれに平行な直線をふくむ平面 EFGH と平行である。

(3) 平面 AEHD と向かい合う平面 BFGC は平行だから，平面 AEHD は，平面 BFGC 上の 4 つの直線 BF，FG，CG，BC と平行である。

(4) 直線 AB と平行でなく，交わらない直線 CG，DH，EH，FG はねじれの位置にある。

(5) 直方体の面はどれも長方形だから，

BC⊥AB，BC⊥BF，BC⊥CD，BC⊥CGである。

(6) AE⊥AB，AE⊥AD より，AE は平面 ABCD と垂直である。

同様に，AE⊥EF，AE⊥EH より，AE は平面 EFGH と垂直である。

3 平面図より，底面は縦 3 cm，横 4 cm の長方形で，立面図より，高さが 2 cm の直方体であることがわかる。

よって，この直方体の体積は，

$3\times4\times2=24$ (cm^3)

4 (1) 四角柱の底面は，高さが 4 cm の台形で，展開図は，下のようになる。

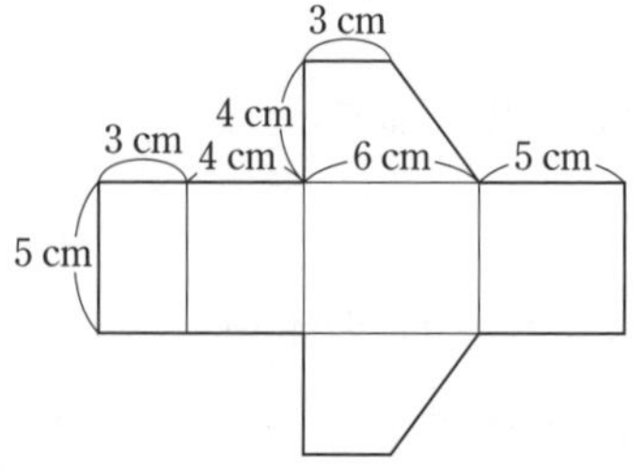

側面積　$5\times(3+4+6+5)=90$ (cm^2)

底面積　$(3+6)\times4\div2=18$ (cm^2)

表面積　$90+2\times18=126$ (cm^2)

体積　$18\times5=90$ (cm^3)

(2) 展開図は，右のようになる。

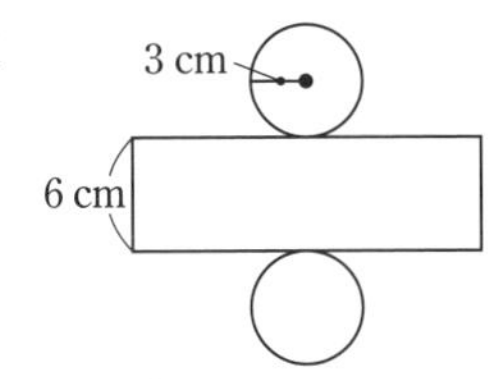

側面積　$6\times(2\pi\times3)=36\pi\,(\mathrm{cm}^2)$
底面積　$\pi\times3^2=9\pi\,(\mathrm{cm}^2)$
表面積　$36\pi+2\times9\pi=54\pi\,(\mathrm{cm}^2)$
体積　$9\pi\times6=54\pi\,(\mathrm{cm}^3)$

5 (1) 正四角錐の側面の1つの三角形は，底辺が6 cm，高さが5 cmの三角形で，展開図は，右のようになる。

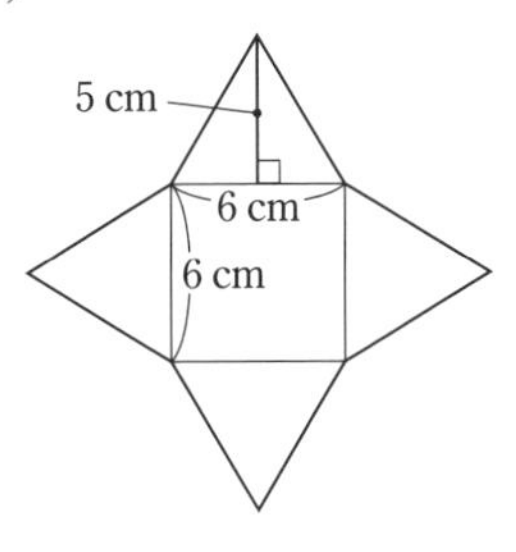

側面積　$(6\times5\div2)\times4$
$=60\,(\mathrm{cm}^2)$
底面積　$6\times6=36\,(\mathrm{cm}^2)$
表面積　$60+36=96\,(\mathrm{cm}^2)$
正四角錐の高さは，見取図より4 cmだから，
体積　$\dfrac{1}{3}\times36\times4=48\,(\mathrm{cm}^3)$

(2) 展開図は，右のようになる。

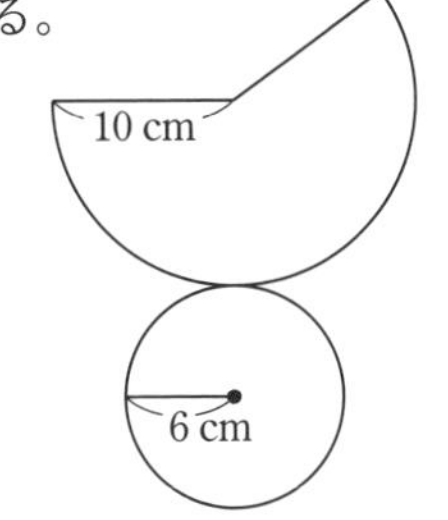

側面積　$\pi\times10^2\times\dfrac{2\pi\times6}{2\pi\times10}$
$=60\pi\,(\mathrm{cm}^2)$
底面積　$\pi\times6^2=36\pi\,(\mathrm{cm}^2)$
表面積　$60\pi+36\pi$
$=96\pi\,(\mathrm{cm}^2)$
円錐の高さは，見取図より8 cmだから，
体積　$\dfrac{1}{3}\times36\pi\times8=96\pi(\mathrm{cm}^3)$

6 色のついた三角錐ADEFは，正三角形DEF，△ADE，△ADF，△AEFの4つの面からなる四面体である。
一方，2つに切り取られた残りの立体は，正三角形ABC，△ABE，△ACF，△AEF，正方形BEFCの5つの面からなる五面体である。
正三角形DEFと正三角形ABCは面積が等しく，△ADE，△ADF，△ABE，△ACFもそれぞれ正方形の半分の大きさだから面積が等しいので，2つの立体の表面積の差は，正方形BEFC 1つ分であることがわかる。
よって，$6^2=36\,(\mathrm{cm}^2)$

7 おうぎ形を，直線ℓを回転の軸として1回転すると，半径が3 cmの半球ができる。
直角三角形を直線ℓを回転の軸として1回転すると，円錐ができる。
表面積は，半径が3 cmの球の表面積の$\dfrac{1}{2}$と円錐の側面積の和になるから，
$4\times\pi\times3^2\times\dfrac{1}{2}+\pi\times5^2\times\dfrac{2\times\pi\times3}{2\times\pi\times5}=33\pi\,(\mathrm{cm}^2)$
体積は，半径が3 cmの球の体積の$\dfrac{1}{2}$と円錐の体積の和になるから，
$\dfrac{4}{3}\times\pi\times3^3\times\dfrac{1}{2}+\dfrac{1}{3}\times\pi\times3^2\times4=30\pi\,(\mathrm{cm}^3)$

ミス注意! 表面積を求めるとき，半球と円錐が重なっている円の部分の面積を加えないように気をつけよう。

8 糸の長さが最短になるときの糸のようすは，展開図において直線になる。

得点アップのコツ

公式がたくさん出てくるので，
きちんと覚えておくことが大切である。

表面積・体積の公式
角柱・円柱の表面積 … (側面積)＋2×(底面積)
角錐・円錐の表面積 … (側面積)＋(底面積)
(円錐の展開図で側面はおうぎ形)
角柱・円柱の体積 … (底面積)×(高さ)
角錐・円錐の体積 … $\dfrac{1}{3}\times$(底面積)×(高さ)
球の表面積 … $4\times\pi\times(\text{半径})^2$
球の体積 … $\dfrac{4}{3}\times\pi\times(\text{半径})^3$

せっかく覚えても
使えなければ意味がないから，
使いこなせるようになるために，
公式を使って
数多くの問題を解いてみよう。

7章 データの分析

p.112~113 ステージ1

❶ (1) **23.4 g**

(2) **5 g**

(3) ① **5**　② **6**　③ **25**

(4) **17 個**

(5)

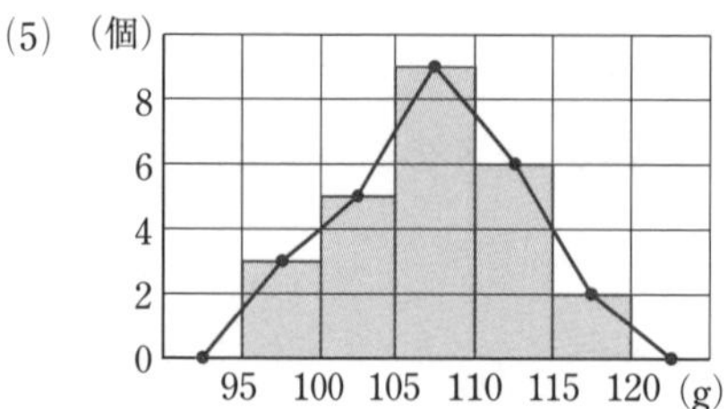

❷

階級 (kg)	度数	相対度数
以上　未満 10~20	2	0.10
20~30	7	0.35
30~40	6	0.30
40~50	4	0.20
50~60	1	0.05
計	20	1

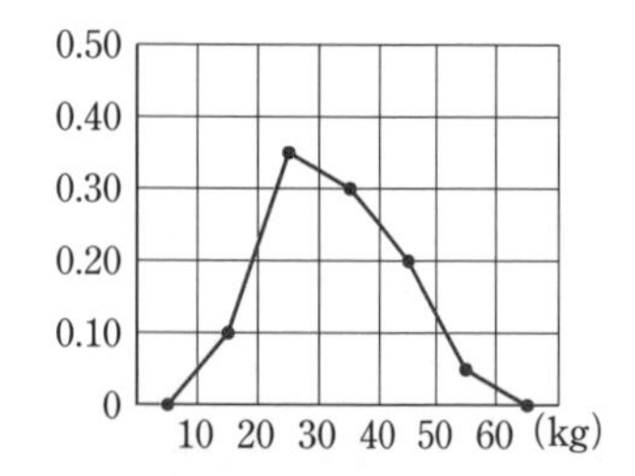

解説

❶ (1) データの範囲は，最大値が 118.8 g，最小値が 95.4 g であるから，

118.8−95.4＝23.4 (cm)

(2) 問題の度数分布表は，重さを 5 g ずつの幅に区切り，それぞれの区間に入るみかんの個数を書き入れたものである。

このような表では，各区間を階級といい，区間の幅のことを階級の幅という。

問題の表の階級の幅は，

105−100＝5 (g)

である。

(3) ① 100 g 以上 105 g 未満のみかんは，102.5 g，104.5 g，104.0 g，103.6 g，103.7 g の 5 個である。

② 110 g 以上 115 g 未満のみかんは，110.0 g，114.6 g，114.6 g，113.2 g，112.6 g，112.4 g の 6 個である。

③ 合計の個数だから，

3＋5＋9＋6＋2＝25 (個)

(4) 重さが 110 g 未満のみかんの個数は，

階級が 95 ~ 100，100 ~ 105，105 ~ 110 の度数をたせばよいので，

3＋5＋9＝17 (個)

(5) 度数分布のようすを表した柱状グラフをヒストグラムという。

横軸に階級の幅をとり，縦軸に度数をとる。

階級の幅を底辺，度数を高さとする長方形を順にすき間なく並べてかいていく。

このときの長方形の面積は，階級の度数に比例している。

度数分布多角形は，ヒストグラムの各長方形の上の辺の中点をとって順に線分で結ぶ。

さらに，左右両端の度数 0 の階級の中点までのばしてかく。

❷ 度数は，各階級の縦のめもりを読む。

相対度数は，$\dfrac{(\text{階級の度数})}{(\text{度数の合計})}$ で求めて，

わり切れないときは，小数第 3 位を四捨五入して，小数第 2 位まで求める。

相対度数は，

10 kg 以上 20 kg 未満の階級 … $\dfrac{2}{20}=0.10$

20 kg 以上 30 kg 未満の階級 … $\dfrac{7}{20}=0.35$

30 kg 以上 40 kg 未満の階級 … $\dfrac{6}{20}=0.30$

40 kg 以上 50 kg 未満の階級 … $\dfrac{4}{20}=0.20$

50 kg 以上 60 kg 未満の階級 … $\dfrac{1}{20}=0.05$

相対度数の合計は 1 になる。

ミス注意! 相対度数の和が 1 にならないときは，和が 1 になるように相対度数の最も大きな値を調整する。

グラフは，各階級値に相対度数の点を取り，順に線で結ぶ。左右の両端には，相対度数が 0 の階級があるものとする。

p.114~115 ステージ1

1 (1)

時間(分)	度数(人)	累積度数(人)	相対度数	累積相対度数
以上 未満 0~10	18	**18**	**0.15**	**0.15**
10~20	30	**48**	**0.25**	**0.40**
20~30	42	**90**	**0.35**	**0.75**
30~40	18	**108**	**0.15**	**0.90**
40~50	12	**120**	**0.10**	**1**
計	120		1	

(2)

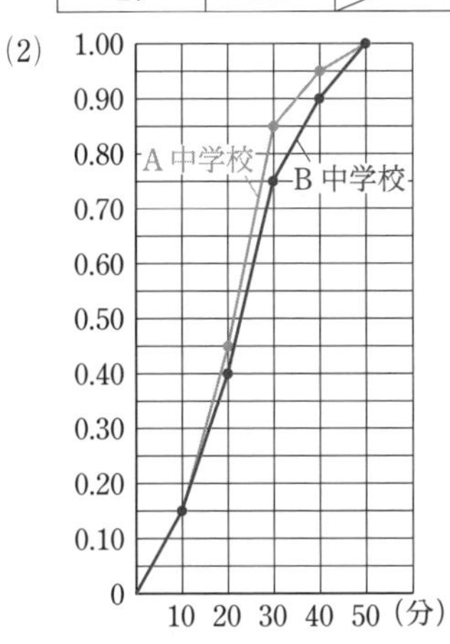

(3) **20分以上30分未満の階級**

2 (1) ① **37.5**
② **10**
③ **150**
④ **525**
⑤ **2360**

(2) **47.2 kg**
(3) **47.5 kg**
(4) **右の図**

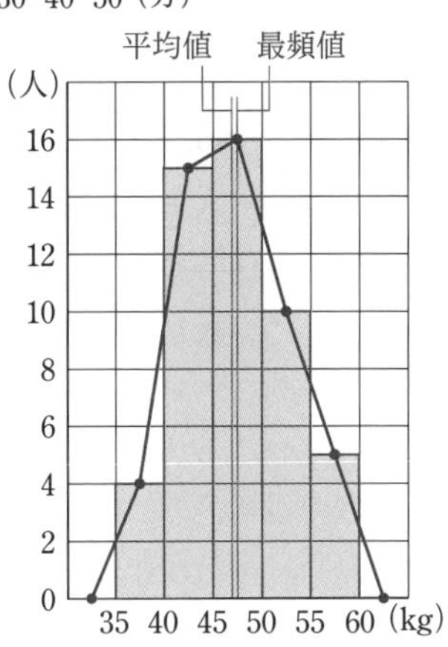

解説

1 (3) 累積相対度数が0.50になる階級を読み取る。

2 (1) ① 階級値は，階級の中央の値だから，
(35+40)÷2=37.5
② 50 kg以上55 kg未満の階級の度数を求める。
度数の合計は，表より50人なので，
50−(4+15+16+5)=10
⑤ (階級値)×(度数)の合計を求める。
③+637.5+760+④+287.5 より，
150+637.5+760+525+287.5=2360

(2) 平均値は，{階級値×(度数)の合計}÷(度数の合計)で求める。
2360÷50=47.2 (kg)

(3) 最頻値は，度数分布表で最大の度数をもつ階級の階級値である。

(4) 25番目と26番目の人の体重がふくまれる階級は，45 kg以上50 kg未満だから，最頻値は，47.5 kgである。このことから，平均値がやや少なくなっていることがわかる。

p.116~117 ステージ1

1 (1) **A…0.43** **B…0.41** **C…0.46**
(2) **ボタンC** (3) **裏向き**

2 (1) **0.35に近づいていく。**
(2) **0.35**

3 **よくなっているといえる**

4 (1) **150分** (2) **0.17**
(3) **多い。**
理由：中央値が180分より短いから。

解説

1 (1) ボタンAは，108÷250=0.432→0.43
ボタンBは，123÷300=0.41
ボタンCは，228÷500=0.456→0.46

(2) 相対度数が一番大きいボタンが最も表向きになりやすいと考えられる。

(3) ボタンAが表向きになる相対度数は，0.50より小さいので，裏向きの方が起こりやすいといえる。

2 (1) 投げる回数を増やしていくと，しだいにある一定の値に近づいていく。グラフから，0.35に近づいているのが読み取れる。

3 2007年の代表値を求め，2017年と比べて考える。

4 (1) 最頻値は，度数が最も多い階級の階級値だから，$\frac{120+180}{2}$=150 (分)

(2) 週末に勉強した時間が240分以上の人の人数は，4+2=6 (人)
よって，相対度数は，6÷35=0.171…→0.17

(3) 中央値を考えればよい。
少ないほうから数えて18番目の人が入る階級は，120分以上180分未満の階級だから，Aさんより勉強した時間が短い人は，長い人より多いといえる。

p.118～119 ステージ2

1 (1) **50 cm**

(2) **400 cm 以上 450 cm 未満の階級**

(3)

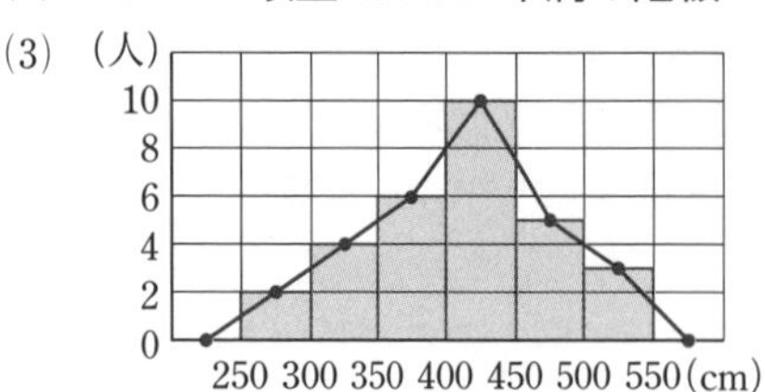

(4)

距離(cm)	度数(人)	累積度数(人)	相対度数	累積相対度数
以上 未満 250～300	2	**2**	**0.07**	**0.07**
300～350	4	**6**	**0.13**	**0.20**
350～400	6	**12**	**0.20**	**0.40**
400～450	10	**22**	**0.33**	**0.73**
450～500	5	**27**	**0.17**	**0.90**
500～550	3	**30**	**0.10**	**1**
計	30		1	

2 (1) **30 人**　(2) **152 cm**

(3) **150 cm 以上 155 cm 未満の階級**

(4) **152.5 cm**

3 (1) ① **0.57**　② **0.48**　③ **0.49**

④ **0.51**　⑤ **0.50**

(2) **0.50 に近づいている。**

(3) **0.50**　(4) **0.50**

● ● ● ● ●

① (1) ㋐，㋓　(2) **6 分 50 秒**

解説

1 (1) 階級の幅は，表のどの階級をとっても同じになっている。たとえば，250 ～ 300 の階級から階級の幅を求めると，300－250＝50 (cm)，400 ～ 450 の階級から求めても，450－400＝50 (cm) と同じになる。

(2) 最も多い度数は 10 人で，その度数をもつ階級は 400 ～ 450 の階級である。

(3) 度数分布表をもとにして，柱状グラフに表したものをヒストグラムという。ヒストグラムの形により，データの傾向を読み取ることができる。

ミス注意! ヒストグラムから度数分布多角形をかくとき，左右の両端には度数が 0 の階級があるものとする。

2 (1) ヒストグラムより，140～145 が 4 人，145～150 が 7 人，150～155 が 10 人，155～160 が 8 人，160～165 が 1 人だから，全体は，4＋7＋10＋8＋1＝30 (人)

(2) 142.5×4＋147.5×7＋152.5×10＋157.5×8＋162.5×1＝4550

よって，4550÷30＝151.6… → 152 cm

ポイント

$$(\text{平均値})=\frac{\{(\text{階級値})\times(\text{度数})\}\text{ の合計}}{(\text{度数の合計})}$$

(3) 30 人の中央は 15 番目と 16 番目だから，中央値がふくまれる階級は，150 cm 以上 155 cm 未満の階級。

(4) 最頻値は，最大の度数をもつ階級の階級値だから，152.5 cm になる。

3 (1) 相対度数は，$\frac{(\text{奇数が出た回数})}{(\text{投げた回数})}$ で求める。

① $\frac{113}{200}=0.565 \rightarrow 0.57$

② $\frac{191}{400}=0.477\cdots \rightarrow 0.48$

③ $\frac{294}{600}=0.49$

④ $\frac{404}{800}=0.505 \rightarrow 0.51$

⑤ $\frac{501}{1000}=0.501 \rightarrow 0.50$

(2)(3) さいころを投げる回数を増やしていくと，相対度数は，しだいにある一定の値に近づいていく。この起こりやすさの程度を表す数を，確率という。

(3)(4) さいころの奇数の目は，1 と 3 と 5 の 3 つ，偶数の目は，2 と 4 と 6 の 3 つで同じ数ずつあるので，奇数が出る確率と偶数が出る確率は，等しいと考えられる。

① (1) ㋐ 最大値は 1 組より 2 組が大きく，最小値は 1 組より 2 組が小さいので，範囲が大きいのは 2 組である。

㋑ 11 分以上 12 分未満の階級の相対度数は，

1 組は，$\frac{2}{16}=0.125$　2 組は，$\frac{2}{15}=0.133\cdots$

㋒ 1 組は，ヒストグラムが左右対称な山型なので，平均値，中央値，最頻値がほぼ同じになる。

㋓ 中央値がふくまれる階級は，1 組も 2 組も 9 分以上 10 分未満の階級である。

㋔ 最頻値は，1 組は，(9＋10)÷2＝9.5 (分)

2 組は，(10＋11)÷2＝10.5 (分)

(2) 代表選手は，記録が 8 分未満の 6 人になるから，平均値は，(430×2＋400×4)÷6＝410 (秒)

p.120 ステージ3

1 (1) **2組**

(2) **1組…16 m以上20 m未満の階級**

2組…20 m以上24 m未満の階級

(3) **1組…18 m**

2組…26 m

(4) **1組…20 m**

2組…21 m

2 (1) ㋐ **0.44** ㋑ **0.45** ㋒ **0.45**

(2)

相対度数 0.50 0.48 0.46 0.44 0.42 0.40 0.38 0

200 400 600 800 1000

投げた回数

(3) **上向きになる確率**

解説

1 (1) 1組の最小値の範囲は

12 m以上16 m未満で,

最大値の範囲は

24 m以上28 m未満だから,

1組の範囲は,

12 m以上28 m未満になる。

2組の最小値の範囲は

8 m以上12 m未満で,

最大値の範囲は,

28 m以上32 m未満だから,

2組の範囲は,

8 m以上32 m未満になる。

よって，2組の範囲が大きいといえる。

(2) 1組の中央値は，データの数が30なので,

15番目と16番目の平均をとって中央値とする。

$0+6+10=16$ より,

15番目と16番目の人はどちらも

16 m以上20 m未満の階級にふくまれるので,

中央値のふくまれる階級は,

16 m以上20 m未満の階級となる。

2組の中央値は，データの数が33なので,

$33\div2=16.5$ より，17番目である。

$2+3+9<17<2+3+9+7$

より，20 m以上24 m未満の階級にふくまれることがわかる。

(3) 最大の度数をもつ階級を考える。

1組は最大の度数10をもつ階級が

16 m以上20 m未満の階級で,

階級値は，$(16+20)\div2=18$ (m)

2組は最大の度数10をもつ階級が

24 m以上28 m未満の階級で,

階級値は，$(24+28)\div2=26$ (m)

ポイント

・数値で表されたデータを大きさの順に並べたとき，その中央にある数値を中央値（メジアン）という。データが偶数個のときは，中央の2つの数の平均をとって中央値とする。

・最大の度数をもつ階級の階級値のことを最頻値（モード）という。

(4) {(階級値×度数)の合計}÷(度数の合計)

で求める。

1組は,

$$\frac{10\times0+14\times6+18\times10+22\times5+26\times9+30\times0}{30}$$

$=20.2\cdots\rightarrow$ 20 m

2組は,

$$\frac{10\times2+14\times3+18\times9+22\times7+26\times10+30\times2}{33}$$

$=21.1\cdots\rightarrow$ 21 m

2 (1) (針が下を向く相対度数)

$=\dfrac{(\text{針が下を向いた回数})}{(\text{投げた回数})}$

㋐ $\dfrac{266}{600}=0.443\cdots\rightarrow0.44$

㋑ $\dfrac{357}{800}=0.446\cdots\rightarrow0.45$

㋒ $\dfrac{447}{1000}=0.447\rightarrow0.45$

(3) (2)のグラフから，針が下を向く相対度数は，ほぼ0.45という値に近づいていくのがわかる。

よって，$1-0.45=0.55$ から,

上向きになる確率のほうが，下向きになる確率より大きいと考えられる。

定期テスト対策 得点アップ！予想問題

p.122〜123 第1回

1 (1) 最大公約数 24，最小公倍数 144

(2) 地点Aから南へ 7 m 移動すること。

(3) $-2,\ -1,\ 0,\ 1$

(4) $-8<-1<7$

(5) $-\dfrac{5}{2}$

2 A … -5.5　B … -1.5　C … $+4$

3 (1) -4　(2) 4.2　(3) $\dfrac{2}{5}$

(4) 0　(5) 42　(6) 0

(7) -130　(8) -6　(9) $\dfrac{15}{8}$

(10) -8　(11) -14　(12) -18

4 (1) -3　(2) -5

5 (1) 6，18

(2) 6，0，18，-17

(3) -17

(4) 18

6 (1) $+3$

(2) 2回とも5の目が出たとき

7 (1) 17.1 cm

(2) 158.2 cm

8

-5	0	-1
2	-2	-6
-3	-4	1

解説

1 (1) 48 と 72 を素因数分解すると，

$48=2^4\times3,\ 72=2^3\times3^2$

よって，最大公約数は，$2^3\times3=24$

最小公倍数は，$2^4\times3^2=144$

(2) 「北」の反対は「南」だから，「北へ移動すること」を「＋」を使って表すとき，「南へ移動すること」は「−」を使って表す。

(3) $-\dfrac{9}{4}=-2\dfrac{1}{4}$ より，$-\dfrac{9}{4}$ は -2 より小さい数である。

(4) $8>1$ で，負の数はその絶対値が大きい数ほど小さいから，$-8<-1$

また，(負の数)$<0<$(正の数) だから，

$-8<-1<7$ である。

(5) $-0.4=-\dfrac{4}{10}=-\dfrac{2}{5}$

$\left(-\dfrac{2}{5}\right)\times\left(-\dfrac{5}{2}\right)=1$ だから，

-0.4 の逆数は，$-\dfrac{5}{2}$

2 ミス注意！数直線のめもりは，0.5 の間隔になっている。

3 (1) $(+4)-(+8)=4-8=-4$

(2) $1.6-(-2.6)=1.6+2.6=4.2$

(3) $\left(+\dfrac{3}{5}\right)+\left(-\dfrac{1}{5}\right)=\dfrac{3}{5}-\dfrac{1}{5}=\dfrac{2}{5}$

(4) $-6-9+15=-15+15=0$

(5) $(-7)\times(-6)=+(7\times6)=42$

(6) どんな数に 0 をかけても積は 0 になる。

(7) $(-5)\times(-13)\times(-2)=-(5\times13\times2)$

$=-(5\times2\times13)=-(10\times13)=-130$

(8) $24\div(-4)=-(24\div4)=-6$

(9) $\left(-\dfrac{5}{6}\right)\div\left(-\dfrac{4}{9}\right)=+\left(\dfrac{5}{6}\times\dfrac{9}{4}\right)=\dfrac{15}{8}$

(10) $12\div(-3)\times2=(-4)\times2=-8$

(11) $2-(-4)^2=2-16=-14$

(12) $\left(\dfrac{1}{3}-\dfrac{5}{6}\right)\div\left(-\dfrac{1}{6}\right)^2=\left(\dfrac{2}{6}-\dfrac{5}{6}\right)\div\dfrac{1}{36}$

$=-\dfrac{3}{6}\times36=-18$

ポイント

四則の混じった計算は，次の順序で計算する。

- 累乗のある式では，累乗を先に計算する。
- 四則の混じった式では，乗法，除法を先に計算する。
- かっこのある式では，かっこの中を先に計算する。

4 (1) $(-0.3)\times16-(-0.3)\times6$

$=(-0.3)\times(16-6)$

$=(-0.3)\times10$

$=-3$

(2) $\left(\dfrac{1}{6}-\dfrac{3}{8}\right)\times24$

$=\dfrac{1}{6}\times24-\dfrac{3}{8}\times24$

$=4-9=-5$

得点アップのコツ

分配法則を利用すると，計算を簡単にすることができることがある。「かっこをはずす」「かっこを使って，1つにまとめる」の2通りの使い方ができるようにしておこう。

【分配法則】

$a\times(b+c)=a\times b+a\times c$

$(a+b)\times c=a\times c+b\times c$

5 (1) 正の整数を自然数という。

(2) 整数には，負の整数，0，正の整数がふくまれる。

(3) 負の数は，その絶対値が大きい数ほど小さくなる。

(4) 正負の符号をとって，一番大きいものを選ぶ。

6 (1) 1回目で正の向きに4，2回目に負の向きに1移動するから，$(+4)+(-1)=+3$

(2) 負の向きに移動するのは，1，3，5の目が出たときで，それに対応する数はそれぞれ -1，-3，-5 となる。

$-10=(-5)+(-5)$ だから，-10 を表す点に移動するのは，2回とも5の目が出たときである。

7 (1) 5人のなかで，一番身長が高いのはAで，一番低いのはBだから，その差は，

$(+11.3)-(-5.8)=11.3+5.8=17.1$ (cm)

(2) Cとの身長の差の平均は，

$\{(+11.3)+(-5.8)+0+(+6.9)+(-2.4)\}\div5$

$=2$ (cm) だから，

5人の身長の平均は，$156.2+2=158.2$ (cm)

ポイント

Cの身長を基準として，基準との差を使って平均を求めるとよい。

(身長の平均)

=(基準の身長)+(基準の身長との差の平均)

8 3つの数の和は，

−5	③	②
2	①	−6
−3	⑤	④

$(-5)+2+(-3)=-6$

$2+$①$+(-6)=-6$ から，

①$=-6+4=-2$

$(-3)+(-2)+$②$=-6$ から，

②$=-6+5=-1$

$(-5)+$③$+(-1)=-6$ から，③$=-6+6=0$

$(-1)+(-6)+$④$=-6$ から，④$=-6+7=1$

$(-3)+$⑤$+1=-6$ から，⑤$=-6+2=-4$

p.124〜125 第2回

1 (1) $(-4)\times p$

(2) $(-1)\times a+3\times b$

(3) $8\times x\times x\times x$

(4) $a\div5$

(5) $(y+7)\div2$

(6) $3\div a-2\div b$

2 (1) $350x+120$ (円)　(2) $8p+5$

(3) $\frac{x}{2}$ (秒)　(4) $0.23x$ (円)

3 (1) $12x$　(2) b

(3) $2y$　(4) $-\frac{1}{3}a$

(5) $-32x$　(6) $4a$

(7) $12a-6$　(8) $-y+2$

(9) $\frac{2}{3}x-6$　(10) $-9x+3$

(11) $-a-12$　(12) $-2x-17$

(13) $3y$　(14) $-2m+1$

4 (1) 20　(2) $-\frac{2}{9}$

5 和…-6　差…$16x-8$

6 (1) $-7x-3$　(2) $\frac{8}{3}x-2$

7 (1) $180-xy\geqq10$

(2) $x<3y$

(3) $(1+0.1p)x=300$

8 (1) 三角形…㋒　長さ…$\frac{2a}{3}$ (cm)

(2) 三角形…㋑　長さ…$\frac{b}{3}$ (cm)

(3) $8\ \text{cm}^2$

解説

2 (1) (代金)

=(ケーキの代金)+(ジュースの代金)

(2) (わられる数)=(わる数)×(商)+(余り)

(3) (時間)=(道のり)÷(速さ)

(4) $23\%=0.23$ より，$x\times0.23=0.23x$ (円)

3 (3) $3y-y=(3-1)y=2y$

(4) $\frac{5}{6}a-\frac{2}{3}a-\frac{1}{2}a=\left(\frac{5}{6}-\frac{2}{3}-\frac{1}{2}\right)a$

$=\left(\frac{5}{6}-\frac{4}{6}-\frac{3}{6}\right)a$

$=-\frac{1}{3}a$

(5) $4x\times(-8)=4\times(-8)\times x$
$=-32x$

(6) $(-12a)\div(-3)=(-12a)\times\left(-\dfrac{1}{3}\right)$
$=(-12)\times\left(-\dfrac{1}{3}\right)\times a$
$=4a$

(7) $6(2a-1)=6\times2a+6\times(-1)$
$=12a-6$

(8) $(5y-10)\div(-5)=\dfrac{5y}{-5}+\dfrac{-10}{-5}$
$=-y+2$

(9) $x-9-\dfrac{1}{3}x+3=x-\dfrac{1}{3}x-9+3$
$=\dfrac{2}{3}x-6$

(10) $-18\times\dfrac{3x-1}{6}=-3\times(3x-1)$
$=-9x+3$

(11) $3(a-6)-2(2a-3)$
$=3a-18-4a+6$
$=-a-12$

(12) $x+4-3(x+7)$
$=x+4-3x-21$
$=-2x-17$

(13) $2(3y-3)-3(y-2)$
$=6y-6-3y+6$
$=3y$

(14) $\dfrac{1}{5}(10m-5)-\dfrac{2}{3}(6m-3)$
$=2m-1-4m+2$
$=-2m+1$

4 (1) $-5x-10=-5\times x-10$ だから，x に -6 を代入すると，$-5\times(-6)-10=30-10=20$

(2) a に $\dfrac{1}{3}$ を代入すると，

$a^2-\dfrac{1}{3}=\left(\dfrac{1}{3}\right)^2-\dfrac{1}{3}=\dfrac{1}{3}\times\dfrac{1}{3}-\dfrac{1}{3}=\dfrac{1}{9}-\dfrac{1}{3}$
$=\dfrac{1}{9}-\dfrac{3}{9}=-\dfrac{2}{9}$

5 和 $(8x-7)+(-8x+1)=8x-7-8x+1$
$=8x-8x-7+1$
$=-6$

差 $(8x-7)-(-8x+1)=8x-7+8x-1$
$=8x+8x-7-1$
$=16x-8$

6 (1) $3A-2B=3(-3x+5)-2(9-x)$
$=-9x+15-18+2x$
$=-7x-3$

(2) $-A+\dfrac{B}{3}=-(-3x+5)+\dfrac{1}{3}(9-x)$
$=3x-5+3-\dfrac{1}{3}x$
$=\dfrac{8}{3}x-2$

7 (1) 180 km−(走った道のり)=(残りの道のり)で，(残りの道のり)≧10 km

(2) y 人の子どもに 3 個ずつ配るのに必要ななしの個数は，$3\times y=3y$ (個)
それより x 個は少ないことを式に表すので，不等式になる。

(3) p 割$=0.1p$ で，p 割増えた人数は
(予定していた参加者)×(割合) で表すことができるから，
$x\times(1+0.1p)$ となる。

ポイント

$a<b$… a は b より小さい。(a は b 未満)
$a>b$… a は b より大きい。
$a\geqq b$… a は b 以上
$a\leqq b$… a は b 以下

8

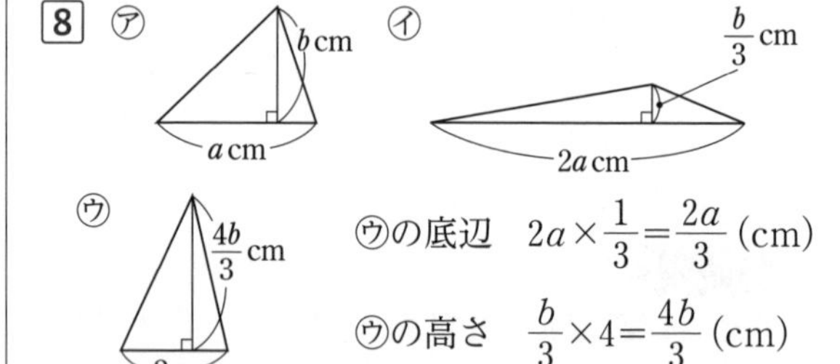

ウの底辺 $2a\times\dfrac{1}{3}=\dfrac{2a}{3}$ (cm)

ウの高さ $\dfrac{b}{3}\times4=\dfrac{4b}{3}$ (cm)

(3) 三角形ウの底辺は，$a=6$ のとき
$\dfrac{2\times6}{3}=4$ (cm)

高さは，$b=3$ のとき，$\dfrac{4\times3}{3}=4$ (cm)

よって，求める面積は，$4\times4\div2=8$ (cm^2)

別解 ウの面積は，$\dfrac{1}{2}\times\dfrac{2a}{3}\times\dfrac{4b}{3}=\dfrac{4}{9}ab$

これに，$a=6$，$b=3$ を代入して，

$\dfrac{4}{9}\times6\times3=8$ (cm^2)

p.126〜127 第3回

1 (1) ㋒, $C=9$
(2) ㋑, $C=3$
(3) ㋓, $C=-2$

2 (1) $x=11$ (2) $x=16$
(3) $x=-14$ (4) $x=\frac{1}{10}$
(5) $x=0$ (6) $x=-7$

3 (1) $x=-2$ (2) $x=20$
(3) $x=6$ (4) $x=-\frac{1}{4}$

4 (1) $x=\frac{1}{4}$ (2) $x=-4$

5 $a=-\frac{10}{3}$

6 (1) $6-x$ (個)
(2) $230x+120(6-x)=940$
(3) もも…2個　オレンジ…4個

7 53枚

8 780 m

9 (1) 375 g (2) 28個

解説

1 (2) ㋐, $C=-3$ でもよい。
(3) ㋒, $C=-\frac{1}{2}$ でもよい。

2 (3)
$$-6x-11=-5x+3$$
$$-6x+5x=3+11$$
$$-x=14$$
$$x=-14$$
（xの項を左辺に，数の項を右辺に移項する。）

(4)
$$9x+2=-x+3$$
$$9x+x=3-2$$
$$10x=1$$
$$x=\frac{1}{10}$$
（両辺を10でわる。）

(5)
$$-4(2+3x)+1=-7$$
$$-8-12x+1=-7$$
$$-12x=-7+8-1$$
$$-12x=0$$
$$x=0$$
（(　)をはずす。）

(6)
$$5(x+3)=2(x-3)$$
$$5x+15=2x-6$$
$$5x-2x=-6-15$$
$$3x=-21$$
$$x=-7$$
（(　)をはずす。）

3 (1)
$$3.7x+1.2=-6.2$$
$$37x+12=-62$$
$$37x=-62-12$$
$$37x=-74$$
$$x=-2$$
（両辺に10をかける。）

(2)
$$0.05x+4.8=0.19x+2$$
$$5x+480=19x+200$$
$$5x-19x=200-480$$
$$-14x=-280$$
$$x=20$$
（両辺に100をかける。）

(3)
$$\frac{1}{5}+\frac{x}{3}=1+\frac{x}{5}$$
$$3+5x=15+3x$$
$$5x-3x=15-3$$
$$2x=12$$
$$x=6$$
（両辺に15をかける。）

(4)
$$\frac{2x-1}{2}=\frac{x-2}{3}$$
$$3(2x-1)=2(x-2)$$
$$6x-3=2x-4$$
$$6x-2x=-4+3$$
$$4x=-1$$
$$x=-\frac{1}{4}$$
（両辺に6をかける。）

4 比の性質 $a:b=c:d$ ならば $ad=bc$ を使う。

(1)
$$x:8=2:64$$
$$x\times64=8\times2$$
$$x=\frac{1}{4}$$

(2)
$$10:12=5:(2-x)$$
$$10\times(2-x)=12\times5$$
$$20-10x=60$$
$$-10x=40$$
$$x=-4$$

5 $5x-4a=10(x-a)$ の x に -4 を代入すると，
$$5\times(-4)-4a=10(-4-a)$$
$$-20-4a=-40-10a$$
$$6a=-20$$
$$a=-\frac{10}{3}$$

6 (1) (ももの個数)+(オレンジの個数)=6 より，ももをx個とすると，オレンジの個数は$6-x$(個)と表せる。
(2) (ももの代金)+(オレンジの代金)=940 から方程式をつくる。
(3)
$$230x+120(6-x)=940$$
$$230x+720-120x=940$$
$$110x=220$$

$x=2$

オレンジの個数は，$6-2=4$（個）

7 子どもの人数を x 人として，画用紙の枚数を 2 通りに表して方程式をつくると，

$6x-13=4x+9$

$2x=22$

$x=11$

画用紙の枚数は，$6\times11-13=53$（枚）

別解 画用紙の枚数を x 枚として，子どもの人数を 2 通りに表して方程式をつくると，

$\frac{x+13}{6}=\frac{x-9}{4}$ より，$x=53$

8 家から学校までの道のりを x m とする。

兄が歩いた時間は $\frac{x}{80}$ 分

妹が歩いた時間は $\frac{x}{60}$ 分

3 分 15 秒$=3\frac{15}{60}$ 分$=\frac{13}{4}$ 分から，妹のほうが $\frac{13}{4}$ 分よけいにかかるので，

(兄が歩いた時間)$+\frac{13}{4}$ 分$=$(妹が歩いた時間)

より，

$\frac{x}{80}+\frac{13}{4}=\frac{x}{60}$ 両辺に 240 をかける。

$3x+780=4x$

$-x=-780$

$x=780$

9 (1) ビー玉 150 個の重さを x g として比例式をつくると，

$8:150=20:x$

$8x=150\times20$

$x=375$

(2) 2 つの箱A，Bのクッキーの個数の比が 4：5 だから全体は 9 となる。Aの箱の個数を x 個とすると，次のような比例式ができる。

$x:63=4:9$

$9x=63\times4$

$x=28$

別解 Aの箱の個数を x 個とすると，Bの箱の個数は $(63-x)$ 個と表せるから，

$x:(63-x)=4:5$ より，$x=28$

p.128～129 第4回

1 (1) $y=8x$ 比例定数 … 8

(2) $y=\frac{20}{x}$ 比例定数 … 20

(3) $y=80-x$

(4) $y=\frac{2000}{x}$ 比例定数 … 2000

(5) $y=5x$ 比例定数 … 5

2 (1) $y=-3x$ (2) $y=15$

3 (1) $y=-\frac{8}{x}$ (2) $y=-1$

4 A(5, 1) B(−4, 0) C(−2, −3)

5

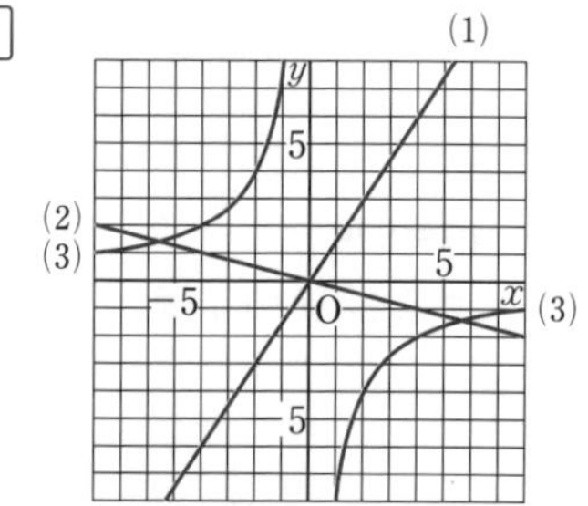

6 (1) ① $y=x$ ② $y=\frac{1}{3}x$

③ $y=-\frac{5}{2}x$

(2) $a=-3$ (3) ③

7 12 個

8 (1) $y=3x$ (2) $0\leqq x\leqq10$

(3) $\frac{20}{3}$ cm

解説

1 比例や反比例の関係かどうかは，式の形で判断することができる。

ポイント

比例

・比例を表す式…$y=ax$（a は比例定数）

・y が x に比例するとき，x の値が 2 倍，3 倍，…になると，y の値は 2 倍，3 倍，…になる。

反比例

・反比例を表す式…$y=\frac{a}{x}$ または $xy=a$（a は比例定数）

・y が x に反比例するとき，x の値が 2 倍，3 倍，…になると，y の値は $\frac{1}{2}$ 倍，$\frac{1}{3}$ 倍，…になる。

2 (1) 比例定数を a とすると，$y=ax$ に $x=2$,

$y=-6$ を代入して，$-6=a\times2$ より，$a=-3$
だから，$y=-3x$

(2)　$y=-3\times(-5)=15$

3 (1)　比例定数を a とすると，

$y=\dfrac{a}{x}$ に $x=-4$，$y=2$ を代入して，

$2=\dfrac{a}{-4}$ より，$a=-8$ だから，$y=-\dfrac{8}{x}$

(2)　$y=-\dfrac{8}{8}=-1$

5 (1)(2)　原点ともう 1 つの点をとり，これら 2 つの点を通る直線をひく。

(3)　x，y の値の組を座標とする点 $(1,\ -8)$，$(2,\ -4)$，$(4,\ -2)$，$(8,\ -1)$，$(-1,\ 8)$，$(-2,\ 4)$，$(-4,\ 2)$，$(-8,\ 1)$ などをとって，それらの点を通る 2 つのなめらかな曲線をかく。

6 (1)　グラフは原点を通る直線だから，y は x に比例する。比例定数を a とすると，$y=ax$ と表されるので，グラフが通る点を読み取って，x，y の値の組を代入し，a の値を求める。

(2)　点 $(-9,\ a)$ は②の直線上にあるから，

$x=-9$，$y=a$ を，$y=\dfrac{1}{3}x$ の式に代入して，

a の値を求める。

得点アップのコツ

比例のグラフから式を求めるときは，グラフが通る点のうち，x 座標，y 座標がともに整数である点を読み取る。

7 グラフの式は，$y=-\dfrac{12}{x}$ である。$xy=-12$ となる整数 x，y の組は，$(-12,\ 1)$，$(-6,\ 2)$，$(-4,\ 3)$，$(-3,\ 4)$，$(-2,\ 6)$，$(-1,\ 12)$，$(1,\ -12)$，$(2,\ -6)$，$(3,\ -4)$，$(4,\ -3)$，$(6,\ -2)$，$(12,\ -1)$ となり，全部で 12 個ある。

8 (1)　(三角形の面積)＝(底辺)×(高さ)÷2 より，
$y=x\times6\div2=3x$　　よって，$y=3x$

(2)　点Pは辺 BC 上をBからCまで動くので，
x の変域は，$0\leqq x\leqq10$

(3)　長方形 ABCD の面積は $6\times10=60\ (\text{cm}^2)$

その $\dfrac{1}{3}$ は $60\times\dfrac{1}{3}=20\ (\text{cm}^2)$

よって，(1)で求めた式の y に 20 を代入すると，

$20=3x$ より，$x=\dfrac{20}{3}$

p.130〜131　第5回

1 (1)　線分　　(2)　中点
(3)　垂線　　(4)　垂直

2 (1)　弧の長さ　8π cm，面積　$20\pi\ \text{cm}^2$
(2)　中心角　135°，面積　$54\pi\ \text{cm}^2$

3 (1)　弧 AB　　(2)　BC∥FE
(3)　CD＝AF
(4)　△FOE，△OCD

4 (1)　点 H　　(2)　△HGO
(3)　△CDO

5 (1)　㋐

(2)
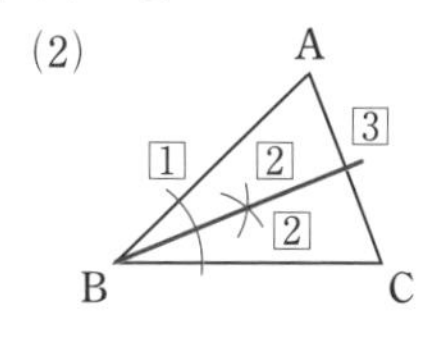

(3)
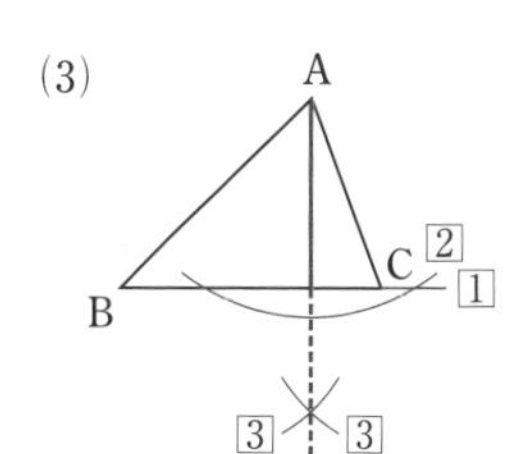

6
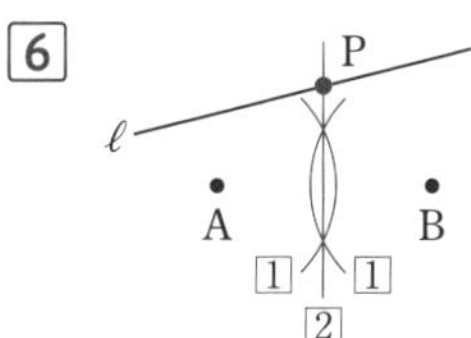

7
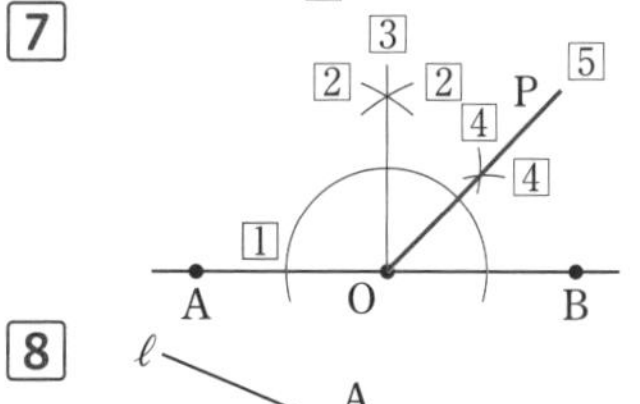

8
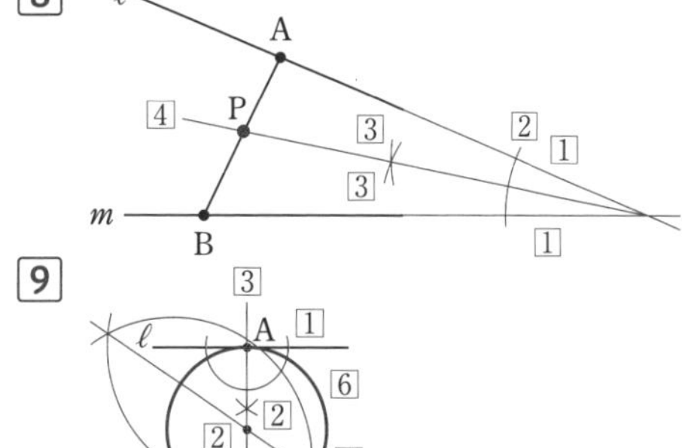

9

解説

2 (1)　弧の長さは，$2\pi\times5\times\dfrac{288}{360}=8\pi\ (\text{cm})$

面積は，$\pi\times5^2\times\dfrac{288}{360}=20\pi\ (\text{cm}^2)$

(2)　中心角は，$360^\circ\times\dfrac{9\pi}{2\pi\times12}=135^\circ$

面積は，$\pi\times12^2\times\dfrac{9\pi}{2\pi\times12}=54\pi\ (\text{cm}^2)$

別解　$S=\dfrac{1}{2}\ell r$ より，$\dfrac{1}{2}\times9\pi\times12=54\pi\ (\text{cm}^2)$

3 (1) 弦と弧のちがいに注意する。
(2) 円周を 6 等分した点を結んだ図形は正六角形だから，向かい合う辺 BC と FE は平行である。記号 // を使って書く。
(3) 線分 CD，AF の長さが等しいことは，等号 ＝を使って書く。
(4) △ABO を右方向に平行移動させると △FOE に重なる。また，右斜め下に平行移動させると △OCD に重なる。

4 (1) 線分 AE を対称軸とするとき，点Bに対応する点はHである。
(2) 線分 AE を対称軸として対称移動するとき，点 H，G が，それぞれ点 B，C に対応する。
(3) 点Oを中心として反時計回りに 90° だけ回転移動させるとき，点Aは点Cに，点Bは点Dにそれぞれ移動する。

5 (1) ∠BAC は点Aからひいた 2 つの半直線 AB，AC のつくる角である。
(2) 1 つの角を 2 等分する半直線を，その角の二等分線という。
(3) 頂点Aから辺 BC への垂線を作図する。
その垂線と辺 BC との交点をHとすると，AH が辺 BC を底辺とみたときの高さにあたる。

6 2 点A，B から等しい距離にある点は，線分 AB の垂直二等分線上にあるから，線分 AB の垂直二等分線と直線 ℓ との交点がPである。

7 1～3 直線 AB 上の点Oを通る直線 AB の垂線をひいて 90° の角をつくる。
45 垂線の右側の 90° の角の二等分線をひく。
90°＋45°＝135° だから，5で作図した角の二等分線が求める半直線 OP である。

8 はじめに，直線 ℓ，m を交わるまでそれぞれ延長する（その交点を，たとえばOとする）。
角の内部にあって，その角の 2 辺までの距離が等しい点は，その角の二等分線上にあることから，∠AOB の二等分線をひく。その二等分線と線分 AB との交点がPである。

9 はじめに，点Aを通る直線 ℓ の垂線をひく。
次に，弦の垂直二等分線は円の中心を通ることから，求める円周上の 2 点となるA，B を使って，弦 AB の垂直二等分線をひく。その垂直二等分線と垂線との交点が円の中心である。

p.132～133 第6回

1 (1) 直線 BC，直線 BE，直線 AD
(2) 平面 ADEB
(3) 平面 BEFC
(4) 直線 AD，直線 BE，直線 CF
(5) 平面 ABC，平面 DEF，平面 ADEB
(6) 直線 AB，直線 AC，直線 AD

2 (1) ㋐，㋒，㋓，㋔，㋕
(2) ㋗
(3) ㋑，㋖
(4) ㋒，㋓，㋔
(5) ㋑，㋖，㋗
(6) ㋑，㋒，㋔
(7) ㋐，㋒，㋕
(8) ㋗

3 (1) × (2) ○ (3) ×
(4) ○ (5) ×

4 (1) (2)

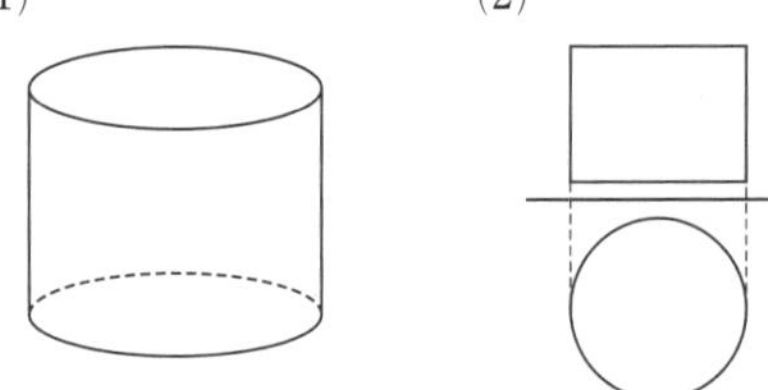

(3) 20π cm^2
(4) 12π cm^3

5 (1) 216°
(2) 216π cm^2
(3) 324π cm^3

6 (1) 三角錐
(2) 288 cm^3

7 表面積 … 324π cm^2
体積 … 972π cm^3

解説

1 この三角柱には辺が AB，AC，BC，AD，BE，CF，DE，EF，DF の 9 本あり，面は ABC，DEF，ADFC，ADEB，BEFC の 5 つである。
(3) 直線 AD と交わらない平面が，直線 AD と平行な平面である。
(4) 平面 DEF 上の 2 つの直線と垂直になっている直線が平面 DEF と垂直な直線である。
(5) 平面 BEFC と垂直な直線をふくむ平面が，平面 BEFC と垂直な平面である。
(6) 空間内で，平行でなく，交わらない 2 つの直線はねじれの位置にあるという。

直線 EF に対して,

平行…直線 BC

交わる…直線 BE，直線 CF，直線 DE,
直線 DF

ねじれの位置…直線 AB，直線 AC,
直線 AD

直線に印をつけると調べやすくなる。

2 (1)〜(4) いくつかの平面だけで囲まれた立体を多面体といい，面の数によって，四面体，五面体，…などという。

㋐，㋒，㋓，㋔，㋕は平面だけで囲まれている。

㋗は曲面だけで囲まれている。

㋑と㋖は底面が平面，側面が曲面である。

(5) 円柱…長方形を，その辺を回転の軸として1回転させる。

円錐…直角三角形を，直角をはさむ辺を回転の軸として1回転させる。

球…半円を，その直径を回転の軸として1回転させる。

(6) 円柱…底面は円

正六面体…底面は正方形

正四角柱…底面は正方形

(7) すべての面が合同な正多角形で，どの頂点のまわりの面の数も同じである，へこみのない多面体を正多面体といい，正四面体，正六面体，正八面体，正十二面体，正二十面体の5種類がある。

(2)(8) 球は曲面だけで囲まれており，どこから見ても円になる。

3 直方体の辺を直線，面を平面とみると考えやすい。

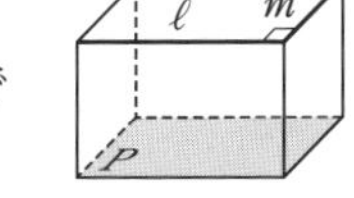

(1) 右上の図で，$\ell \perp m$，$\ell /\!/ \mathrm{P}$ であるが，$m /\!/ \mathrm{P}$ である。

(3) 右上の図で，$\ell /\!/ \mathrm{P}$，$m /\!/ \mathrm{P}$ であるが，$\ell \perp m$ である。

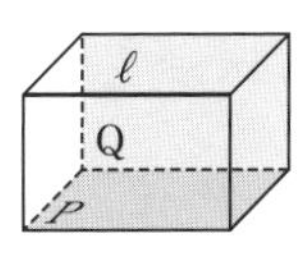

(5) 右下の図で，$\ell /\!/ \mathrm{P}$，$\mathrm{P} \perp \mathrm{Q}$ であるが，$\ell /\!/ \mathrm{Q}$ である。

4 (1)(2) 1回転させてできる立体は，底面の半径が2 cmで，高さが3 cmの円柱である。

(3) 側面積 $3 \times (2\pi \times 2) = 12\pi\ (\mathrm{cm}^2)$

底面積 $\pi \times 2^2 = 4\pi\ (\mathrm{cm}^2)$

表面積 $12\pi + 2 \times 4\pi = 20\pi\ (\mathrm{cm}^2)$

(4) 体積 $\pi \times 2^2 \times 3 = 12\pi\ (\mathrm{cm}^3)$

ポイント

円柱の表面積

(円柱の表面積)＝(側面積)＋2×(底面積)

↑長方形 ↑底面は2つ ↑円

円柱の体積 円柱の底面の半径を r，高さを h，体積を V とすると，$V = \pi r^2 h$

5 1回転させてできる立体は，右の図のような底面の半径が9 cm，高さが12 cmの円錐である。

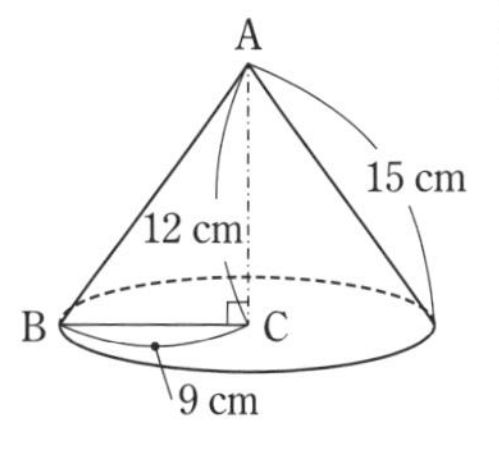

(1) 同じ円のおうぎ形の弧の長さは中心角に比例するから，中心角の大きさは，

$360° \times \dfrac{2\pi \times 9}{2\pi \times 15} = 216°$

(2) 側面積 $\pi \times 15^2 \times \dfrac{2\pi \times 9}{2\pi \times 15} = 135\pi\ (\mathrm{cm}^2)$

底面積 $\pi \times 9^2 = 81\pi\ (\mathrm{cm}^2)$

表面積 $135\pi + 81\pi = 216\pi\ (\mathrm{cm}^2)$

別解 側面積は，$\pi \times 15^2 \times \dfrac{216}{360}$ として計算してもよい。

(3) 体積 $\dfrac{1}{3} \times \pi \times 9^2 \times 12 = 324\pi\ (\mathrm{cm}^3)$

ポイント

円錐の表面積

(円錐の表面積)＝(側面積)＋(底面積)

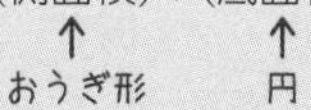

円錐の体積 円錐の底面の半径を r，高さを h，体積を V とすると，$V = \dfrac{1}{3}\pi r^2 h$

6 (1) 1つの直角二等辺三角形を底面とする三角錐になる。

(2) $\dfrac{1}{3} \times \dfrac{1}{2} \times 12 \times 12 \times 12 = 288\ (\mathrm{cm}^3)$

7 表面積 $4\pi \times 9^2 = 324\pi\ (\mathrm{cm}^2)$

体積 $\dfrac{4}{3}\pi \times 9^3 = 972\pi\ (\mathrm{cm}^3)$

半径 r の球の体積 $V = \dfrac{4}{3}\pi r^3$

半径 r の球の表面積 $S = 4\pi r^2$

p.134〜135 第7回

1 (1) **10 cm**

(2) **150 cm 以上 160 cm 未満の階級**

(3) **右の図**

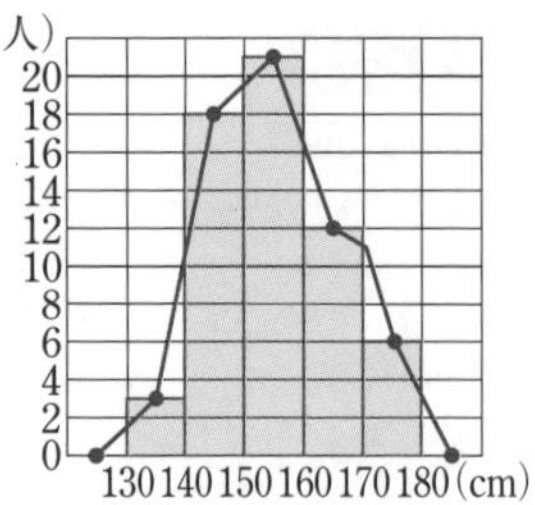

(4)

身長 (cm)	度数 (人)	累積度数 (人)	相対度数	累積相対度数
以上　未満 130〜140	3	**3**	**0.05**	**0.05**
140〜150	18	**21**	**0.30**	**0.35**
150〜160	21	**42**	**0.35**	**0.70**
160〜170	12	**54**	**0.20**	**0.90**
170〜180	6	**60**	**0.10**	**1**
計	60		1	

2 (1) **9 人**

(2) **40 人**

(3) **50 kg**

(4) **45 kg 以上 50 kg 未満の階級**

(人) 10 5 0 35 40 45 50 55 60 65 70 (kg)

(5) **47.5 kg** (6) **上の図**

3 (1) **21 点** (2) **19 点** (3) **19 点**

4 (1) **女子 … 0.42** **男子 … 0.25**

(2) **女子 … 320 cm** **男子 … 360 cm**

(3) **300 cm 以上 340 cm 未満の階級**

(4) **女子 … 318 cm** **男子 … 351 cm**

5 (1) $x=444$, $y=0.376$

(2) **裏が出る確率**

解説

1 (3), 2 (6) ヒストグラムから度数分布多角形をかくときは，左右の両端には度数が0の階級があるものとする。

2 (3) $(\text{平均値})=\dfrac{\{(\text{階級値})\times(\text{度数})\}\text{の合計}}{(\text{度数の合計})}$

3 (3) データの数が 12 で偶数だから，中央値は大きさの順に並べたときの 6 番目と 7 番目の平均になる。$(18+20)\div2=19$ (点)

5 (1) $\dfrac{x}{1200}=0.370$ より，$x=0.370\times1200=444$

$y=\dfrac{188}{500}=0.376$

(2) 表が出る確率は，0.370 であると考えられるから，裏が出る確率は，$1-0.370=0.630$

p.136 第8回

1 **120 cm**

2 **地元産 … 2 kg·km**

中国産 … 1120 kg·km

3 (1) **ア … 5** **イ … 1**

(2) $y=\dfrac{3}{2x}$

解説

1 $89-(-31)=120$ (cm)

2 地元産は，$0.4\times5=2$ (kg·km)

中国産は，$0.4\times2800=1120$ (kg·km)

3 (1) 視力が 2 倍，3 倍になると，

全体の長さは $\dfrac{1}{2}$ 倍，$\dfrac{1}{3}$ 倍になっているので，

視力と全体の長さは反比例の関係になっている。

視力が 0.1 から 1.5 に 15 倍になっているから，

アは，$75\times\dfrac{1}{15}=5$

全体の長さが $\dfrac{1}{2}$ 倍，$\dfrac{1}{3}$ 倍になると，

切れ目の長さは $\dfrac{1}{2}$ 倍，$\dfrac{1}{3}$ 倍になっているので，

全体の長さと切れ目の長さは比例の関係になっている。

全体の長さが 75 から 5 へ $\dfrac{1}{15}$ 倍になっているので，イは，$15\times\dfrac{1}{15}=1$

別解 視力と切れ目の長さは反比例の関係になっていることから，

視力が 0.1 から 1.5 へ 15 倍になると，

切れ目の長さは，$15\times\dfrac{1}{15}=1$

(2) 切れ目の長さと視力は反比例の関係になっている。

比例定数は，$0.1\times15=1.5=\dfrac{3}{2}$

よって，$y=\dfrac{3}{2}\times\dfrac{1}{x}=\dfrac{3}{2x}$

教科書ワーク数学 特別ふろく②

無料ダウンロード

定期テスト対策問題

こちらにアクセスして，表紙カバーについているアクセスコードを入力してご利用ください。
https://www.kyokashowork.jp/ma11.html

1 実力テスト

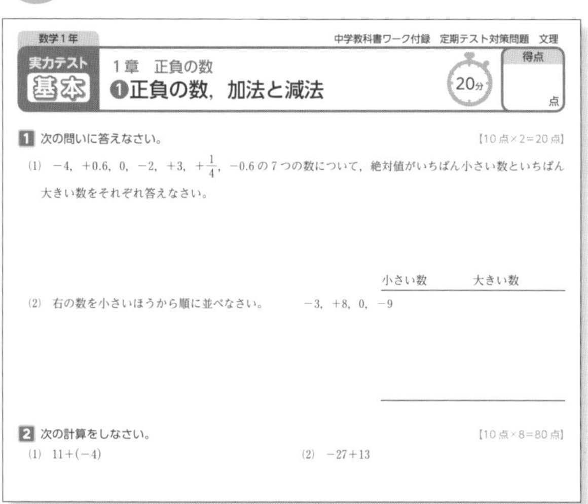

数学1年　中学教科書ワーク付録　定期テスト対策問題　文理

実力テスト 基本　1章　正負の数　❶正負の数，加法と減法　20分　得点　点

1 次の問いに答えなさい。【10点×2=20点】

(1) -4，$+0.6$，0，-2，$+3$，$+\frac{1}{4}$，-0.6 の7つの数について，絶対値がいちばん小さい数といちばん大きい数をそれぞれ答えなさい。

小さい数　大きい数

(2) 右の数を小さいほうから順に並べなさい。　-3，$+8$，0，-9

2 次の計算をしなさい。【10点×8=80点】

(1) $11+(-4)$　(2) $-27+13$

基本・標準・発展の3段階構成で無理なくレベルアップできる！

数学1年　中学教科書ワーク付録　定期テスト対策問題　文理

実力テスト 発展　1章　正負の数　❶正負の数，加法と減法　30分　得点　点

1 次の問いに答えなさい。【20点×3=60点】

(1) 右の数の大小を，不等号を使って表しなさい。　$-\frac{1}{2}$，$-\frac{1}{3}$，$-\frac{1}{5}$

数学1年　中学教科書ワーク付録　定期テスト対策問題　文理

実力テスト 標準　1章　正負の数　❶正負の数，加法と減法　25分　得点　点

1 次の問いに答えなさい。【10点×2=20点】

(1) 絶対値が3より小さい整数をすべて求めなさい。

(2) 数直線上で，-2 からの距離が5である数を求めなさい。

2 次の計算をしなさい。【10点×8=80点】

(1) $-6+(-15)$　(2) $-\frac{2}{5}-\left(-\frac{1}{2}\right)$

2 観点別評価テスト

観点別評価にも対応。苦手なところを克服しよう！

解答用紙が別だから，テストの練習になるよ。

数学1年　中学教科書ワーク付録　定期テスト対策問題　文理

第1回　観点別評価テスト　●答えは，別紙の解答用紙に書きなさい。　40分

主体的に学習に取り組む態度

1 次の問いに答えなさい。

(1) 交換法則や結合法則を使って正負の数の計算の順序を変えることに関して，正しいものを次から1つ選んで記号で答えなさい。

ア　正負の数の計算をするときは，計算の順序をくふうして計算しやすくできる。

イ　正負の数の加法の計算をするときだけ，計算の順序を変えてもよい。

ウ　正負の数の乗法の計算をするときだけ，計算の順序を変えてもよい。

エ　正負の数の計算をするときは，計算の順序は変えるようなことをしてはいけない。

(2) 電卓の使用に関して，正しいものを次から1つ選んで記号で答えなさい。

ア　数学や理科などの計算問題は電卓をどんどん使ったほうがよい。

イ　電卓は会社や家庭で使うものなので，学校で使ってはいけない。

ウ　電卓の利用が有効な問題のときは，先生の指示にしたがって使ってもよい。

思考力・判断力・表現力等

3 次の問いに答えなさい。

(1) 次の各組の数の大小を，不等号を使って表しなさい。

① $-\frac{3}{4}$，$-\frac{2}{3}$　② $-\frac{2}{3}$，$\frac{1}{4}$，$-\frac{1}{2}$

(2) 絶対値が4より小さい整数を，小さいほうから順に答えなさい。

(3) 次の数について，下の問いに答えなさい。

$-\frac{1}{4}$，0，$\frac{1}{5}$，1.70，$-\frac{13}{5}$，$\frac{7}{4}$

① 小さいほうから3番目の数を答えなさい。

② 絶対値の大きいほうから3番目の数を答えなさい。

思考力・判断力・表現力等

4 次の問いに答えなさい。

(1) 次の数量を，文字を使った式で表しなさい。

数学1年　第1回　観点別評価テスト　解答用紙

定期テスト対策

得点アップ！予想問題

1 この「**予想問題**」で実力を確かめよう！

2 「**解答と解説**」で答え合わせをしよう！

3 わからなかった問題は戻って復習しよう！

この本での学習ページ

スキマ時間でポイントを確認！
別冊「**スピードチェック**」も使おう

●予想問題の構成

解答 p.42

第1回 予想問題 1章 式と計算

/100

1 次の計算をしなさい。　2点×10(20点)

(1) $4a-7b+5a-b$

(2) $y^2-5y-4y^2+3y$

(3) $(9x-y)+(-2x+5y)$

(4) $(-2a+7b)-(5a+9b)$

(5) $\begin{array}{r} 7a-6b \\ +)\ -7a+4b \\ \hline \end{array}$

(6) $\begin{array}{r} 34x+\ 4y+9 \\ -)\ 18x-12y-9 \\ \hline \end{array}$

(7) $0.7a+3b-(-0.6a+3b)$

(8) $6(8x-7y)-4(5x-3y)$

(9) $\frac{1}{5}(4x+y)+\frac{1}{3}(2x-y)$

(10) $\frac{9x-5y}{2}-\frac{4x-7y}{3}$

(1)		(2)		(3)		(4)	
(5)		(6)		(7)		(8)	
(9)		(10)					

2 次の計算をしなさい。　3点×8(24点)

(1) $(-4x)\times(-8y)$

(2) $(-3a)^2\times(-5b)$

(3) $-15a^2b\div3b$

(4) $-49a^2\div\left(-\frac{7}{2}a\right)$

(5) $-\frac{3}{14}mn\div\left(-\frac{6}{7}m\right)$

(6) $2xy^2\div xy\times5x$

(7) $-6x^2y\div(-3x)\div5y$

(8) $-\frac{7}{8}a^2\div\frac{9}{4}b\times(-3ab)$

(1)		(2)		(3)		(4)	
(5)		(6)		(7)		(8)	

3 $x=-\frac{1}{5}$，$y=\frac{1}{3}$ のときの，次の式の値(あたい)を求めなさい。 4点×2（8点）

(1) $5x+9y$ (2) $4(3x+y)-2(x+5y)$

(1)		(2)	

4 次の式を，〔 〕内の文字について解きなさい。 3点×8（24点）

(1) $-2a+3b=4$ 〔a〕 (2) $-35x+7y=19$ 〔y〕

(3) $3a=2b+6$ 〔b〕 (4) $c=\frac{2a+b}{5}$ 〔b〕

(5) $\ell=2(a+3b)$ 〔a〕 (6) $V=abc$ 〔c〕

(7) $S=\frac{(a+b)h}{2}$ 〔h〕 (8) $c=\frac{1}{2}(a+5b)$ 〔a〕

(1)		(2)		(3)		(4)	
(5)		(6)		(7)		(8)	

5 2つのクラスA，Bがあり，Aクラスの人数は39人，Bクラスの人数は40人です。この2つのクラスで数学のテストを行いました。その結果，Aクラスの平均点はa点，Bクラスの平均点はb点でした。2つのクラス全体の平均点をa，bを用いて表しなさい。 （10点）

6 連続する4つの整数の和から2をひいた数は4の倍数になります。このことを，連続する4つの整数のうちで，最も小さい整数をnとして説明しなさい。 （14点）

第2回 予想問題　2章　連立方程式

解答 p.43

/100

1 $\begin{cases} x=6 \\ y=\square \end{cases}$ が，2元1次方程式 $4x-5y=11$ の解であるとき，□にあてはまる数を求めなさい。（5点）

2 次の連立方程式を解きなさい。5点×8(40点)

(1) $\begin{cases} 2x+y=4 \\ x-y=-1 \end{cases}$　(2) $\begin{cases} y=-2x+2 \\ x-3y=-13 \end{cases}$

(3) $\begin{cases} 5x-2y=-11 \\ 3x+5y=12 \end{cases}$　(4) $\begin{cases} 3x+5y=1 \\ 5y=6x-17 \end{cases}$

(5) $\begin{cases} x+\dfrac{5}{2}y=2 \\ 3x+4y=-1 \end{cases}$　(6) $\begin{cases} 0.3x-0.4y=-0.2 \\ x=5y+3 \end{cases}$

(7) $\begin{cases} 0.3x-0.2y=-0.5 \\ \dfrac{3}{5}x+\dfrac{1}{2}y=8 \end{cases}$　(8) $\begin{cases} 3(2x-y)=5x+y-5 \\ 3(x-2y)+x=0 \end{cases}$

(1)		(2)		(3)		(4)	
(5)		(6)		(7)		(8)	

3 方程式 $5x-2y=10x+y-1=16$ を解きなさい。（5点）

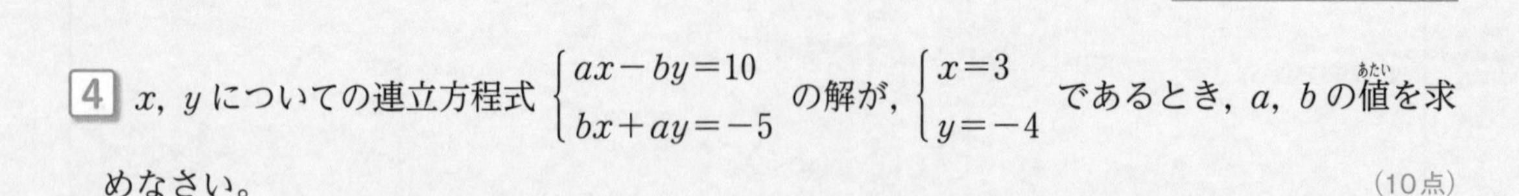

4 x，y についての連立方程式 $\begin{cases} ax-by=10 \\ bx+ay=-5 \end{cases}$ の解が，$\begin{cases} x=3 \\ y=-4 \end{cases}$ であるとき，a，b の値(あたい)を求めなさい。（10点）

5 1本50円の鉛筆と1本80円のボールペンを合わせて18本買って，1080円払いました。1本50円の鉛筆と1本80円のボールペンをそれぞれ何本買いましたか。（10点）

6 2桁の正の整数があります。その整数は，各位の数の和の7倍より6小さく，また，十の位の数と一の位の数を入れかえてできる整数は，もとの整数より18小さいです。もとの整数を求めなさい。（10点）

7 ある学校の新入生の人数は，昨年度は男女合わせて150人でしたが，今年度は昨年度と比べて男子が10％増え，女子が5％減ったので，合計では3人増えました。今年度の男子，女子の新入生の人数をそれぞれ求めなさい。（10点）

8 ある人がA地点とB地点の間を往復しました。A地点とB地点の間に峠があり，上りは時速3km，下りは時速5kmで歩いたので，行きは1時間16分，帰りは1時間24分かかりました。A地点からB地点までの道のりを求めなさい。（10点）

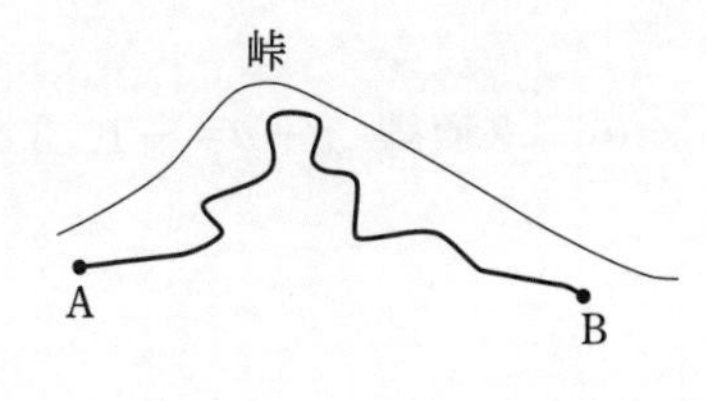

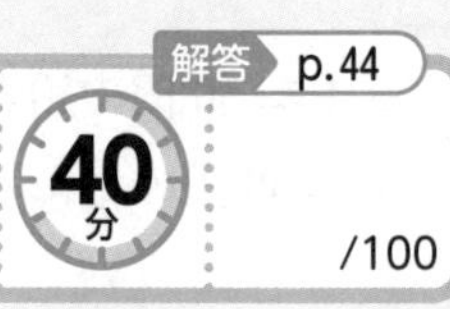

第3回 予想問題　3章　1次関数

1 次のそれぞれについて，y を x の式で表しなさい。また，y が x の1次関数であるものをすべて選び，番号で答えなさい。　3点×4(12点)

(1)　面積が $10\ \mathrm{cm}^2$ の三角形の底辺が x cm のとき，高さは y cm である。

(2)　地上 10 km までは，高度が 1 km 増すごとに気温は 6 °C 下がる。地上の気温が 10°C のとき，地上からの高さが x km の地点の気温が y °C である。

(3)　火をつけると1分間に 0.5 cm 短くなるろうそくがある。長さ 12 cm のこのろうそくに火をつけると，x 分後のろうそくの長さは y cm である。

(1)		(2)		(3)	
			y が x の1次関数であるもの		

2 次の(1)～(6)に答えなさい。　3点×6(18点)

(1)　1次関数 $y=\frac{5}{6}x+4$ で，x の値(あたい)が3から7まで増加したときの変化の割合を求めなさい。

(2)　変化の割合が $\frac{2}{5}$ で，$x=10$ のとき $y=6$ となる1次関数の式を求めなさい。

(3)　$x=-2$ のとき $y=5$，$x=4$ のとき $y=-1$ となる1次関数の式を求めなさい。

(4)　点 $(2,\ -1)$ を通り，直線 $y=4x-1$ に平行な直線の式を求めなさい。

(5)　2点 $(0,\ 4)$，$(2,\ 0)$ を通る直線の式を求めなさい。

(6)　2直線 $x+y=-1$，$3x+2y=1$ の交点の座標を求めなさい。

(1)		(2)		(3)	
(4)		(5)		(6)	

3 右の図の(1)～(5)の直線の式を求めなさい。　4点×5(20点)

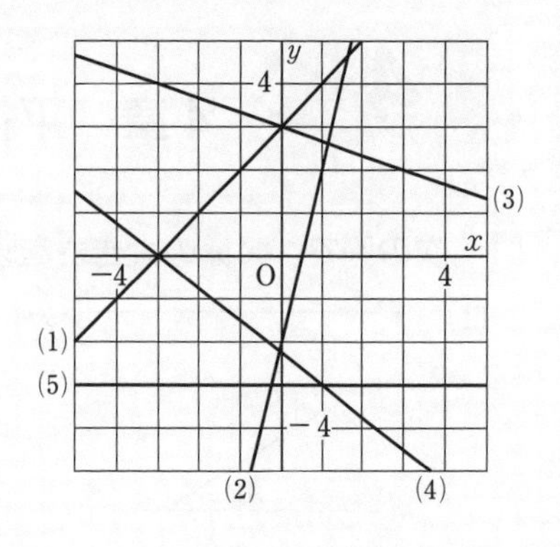

(1)	
(2)	
(3)	
(4)	
(5)	

4 次の1次関数や方程式のグラフをかきなさい。　4点×5(20点)

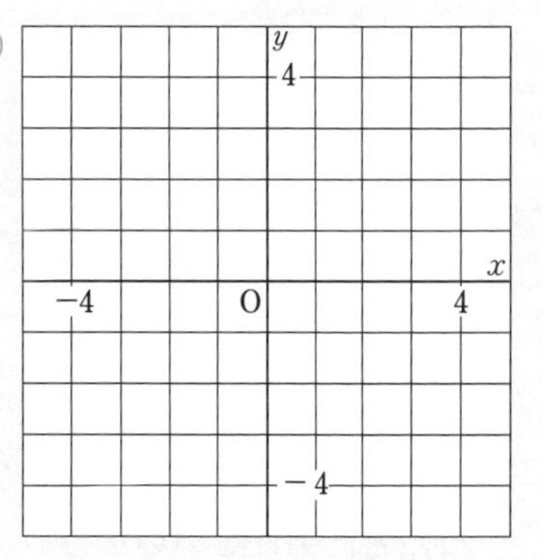

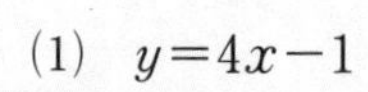

(1)　$y=4x-1$　　(2)　$y=-\frac{2}{3}x+1$

(3)　$3y+x=4$　　(4)　$5y-10=0$

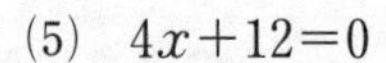

(5)　$4x+12=0$

5 Aさんは家から駅まで行くのに，家を出発して途中(とちゅう)のP地点までは走り，P地点から駅までは歩きました。右のグラフは，家を出発してx分後の進んだ道のりをy mとして，xとyの関係を表したものです。　6点×3(18点)

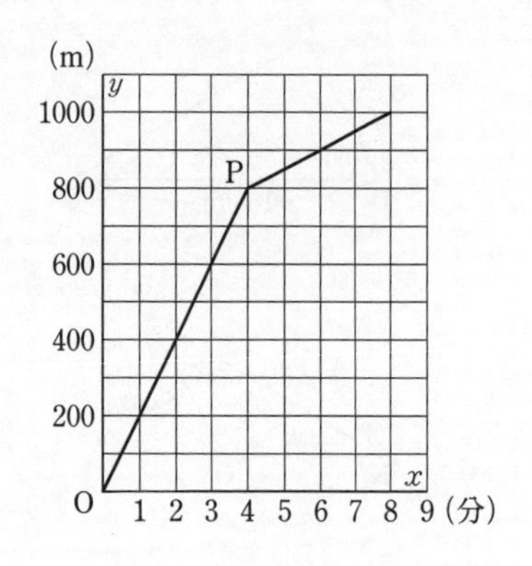

(1)　Aさんの走る速さと歩く速さを求めなさい。

(2)　Aさんが出発してから3分後に，兄が分速300 mの速さで自転車に乗って追いかけました。兄がAさんに追いつく地点を，グラフを用いて求めなさい。

(1)	走る速さ		歩く速さ		(2)	

6 縦が6 cm，横が10 cmの長方形ABCDで，点PはDを出発して辺DA上を秒速2 cmでAまで動きます。PがDを出発してからx秒後の△ABPの面積をy cm^{2}とします。　(1)7点　(2)5点　(12点)

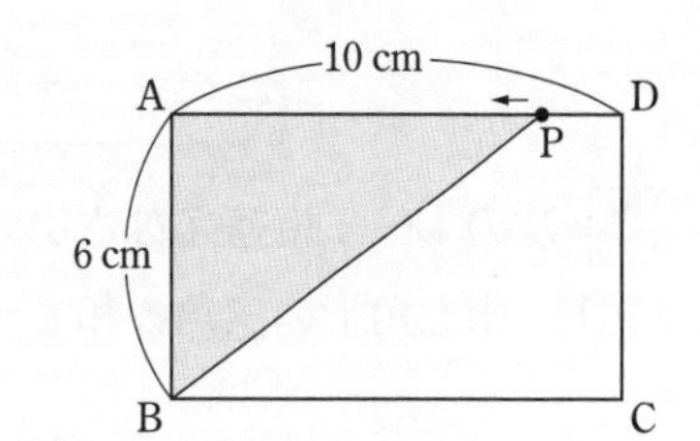

(1)　yをxの式で表しなさい。

(2)　$0 \leqq x \leqq 5$ のとき，yの変域を求めなさい。

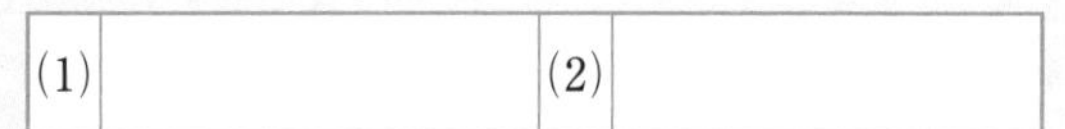

(1)		(2)	

解答▶p.45

第4回 予想問題　4章　平行と合同

40分　/100

1 次の図で，$\angle x$ の大きさを求めなさい。　3点×4(12点)

(1)
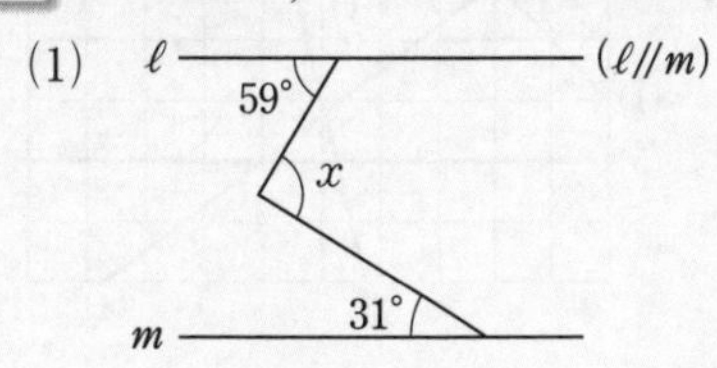

(2)
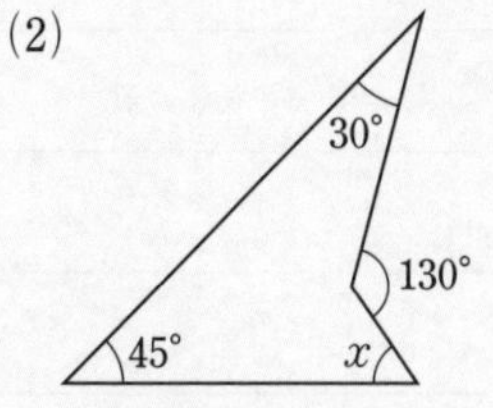

(3)
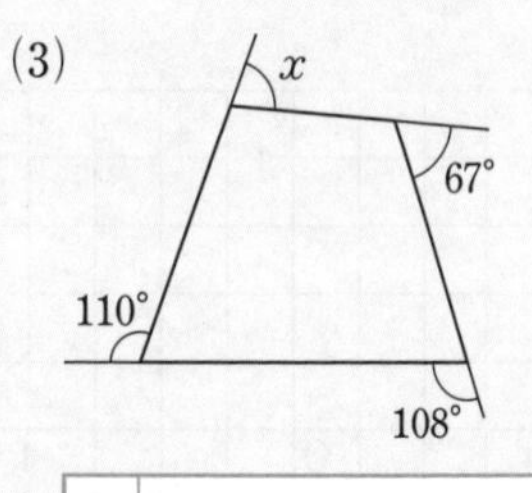

(4)
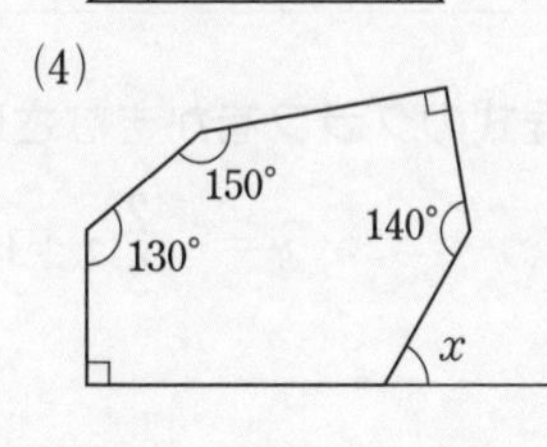

(1)		(2)		(3)		(4)	

2 次の図で，合同な三角形の組を見つけ，記号 ≡ を使って表しなさい。また，そのときに使った合同条件をいいなさい。　4点×6(24点)

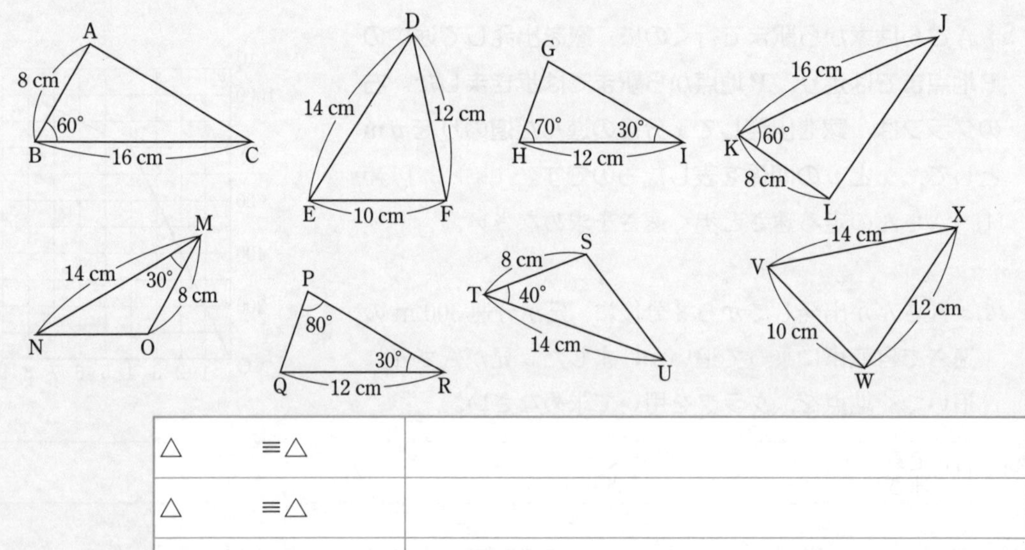

△　　　≡△	
△　　　≡△	
△　　　≡△	

3 次の(1)〜(4)に答えなさい。　4点×4(16点)

(1)　十七角形の内角の和を求めなさい。

(2)　内角の和が 2160° になる多角形は何角形ですか。

(3)　七角形の外角の和を求めなさい。

(4)　1つの外角が 20° となる正多角形は正何角形ですか。

(1)		(2)		(3)		(4)	

4 右の図で，AC＝DB，∠ACB＝∠DBC とすると，AB＝DC です。 4点×7（28点）

(1) 仮定と結論を答えなさい。

(2) (1)の証明のすじ道を，下の図のようにまとめました。図を完成させなさい。

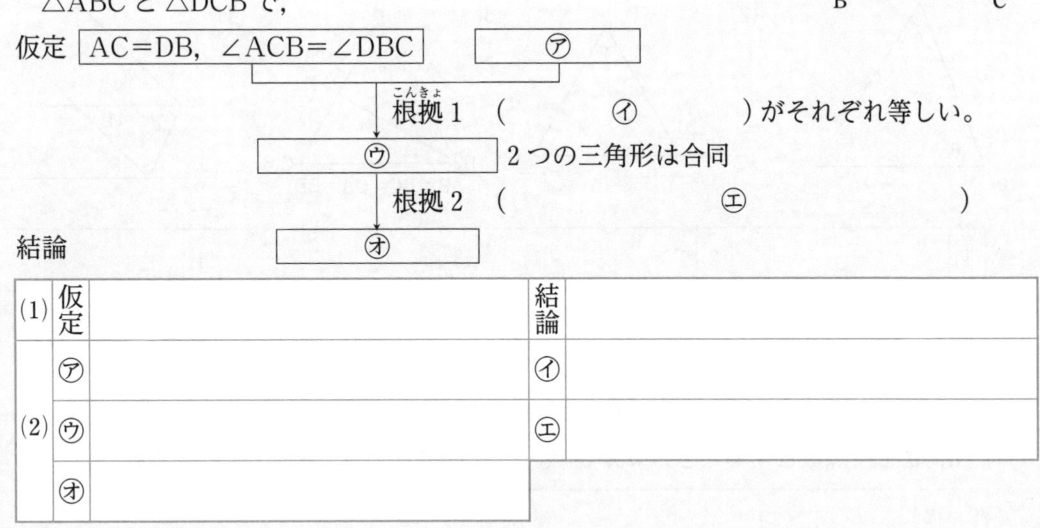

(1)	仮定		結論	
(2)	ア		イ	
	ウ		エ	
	オ			

5 右の図の四角形 ABCD で，∠ABD＝∠CBD，∠ADB＝∠CDB であるとき，合同な三角形の組を，記号 ≡ を使って表しなさい。また，そのときに使った合同条件をいいなさい。 5点×2（10点）

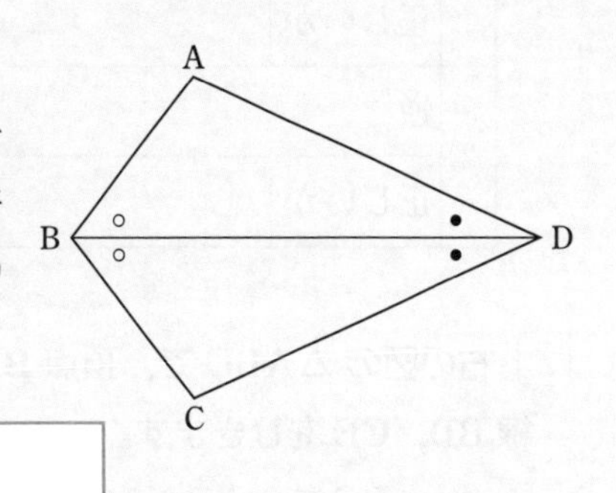

三角形の組	
合同条件	

6 右の図の四角形 ABCD で，AB＝DC，∠ABC＝∠DCB です。このとき，この四角形の対角線である AC と DB の長さが等しいことを証明しなさい。 （10点）

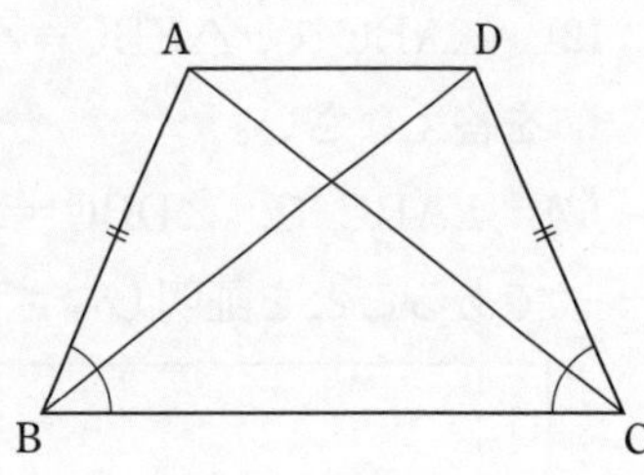

第5回 予想問題 5章 三角形と四角形

1 次の図(1)〜(3)の三角形は，同じ印(しるし)をつけた辺の長さが等しくなっています。また，(4)はテープを折った図です。$\angle a$，$\angle b$，$\angle c$，$\angle d$ の大きさを求めなさい。 3点×4(12点)

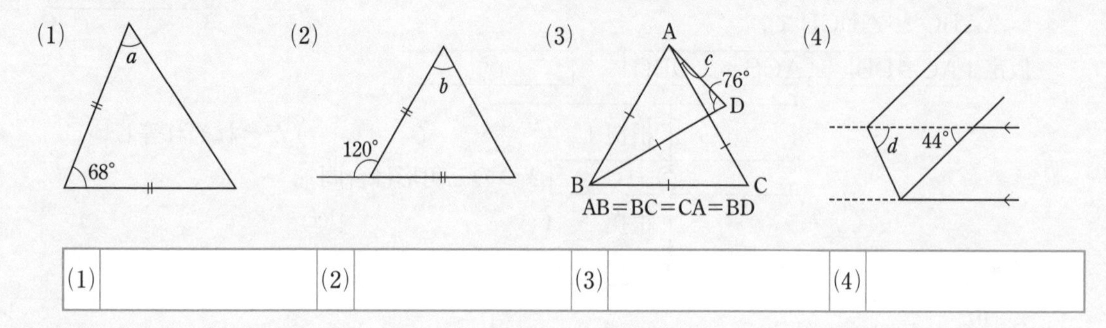

(1)		(2)		(3)		(4)	

2 次のことがらの逆をいいなさい。また，それが正しいかどうかも答えなさい。 3点×4(12点)

(1) △ABC で，∠A＝120° ならば，∠B＋∠C＝60° である。

(2) a，b を自然数とするとき，a が奇数(きすう)，b が偶数(ぐうすう)ならば，$a+b$ は奇数である。

(1)	逆	
	正しいか	
(2)	逆	
	正しいか	

3 右の図の △ABC で，頂点 B，C から辺 AC，AB にそれぞれ垂線 BD，CE をひきます。 7点×3(21点)

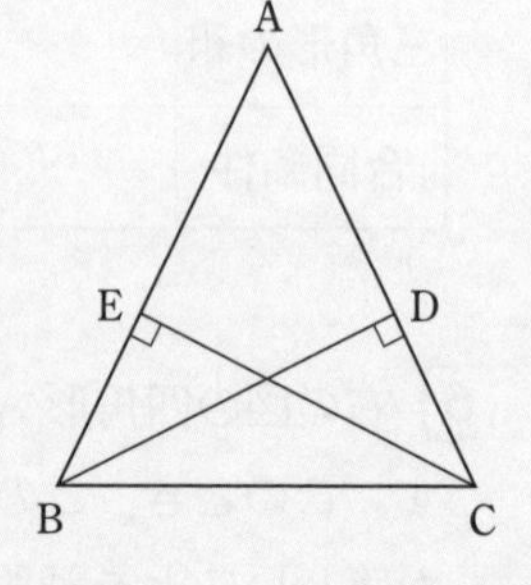

(1) △ABC で，AB＝AC のとき，△EBC≡△DCB となります。そのときに用いる合同条件を答えなさい。

(2) △ABC で，△EBC≡△DCB のとき，AE と長さの等しい線分を答えなさい。

(3) △ABC で，∠DBC＝∠ECB とします。このとき，DC＝EB であることを証明しなさい。

(1)	
(2)	
(3)	

4 次の(1)〜(9)のうち，四角形 ABCD が平行四辺形になるものをすべて選び，番号で答えなさい。ただし，O は AC と BD の交点とします。（16点）

(1)　AD＝BC，AD∥BC　　(2)　AD＝BC，AB∥DC

(3)　AC＝BD，AC⊥BD　　(4)　∠A＝∠C，∠B＝∠D

(5)　∠A＝∠B，∠C＝∠D　　(6)　AB＝AD，BC＝DC

(7)　∠A＋∠B＝∠C＋∠D＝180°　　(8)　∠A＋∠B＝∠B＋∠C＝180°

(9)　AO＝CO，BO＝DO

5 右の図で，四角形 ABCD は平行四辺形で，EF∥AC とします。このとき，図の中で △AED と面積が等しい三角形を，すべて見つけなさい。（12点）

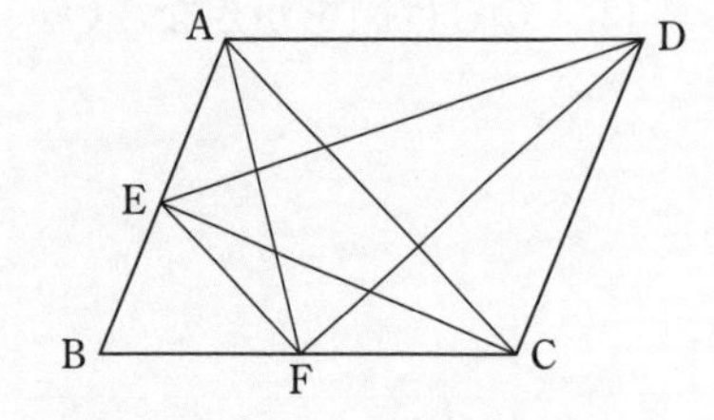

6 次の問いに答えなさい。　6点×2（12点）

(1)　▱ABCD に，∠A＝∠D という条件を加えると，四角形 ABCD は，どのような四角形になりますか。

(2)　長方形 EFGH の対角線 EG，HF に，どのような条件を加えると，正方形 EFGH になりますか。

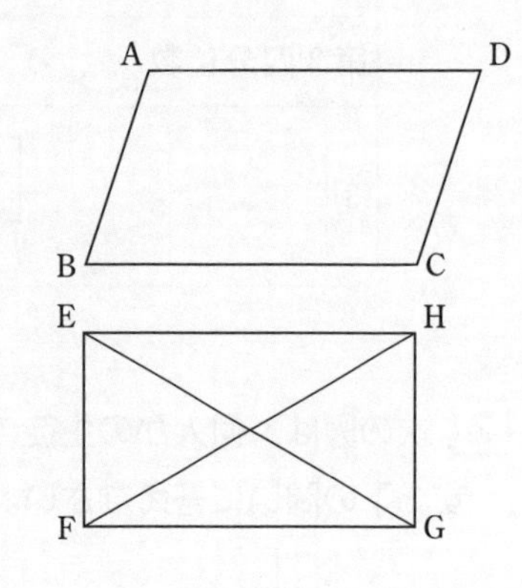

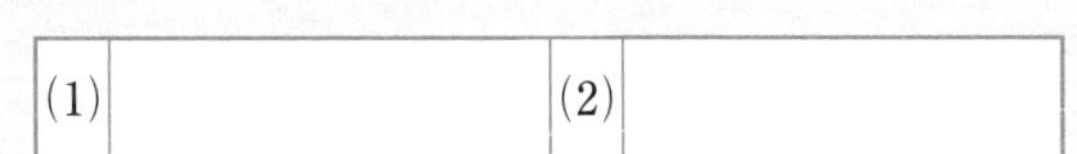

7 ▱ABCD の辺 AB の中点を M とします。DM の延長と辺 CB の延長との交点を E とすると，BC＝BE が成り立つことを証明しなさい。（15点）

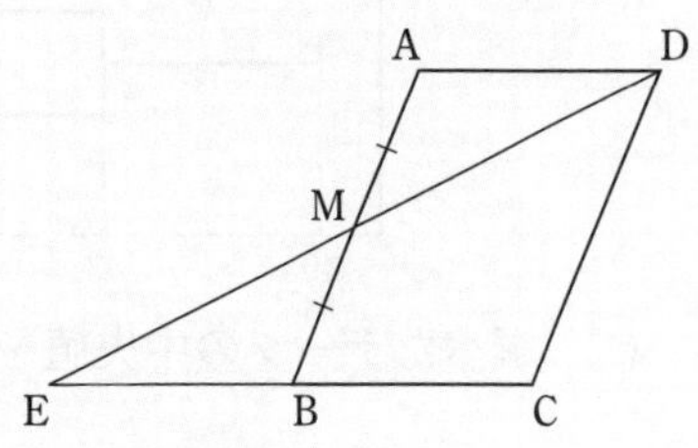

解答▶p.47

第6回 予想問題　6章　データの比較と箱ひげ図

/100

1 右の表は，15 人の生徒の 20 点満点の単語テストの得点のデータです。このデータについて，次の問いに答えなさい。　14点×5(70点)

番号	得点
①	3
②	4
③	4
④	5
⑤	7
⑥	9
⑦	11
⑧	13
⑨	13
⑩	14
⑪	16
⑫	18
⑬	18
⑭	19
⑮	20

(点)

(1) 四分位数を求めなさい。

(2) 四分位範囲を求めなさい。

(3) 箱ひげ図をかきなさい。

(1) 第1四分位数		第2四分位数	
第3四分位数		(2)	
(3)			

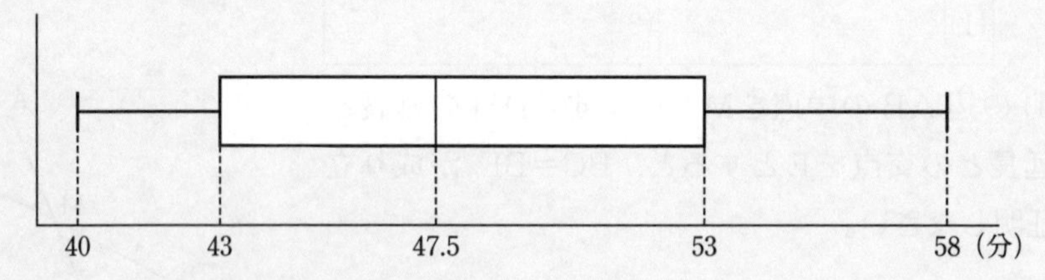

2 次の図は，何人かの生徒のある日の読書時間を調べて，そのデータをまとめた箱ひげ図です。下の問いに答えなさい。　10点×3(30点)

40　43　47.5　53　58 (分)

(1) 調べたデータの中央値を答えなさい。

(2) 調べたデータの範囲を求めなさい。

(3) 第2四分位数は，このデータの低いほうから5番目の値(あたい)と6番目の値の平均値でした。調べた生徒の人数は何人ですか。

(1)		(2)		(3)	

解答 p.47

第7回 予想問題　7章 確率

20分　/100

1 A，B，C，D，E，F の6人から，委員を2人選ぶとき，その選び方は何通りありますか。

（8点）

2 1枚の硬貨を3回投げるとき，表が1回で裏が2回出る確率を求めなさい。（8点）

3 袋(ふくろ)の中に，赤玉2個，白玉が2個，黒玉が1個入っています。この袋の中から1個の玉を取り出し，その玉を袋に戻(もど)してから，また1個の玉を取り出します。このとき，次の確率を求めなさい。

8点×3(24点)

(1) 2個とも白玉が出る確率

(2) はじめに赤玉が出て，次に黒玉が出る確率

(3) 赤玉が1個，黒玉が1個出る確率

(1)		(2)		(3)	

4 2つのさいころA，Bを同時に投げるとき，次の(1)〜(4)に答えなさい。　10点×4(40点)

(1) 出る目の数の和が9以上になる確率を求めなさい。

(2) Aの目がBの目より1大きくなる確率を求めなさい。

(3) 出る目の数の和が3の倍数になる確率を求めなさい。

(4) 出る目の数の積が奇数(きすう)にならない確率を求めなさい。

(1)		(2)		(3)		(4)	

5 箱の中に当たりくじが2本，はずれくじが4本入っています。このくじを同時に2本引くとき，次の確率を求めなさい。

10点×2(20点)

(1) 2本とも当たる確率

(2) 少なくとも1本が当たりである確率

(1)		(2)	

解答 p.48

第8回 予想問題 総仕上げテスト

60分　/100

1 次の計算をしなさい。　2点×6(12点)

(1) $(3x-y)-(x-8y)$

(2) $(10x-15y)\div\dfrac{5}{6}$

(3) $3(2x-4y)-2(5x-y)$

(4) $(-7b)\times(-2b)^2$

(5) $4xy\div\dfrac{2}{3}x^2\times\left(-\dfrac{1}{6}x\right)$

(6) $\dfrac{3x-y}{2}-\dfrac{x-6y}{5}$

(1)		(2)		(3)	
(4)		(5)		(6)	

2 次の連立方程式を解きなさい。　2点×4(8点)

(1) $\begin{cases}3x+4y=14\\-3x+y=11\end{cases}$

(2) $\begin{cases}y=2x-1\\5x-2y=-1\end{cases}$

(3) $\begin{cases}2x-3y=7\\\dfrac{x}{4}+\dfrac{y}{6}=\dfrac{1}{3}\end{cases}$

(4) $\begin{cases}0.3x+0.2y=1.1\\0.04x-0.02y=0.1\end{cases}$

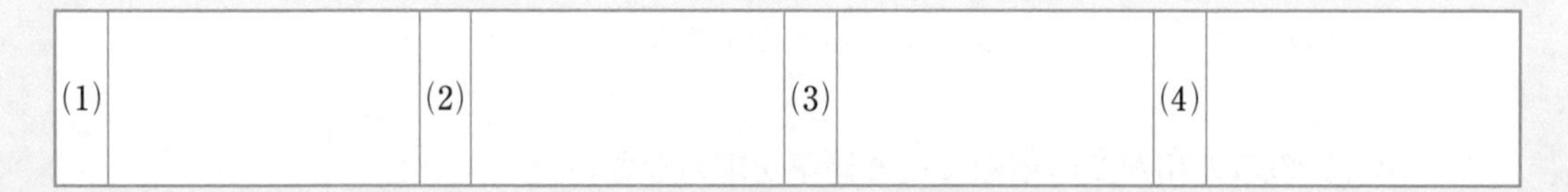

(1)		(2)		(3)		(4)	

3 次の(1)〜(3)に答えなさい。　3点×3(9点)

(1) $a=-\dfrac{1}{3}$, $b=\dfrac{1}{5}$ のときの，$9a^2b\div6ab\times10b$ の値(あたい)を求めなさい。

(2) 2点 $(-5,\ -1)$，$(-2,\ 8)$ を通る直線の式を求めなさい。

(3) 直線 $y=\dfrac{3}{2}x+5$ に平行で，x 軸(じく)との交点が $(2,\ 0)$ である直線の式を求めなさい。

(1)		(2)		(3)	

4 ある中学校の昨年度の生徒数は 665 人でした。今年度は，昨年度に比べて男子が 4 %，女子が 5 % 減ったので，全体で 30 人減りました。今年度の男子と女子の生徒数を求めなさい。

（7 点）

5 次の 2 元 1 次方程式のグラフをかきなさい。

2 点 × 4（8 点）

(1)　$3x-2y=-6$

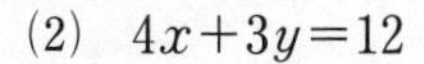

(2)　$4x+3y=12$

(3)　$4y+12=0$

(4)　$4x+5y+20=0$

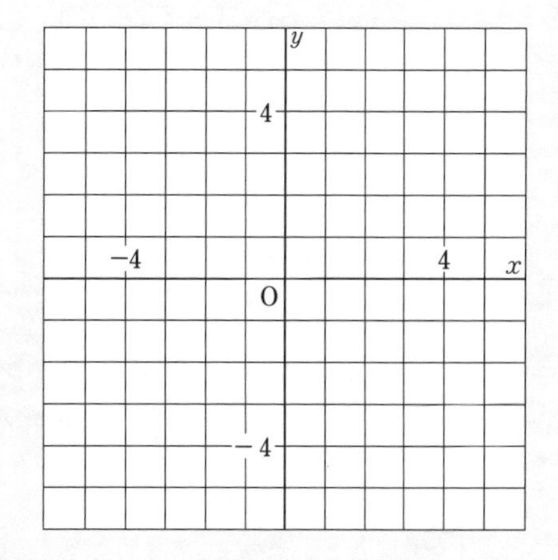

6 右の図で，直線 ℓ，m の式はそれぞれ $x-y=-1$，$3x+2y=12$ です。

3 点 × 4（12 点）

(1)　点 A，B の座標を求めなさい。

(2)　ℓ，m の交点 P の座標を求めなさい。

(3)　△PAB の面積を求めなさい。

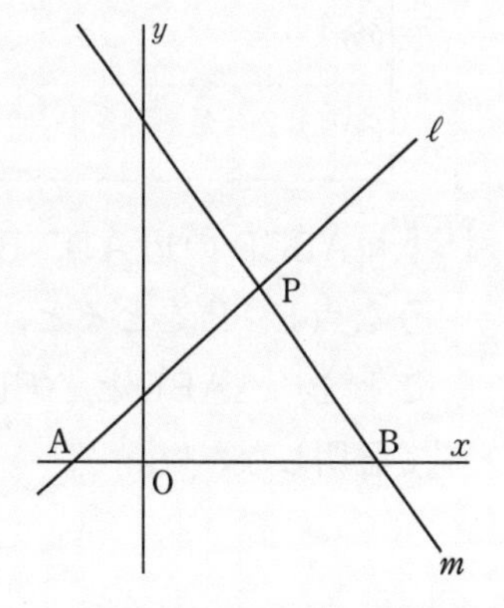

(1)	A		B	
(2)			(3)	

7 次の図で，∠x の大きさを求めなさい。

2 点 × 3（6 点）

(1)

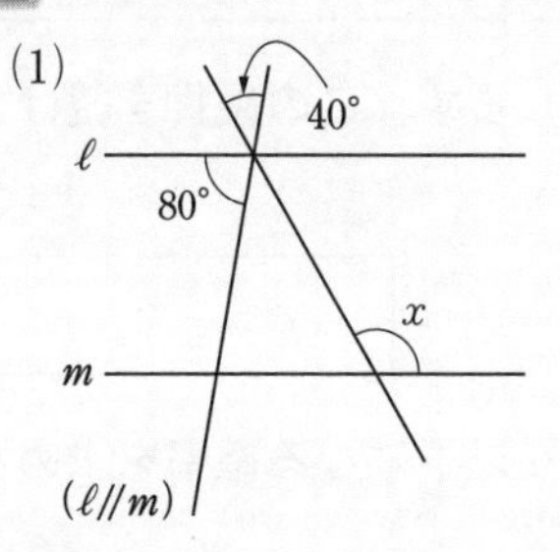

(2)

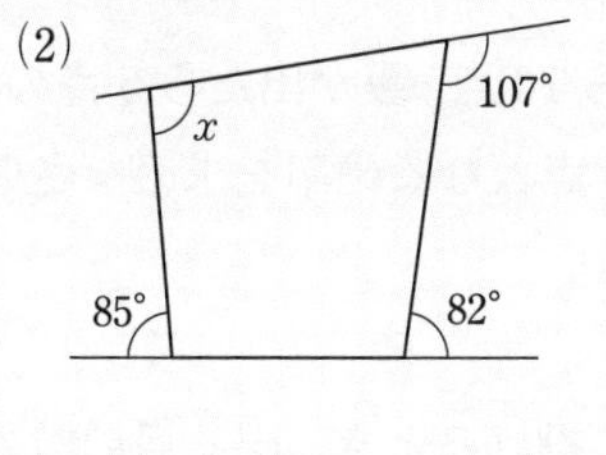

(3)

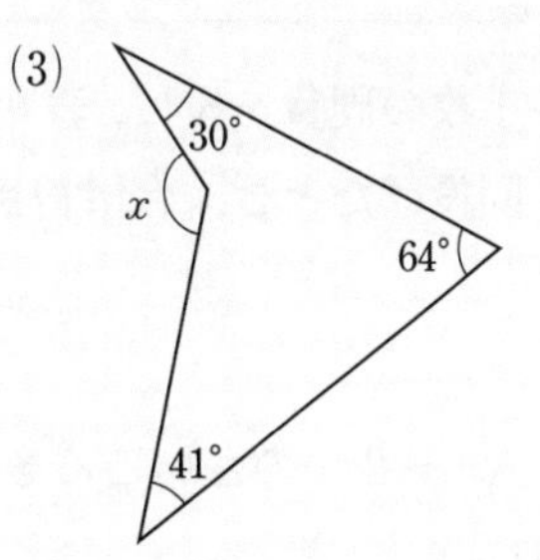

(1)		(2)		(3)	

8 右の図で，AE=DE，BE=CE ならば AB∥CD となることを次のように証明しました。□にあてはまるものを入れなさい。　2点×6(12点)

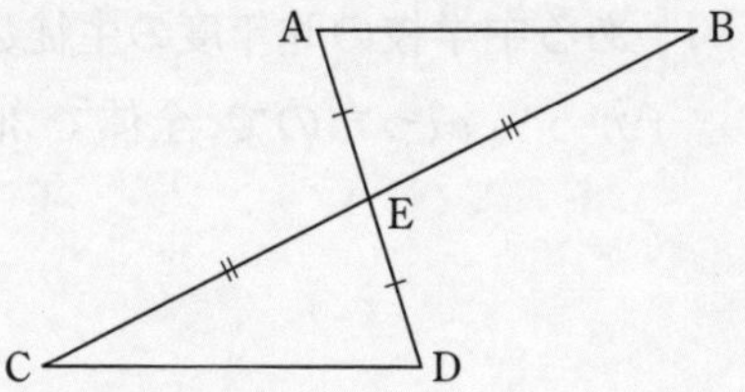

A, B, C, D, E

〔証明〕 △AEB と △DEC で，

仮定から，AE=㋐□ ……①

BE=㋑□ ……②

㋒□は等しいから，

∠AEB=∠DEC ……③

①，②，③から，㋓□がそれぞれ等しいので，

△AEB≡△DEC

合同な三角形の㋔□だから，

∠EAB=∠EDC

㋕□が等しいから，AB∥CD

㋐		㋑	
㋒		㋓	
㋔		㋕	

9 ▱ABCD の辺 AD，BC 上に，AE=CF となるような点 E，F をとると，AF=CE となります。このことを，△ABF と △CDE の合同を示すことによって証明しなさい。　(10点)

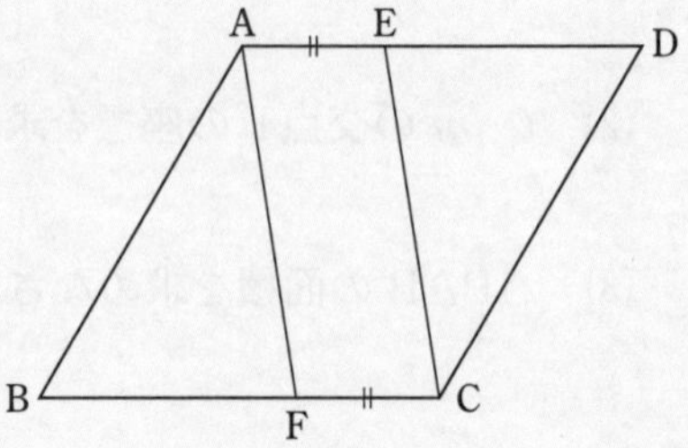

A, E, D, B, F, C

10 1枚の硬貨(こうか)を投げ，表が出たら10点，裏が出たら5点の得点とします。この硬貨を続けて3回投げたとき，合計得点が20点となる確率を求めなさい。　(8点)

11 A，B 2つのさいころを同時に投げるとき，出る目の数の和が10以下になる確率を求めなさい。　(8点)

教科書ワーク 数学 特別ふろく①

無料アプリ

どこでもワーク

こちらにアクセスして，ご利用ください。
https://portal.bunri.jp/app.html

1 計算編 テンキー入力形式で学習できる！ 重要公式つき！

解き方を穴埋め形式で確認！

テンキー入力で，計算しながら解ける！

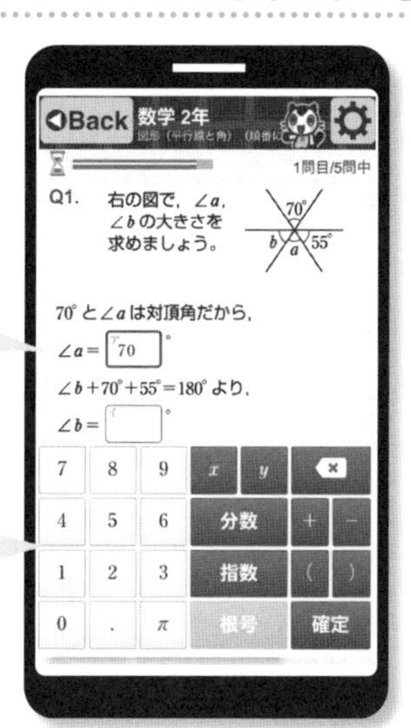

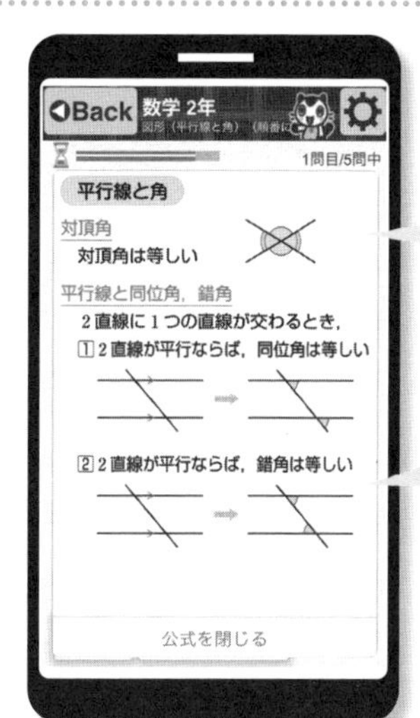

重要公式をその場で確認できる！

カラーだから見やすく，わかりやすい！

2 図形編 グラフや図形を自分で動かして，学習理解をサポート！

自分で数値を決められるから，いろいろなグラフの確認ができる！

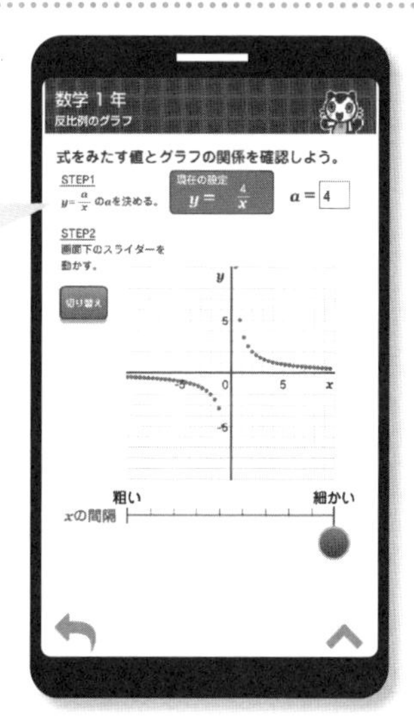

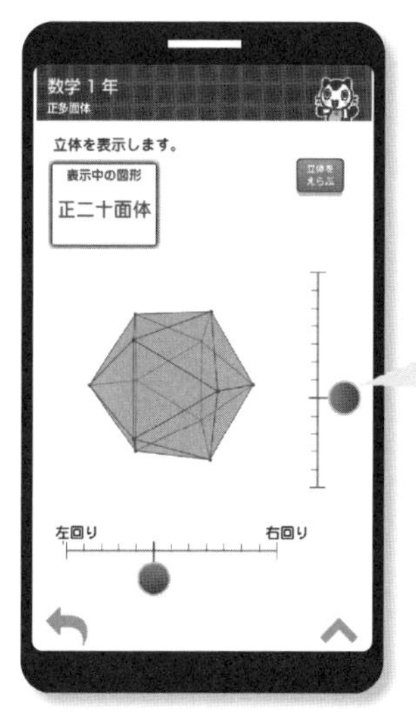

上下左右に回転させて，様々な角度から立体をみることができる！

注意 ●アプリは無料ですが，別途各通信会社からの通信料がかかります。
● iPhone の方は Apple ID，Android の方は Google アカウントが必要です。対応 OS や対応機種については，各ストアでご確認ください。
●お客様のネット環境および携帯端末により，アプリをご利用いただけない場合，当社は責任を負いかねます。ご理解，ご了承いただきますよう，お願いいたします。
●正誤判定は，計算編のみの機能となります。
●テンキーの使い方は，アプリでご確認ください。

中学教科書ワーク

解答と解説

大日本図書版

数学2年

この「解答と解説」は，取りはずして使えます。

※ステージ１の例の答えは本冊右ページ下にあります。

1章 式と計算

p.2〜3 ステージ1

❶ (1) 単項式
(2) 多項式，項 x，$2y$，3，　定数項 3
(3) 多項式，項 x^2，$4x$，-7，　定数項 -7
(4) 多項式，項 1，$-2a^2$，　定数項 1
(5) 多項式，項 $\frac{1}{3}x$，$-\frac{1}{2}y$，-1
定数項 -1
(6) 単項式

❷ (1) 次数 1，1 次式　(2) 次数 2，2 次式
(3) 次数 1，1 次式　(4) 次数 2，2 次式
(5) 次数 1，1 次式　(6) 次数 2，2 次式
(7) 次数 2，2 次式　(8) 次数 2，2 次式

❸ (1) $16x$　(2) $6+3y$
(3) $-2x+2y$　(4) $3ab-a+2b$
(5) $2x^2-3x$　(6) $3x^2+3x-5$

解説

❶ (3) $x^2+4x-7=x^2+4x+(-7)$
（x^2：項，$4x$：項，(-7)：定数項 ― 文字をふくまない項）

(4) $1-2a^2=1+(-2a^2)$

(5) $\frac{1}{3}x-\frac{1}{2}y-1=\frac{1}{3}x+\left(-\frac{1}{2}y\right)+(-1)$

❷ (3) $-b=(-1)\times b$：次数 1 だから，1 次式
(5) $a-b$：次数 1 と次数 1 だから，1 次式
(6) $5x^2-6x+7$：次数 2 が最も高いから，2 次式

❸ (2) $6+4y-y=6+(4-1)y=6+3y$
↑ 同類項がないときはそのまま。

(5) $-x^2+2x-5x+3x^2$
$=-x^2+3x^2+2x-5x$
$=(-1+3)x^2+(2-5)x$
$=2x^2-3x$

p.4〜5 ステージ1

❶ (1) $10x-3y$　(2) $9a+0.1b$
(3) $4x+y$　(4) $6a+b$

❷ (1) $2x+2y$　(2) $5a-4b$
(3) $2x-9y$　(4) $2a-8b$

❸ (1) $(3x-2y+5)+(-2x+4y-2)$
$=x+2y+3$
$(3x-2y+5)-(-2x+4y-2)$
$=5x-6y+7$
(2) $(x^2+2x-5)+(-3x^2+7x-8)$
$=-2x^2+9x-13$
$(x^2+2x-5)-(-3x^2+7x-8)$
$=4x^2-5x+3$
(3) $(7a+5b-2c)+(-4a-6b+8c)$
$=3a-b+6c$
$(7a+5b-2c)-(-4a-6b+8c)$
$=11a+11b-10c$

❹ (1) $-10xy$　(2) $15ab$
(3) $-7x^3$　(4) a^5
(5) $36a^2$　(6) $-36a^2$
(7) $-45x^3$　(8) $-36a^3$

解説

❶ (1) $(3x+y)+(7x-4y)=3x+y+7x-4y$
$=3x+7x+y-4y$
$=10x-3y$

別解 (1)，(2)は筆算の形にして計算してもよい。

(1)
$$\begin{array}{r} 3x+\ y \\ +)\ 7x-4y \\ \hline 10x-3y \end{array}$$

(3)，(4) 筆算の形の式で，縦に同類項がそろっていれば，そのまま縦に式をたせばよい。

❷ ミス注意！ $-(\ \ )$のときは，$(\ \ )$のなかの符号をすべて変える。

(1) $(3x-2y)-(x-4y)=3x-2y-x+4y$
$=3x-x-2y+4y$
$=2x+2y$

(3)
$$\begin{array}{r} 4x-3y \\ \underline{-)\,2x+6y} \end{array} \Rightarrow \begin{array}{r} 4x-3y \\ \underline{+)\,-2x-6y} \\ 2x-9y \end{array}$$
← 符号を変える。

3 (1) $(3x-2y+5)-(-2x+4y-2)$
$=3x-2y+5+2x-4y+2$
$=5x-6y+7$

ポイント
必ずかっこをつけて式をつくる。−(　)は，かっこをはずすときに符号を変える。

4 (3) $7x\times(-x^2)=7\times(-1)\times x\times x\times x=-7x^3$
(4) $a^3\times a^2=(a\times a\times a)\times(a\times a)=a^5$
(5) $(-6a)^2=(-6a)\times(-6a)$
$=(-6)\times(-6)\times a\times a$
$=36a^2$
(6) $-(6a)^2=-(6a)\times(6a)$
$=(-1)\times6\times6\times a\times a$
$=-36a^2$

p.6~7 ステージ1

1 (1) $-2x$　(2) $6b$　(3) $4a^2$
(4) $-25y$　(5) $-54a$　(6) -20

2 (1) $15x+10y$　(2) $-7a+21b$
(3) $x-y$　(4) $-2a-5b$
(5) $-x+4y$　(6) $-3x+4y-1$

3 (1) $\frac{19}{12}x-\frac{17}{12}y\left(\frac{19x-17y}{12}\right)$　(2) $-\frac{1}{15}x+\frac{22}{15}y\left(\frac{-x+22y}{15}\right)$
(3) $\frac{7x+12y}{6}\left(\frac{7}{6}x+2y\right)$
(4) $\frac{-9x+13y}{10}\left(-\frac{9}{10}x+\frac{13}{10}y\right)$

4 (1) ① -14　② 8
(2) 22　(3) -90

解説

1 (3) $24a^3\div6a=\frac{24a^3}{6a}=\frac{\overset{4}{24}\times\overset{1}{a}\times a\times a}{\underset{1}{6}\times\underset{1}{a}}=4a^2$

(4) $(-10xy)\div\frac{2}{5}x=(-\overset{5}{10}\overset{1}{x}y)\times\frac{5}{\underset{1}{2}\underset{1}{x}}=-25y$

(5) $4a^2\times(-3b)\div\frac{2}{9}ab=4a^2\times(-3b)\times\frac{9}{2ab}$
逆数をかける乗法になおす。
$=\overset{2}{4}\overset{1}{a}a\times(-3\overset{1}{b})\times\frac{9}{\underset{1}{2}\underset{1}{a}\underset{1}{b}}$
$=-54a$

(6) $6x\div\frac{3}{5}xy\times(-2y)=\overset{2}{6}\overset{1}{x}\times\frac{5}{\underset{1}{3}\underset{1}{x}\underset{1}{y}}\times(-2\overset{1}{y})$
$=-20$

2 (3) $3(x-y)+2(-x+y)=3x-3y-2x+2y$
$=x-y$

(4) $4(a-2b)-3(2a-b)=4a-8b-6a+3b$
$=-2a-5b$

(6) $(18x-24y+6)\div(-6)=\frac{18x-24y+6}{-6}$
$=-\frac{\overset{3}{18}x}{\underset{1}{6}}+\frac{\overset{4}{24}y}{\underset{1}{6}}-\frac{\overset{1}{6}}{\underset{1}{6}}$
$=-3x+4y-1$

3 (1) $\frac{1}{4}(x-3y)+\frac{1}{3}(4x-2y)$
$=\frac{1}{4}x-\frac{3}{4}y+\frac{4}{3}x-\frac{2}{3}y$
$=\frac{3}{12}x-\frac{9}{12}y+\frac{16}{12}x-\frac{8}{12}y$
$=\frac{19}{12}x-\frac{17}{12}y\left(=\frac{19x-17y}{12}\right)$

(2) $\frac{1}{3}(x+2y)-\frac{1}{5}(2x-4y)$
$=\frac{1}{3}x+\frac{2}{3}y-\frac{2}{5}x+\frac{4}{5}y$
$=\frac{5}{15}x+\frac{10}{15}y-\frac{6}{15}x+\frac{12}{15}y$
$=-\frac{1}{15}x+\frac{22}{15}y\left(=\frac{-x+22y}{15}\right)$

(3) $\frac{5x-2y}{6}+\frac{x+7y}{3}=\frac{5x-2y}{6}+\frac{2(x+7y)}{6}$
$=\frac{5x-2y+2(x+7y)}{6}$
$=\frac{5x-2y+2x+14y}{6}$
$=\frac{7x+12y}{6}\left(=\frac{7}{6}x+2y\right)$

(4) $\frac{-x+3y}{2}-\frac{2x+y}{5}=\frac{5(-x+3y)}{10}-\frac{2(2x+y)}{10}$
$=\frac{5(-x+3y)-2(2x+y)}{10}$
$=\frac{-5x+15y-4x-2y}{10}$
$=\frac{-9x+13y}{10}\left(=-\frac{9}{10}x+\frac{13}{10}y\right)$

4 (1) ② $4\times\left(-\frac{1}{2}\right)-2\times(-5)=-2+10=8$
かっこをつける。

(2) $(2x-3y)-(4x+5y)=2x-3y-4x-5y$
$=-2x-8y$

この式に，$x=1$，$y=-3$ を代入すると，

$-2\times1-8\times(-3)=-2+24=22$

(3) $3a^2\div ab\times 2b^2=\dfrac{3\times a\times a\times 2\times b\times b}{a\times b}=6ab$

この式に，$a=-3$，$b=5$ を代入すると，

$6\times(-3)\times5=-90$

ポイント

負の数を代入するときは，必ずかっこをつける。

p.8～9　ステージ2

1 (1) 項 … $-xy$，$\dfrac{1}{2}xy^2$，-3

定数項 … -3

(2) 3次式

2 (1) $\dfrac{2}{3}a+\dfrac{3}{2}b\left(\dfrac{4a+9b}{6}\right)$

(2) $0.4x+4y$　(3) $3x+5y-3z$

(4) $\dfrac{7}{6}x-\dfrac{5}{12}y\left(\dfrac{14x-5y}{12}\right)$

(5) $3x-y+6$　(6) $3a-3b+2$

3 (1) $3a^3b$　(2) $-2y$

(3) $-\dfrac{27}{2}b^2$　(4) $-\dfrac{9}{2}$

4 (1) $4x-5y$　(2) $2x-12y$

(3) $-3x+2y$　(4) $-6x+4y$

5 (1) $\dfrac{5}{6}x-\dfrac{17}{6}y+\dfrac{3}{2}\left(\dfrac{5x-17y+9}{6}\right)$

(2) $\dfrac{19a+6b}{20}\left(\dfrac{19}{20}a+\dfrac{3}{10}b\right)$

(3) $\dfrac{5x+6y}{4}\left(\dfrac{5}{4}x+\dfrac{3}{2}y\right)$　(4) $\dfrac{35}{12}y$

6 (1) -11　(2) -36

7 (1) ① $9x+3y+2$

② $\dfrac{-15x-13y}{12}\left(-\dfrac{5}{4}x-\dfrac{13}{12}y\right)$

(2) 8

● ● ● ● ●

① (1) $a+8b$　(2) $\dfrac{5x-13y}{14}\left(\dfrac{5}{14}x-\dfrac{13}{14}y\right)$

(3) $-4x^2$　(4) $-70ab^2$

② -4

解説

1 $-xy+\dfrac{1}{2}xy^2-3=(-xy)+\dfrac{1}{2}xy^2+(-3)$

$(-xy)$：項，次数2　$\dfrac{1}{2}xy^2$：項，次数3　(-3)：項，定数項

最も高い項の次数 ⟶ 3次式

2 (1) $a+2b-\dfrac{1}{3}a-\dfrac{1}{2}b$

$=a-\dfrac{1}{3}a+2b-\dfrac{1}{2}b$　（項を並べかえる。）

$=\left(1-\dfrac{1}{3}\right)a+\left(2-\dfrac{1}{2}\right)b$　（同類項をまとめる。）

$=\left(\dfrac{3}{3}-\dfrac{1}{3}\right)a+\left(\dfrac{4}{2}-\dfrac{1}{2}\right)b$　（通分する。）

$=\dfrac{2}{3}a+\dfrac{3}{2}b$

(4) $\left(\dfrac{5}{3}x-\dfrac{3}{4}y\right)-\left(\dfrac{1}{2}x-\dfrac{1}{3}y\right)$

$=\dfrac{5}{3}x-\dfrac{3}{4}y-\dfrac{1}{2}x+\dfrac{1}{3}y$

$=\dfrac{5}{3}x-\dfrac{1}{2}x-\dfrac{3}{4}y+\dfrac{1}{3}y$

$=\left(\dfrac{5}{3}-\dfrac{1}{2}\right)x+\left(-\dfrac{3}{4}+\dfrac{1}{3}\right)y$

$=\left(\dfrac{10}{6}-\dfrac{3}{6}\right)x+\left(-\dfrac{9}{12}+\dfrac{4}{12}\right)y$

$=\dfrac{7}{6}x-\dfrac{5}{12}y\ \left(=\dfrac{14x-5y}{12}\right)$

ポイント

－(　)のかっこをはずすときは，かっこのなかの符号をすべて変える。

3 (2) $\left(-\dfrac{1}{3}xy\right)\div\dfrac{1}{6}x$

$=\left(-\dfrac{1}{3}xy\right)\div\dfrac{x}{6}$　（逆数をかける乗法になおす。）

$=\left(-\dfrac{1}{3}xy\right)\times\dfrac{6}{x}$

$=-2y$

(4) $18x^2y\div\dfrac{3}{2}xy\div\left(-\dfrac{8}{3}x\right)$

$=18x^2y\times\dfrac{2}{3xy}\times\left(-\dfrac{3}{8x}\right)$

$=-\dfrac{18\times x\times x\times y\times 2\times 3}{3\times x\times y\times 8\times x}$

$=-\dfrac{9}{2}$

4 分配法則を使ってかっこをはずしてから計算。

(2) $-2(3x-4y)+4(2x-5y)$
$=-6x+8y+8x-20y$
$=-6x+8x+8y-20y$
$=2x-12y$

(3) $3(3x-4y)-2(6x-7y)$
$=9x-12y-12x+14y$
$=9x-12x-12y+14y$
$=-3x+2y$

(4) $(9x-6y)\div\left(-\frac{3}{2}\right)=(9x-6y)\times\left(-\frac{2}{3}\right)$
$=9x\times\left(-\frac{2}{3}\right)-6y\times\left(-\frac{2}{3}\right)$
$=-6x+4y$

5 (1) $\frac{1}{3}(4x-y)-\frac{1}{2}(x+5y-3)$
$=\frac{4}{3}x-\frac{1}{3}y-\frac{1}{2}x-\frac{5}{2}y+\frac{3}{2}$
$=\frac{8}{6}x-\frac{2}{6}y-\frac{3}{6}x-\frac{15}{6}y+\frac{3}{2}$
$=\frac{5}{6}x-\frac{17}{6}y+\frac{3}{2}\ \left(=\frac{5x-17y+9}{6}\right)$

(3) $\frac{3x+y}{2}-\frac{x-4y}{4}=\frac{2(3x+y)}{4}-\frac{x-4y}{4}$
$=\frac{2(3x+y)-(x-4y)}{4}$
$=\frac{6x+2y-x+4y}{4}$
$=\frac{5x+6y}{4}\ \left(=\frac{5}{4}x+\frac{3}{2}y\right)$

(4) $\frac{5y-x}{2}-\frac{2x+y}{4}+\frac{3x+2y}{3}$
$=\frac{6(5y-x)}{12}-\frac{3(2x+y)}{12}+\frac{4(3x+2y)}{12}$
$=\frac{6(5y-x)-3(2x+y)+4(3x+2y)}{12}$
$=\frac{30y-6x-6x-3y+12x+8y}{12}$
$=\frac{35}{12}y$

6 (1) $2(x-3y)-3(2x+y)=2x-6y-6x-3y$
$=-4x-9y$
$=-4\times(-4)-9\times3$
$=16-27$
$=-11$

7 (1) ① $A-2(A-B)=A-2A+2B$
$=-A+2B$

と式を簡単にしてから，A，Bの式を代入。

② $\frac{1}{4}A-\frac{1}{3}B$
$=\frac{1}{4}(3x-7y+4)-\frac{1}{3}(6x-2y+3)$
$=\frac{3x-7y+4}{4}-\frac{6x-2y+3}{3}$
$=\frac{3(3x-7y+4)-4(6x-2y+3)}{12}$
$=\frac{9x-21y+12-24x+8y-12}{12}$
$=\frac{-15x-13y}{12}\ \left(=-\frac{5}{4}x-\frac{13}{12}y\right)$

別解 $\frac{1}{4}(3x-7y+4)-\frac{1}{3}(6x-2y+3)$

分配法則を使ってかっこをはずしてもよいが，この場合は1つの分数にまとめるほうが計算が楽にできる。

(2) $12a^2b\times(-2b)\div\frac{4}{3}ab=12a^2b\times(-2b)\times\frac{3}{4ab}$
$=\frac{12a^2b\times(-2b)\times3}{4ab}$
$=\frac{12\times a\times a\times b\times(-2b)\times3}{4\times a\times b}$
$=-18ab$
$=-18\times(-4)\times\frac{1}{9}$
$=8$

1 (2) $\frac{x-y}{2}-\frac{x+3y}{7}=\frac{7(x-y)}{14}-\frac{2(x+3y)}{14}$
$=\frac{7(x-y)-2(x+3y)}{14}$
$=\frac{7x-7y-2x-6y}{14}$
$=\frac{5x-13y}{14}\ \left(=\frac{5}{14}x-\frac{13}{14}y\right)$

別解 $\frac{x-y}{2}-\frac{x+3y}{7}$
$=\frac{1}{2}(x-y)-\frac{1}{7}(x+3y)$
$=\frac{1}{2}x-\frac{1}{2}y-\frac{1}{7}x-\frac{3}{7}y$
$=\frac{7}{14}x-\frac{7}{14}y-\frac{2}{14}x-\frac{6}{14}y=\frac{5}{14}x-\frac{13}{14}y$

(3) $8x^2y\times(-6xy)\div12xy^2=\dfrac{8x^2y\times(-6xy)}{12xy^2}$

$=-\dfrac{\overset{4}{\cancel{8}}\times\overset{1}{\cancel{x}}\times x\times\overset{1}{\cancel{y}}\times\overset{1}{\cancel{6}}\times x\times\overset{1}{\cancel{y}}}{\underset{\underset{1}{2}}{\cancel{12}}\times\underset{1}{\cancel{x}}\times\underset{1}{\cancel{y}}\times\underset{1}{\cancel{y}}}=-4x^2$

❷ $3(2x-3y)-(x-8y)=6x-9y-x+8y$

$=5x-y$

$=-1-3$ ⟵ $x=-\frac{1}{5}$, $y=3$ を代入する。

$=-4$

ポイント

式の値を求めるときは，式を簡単にしてから数を代入するとよい。

p.10~11 ステージ1

❶ (1) $2ac+2bc+4c^2$ (m^2)

(2) ab (m^2)

(3) $2ac+2bc-ab+4c^2$ (m^2)

❷ m，n を整数とすると，2つの7の倍数はそれぞれ $7m$，$7n$ と表せる。

$7m+7n=7(m+n)$

$m+n$ は整数だから，$7(m+n)$ は7の倍数である。したがって，7の倍数どうしの和は，7の倍数である。

❸ m，n を整数とすると，2つの偶数はそれぞれ $2m$，$2n$ と表せる。

$2m+2n=2(m+n)$

$m+n$ は整数だから，$2(m+n)$ は偶数である。したがって，偶数と偶数との和は偶数である。

❹ m，n を整数とすると，2つの奇数はそれぞれ $2m+1$，$2n+1$ と表せる。

2数の差は，

$(2m+1)-(2n+1)=2m+1-2n-1$

$=2(m-n)$

$m-n$ は整数だから，$2(m-n)$ は偶数である。したがって，奇数から奇数をひいた差は偶数である。

❺ 3桁の自然数の，百の位の数を x，十の位の数を y，一の位の数を z とすると，もとの自然数は，$100x+10y+z$

入れかえてできる自然数は，$100z+10y+x$ と表せる。

$(100x+10y+z)-(100z+10y+x)$

$=100x+10y+z-100z-10y-x$

$=99x-99z=99(x-z)$

$x-z$ は整数だから，$99(x-z)$ は99の倍数である。

したがって，一の位が0ではない3桁の自然数から，その数の百の位と一の位の数を入れかえてできる自然数をひいた差は，99の倍数である。

解説

❶ (1) $c\times a\times2+b\times c\times2+4\times c\times c$

4すみにできる正方形の面積

❸,❹ 偶数であることを説明するには，2×(整数)の形をつくればよい。

❺ a の倍数であることを説明するには，a×(整数) の形をつくればよい。

ポイント

ある数の倍数になることを説明するには，(ある数)×(整数) の形をつくる。

p.12~13 ステージ1

❶ (1) $x=\dfrac{8}{3}y$　(2) $y=\dfrac{10-x}{5}$

(3) $y=\dfrac{4x+5}{3}$　(4) $b=\dfrac{a-4}{2}$

(5) $b=6a-3$　(6) $b=\dfrac{20-5a}{4}$

❷ (1) $S=2a^2+4ah$　(2) $h=\dfrac{S-2a^2}{4a}$

(3) 6 cm

❸ ① $\dfrac{b}{y}$　② $\dfrac{x}{b}$　③ $\dfrac{x}{y}$

❹ (1) $x=15$　(2) $x=21$

解説

❶ (3) $-3y=-4x-5$ ⟵ $4x$，5を移項する。

$y=\dfrac{4x+5}{3}$ ⟵ 両辺を -3 でわる。

(6) $5a+4b=20$ ⟵ 両辺に20をかける。

$4b=20-5a$ ⟵ $5a$ を移項する。

$b=\dfrac{20-5a}{4}$ ⟵ 両辺を4でわる。

❷ (1) (正四角柱の表面積)

=(1つの底面の面積)×2+(1つの側面の面積)×4

よって，$S=a\times a\times2+h\times a\times4$

$=2a^2+4ah$

(2) $S=2a^2+4ah$

$-4ah=-S+2a^2$ ⟵ S, $4ah$ を移項する。

$h=\dfrac{S-2a^2}{4a}$ ⟵ 両辺を $-4a$ でわる。

(3) (2)の式に，$S=56$，$a=2$ を代入すると，

$h=\dfrac{56-2\times2^2}{4\times2}=\dfrac{48}{8}=6$ (cm)

❹ (1) $x:25=3:5$ より，$x\times5=25\times3$

$5x=75$　したがって，$x=15$

ポイント

$a:b=c:d$ ならば，$ad=bc$

p.14~15 ステージ2

❶ $\dfrac{1}{4}$ 倍になる。

❷ $\dfrac{3}{4}$ 倍になる。

❸ いちばん小さい整数を n とすると，他の 3 つの整数は，$n+1$，$n+2$，$n+3$ と表せる。

4 つの整数の和は，

$n+(n+1)+(n+2)+(n+3)$

$=4n+6=2(2n+3)$

$2n+3$ は整数だから，$2(2n+3)$ は偶数である。したがって，連続する 4 つの整数の和は偶数になる。

❹ (1) $2n+3$，$2n+5$

(2) $(2n+1)+(2n+3)+(2n+5)=6n+9$

$=2(3n+4)+1$

$3n+4$ は整数だから，$2(3n+4)+1$ は奇数である。

したがって，連続する 3 つの奇数の和は奇数である。

(3) $(2n+1)+(2n+3)+(2n+5)=6n+9$

$=3(2n+3)$

(1)より，$2n+3$ は真ん中の奇数だから，連続する 3 つの奇数の和は，真ん中の奇数の 3 倍である。

❺ 3 桁の自然数の百の位の数を x，十の位の数を y，一の位の数を z とすると，3 桁の自然数は $100x+10y+z$ と表せる。

また，各位の数の和が 3 の倍数だから，

$x+y+z=3n$（n は整数）と表すことができる。このとき，

$100x+10y+z=99x+9y+x+y+z$

$=99x+9y+3n=3(33x+3y+n)$

$33x+3y+n$ は整数だから，$3(33x+3y+n)$ は 3 の倍数である。

したがって，各位の数の和が 3 の倍数である 3 桁の自然数は，3 の倍数である。

❻ (1) $y=3x-2$　(2) $a=\dfrac{5y-3b}{2}$

(3) $y=\dfrac{\ell}{2}-x$　(4) $a=\dfrac{1}{3b}$

(5) $x=\dfrac{y+3a+b}{a}$ $\left(x=\dfrac{y+b}{a}+3\right)$

(6) $h=\dfrac{3V}{S}$

❼ (1) $S=ab-ac$　(2) $c=b-\dfrac{S}{a}$

● ● ● ● ●

① A　$n+4$

a　5　b　2　c　3　d　5

解説

❶ もとの正方形の面積は，$a\times a=a^2$ (cm²)

1 辺の長さを $\dfrac{1}{2}$ にすると，

$\dfrac{1}{2}a\times\dfrac{1}{2}a=\dfrac{1}{4}a^2$ (cm²)

❷ もとの体積は，$\dfrac{1}{3}\times\pi r^2\times h=\dfrac{1}{3}\pi r^2h$ (cm³)

底面の半径を半分にし，高さを 3 倍にすると，

$\dfrac{1}{3}\times\pi\times\left(\dfrac{1}{2}r\right)^2\times3h=\dfrac{3}{4}\times\dfrac{1}{3}\pi r^2h$ (cm³)

↑ もとの体積

したがって，もとの体積の $\dfrac{3}{4}$ 倍になる。

❹ (1) 真ん中の数は，いちばん小さい数より 2 大きいので，$2n+1+2=2n+3$　いちばん大きい数は，さらに 2 大きいので，$2n+3+2=2n+5$

(2) 3 つの数の和が，2×(整数)+1 の形になることを説明すればよい。

(3) 3 つの奇数の和が，3×(真ん中の奇数) になることを説明すればよい。

❺ $x+y+z=3n$ を使って，$100x+10y+z$ が 3×(整数) で表せることを説明すればよい。

$100x+10y+z=(99x+x)+(9y+y)+z$

$=99x+9y+\underline{x+y+z}$

と考えると，$x+y+z=3n$ が利用できる。

6 (2) $5y=2a+3b$ ⟵ 両辺に5をかける。

$2a+3b=5y$ ⟵ 両辺を入れかえる。

$2a=5y-3b$ ⟵ $3b$を移項する。

$a=\frac{5y-3b}{2}$ ⟵ 両辺を2でわる。

(3) $2(x+y)=\ell$ ⟵ 両辺を入れかえる。

$x+y=\frac{\ell}{2}$ ⟵ 両辺を2でわる。

$y=\frac{\ell}{2}-x$ ⟵ xを移項する。

(4) 両辺を$3b$でわると，$a=\frac{1}{3b}$

(5) $a(x-3)-b=y$ ⟵ 両辺を入れかえる。

$ax-3a-b=y$ ⟵ (　)をはずす。

$ax=y+3a+b$ ⟵ $-3a$，$-b$を移項する。

$x=\frac{y+3a+b}{a}$ ⟵ 両辺をaでわる。

別解 $a(x-3)-b=y$ ⟵ 両辺を入れかえる。

$a(x-3)=y+b$ ⟵ $-b$を移項する。

$x-3=\frac{y+b}{a}$ ⟵ 両辺をaでわる。

$x=\frac{y+b}{a}+3$ ⟵ -3を移項する。

(6) $\frac{1}{3}Sh=V$ ⟵ 両辺を入れかえる。

$Sh=3V$ ⟵ 両辺に3かける。

$h=\frac{3V}{S}$ ⟵ 両辺をSでわる。

7 (1) (畑の面積)

=(長方形の土地の面積)−(道路の面積)

$S=a\times b-c\times a$

$S=ab-ac$

① 連続する5つの自然数は，n，$n+1$，$n+2$，$n+3$，$\underset{A}{n+4}$と表せる。これらの和は，

$n+(n+1)+(n+2)+(n+3)+(n+4)$

$=5n+10$

$=\underset{a}{5}(\underset{b}{n+2})$ ⟵ $n+2$は小さい方から3番目

したがって，連続する5つの自然数の和は，小さいほうから3番目の数の5倍となっている。

分配法則を使って
5×○ の形にしよう。

p.16～17 ステージ3

1 (1) ①と④　(2) ③と④

(3) 項…$2x^2$，$-5x$，-2

定数項…-2

2 (1) $5x-4y+1$　(2) $90b^2$

(3) $12x^2-4x+28$

(4) $-8a^2+12ab-4b^2$

(5) $14a+10b$　(6) $3x-5y$

(7) $\frac{5x+7y}{12}$ $\left(\frac{5}{12}x+\frac{7}{12}y\right)$

(8) $\frac{11x+y}{4}$ $\left(\frac{11}{4}x+\frac{1}{4}y\right)$

3 (1) -1　(2) -8

4 (1) $5a+2$　(2) $-a^2-3a-4$

5 体積…$\frac{2}{3}abc$ cm^3

表面積…$\frac{4}{3}ab+2bc+2ca$ (cm^2)

6 もとの円柱の底面の半径と高さをaとすると，もとの円柱の体積は，$\pi a^2\times a=\pi a^3$

底面の半径と高さを2倍にした円柱の体積は，$\pi\times(2a)^2\times 2a=8\pi a^3$

したがって，円柱の体積は8倍になる。

7 Aの千の位の数をa，百の位の数をb，十の位の数をc，一の位の数をdとすると，A，Bは，$A=1000a+100b+10c+d$

$B=1000c+100d+10a+b$ と表せる。

$A-B=(1000a+100b+10c+d)$
$\qquad -(1000c+100d+10a+b)$

$=990a+99b-990c-99d$

$=99(10a+b-10c-d)$

$10a+b-10c-d$は整数だから，

$99(10a+b-10c-d)$は99の倍数である。

したがって，$A-B$は99の倍数である。

8 (1) $y=2x-5$　(2) $b=\frac{2S}{h}-a$

9 $S=2\pi r^2+2\pi rh$　$h=\frac{S}{2\pi r}-r$

解説

2 (2) $10ab\div\frac{2}{3}a\times 6b=\overset{5}{\cancel{10}}\overset{1}{\cancel{a}}b\times\frac{3}{\underset{1}{\cancel{2}}\underset{1}{\cancel{a}}}\times 6b=90b^2$

(4) $(6a^2-9ab+3b^2)\div\left(-\frac{3}{4}\right)$

$=(6a^2-9ab+3b^2)\times\left(-\frac{4}{3}\right)$

$=\overset{2}{\cancel{6}}a^2\times\left(-\frac{4}{\underset{1}{\cancel{3}}}\right)-\overset{3}{\cancel{9}}ab\times\left(-\frac{4}{\underset{1}{\cancel{3}}}\right)+\overset{1}{\cancel{3}}b^2\times\left(-\frac{4}{\underset{1}{\cancel{3}}}\right)$

$=-8a^2+12ab-4b^2$

(5) $-3(2a-5b)+5(4a-b)$

$=-6a+15b+20a-5b$

$=14a+10b$

(6) $2(3x-y)-3(x+y)$

$=6x-2y-3x-3y$

$=3x-5y$

(7) $\frac{3x+y}{4}-\frac{x-y}{3}=\frac{3(3x+y)}{12}-\frac{4(x-y)}{12}$

$=\frac{3(3x+y)-4(x-y)}{12}$

$=\frac{9x+3y-4x+4y}{12}$

$=\frac{5x+7y}{12}\ \left(=\frac{5}{12}x+\frac{7}{12}y\right)$

3 **ミス注意!** 式を簡単にしてから $x=0.5,\ y=-2$ を代入する。

(1) $3(2x-y)-4(x-y)=6x-3y-4x+4y$

$=2x+y$

$=2\times0.5+(-2)$

$=1+(-2)$

$=-1$

(2) $-28x^2y^2\div7x=-\frac{28x^2y^2}{7x}=-\frac{\overset{4}{\cancel{28}}\times\overset{1}{\cancel{x}}\times x\times y\times y}{\underset{1}{\cancel{7}}\times\underset{1}{\cancel{x}}}$

$=-4xy^2$

$=-4\times0.5\times(-2)^2$

$=-4\times0.5\times4$

$=-8$

4 (1) $A-2B-4C$

$=(4a^2+a)-2(-2a+5)-4(a^2-3)$

$=4a^2+a+4a-10-4a^2+12$

$=5a+2$

(2) $2A-3(A-C)+B$

$=2A-3A+3C+B$

$=-A+3C+B$

$=-(4a^2+a)+3(a^2-3)+(-2a+5)$

$=-4a^2-a+3a^2-9-2a+5$

$=-a^2-3a-4$

得点アップのコツ

式に数や式を代入するときは，もとの式はできるだけ簡単にしておく。また，負の数や式を代入するときは，かっこをつけて符号に注意する。

5 体積…㋖（または㋗）の面を底面とすると，高さは c cm となるので，体積は，

$\left(ab-\frac{2}{3}a\times\frac{1}{2}b\right)\times c$

$=\frac{2}{3}ab\times c$

$=\frac{2}{3}abc\ (\mathrm{cm}^3)$

表面積…㋐の面積と㋒の面積の和は，㋔の面積に等しい。また，㋑の面積と㋓の面積の和は，㋕の面積に等しい。㋗の面積と㋖の面積は等しい。したがって，表面積は，

㋐＋㋑＋㋒＋㋓＋㋔＋㋕＋㋖＋㋗

＝(㋐＋㋒)＋(㋑＋㋓)＋㋔＋㋕＋㋖＋㋗

＝㋔＋㋕＋㋔＋㋕＋㋖＋㋖

＝2×(㋔＋㋕＋㋖)

$=2\left(bc+ac+\frac{2}{3}ab\right)$

$=\frac{4}{3}ab+2bc+2ac\ (\mathrm{cm}^2)$

8 (2) $\frac{1}{2}(a+b)h=S$ ← 両辺を入れかえる。

$(a+b)h=2S$ ← 両辺に 2 をかける。

$a+b=\frac{2S}{h}$ ← 両辺を h でわる。

$b=\frac{2S}{h}-a$ ← a を移項する。

9 (円柱の表面積)

＝(底面積)×2＋(側面積)

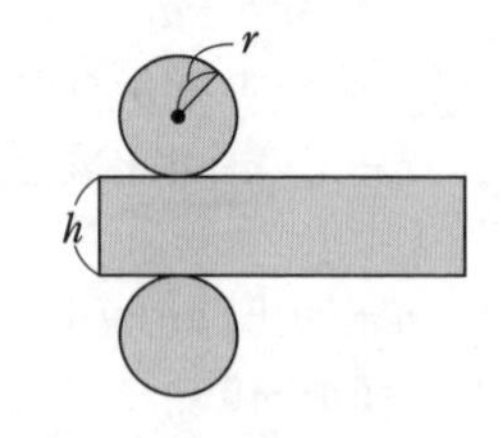

円柱の展開図は右の図のようになり，側面の展開図の横の長さは底面の円周の長さに等しいので，

$S=\pi r^2\times2+h\times2\pi r$

$S=2\pi r^2+2\pi rh$

この式を h について解くと，

$2\pi r^2+2\pi rh=S$ ← 両辺を入れかえる。

$2\pi rh=S-2\pi r^2$ ← $2\pi r^2$ を移項する。

$h=\frac{S}{2\pi r}-r$ ← 両辺を $2\pi r$ でわる。

2章　連立方程式

p.18〜19　ステージ1

❶ (1) 左から順に，4，3，2，1，0，-1

(2) 左から順に，2，$\frac{4}{3}$，$-\frac{2}{3}$，$-\frac{4}{3}$，-2

(3) $(9,\ -2)$

❷ (1) 解である　(2) 解でない

❸ (1) $\begin{cases} x=11 \\ y=-9 \end{cases}$　(2) $\begin{cases} x=1 \\ y=1 \end{cases}$

(3) $\begin{cases} x=-2 \\ y=2 \end{cases}$　(4) $\begin{cases} x=-1 \\ y=-3 \end{cases}$

(5) $\begin{cases} x=3 \\ y=-1 \end{cases}$　(6) $\begin{cases} x=2 \\ y=-5 \end{cases}$

解説

❶ (1) $x=3$ を①に代入すると，

$3+y=7$　$y=4$

$x=4$，$x=5$，…を順に代入して y の値を求める。

(2) $x=3$ を②に代入すると，

$2\times3+3y=12$　$3y=6$　$y=2$

$x=4$，$x=7$，…を順に代入して y の値を求める。

(3) 2つの表に共通な x，y の値の組を求める。

❷ 指定された値の組を，方程式の x，y に代入したとき，2つの方程式が成り立つかどうか調べる。

❸ 上の式を①，下の式を②とする。

(5)
$$\begin{array}{lrl} ①\times5 & 15x+25y= & 20 \\ ②\times3 & -)\ 15x+12y= & 33 \\ \hline & 13y= & -13 \\ & y= & -1 \end{array}$$

xを消去

$y=-1$ を①に代入すると，

$3x+5\times(-1)=4$　$3x=9$　$x=3$

ポイント

x または y の係数の絶対値を等しくすると，2つの式の加法または減法で文字を消去できる。

p.20〜21　ステージ1

❶ (1) $\begin{cases} x=5 \\ y=2 \end{cases}$　(2) $\begin{cases} x=-2 \\ y=8 \end{cases}$

(3) $\begin{cases} x=3 \\ y=-1 \end{cases}$　(4) $\begin{cases} x=5 \\ y=3 \end{cases}$

(5) $\begin{cases} x=1 \\ y=-1 \end{cases}$　(6) $\begin{cases} x=4 \\ y=-5 \end{cases}$

❷ (1) $\begin{cases} x=2 \\ y=2 \end{cases}$　(2) $\begin{cases} x=1 \\ y=2 \end{cases}$

(3) $\begin{cases} x=2 \\ y=1 \end{cases}$　(4) $\begin{cases} x=2 \\ y=-1 \end{cases}$

(5) $\begin{cases} x=-6 \\ y=-12 \end{cases}$　(6) $\begin{cases} x=5 \\ y=-2 \end{cases}$

(7) $\begin{cases} x=5 \\ y=2 \end{cases}$　(8) $\begin{cases} x=4 \\ y=-3 \end{cases}$

解説

❶ 上の式を①，下の式を②とする。

(5) ①を②に代入すると，

$x+2(2x-3)=-1$　$x+4x-6=-1$

$5x=5$　$x=1$

$x=1$ を①に代入すると，$y=2\times1-3=-1$

ポイント

$x=$▬▬，$y=$▬▬ の形があるときは，代入法で文字を消去して解くとよい。

❷ 上の式を①，下の式を②とする。

(3) ①の両辺に10をかけて，$2x-y=3$ としてから解く。

(4) ②の両辺に100をかけて，$3x-5y=11$ としてから解く。

(5) ①の両辺に2と3の最小公倍数の6をかけて，$3x-2y=6$ としてから解く。

(6) ②の両辺に2と4の最小公倍数の4をかけて，$2x-y=12$ としてから解く。

(7) ①の両辺に10をかけると，

$3x-4y=7$ …③

②の両辺に10をかけると，

$2x+y=12$ …④

$$\begin{array}{ll} ③ & \begin{cases} 3x-4y=7 & \cdots③ \\ 8x+4y=48 & \cdots⑤ \end{cases} \\ ④\times4 & \end{array}$$

③＋⑤ で y を消去する。

(8) ①の両辺に10をかけると，

$x-3y=13$ …③

②の両辺に6をかけると，$3x+2y=6$ …④

$$\begin{array}{ll} ③\times3 & \begin{cases} 3x-9y=39 & \cdots⑤ \\ 3x+2y=6 & \cdots④ \end{cases} \\ ④ & \end{array}$$

⑤－④ で x を消去する。

ポイント

係数に小数，分数があるときは，係数を整数になおしてから解く。

p.22~23 ステージ1

1 (1) $\begin{cases} x=1 \\ y=-2 \end{cases}$ (2) $\begin{cases} x=5 \\ y=1 \end{cases}$

(3) $\begin{cases} x=5 \\ y=-2 \end{cases}$ (4) $\begin{cases} x=-3 \\ y=-1 \end{cases}$

2 (1) $\begin{cases} x=5 \\ y=8 \end{cases}$ (2) $\begin{cases} x=-5 \\ y=-2 \end{cases}$

(3) $\begin{cases} x=7 \\ y=2 \end{cases}$ (4) $\begin{cases} x=1 \\ y=-2 \end{cases}$

3 (1) $\begin{cases} x=3 \\ y=-1 \\ z=2 \end{cases}$ (2) $\begin{cases} x=-1 \\ y=5 \\ z=2 \end{cases}$

(3) $\begin{cases} x=2 \\ y=-4 \\ z=-1 \end{cases}$ (4) $\begin{cases} x=2 \\ y=1 \\ z=-2 \end{cases}$

解説

1 (3) $\begin{cases} 5x-4y=4x-5y+3 \\ 5x-4y=3x-y+16 \end{cases}$ より，

$\begin{cases} x+y=3 \\ 2x-3y=16 \end{cases}$ として解く。

2 上の式を①，下の式を②とする。

(1) ②の $-y+18$ を①の $2x$ に代入して x を消去すると，

$-y+18-3y=-14$ $y=8$

$y=8$ を②に代入して，$2x=-8+18$ $x=5$

(3) ①の $5y-3$ を②に代入して x を消去すると，

$5y-3=-2y+11$ $y=2$

$y=2$ を①に代入して，$x=5\times2-3=7$

3 上の式から順に①，②，③とする。

(1) ③－② で z を消去すると，$x-y=4$ …④

①，④を連立方程式として解くと，

$x=3$，$y=-1$

$y=-1$ を②に代入すると，$-1+3z=5$ $z=2$

(2) ①－② で z を消去すると，

$-2x+3y=17$ …④

①×2－③ で z を消去すると，

$-2x-y=-3$ …⑤

④，⑤を連立方程式として解くと，

$x=-1$，$y=5$

$x=-1$，$y=5$ を①に代入すると，

$-1+5+z=6$ $z=2$

(3) ①＋② で y を消去すると，

$3x+4z=2$ …④

②×2＋③ で y を消去すると，

$9x+2z=16$ …⑤

④，⑤を連立方程式として解くと，

$x=2$，$z=-1$

$x=2$，$z=-1$ を①に代入すると，

$2+y+(-1)=-3$ $y=-4$

(4) ①＋② で x を消去すると，

$2y+3z=-4$ …④

②×2＋③ で x を消去すると，

$7y-z=9$ …⑤

④，⑤を連立方程式として解くと，

$y=1$，$z=-2$

$y=1$，$z=-2$ を①に代入すると，

$x-1+(-2)=-1$ $x=2$

ポイント

3つの文字をふくむ連立方程式では，まずはじめに消去しやすい1文字をさがし，1文字を消去してから，2つの文字の連立方程式を解く。

p.24~25 ステージ2

1 (1) ㋐，㋓ (2) ㋓

2 ㋒

3 (1) $\begin{cases} x=-3 \\ y=5 \end{cases}$ (2) $\begin{cases} x=-3 \\ y=-4 \end{cases}$

(3) $\begin{cases} x=-2 \\ y=3 \end{cases}$ (4) $\begin{cases} x=3 \\ y=4 \end{cases}$

(5) $\begin{cases} x=7 \\ y=6 \end{cases}$ (6) $\begin{cases} x=2 \\ y=-1 \end{cases}$

(7) $\begin{cases} x=-5 \\ y=1 \end{cases}$ (8) $\begin{cases} x=2 \\ y=7 \end{cases}$

(9) $\begin{cases} x=-6 \\ y=-17 \end{cases}$ (10) $\begin{cases} x=4 \\ y=-1 \end{cases}$

(11) $\begin{cases} x=2 \\ y=2 \end{cases}$

4 (1) $\begin{cases} x=-2 \\ y=3 \end{cases}$ (2) $\begin{cases} x=3 \\ y=1 \end{cases}$

(3) $\begin{cases} x=2 \\ y=-1 \end{cases}$ (4) $\begin{cases} x=-20 \\ y=-12 \end{cases}$

(5) $\begin{cases} x=5 \\ y=0 \end{cases}$ (6) $\begin{cases} x=6 \\ y=-4 \end{cases}$

5 (1) $\begin{cases} x=-2 \\ y=-3 \end{cases}$ (2) $\begin{cases} x=10 \\ y=2 \end{cases}$

6 (1) $y=-2$ (2) $b=2$

● ● ● ● ●

① (1) $\begin{cases} x=3 \\ y=5 \end{cases}$ (2) $\begin{cases} x=-3 \\ y=6 \end{cases}$

② $a=7$, $b=-4$

解説

1 (1) ㋐～㋓の解を1つずつ代入し成り立つものを選ぶ。

(2) 方程式 $2x-y=1$ の解㋐，㋓について，方程式 $x+y=-4$ の解かどうかを調べる。

2つの式が同時に成り立つものが解である。

2 ㋐～㋒の連立方程式に $x=-2$, $y=5$ をそれぞれ代入して，2つの方程式が両方とも成り立つものを見つける。

3 上の式を①，下の式を②とする。

(4)
$$\begin{array}{lrl} ①\times2 & 6x-10y= & -22 \\ ②\times5 & -)\ 35x-10y= & 65 \\ \hline & -29x\quad = & -87 \\ & x= & 3 \end{array}$$

$x=3$ を②に代入すると，

$7\times3-2y=13$　$-2y=-8$　$y=4$

(9) ①の $7x+8$ を②の $2y$ に代入すると，

$3x-(7x+8)=16$　$-4x=24$　$x=-6$

$x=-6$ を①に代入すると，

$2y=7\times(-6)+8$　$2y=-34$　$y=-17$

別解 ①を $7x-2y=-8$ として，加減法で解くこともできる。

(11) ②を $7x+(2y-5)=13$ と考え，①の $5x-11$ を②の $2y-5$ に代入して，y を消去する。

4 上の式を①，下の式を②とする。

(2) ①の両辺に10をかけて，$3x+11y=20$ としてから解く。

ミス注意! $3x+11y=2$ とするミスに注意する。

(3) ②の両辺に4と6と3の最小公倍数12をかけて，$3x+2y=4$ としてから解く。

(4) ①の両辺に20をかけると，

$4x-5y=-20$ …③

②の両辺に12をかけると，

$3x-4y=-12$ …④

$$\begin{array}{lrl} ③\times3 & 12x-15y= & -60 \\ ④\times4 & -)\ 12x-16y= & -48 \\ \hline & y= & -12 \end{array}$$

$y=-12$ を④に代入すると，

$3x-4\times(-12)=-12$　$3x=-60$　$x=-20$

(6) ①の両辺に20をかけると，

$2x-7y=40$ …③

②の両辺に6をかけると，

$4x+3y=12$ …④

$\begin{array}{ll} ③\times2 & \begin{cases} 4x-14y=80 & …⑤ \\ 4x+3y=12 & …④ \end{cases} \\ ④ & \end{array}$

⑤－④ で x を消去する。

5 (2) $\begin{cases} \dfrac{x-3y}{2}=2 & …① \\ \dfrac{2x-5y}{5}=2 & …② \end{cases}$ として解く。

①の両辺に2をかけると，$x-3y=4$ …③

（分数をふくまない形にする）

②の両辺に5をかけると，$2x-5y=10$ …④

$\begin{array}{ll} ③\times2 & \begin{cases} 2x-6y=8 & …⑤ \\ 2x-5y=10 & …④ \end{cases} \\ ④ & \end{array}$

⑤－④ で x を消去する。

6 (1) $4x+5y=2$ に $x=3$ を代入すると，

$4\times3+5y=2$　$5y=-10$　$y=-2$

(2) $3x+2by=1$ に $x=3$, $y=-2$ を代入すると，

$3\times3+2b\times(-2)=1$　$-4b=-8$　$b=2$

① 上の式を①，下の式を②とする。

(1)
$$\begin{array}{lrl} ①\times3 & 6x+3y= & 33 \\ ② & +)\ 8x-3y= & 9 \\ \hline & 14x\quad = & 42 \\ & x= & 3 \end{array}$$

$x=3$ を①に代入すると，

$2\times3+y=11$　$y=5$

(2) ①の両辺に12をかけると，

$2x-3y=-24$ …③

$$\begin{array}{lrl} ②\times2 & 6x+4y= & 6 \\ ③\times3 & -)\ 6x-9y= & -72 \\ \hline & 13y= & 78 \\ & y= & 6 \end{array}$$

$y=6$ を②に代入して，

$3x+2\times6=3$　$x=-3$

② それぞれの方程式に $x=5$, $y=-3$ を代入すると，

$\begin{cases} 5a+3b=23 & …① \\ 10+3a=31 & …② \end{cases}$

この a, b についての連立方程式を解くと，

$a=7$, $b=-4$

2章

p.26~27 ステージ1

1 (1) $x+y=15$

(2) $70x+100y=1290$

(3) $\begin{cases} x+y=15 \\ 70x+100y=1290 \end{cases}$ $\begin{cases} x=7 \\ y=8 \end{cases}$

(4) りんご7個，もも8個とすると合わせて15個，代金は，$70\times7+100\times8=1290$ (円)となるから問題の答えとしてよい。
りんご7個，もも8個

2 ホットドッグ4本，ジュース3本

3 鉛筆1本60円，ノート1冊100円

4 A1個240 g，B1個80 g

解説

1 (1) (りんごの個数)+(ももの個数)=15 (個)
だから，$x+y=15$ …①

(2) (りんごの代金)+(ももの代金)=1290 (円)
代金=(単価)×(個数) だから，
$70x+100y=1290$ …②

(3) ①×10 ②÷10 $\begin{cases} 10x+10y=150 & \cdots③ \\ 7x+10y=129 & \cdots④ \end{cases}$
③−④ で y を消去する。

(4) ミス注意! 連立方程式の解は，いつも問題の答えとしてよいとは限らないので，必ず答えとしてよいかどうか確かめること。

2 ホットドッグを x 本，ジュースを y 本買ったとすると，
(ホットドッグの本数)+(ジュースの本数)
=7 (本) だから，$x+y=7$ …①
(ホットドッグの代金)+(ジュースの代金)
=960 (円) だから，$150x+120y=960$ …②
①×5 ②÷30 $\begin{cases} 5x+5y=35 & \cdots③ \\ 5x+4y=32 & \cdots④ \end{cases}$
③−④ で x を消去する。

3 鉛筆1本を x 円，ノート1冊を y 円とすると，
(鉛筆3本の代金)+(ノート2冊の代金)
=380 (円) だから，$3x+2y=380$ …①
(鉛筆5本の代金)+(ノート6冊の代金)=900 (円)
だから，$5x+6y=900$ …②
①，②を連立方程式として解く。

4 A1個を x g，B1個を y g とすると，
(A3個の重さ)+(B1個の重さ)=800 (g)
だから，$3x+y=800$ …①
(A1個の重さ)+(B2個の重さ)=400 (g)
だから，$x+2y=400$ …②
①，②を連立方程式として解く。

p.28~29 ステージ1

1 (1) $x+y=21$ (2) $\dfrac{x}{12}+\dfrac{y}{3}=3$

(3) $\begin{cases} x+y=21 \\ \dfrac{x}{12}+\dfrac{y}{3}=3 \end{cases}$ $\begin{cases} x=16 \\ y=5 \end{cases}$

(4) 自転車で走った道のりを16 km，歩いた道のりを5 km とすると，
全体で21 km。
また，かかった時間は，
$\dfrac{16}{12}+\dfrac{5}{3}=3$ (時間)
となるから問題の答えとしてよい。
自転車で走った道のり16 km，
歩いた道のり5 km

2 9 % の食塩水600 g，6 % の食塩水300 g

3 (1) ㋐ $\dfrac{80}{100}x$ ㋑ $\dfrac{90}{100}y$

(2) $\begin{cases} x+y=300 \\ \dfrac{80}{100}x+\dfrac{90}{100}y=250 \end{cases}$

(3) ケーキ200個，ドーナツ100個

4 製品A200個，製品B300個

解説

1 (2) (自転車で走った時間)+(歩いた時間)
=3 (時間) だから，$\dfrac{x}{12}+\dfrac{y}{3}=3$

2 9 % の食塩水を x g，6 % の食塩水を y g とする。
食塩水の重さの関係から，
$x+y=900$ …①
食塩の重さの関係から，
$x\times\dfrac{9}{100}+y\times\dfrac{6}{100}=900\times\dfrac{8}{100}$ …②
①，②を連立方程式として解く。

ポイント
混ぜた後に，合計の重さが900 g になること，食塩の重さが合計されることから，2つの式をつくる。

4 (製品Aの個数)+(製品Bの個数)=500 (個)
だから，$x+y=500$ …①
(製品Aの不良品)+(製品Bの不良品)=70 (個)
20 % ⟶ $\dfrac{20}{100}$，10 % ⟶ $\dfrac{10}{100}$ だから，

$\frac{20}{100}x+\frac{10}{100}y=70$ …②

①，②を連立方程式として解く。

p.30〜31 ステージ2

❶ なし9個，りんご4個

❷ A320円，B240円

❸ 32

❹ (1) A地からB地までの道のり 60 km，
B地からC地までの道のり 50 km

(2) A地からB地までにかかった時間

$\frac{3}{4}$ 時間，

B地からC地までにかかった時間

$\frac{5}{4}$ 時間

❺ (1) ボウリング　3時間
サーフィン　1時間

(2) 卓球の実施時間を x 時間，バスケットボールの実施時間を y 時間とすると，実施時間の関係から，$x+y=2$ …①
20エクササイズを行うためには，
$4x+6y=20$ …②
①，②を連立方程式として解くと，$x=-4$，$y=6$ となり，卓球の実施時間が負の数になるので問題に適さない。したがって，けんさんの考えで20エクササイズを達成することはできない。

❻ (1) 昨年度の男子325人，女子340人
(2) 今年度の男子338人，女子357人

❼ (1) 3倍
(2) $x=200$，$y=600$

❽ 10円硬貨5枚，50円硬貨19枚，100円硬貨3枚

● ● ● ● ●

① 32人

解説

❶ なしを x 個，りんごを y 個とする。

$\begin{cases} x=y+5 \\ 50x+80y=770 \end{cases}$ を解く。

❷ Aの値段を x 円，Bの値段を y 円とする。

$\begin{cases} x:y=4:3 & \cdots① \\ 3x+5y=2160 & \cdots② \end{cases}$

①より $x\times3=y\times4$　$3x=4y$ …③

②，③を連立方程式として解く。

ポイント
比の条件から，$x:y=a:b$ の式をつくり，$bx=ay$ として連立方程式を解く。

❸ もとの整数の十の位の数を x，一の位の数を y とする。もとの整数は $10x+y$，位を入れかえた整数は $10y+x$，各位の和は $x+y$ と表されるので，

$\begin{cases} 10x+y=6(x+y)+2 & \cdots① \\ 10y+x=10x+y-9 & \cdots② \end{cases}$

①，②を連立方程式として解くと，$x=3$，$y=2$
十の位が3，一の位が2の整数は，32

ミス注意 答えを「十の位3，一の位2」としないように気をつけよう。もとの整数を求めるので「32」が答えである。

❹ (1) A地からB地までの道のりを x km，B地からC地までの道のりを y km とする。

	A地〜B地	B地〜C地	合計
道のり (km)	x	y	110
速さ (km/h)	80	40	
時間 (h)	$\frac{x}{80}$	$\frac{y}{40}$	2

↑ 時間＝$\frac{道のり}{速さ}$

道のりの関係から，　$x+y=110$ …①

時間の関係から，　$\frac{x}{80}+\frac{y}{40}=2$ …②

①，②を連立方程式として解く。

(2) A地からB地までにかかった時間は，

$\frac{60}{80}=\frac{3}{4}$ (時間) ← 時間＝$\frac{道のり}{速さ}$

B地からC地までにかかった時間は，

$\frac{50}{40}=\frac{5}{4}$ (時間)

別解 A地からB地までにかかった時間を x 時間，B地からC地までにかかった時間を y 時間とする。

	A地〜B地	B地〜C地	合計
時間 (h)	x	y	2
速さ (km/h)	80	40	
道のり (km)	$80x$	$40y$	110

↑ 道のり＝速さ×時間

時間の関係から，　$x+y=2$ …①

道のりの関係から，　$80x+40y=110$ …②

①，②を連立方程式として解く。

ポイント

求める値をx，yとして，かかった時間，道のりの関係から式をつくり，連立方程式を解く。

5 (1)　ボウリングの実施時間をx時間，サーフィンの実施時間をy時間とすると，エクササイズの実施時間の合計から，$x+y=4$ …①

行ったエクササイズの合計から，

$3x+5y=14$ …②

①，②を連立方程式として解く。

6 昨年度の男子の人数をx人，女子の人数をy人とする。

(1)　(昨年度の男子の人数)+(昨年度の女子の人数)=665 (人)

だから，$x+y=665$ …①

(増えた男子の人数)+(増えた女子の人数)=30 (人)

だから，$\frac{4}{100}x+\frac{5}{100}y=30$ …②

①，②を連立方程式として解く。

(2)　今年度の男子の人数は，$325\times\frac{104}{100}=338$ (人)

今年度の女子の人数は，$340\times\frac{105}{100}=357$ (人)

7 (1)　9％の食塩水の重さをx，yを使って表すと，$x+y$ (g) であるから，食塩の重さの関係から，

$$x\times\frac{6}{100}+y\times\frac{10}{100}=(x+y)\times\frac{9}{100}$$

両辺に 100 をかける。

$$6x+10y=9(x+y)$$

$$y=3x$$

(2)　水を蒸発させる前と蒸発させた後の食塩の重さは等しいので，

$$(x+y)\times\frac{9}{100}=(x+y-200)\times\frac{12}{100}$$

両辺に 100 をかける。

$$9(x+y)=12(x+y-200)$$

$$x+y=800$$

この式と(1)の $y=3x$ を連立方程式として解く。

ふくまれている食塩の重さに注目するんだね。

8 10円，50円，100円の硬貨をそれぞれx枚，y枚，z枚とすると，

$$\begin{cases} x+y+z=27 & \cdots① \\ 10x+50y+100z=1300 & \cdots② \\ y=2x+3z & \cdots③ \end{cases}$$

②の両辺を 10 でわると，

$x+5y+10z=130$ …④

③を①に代入してyを消去すると，

$3x+4z=27$ …⑤

③を④に代入してyを消去すると，

$11x+25z=130$ …⑥

⑤，⑥を連立方程式として解くと，$x=5$，$z=3$

$x=5$，$z=3$ を③に代入すると，

$y=2\times5+3\times3=19$

1 男子の人数をx人，女子の人数をy人とすると，

$x+y=180$ …①

自転車で通学している人数について，

$\frac{16}{100}x=\frac{20}{100}y$　両辺に 100 をかけて整理すると，

$4x-5y=0$ …②

①，②の連立方程式を解いて，

$x=100$，$y=80$

自転車で通学している人数は，$\frac{16}{100}\times100\times2=32$ (人)

ミス注意！ 求めるものは，男子と女子の人数ではなく，自転車通学をしている人数である。

p.32〜33　ステージ3

1 ウ

2 (1) $\begin{cases} x=3 \\ y=-2 \end{cases}$　(2) $\begin{cases} x=4 \\ y=5 \end{cases}$

(3) $\begin{cases} x=1 \\ y=-1 \end{cases}$　(4) $\begin{cases} x=4 \\ y=7 \end{cases}$

(5) $\begin{cases} x=9 \\ y=6 \end{cases}$　(6) $\begin{cases} x=5 \\ y=6 \end{cases}$

(7) $\begin{cases} x=-3 \\ y=-4 \end{cases}$　(8) $\begin{cases} x=-\frac{2}{3} \\ y=4 \end{cases}$

3 $\begin{cases} x=3 \\ y=-1 \end{cases}$

4 $a=1$，$b=4$

5 (1) $4x+5y=50$

(2) $(x,\ y)=(5,\ 6),\ (10,\ 2)$

6 りんご1個120円，なし1個80円

7 男子130人，女子150人

8 6分歩いて4分走る

9 食塩水A 3％，食塩水B 8％

解説

1 ㋐～㋒の連立方程式に $x=4,\ y=-2$ をそれぞれ代入して，2つの方程式が両方とも成り立つものを見つける。

2 上の式を①，下の式を②とする。

(1) ①＋② で y を消去する。

(3) $\begin{cases} 10x-8y=18 & \cdots③ \ (①\times2) \\ 10x-15y=25 & \cdots④ \ (②\times5) \end{cases}$

③－④ で x を消去する。

(4) ①を②に代入すると，$4x-(2x-1)=9$

(5) ②を①に代入すると，$3x-21=-x+15$

(7) ①のかっこをはずして整理すると，

$3x-2y=-1$ …③

②の両辺に10をかけると，$6x-7y=10$ …④

$\begin{cases} 6x-4y=-2 & \cdots⑤ \ (③\times2) \\ 6x-7y=10 & \cdots④ \ (④) \end{cases}$

⑤－④ で x を消去する。

(8) ①の両辺に6をかけると，$3x+2y=6$ …③

②の両辺に10をかけると，

$3x-2y=-10$ …④

③＋④ で y を消去する。

3 $\begin{cases} 3x+y=8 \\ 4x-3y-7=8 \end{cases}$ より $\begin{cases} 3x+y=8 \\ 4x-3y=15 \end{cases}$

として解く。

4 連立方程式に $x=2,\ y=1$ を代入すると，

$\begin{cases} 4a+b=8 & \cdots① \\ 2a-3b=-10 & \cdots② \end{cases}$

この $a,\ b$ についての連立方程式を解いて，$a,\ b$ の値を求める。

①－②×2 で a を消去する。

5 (2) $4x+5y=50$ を y について解くと，

$y=\dfrac{50-4x}{5}$ より，$y=10-\dfrac{4}{5}x$

x が5の倍数のとき，y は整数となる。

$x=5$ のとき，$y=10-\dfrac{4}{5}\times5=6$

$x=10$ のとき，$y=10-\dfrac{4}{5}\times10=2$

$x\geqq15$ のとき，y は負の数となり，自然数にはならない。

6 りんご1個の値段を x 円，なし1個の値段を y 円として，

$\begin{cases} 2x+3y=480 \\ 3x+y=440 \end{cases}$ を解く。

7 男子の人数を x 人，女子の人数を y 人とする。

(男子の人数)＝(女子の人数)－20(人) だから，

$x=y-20$ …①

男子の10％と女子の8％の合わせて25人が陸上部に入っているから，

$\dfrac{10}{100}x+\dfrac{8}{100}y=25$ …②

①，②を連立方程式として解く。

8 x 分歩いて y 分走るとする。

歩く時間と走る時間の合計が10分だから，

$x+y=10$ …①

歩く道のりと走る道のりの合計が960 m だから，

$60x+150y=960$ …② ← 道のり＝速さ×時間

①，②を連立方程式として解く。

9 食塩水Aの濃度を x％，食塩水Bの濃度を y％とする。

Aを400 g，Bを100 gとって混ぜ合わせると4％の食塩水が $400+100=500$ (g) できる。混ぜる前と混ぜた後で食塩の重さの合計は変わらないから，

$400\times\dfrac{x}{100}+100\times\dfrac{y}{100}=500\times\dfrac{4}{100}$ より，

$4x+y=20$ …①

Aを100 g，Bを300 gとって混ぜ合わせ，140 gの水を加えると，5％の食塩水が $100+300+140=540$ (g) できる。上と同じように，混ぜる前と混ぜた後で食塩の重さの合計は変わらないから，

$100\times\dfrac{x}{100}+300\times\dfrac{y}{100}=540\times\dfrac{5}{100}$ より，

$x+3y=27$ …②

①，②を連立方程式として解く。

得点アップのコツ

問題文より，食塩の重さの関係の式を2つつくる。混ぜた後に水を加えると全体の重さが加えた水の重さだけ増加することに注意する。

3章 1次関数

p.34~35 ステージ1

1 (1) 左から順に，8，11，14，17，20

(2) $y=3x+5$

(3) (yはxの1次関数と) いえる。

(4) $0\leqq x\leqq 10$，$5\leqq y\leqq 35$

2 (1) 左から順に，-4，-1，2，5，8

(2) ㋐ 3　㋑ 3　(3) 3

3 (1) ㋐ $\frac{1}{2}$　㋑ $\frac{1}{2}$　(2) 3

解説

1 (2) x分間に入る水の量は$3x$ L だから，

$y=3x+5$ ⟵ はじめに 5 L 入っている。

(4) はじめに 5 L 入っていて，35 L まで入るから，

$5\leqq y\leqq 35$

また，水そうがいっぱいになるのは，水の量が 35 L になるときだから，$y=3x+5$ に $y=35$ を代入すると，$35=3x+5$　$x=10$

よって，$0\leqq x\leqq 10$

2 (2) ㋐ $x=1$ のとき，$y=3\times1+2=5$

$x=3$ のとき，$y=3\times3+2=11$ だから，

$$(\text{変化の割合})=\frac{(y\text{の増加量})}{(x\text{の増加量})}=\frac{11-5}{3-1}=\frac{6}{2}=3$$

㋑ $x=-4$ のとき，$y=3\times(-4)+2=-10$

$x=-1$ のとき，$y=3\times(-1)+2=-1$

$$(\text{変化の割合})=\frac{-1-(-10)}{-1-(-4)}=\frac{-1+10}{-1+4}=\frac{9}{3}=3$$

別解 ㋐，㋑は，$y=\underline{\underline{3}}x+2$ より，変化の割合は3と答えてもよい。

(3) 1次関数 $y=ax+b$ では，xの値が1増加すると，yの値はa増加する。

3 (1) 1次関数 $y=\underline{\underline{\frac{1}{2}}}x+1$ の変化の割合はいつも一定で $\frac{1}{2}$ に等しい。

(2) $(\text{変化の割合})=\frac{(y\text{の増加量})}{(x\text{の増加量})}$ より，

$(y\text{の増加量})=(\text{変化の割合})\times(x\text{の増加量})$

したがって，$\frac{1}{2}\times6=3$

ポイント

1次関数 $y=ax+b$ の変化の割合は一定でaに等しい。

p.36~37 ステージ1

1 (1) ㋒

(2) ㋓

(3) y軸の負の向きに9だけ平行移動させたもの（または，y軸の正の向きに-9だけ平行移動させたもの）

(4) ㋐ 傾き3，切片-5

㋓ 傾き-2，切片1

(5) 12

2 (1) ㋑，㋒

(2) ㋐，㋓

(3) 右の図

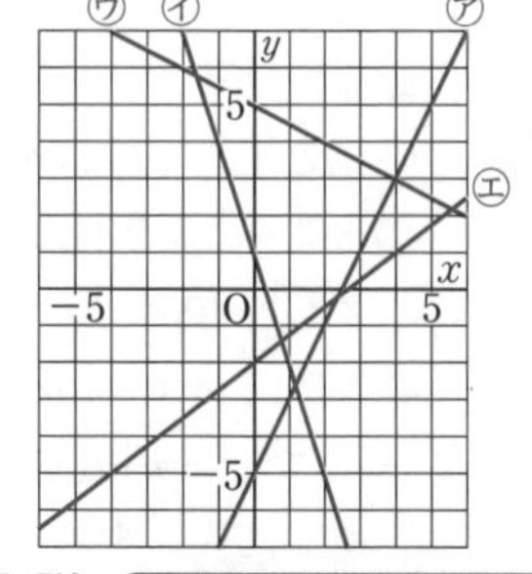

解説

1 (2) 傾きが-2であるものを選ぶ。

(3)「正の向きに-9平行移動」とは，「負の向きに9平行移動」と同じことである。

(5) $3\times4=12$ より，上に12進む。

2 (1) 傾きが正 ⟶ グラフは右上がりの直線

傾きが負 ⟶ グラフは右下がりの直線であるから，傾きの符号で判断する。

(2) 右上がりの直線では，xの値が増加すると，対応するyの値も増加する。

(3) $y=ax+b$ のグラフをかくには，

切片bから，点$(0,\ b)$ ⟵ y軸上の点

傾きaから，もう1点の2点をとって，その2点を通る直線をかけばよい。

a，bが分数のときには，x座標，y座標がともに整数となるような点を選ぶ。

たとえば，次のような2点を通る直線をかく。

㋐ 2点$(0,\ -5)$，$(5,\ 5)$

㋑ 2点$(0,\ 1)$，$(2,\ -5)$

㋒ 2点$(0,\ 5)$，$(4,\ 3)$

㋓ 2点$(0,\ -2)$，$(4,\ 1)$

ポイント

1次関数 $y=ax+b$ のグラフ

・傾きがa，切片がb（y軸との交点のy座標）

$a>0$ のとき，右上がりの直線

$a<0$ のとき，右下がりの直線

p.38～39　ステージ1

1 ㋐ $y=3x+1$　㋑ $y=-\frac{3}{2}x+2$

㋒ $y=\frac{2}{3}x-2$　㋓ $y=-\frac{5}{2}x-\frac{7}{2}$

2 (1) $y=-4x+6$　(2) $y=3x-2$

(3) $y=-2x+3$　(4) $y=3x-2$

3 (1) ㋐ -7　㋑ -5　㋒ -3

㋓ -1　㋔ 1　㋕ 2

㋖ 2　㋗ 2　㋘ 2

(2) 右の図

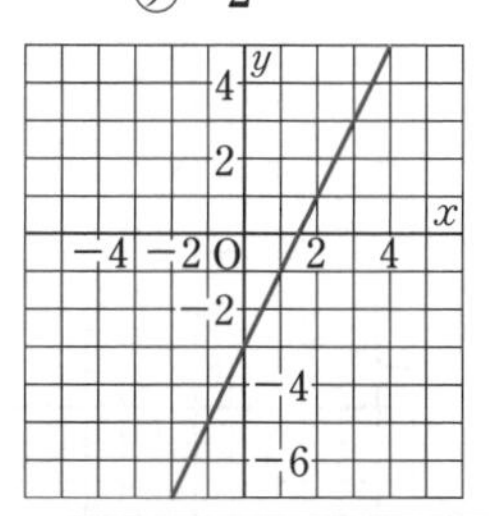

解説

1 ㋐，㋑，㋒　切片が読み取れるので，他の1点より傾きを求める。

㋓　切片が読み取れないので，グラフから通る2点 $(-3,\ 4)$，$(-1,\ -1)$ を読み取って求める。

2 (1)，(2)　1次関数の式 $y=ax+b$ にわかっている値を代入して，a，b の値を求める。

(3)　求める1次関数の式を，$y=ax+b$ とする。

$x=2$，$y=-1$ を代入すると，

$-1=2a+b$ …①

$x=5$，$y=-7$ を代入すると，

$-7=5a+b$ …②

①，②を連立方程式とみて解くと，

$a=-2$，$b=3$

別解　2点 $(2,\ -1)$，$(5,\ -7)$ の座標から傾きを求めて，$\frac{-7-(-1)}{5-2}=-2$

切片を b とすると，求める式は，$y=-2x+b$ と表せる。この式に $x=2$，$y=-1$，(または $x=5$，$y=-7$) を代入して b の値を求める。

ポイント

1次関数の式の求め方

求める1次関数の式を $y=ax+b$ として，与えられた条件から，a，b の値を求める。

p.40～41　ステージ2

1 (1) ㋐ 0　㋑ 5

㋒ 7　㋓ -5

(2) -3　(3) -15

2 (1) 2

(2) $m=-2$

(3) $a=11$

3 右の図

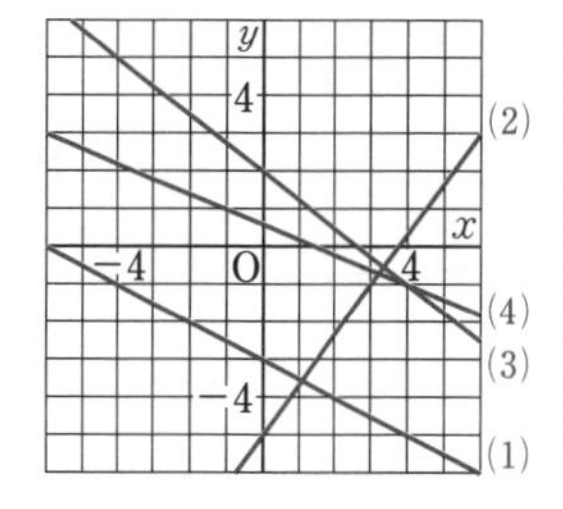

4 ㋐ $y=2x+4$　㋑ $y=-3x-4$

㋒ $y=\frac{3}{2}x-2$　㋓ $y=-\frac{1}{3}x+2$

5 (1) $y=5x-4$　(2) $y=-\frac{3}{2}x+\frac{13}{2}$

(3) $y=-\frac{3}{4}x+\frac{5}{4}$　(4) $y=-3x+8$

(5) $y=3x+2$

6 $a-b$，a，0，b，$b-a$

● ● ● ● ●

① $a=2$，$b=-1$

解説

1 (3)　(y の増加量)＝(変化の割合)×(x の増加量) だから，$-3\times5=-15$

2 (1)　(x の増加量)＝(y の増加量)÷(変化の割合) だから，$-8\div(-4)=2$

(2)　傾きが2で，点 $(1,\ 4)$ を通る直線の式を求めると，$y=2x+2$

点 $(m,\ -2)$ はこの直線上にあるから，

$-2=2\times m+2$　$2m=-4$　$m=-2$

(3)　2点 $A(-1,\ 1)$，$B(2,\ 7)$ を通る直線の式を求めると，$y=2x+3$

点 $C(4,\ a)$ はこの直線上の点なので，

$a=2\times4+3=11$

3 (1)　2点 $(0,\ -3)$ と $(4,\ -5)$ を通る直線

(4)　2点 $(-6,\ 3)$ と $(4,\ -1)$ を通る直線

4 y 軸との交点から切片を，切片と他の通る1点から傾きを求めればよい。

5 求める1次関数の式を $y=ax+b$ とする。

(2)　原点と点 $(-2,\ 3)$ を通る直線の傾きは $-\frac{3}{2}$ であるから，$y=-\frac{3}{2}x+b$　これに，$x=3$，$y=2$ を代入して b の値を求める。

(5)　x の増加量 $=\frac{2}{3}-\frac{1}{3}=\frac{1}{3}$

3章

yの増加量$=4-3=1$

(変化の割合)$=$(yの増加量)÷(xの増加量)

$$=1\div\frac{1}{3}=1\times3=3$$

よって，$a=3$

$y=3x+b$ に $x=\frac{1}{3}$，$y=3$ を代入して，bの値を求める。

別解 $y=ax+b$ に $x=\frac{1}{3}$，$y=3$ を代入すると，$3=\frac{1}{3}a+b$ …①

$x=\frac{2}{3}$，$y=4$ を代入すると，$4=\frac{2}{3}a+b$ …②

①，②を連立方程式とみて解いて，a，bの値を求める。

ポイント

1次関数 $y=ax+b$ と $y=cx+d$ のグラフが平行になるのは，変化の割合が等しいときで，$a=c$ のときである。

6 a，b，$a-b$，$b-a$の符号を考える。このグラフは右下がりの直線であるから，$a<0$ また，切片は正であるから，$b>0$

$a-b$は 負－正 だから負であり，$a-b<a$

$b-a$は 正－負 だから正であり，$b-a>b$

したがって，5つの値の大小を不等号を使って表すと，$a-b<a<0<b<b-a$

① グラフのy軸との交点より切片は -1 なので，$b=-1$

$y=ax-1$ はグラフより (1，1) を通るので，$x=1$，$y=1$ を代入して

$1=a\times1-1$

$a=2$

p.42～43 ステージ1

1 グラフは右の図

(1) $y=-3x$

(2) $y=\frac{1}{2}x-5$

(3) $y=-\frac{2}{3}x$

(4) $y=-x+2$

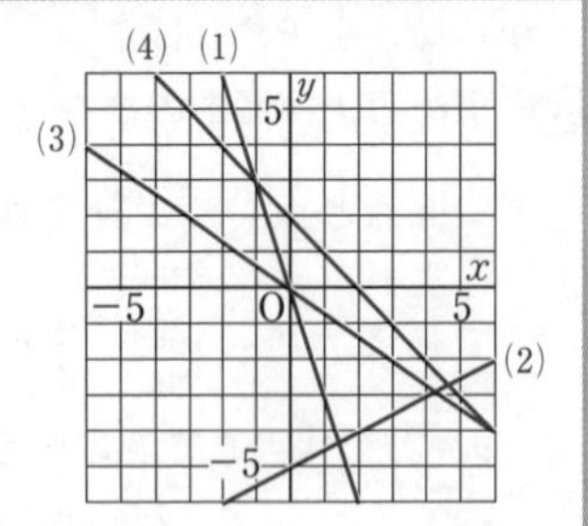

2 (1) (0，2)

(2) (6，0)

(3) 右の図

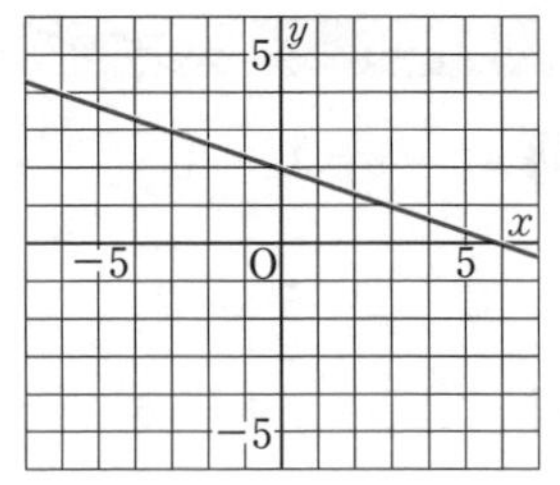

3

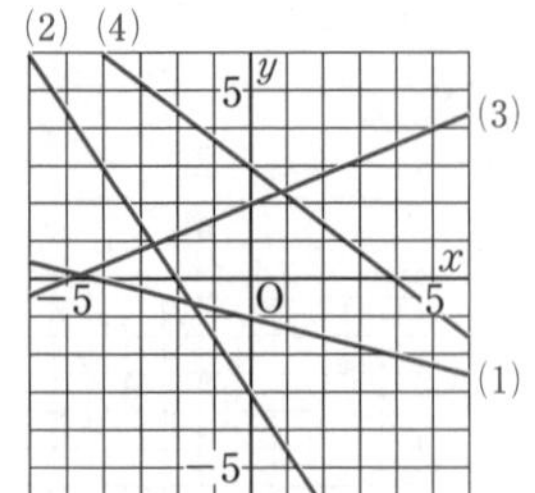

4

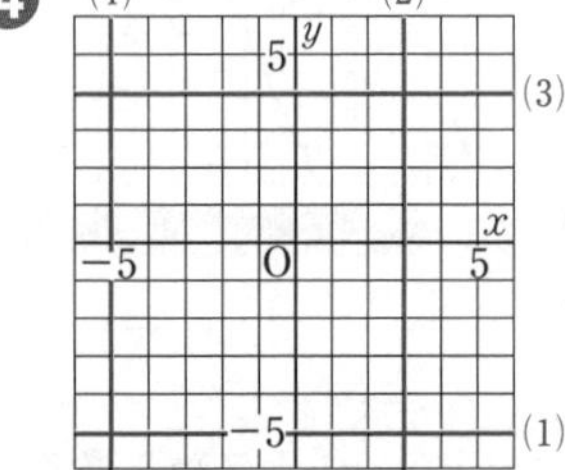

解説

1 2元1次方程式 $ax+by=c$ のグラフは，$y=$ ▬▬ の形にして，傾きと切片を求めてかく。

2 (1) $x=0$ を代入すると，$0+3y=6$ $y=2$

(2) $y=0$ を代入すると，$x+0=6$ $x=6$

3 (1) 2点(0，-1)と(-4，0)をとる。

(4) 2点(4，0)と(0，3)をとる。

4 (3) $3y-12=0$ より，$3y=12$ $y=4$

p.44～45 ステージ1

1 (1) ℓ… $y=\frac{1}{3}x+1$ m… $y=-\frac{4}{3}x+4$

(2) $\left(\frac{9}{5},\ \frac{8}{5}\right)$

2 $\left(\frac{4}{3},\ -\frac{5}{3}\right)$

3 (2，0)

4 (1) $\begin{cases}x=2\\y=-3\end{cases}$

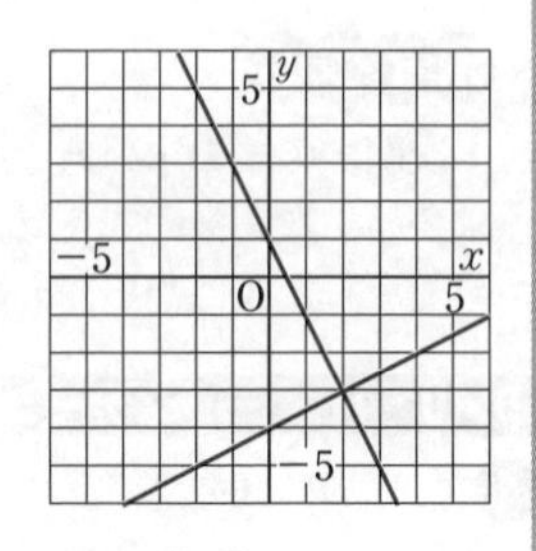

(2) $\begin{cases} x=3 \\ y=1 \end{cases}$

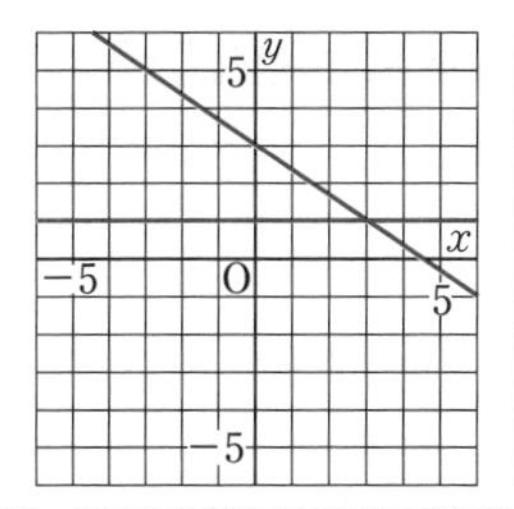

解説

❷ ア，イの方程式はそれぞれ

ア… $y=-\frac{1}{2}x-1$ …① イ… $y=x-3$ …②

①，②を連立方程式とみて解く。

ポイント
グラフの交点の座標は，直線の式を連立方程式とみて解いた解と一致する。

❸ x 軸の方程式は，$y=0$ なので，

$\begin{cases} y=2x-4 & \cdots① \\ y=0 & \cdots② \end{cases}$ ← x 軸のグラフの式。

①，②を連立方程式とみて解く。

❹ (1) $\begin{cases} 2x+y=1 \longrightarrow y=-2x+1 & \cdots① \\ x-2y=8 \longrightarrow y=\frac{1}{2}x-4 & \cdots② \end{cases}$

①，②のグラフの交点の座標は，(2，−3)

よって，連立方程式の解は，$\begin{cases} x=2 \\ y=-3 \end{cases}$

参考 ②を①に代入すると，

$\frac{1}{2}x-4=-2x+1$ より $x=2$　これを①に代入すると，$y=-2\times2+1$　$y=-3$ となり，グラフで求めた解と一致する。

p.46〜47 ステージ1

❶ (1) 右の図

(2) $y=-7x+30$

(3) 標高が 1 km 上がったときに低下する気温。

(4) およそ 12.5℃

❷ (1) ① $y=3x$

② $y=12$

③ $y=-3x+42$

(2) 右の図

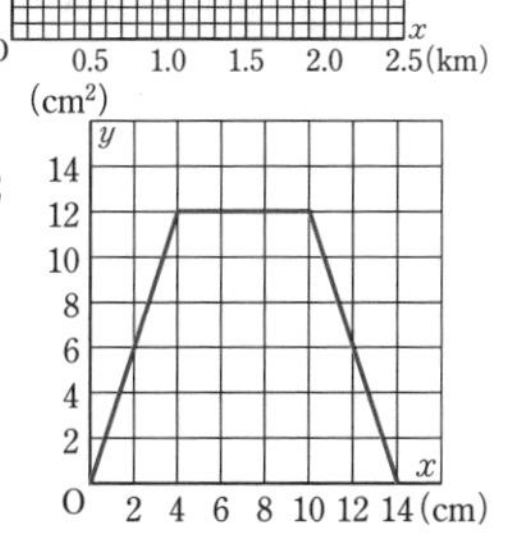

(3) $x=\frac{11}{3}$，$x=\frac{31}{3}$

解説

❶ (2) 求める1次関数の式を $y=ax+b$ とすると，切片が 30 なので，$y=ax+30$

(2.0, 16) を通るので，$x=2$，$y=16$ を代入して $a=-7$　したがって，求める式は，

$y=-7x+30$

(3) x の単位が km であることに注意する。

(4) (2)の $y=-7x+30$ に 2500 m=2.5 km より $x=2.5$ を代入すると，

$y=-7\times2.5+30=12.5$

よりおよそ 12.5℃。

❷ (1) ① $y=\frac{1}{2}\times6\times x$ より，$y=3x$

② $y=\frac{1}{2}\times6\times4$ より，$y=12$

③ $y=\frac{1}{2}\times6\times(4+6+4-x)$ より，
（↑ AB＋BC＋CD−x）

$y=-3x+42$

(3) グラフより，$y=11$ となるのは，(1)の①と③のときなので，それぞれの式に $y=11$ を代入して，x の値を求める。

p.48〜49 ステージ1

❶ (1) 12 cm　(2) 0.6 cm

(3) $y=-0.6x+12$

(4) $0\leqq x\leqq20$，$0\leqq y\leqq12$

(5) 4.8 cm　(6) 5分後

❷ (1) 分速 60 m　(2) 午前8時25分

(3)

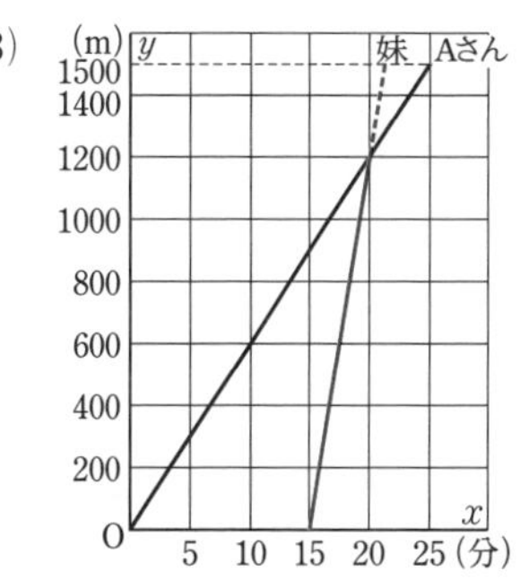

(4) 午前8時20分

解説

❶ (1) はじめの長さは切片の値である。

(2) 20分で 12 cm 燃えるから，12÷20=0.6 (cm)

(3) (1)より $b=12$，(2)より，1分間に 0.6 cm 短くなるので，$a=-0.6$

(5) (3)の式に $x=12$ を代入して y の値を求める。

(6) (3)の式に $y=9$ を代入してxの値を求める。

❷ (1) 速さ$=\dfrac{道のり}{時間}$ で，グラフでは $\dfrac{(y の増加量)}{(x の増加量)}$ と同じになり，傾きが速さを表している。

(2) グラフより，$y=1500$ のとき $x=25$ だから，25分後　つまり，午前8時25分

(3) 分速240 m だから，5分で $240\times5=1200$ (m) 進むので，(15, 0) と (20, 1200) を通る直線になる。

(4) 2つのグラフの交点のx座標が妹がAさんに追いつく時刻である。

p.50〜51 ステージ2

❶ 右の図

❷ (1) ① $y=-x+5$

② $y=\dfrac{3}{2}x-\dfrac{7}{2}$

(2) $\left(\dfrac{17}{5},\ \dfrac{8}{5}\right)$

(3) $\left(\dfrac{7}{3},\ 0\right)$

❸ (1) $a=-3$　(2) $a=-1,\ 2,\ 6$

❹ (1) 毎分 80 m　(2) 9時39分

❺ (1) 右の図

(2) ①と②のグラフは，傾きが等しく平行であるため交わらない。①と②の交点がないため，①と②を同時にみたす連立方程式の解は見つからない。

● ● ● ● ●

① (1) ア…350　イ…1200

(2)

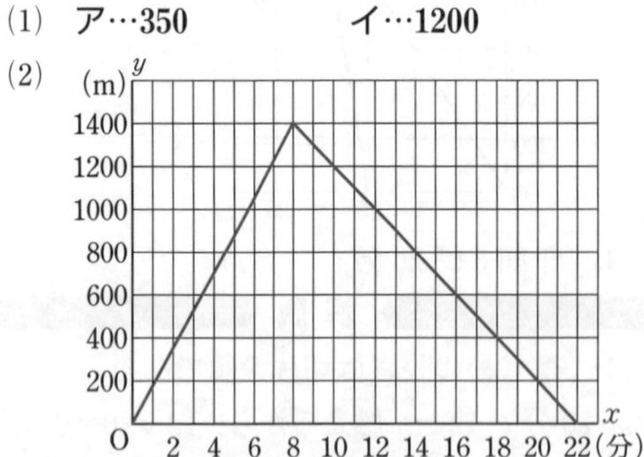

(3) $y=-100x+2200$

解説

❶ (1), (2) それぞれの式をyについて解く。

(3) $\dfrac{x}{3}+\dfrac{y}{6}=1$

$x=0$ のとき，$y=6$，$y=0$ のとき $x=3$

2点 (0, 6), (3, 0) を通る直線をかく。

(4) $-4y+8=0$ より，$y=2$

点 (0, 2) を通り，x軸に平行な直線をかく。

(5) $3x+12=0$ より，$x=-4$

点 $(-4,\ 0)$ を通り，y軸に平行な直線をかく。

❷ (1) ① グラフがy軸と交わる点のy座標は5だから，切片は5

xが右に1進むとき，下に1進むから傾きは -1

② 2点 (3, 1), (5, 4) を通る直線だから，

傾きは，$\dfrac{4-1}{5-3}=\dfrac{3}{2}$

よって，求める式は，$y=\dfrac{3}{2}x+b$ と表される。

この式に $x=3$, $y=1$ を代入すると，

$1=\dfrac{3}{2}\times3+b$　$b=-\dfrac{7}{2}$

(2) (1)の2つの式を連立方程式とみて解く。

(3) グラフがx軸と交わる点のy座標は0だから，②の直線の式に $y=0$ を代入すると，

$0=\dfrac{3}{2}x-\dfrac{7}{2}$　$x=\dfrac{7}{3}$

❸ (1) 直線 $2x-y=2$ とx軸との交点の座標は，$y=0$ を代入すると，$x=1$ より，(1, 0)

直線 $ax-y=-3$ が点 (1, 0) を通るから，

$a\times1-0=-3$　$a=-3$

(2) $y=2x+4$ …①，$y=-x+7$ …②，$y=ax$ …③ とする。

①，②，③で三角形ができない場合は，

㋐ ③が①と平行になる場合

㋑ ③が②と平行になる場合

㋒ ③が①，②の交点を通る場合

の3通りの場合がある。

㋐の場合 … $a=2$，㋑の場合 … $a=-1$

㋒の場合 … ①と②の交点の座標を求める。

連立方程式 $\begin{cases} y=2x+4 & \cdots① \\ y=-x+7 & \cdots② \end{cases}$ の解は $\begin{cases} x=1 \\ y=6 \end{cases}$

より，①と②の交点は (1, 6)

③が (1, 6) を通るとき，$6=a\times1$ より，$a=6$

㋐，㋑，㋒より，求める a の値は，
$a=-1,\ 2,\ 6$

4 (1) グラフより，公園で休憩したのは，9 時 15 分から 9 時 35 分までである。
このとき，$y=1200$ だから，家から公園までは 1200 m で，かかった時間は 15 分である。
したがって，兄の速さは，
1200÷15＝毎分 80 m

(2) 兄と弟のグラフは，$35 \leqq x \leqq 40$ で交わり，追いつくのはこのときである。
$35 \leqq x \leqq 55$ のとき，兄のグラフは
2 点 (35，1200)，(55，2400) を通るから，
$y=60x-900$ …①
$30 \leqq x \leqq 45$ のとき，弟のグラフは，
2 点 (30，0)，(45，2400) を通るから，
$y=160x-4800$ …②
①，②を連立方程式とみて解くと，
$x=39$，$y=1440$ だから，弟が兄に追いついた時刻は，9 時 39 分である。

ポイント
x 軸が時間，y 軸が道のりを表すグラフから，速さを求めるには，グラフの傾きを求めればよい。グラフの交点が，追いついた時刻と道のりを示している。交点の x 座標が追いついた時刻，y 座標が追いついた道のりになる。

5 (1)(2) ①を y について解くと，$y=\frac{1}{3}x+2$ 傾きが等しい 2 直線は平行なので交わることはない。

ポイント
連立方程式の解の個数は，方程式をグラフにかいたときの交点の数と等しく，解は交点の x 座標と y 座標に対応している。

① (1) A さんの走る速さは一定なので，8 分間で 1400 m 進んだことから，学校から公園までの A さんの走る速さは，
1400 (m)÷8 (分)＝分速 175 m
したがって，アは，175×2＝350
公園から学校までは 8 分後から 22 分後までに 1400 m 進んだことから，公園から学校までの A さんの走る速さは，
1400 (m)÷(22−8) (分)＝分速 100 m
したがって，イは，1400−100×2＝1200

(2) 8 分後までは，(0，0) (原点) と (8，1400) を通る直線，8 分後から 22 分後までは，(8，1400) と (22，0) を通る直線をかく。

(3) 8 分後から 22 分後までのグラフの式を求めればよい。(2)より，(8，1400) と (22，0) を通る直線の式を求める。

p.52〜53 ステージ3

1 ㋐と㋒

2 (1) $x=6$　(2) $-\frac{2}{3}$
(3) -2　(4) $y=-\frac{2}{3}x+12$

3 (1) $y=-\frac{2}{3}x+\frac{7}{3}$
(2) $y=-\frac{1}{4}x+3$
(3) $y=-2x+6$

4

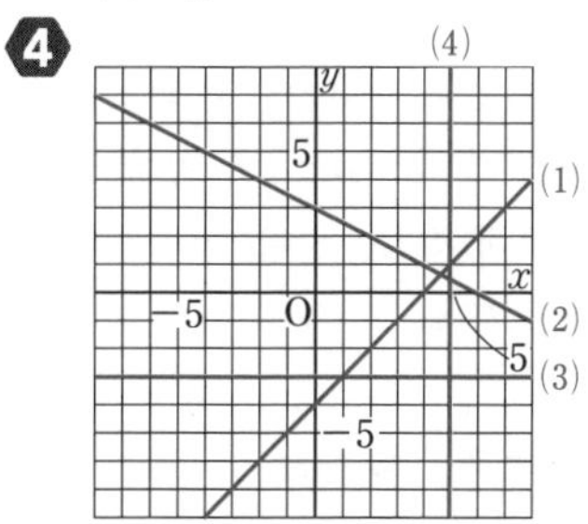

5 (1) $y=2x+6$
(2) 12

6 (1) P さん … $y=4x$
Q さん … $y=-6x+27$
(2) $\frac{27}{10}$ (時間後)，$\frac{54}{5}$ (km の地点)

7 (1) ① $y=2x+6$
② $y=-\frac{3}{2}x+\frac{33}{2}$
(2) 右の図
(3) $x=\frac{3}{2}$，
$x=5$

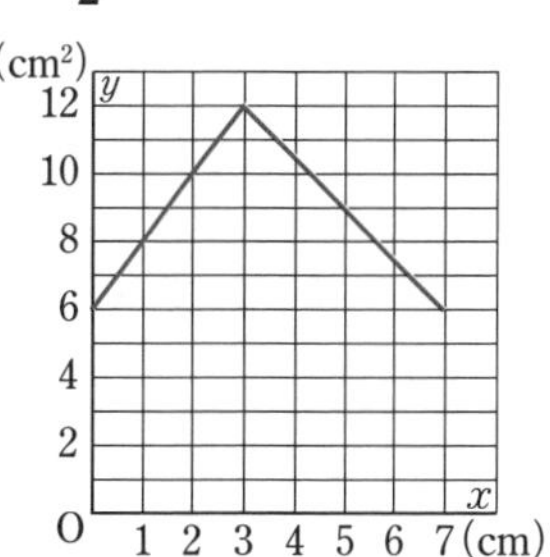

解説

1 ㋐，㋑，㋒の式は，それぞれ次のようになる。

㋐ … $y=-15x+5000$　㋑ … $y=\dfrac{30}{x}$

㋒ … $y=4x$

2 (3)　(yの増加量)＝(変化の割合)×(xの増加量)
xの増加量は $2-(-1)=3$ だから，

$-\dfrac{2}{3}\times3=-2$

ミス注意！ xの増加量を $-1-2=-3$ としないようにしよう。aからbまで増加するときの増加量は $b-a$ である。

(4)　平行な2直線の傾きは等しいので，求める直線の式は $y=-\dfrac{2}{3}x+b$ と表される。この式に，$x=6$，$y=8$ を代入してbの値を求める。

3 (1)　2点$(-1,\ 3)$，$(2,\ 1)$を通る直線の式を求める。

(2)　求める1次関数の式を $y=-\dfrac{1}{4}x+b$ とする。
$x=8$，$y=1$ を代入してbの値を求める。

(3)　求める1次関数の式を $y=ax+b$ とする。
$x=-1$，$y=8$ を代入すると，$8=-a+b$ …①
$x=4$，$y=-2$ を代入すると，
$-2=4a+b$ …②
①，②を連立方程式とみて解くと，
$a=-2$，$b=6$

別解　2点$(-1,\ 8)$，$(4,\ -2)$を通ることから，傾きを求めて $\dfrac{-2-8}{4-(-1)}=-2$　これから
$y=-2x+b$ として，$x=-1$，$y=8$(または$x=4$，$y=-2$)を代入して，bの値を求める。

4 (2)　$y=0$ を代入すると，$x=6$
$x=0$ を代入すると，$y=3$
2点$(6,\ 0)$，$(0,\ 3)$を通る直線をかく。

(3)　$3y+9=0$ より，$y=-3$

5 (1)　$y=-x+3$ に $x=-1$ を代入すると，
$y=4$ となるので，点Aの座標は$(-1,\ 4)$
直線mは切片が6で点$(-1,\ 4)$を通る直線である。

(2)　$y=2x+6$ に $y=0$ を代入すると，$x=-3$
となるので，点Cの座標は$(-3,\ 0)$

$\triangle ABC=\dfrac{1}{2}\times\underset{底辺}{BC}\times\underset{高さ}{(点Aのy座標)}$

$=\dfrac{1}{2}\times6\times4=12$

得点アップのコツ
3点を結ぶ三角形の面積を求めるには，x軸，y軸に平行な長さを底辺，高さとして考えるとよい。

6 (1)　Pさん … 原点と$(1,\ 4)$を通る直線である。
Qさん … $(1.5,\ 18)$を通り，傾きが -6 の直線である。

(2)　$y=4x$ …①　$y=-6x+27$ …② とする。
①，②を連立方程式とみて解いて，交点の座標を求める。交点のx座標が出発してからの時間，y座標がA地からの道のりとなる。

7 (1)，(2)　①　点PはAB上なので $0\leqq x\leqq3$ のとき，

$y=\dfrac{1}{2}(AP+DC)\times AD$

$=\dfrac{1}{2}(x+3)\times4$

$=2x+6$

②　点PはBC上なので $3\leqq x\leqq7$ のとき，

$y=\dfrac{1}{2}(AD+PC)\times AB$

$=\dfrac{1}{2}(4+\underbrace{3+4-x}_{AB+BC-x})\times3$

$=-\dfrac{3}{2}x+\dfrac{33}{2}$

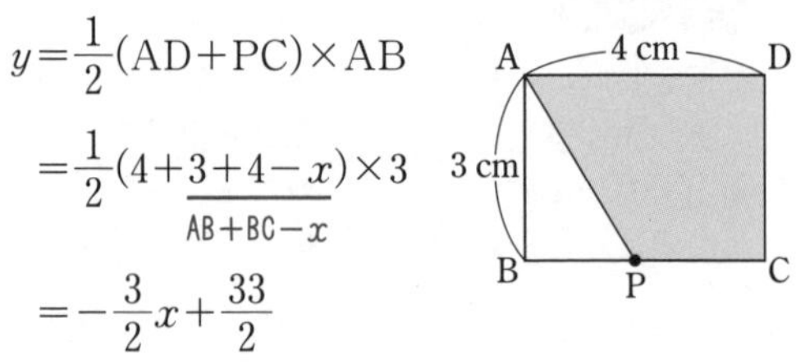

(3)　(2)のグラフに $y=9$ のグラフをかき入れると，①，②のどちらのグラフとも交わる。したがって，四角形APCDの面積が$9\,cm^2$になるのは，点PがAB上にあるときと，BC上にあるときの2回あることがわかる。

・点PがAB上にあるとき，
$y=2x+6$ に $y=9$ を代入すると，
$9=2x+6$ より $x=\dfrac{3}{2}$

・点PがBC上にあるとき，
$y=-\dfrac{3}{2}x+\dfrac{33}{2}$ に $y=9$ を代入すると，
$9=-\dfrac{3}{2}x+\dfrac{33}{2}$ より $x=5$

4章 平行と合同

p.54~55 ステージ1

❶ (1) ∠c (2) 180°
(3) ∠a=43°, ∠b=32°, ∠c=43°, ∠d=105°

❷ (1) ∠e (2) ∠g (3) ∠h
(4) ∠c

❸ (1) ∠x=70°, ∠y=85°
(2) ㋐ $a /\!/ d$, $b /\!/ c$
㋑ ∠x=∠w, ∠y=∠z

解説

❶ (3) 105°+∠a+32°=180° より, ∠a=43°
対頂角は等しいから, ∠b=32°
∠c=∠a=43°, ∠d=105°

❸ (2) ㋐ 直線aとdは, 錯角が55°で等しいので平行。直線bとcは, 同位角が75°で等しいので平行。
㋑ $a /\!/ d$ より, 錯角は等しいので
∠x=∠w
$b /\!/ c$ より, 同位角は等しいので ∠y=∠z

p.56~57 ステージ1

❶ (1) DE∥BC より, 錯角は等しいから。
(2) DE∥BC より, 錯角は等しいから。
(3) ∠CAB+∠B+∠C
=∠CAB+∠DAB+∠EAC
=180°

❷ (1) 70° (2) 132° (3) 64°
(4) 60° (5) 44° (6) 80°

❸ (1) 50° (2) 73°

解説

❷ (5) 32°+65°=97° ∠x=97°−53°=44°
(6) 右の図で, ∠ADC
=50°+20°=70°
三角形の内角と外角の関係
△ADFで,
70°+30°+∠x=180°
より, ∠x=80°

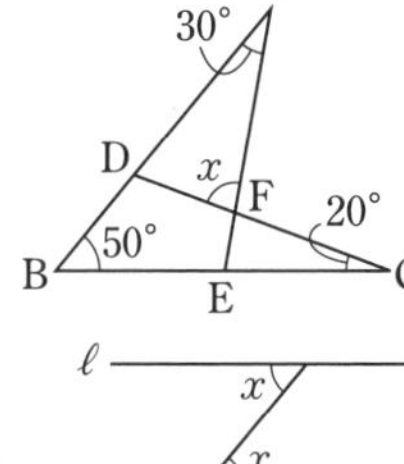

❸ (1) 75°の角の頂点を通り,
ℓ, m に平行な直線をひく。
∠a=180°−155°=25°
∠x+25°=75° より,

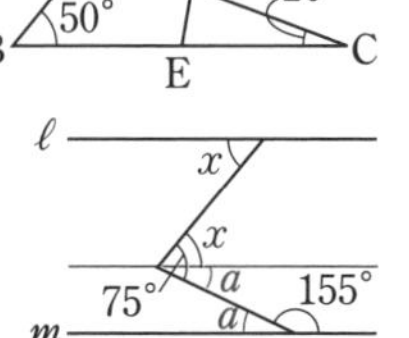

∠x=50°
(2) ∠xの頂点を通り,
ℓ, m に平行な直線をひく。
180°−161°=19°
錯角は等しいから,
∠x=19°+54°=73°

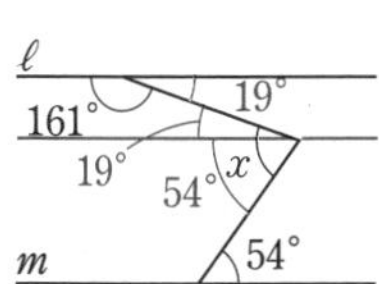

p.58~59 ステージ1

❶ (1) 2160° (2) 十一角形
(3) ① 140° ② 90°

❷ ① 180 ② 1260 ③ 360

❸ (1) 72° (2) 25°

❹ (1) 360° (2) 1620° (3) 900°

解説

❶ (2) 求める多角形をn角形とすると,
180°×(n−2)=1620° n=11
(3) ① 五角形の内角の和は, 180°×(5−2)=540°
∠x=540°−(70°+125°+130°+75°)=140°

ポイント
n角形の内角の和は, 180°×(n−2)

❸ (1) 360°÷5=72°
(2) ∠x=360°−(110°+120°+105°)=25°

ポイント
n角形の外角の和は, 360°

❹ (2) 9つ分の内角の和の合計は,
180°×9=1620°
(3) ∠AJR, ∠BJK はともに, 頂点Jにおける九角形JKLMNOPQRの外角である。同じように, 各頂点における外角は2つあるから,
1620°−360°×2=900°

p.60~61 ステージ2

❶ (1) ∠d (2) 45°

❷ (1) 75° (2) 125° (3) 60°
(4) 91° (5) 35° (6) 55°
(7) 105° (8) 100° (9) 50°

❸ 900°

❹ (1) 十四角形 (2) 正十八角形
(3) 正九角形 (4) 2340°
(5) 正十二角形

❺ 153°

● ● ● ● ●

① (1) **100°** (2) **146°** (3) **72°**

② **41°**

解説

❷ (1) $\angle x$ の頂点を通り，ℓ，m に平行な直線をひく。$\ell /\!/ m$ のとき，錯角は等しいから，

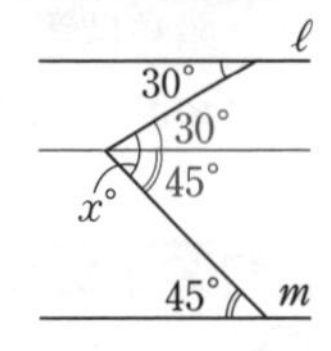

$\angle x=30°+45°=75°$

(2) 80° の角の頂点を通り，ℓ，m に平行な直線をひいて考える。

(5) $30°+55°=\angle x+50°$ より，$\angle x=35°$

(6) AD の延長と BC の交点をEとする。

$\angle \mathrm{AEC}=30°+45°=75°$

$130°=\angle x+75°$ より，$\angle x=55°$

ABCD のような形をくさび形という。(6)のようなくさび形では，$\angle \mathrm{A}+\angle \mathrm{B}+\angle \mathrm{C}=\angle \mathrm{ADC}$ である。

(9) 右の図の五角形で考える。

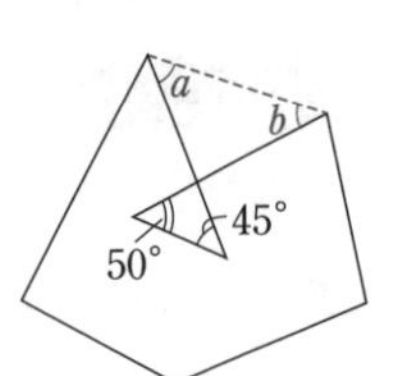

$\angle a+\angle b=50°+45°=95°$

五角形の内角の和は540° なので，

$\angle x+90°+130°+100°$

$+75°+95°=540°$ より，

（95° ← $\angle a+\angle b$）

$\angle x=50°$

❸ 7個の三角形の内角の和は，180°×7 となる。

点Oのまわりの角の和は 360° なので，七角形の内角の和は，

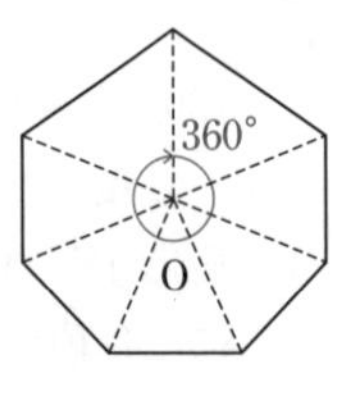

$180°\times7-360°=900°$

❹ (1) 求める多角形を n 角形とすると，

$180°\times(n-2)=2160°$ $n=14$

(2) 1つの外角の大きさは，$180°-160°=20°$

$360°\div20°=18$ より正十八角形

別解 正 n 角形とすると，

$180°\times(n-2)=160°\times n$ より，$n=18$

(4) $360°\div24°=15$ $180°\times(15-2)=2340°$

(5) 1つの外角を $\angle x$ とすると，

$\angle x+5\times\angle x=180°$ より，$\angle x=30°$

よって，$360°\div30°=12$

❺ $\angle \mathrm{BAE}=\angle a$，

$\angle \mathrm{BCE}=\angle c$ とする。

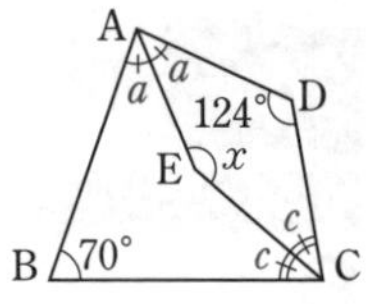

$2\angle a+2\angle c+70°+124°=360°$

よって，

$\angle a+\angle c$

$=\{360°-(70°+124°)\}\div2$

$=83°$

四角形 AECD の内角の和より，

$\angle x+124°+\angle a+\angle c=360°$

$\angle a+\angle c=83°$ より，

$\angle x+124°+83°=360°$ $\angle x=153°$

① (1) 右の図のように ℓ，m に平行な直線をひく。

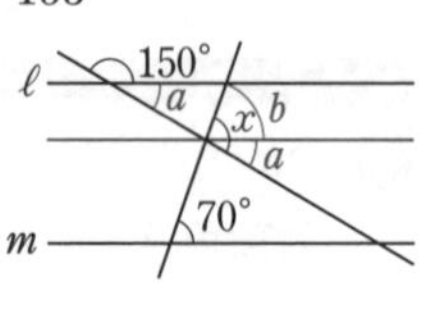

$\angle a=180°-150°=30°$

$\angle b$ は，平行線の同位角だから 70°

$\angle x=\angle a+\angle b=30°+70°=100°$

(2) 右の図のように，72° の角の頂点を通り，ℓ，m に平行な直線をひく。

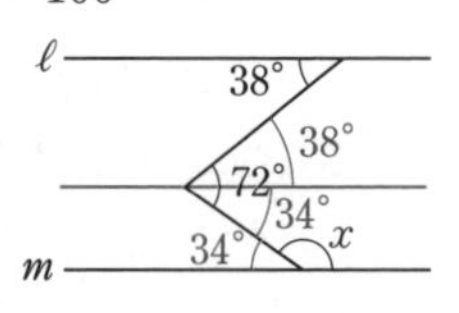

錯角は等しいから，それぞれの角の大きさは図のようになり，

$\angle x=180°-34°=146°$

(3) 三角形の外角の性質より，右の図の $\angle a$ のとなりの三角形の内角は，

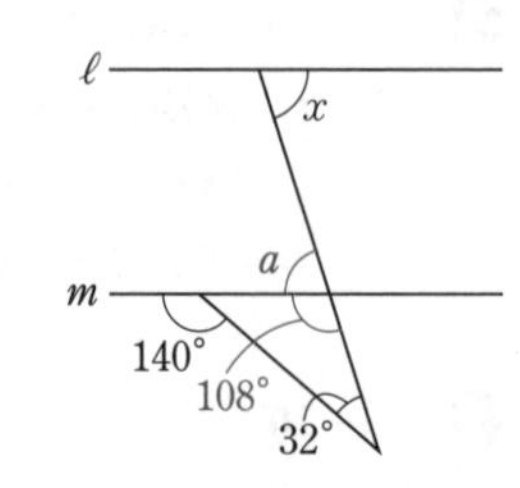

$140°-32°=108°$

$\angle a=180°-108°=72°$

平行線の錯角より，

$\angle x=\angle a$ したがって，$\angle x=72°$

② 同位角は等しいから，

$\angle \mathrm{DAC}=76°-36°=40°$

直線 AD は $\angle \mathrm{BAC}$ の二等分線なので，

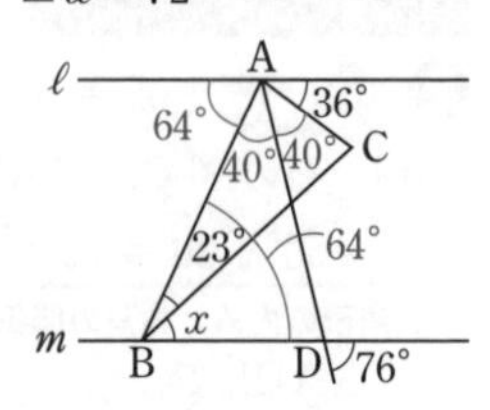

$\angle \mathrm{BAD}=\angle \mathrm{DAC}=40°$

直線 ℓ と直線 AB がなす残りの角は，

$180°-40°-40°-36°=64°$

錯角は等しいから，$\angle \mathrm{ABC}+\angle x=64°$

したがって，$\angle x=64°-23°=41°$

ポイント

三角形の内角と外角の性質
① 三角形の内角の和は 180° である。
② 三角形の 1 つの外角は，それととなり合わない 2 つの内角の和に等しい。

p.62〜63 ステージ1

1 (1) 頂点 G
(2) 辺 GF
(3) 四角形 ABCD≡四角形 GHEF
(4) ① 4 cm ② 2.2 cm
(5) ① 64° ② 105° ③ 56°

2 △ABC≡△PQR
1 組の辺とその両端の角がそれぞれ等しい。
△DEF≡△VWX
3 組の辺がそれぞれ等しい。
△GHI≡△MNO
2 組の辺とその間の角がそれぞれ等しい。

3 BC＝EF，AB＝DE，CA＝FD

解説

3 BC＝EF のとき，1 組の辺とその両端の角がそれぞれ等しいから，△ABC≡△DEF となる。
また，∠B＝∠E，∠C＝∠F から，
∠B＋∠C＝∠E＋∠F となり，
180°−(∠B＋∠C)＝180°−(∠E＋∠F) なので，
∠A＝∠D といえる。
したがって，AB＝DE のとき，1 組の辺とその両端の角がそれぞれ等しくなるので，
△ABC≡△DEF
CA＝FD のとき，1 組の辺とその両端の角がそれぞれ等しくなるので，△ABC≡△DEF

p.64〜65 ステージ1

1 (1) △ABC と △ADE
(2) 1 組の辺とその両端の角がそれぞれ等しい。
(3) 合同な図形の対応する辺は等しいから。
(4) AB＝AD

2 (1) 仮定 $a=b$
結論 $a+c=b+c$
(2) 仮定 △ABC≡△DEF
結論 ∠A＝∠D
(3) 仮定 2 つの三角形が合同である。
結論 その 2 つの三角形の面積は等しい。
(4) 仮定 ある三角形が正三角形である。
結論 その三角形の 3 つの辺の長さは等しい。

3 (1) 仮定 ∠ABC＝∠DCB,
∠ACB＝∠DBC
結論 AB＝DC
(2) △ABC と △DCB で,
仮定から， ∠ABC＝∠DCB …①
∠ACB＝∠DBC …②
共通な辺だから，BC＝CB …③
①，②，③から，1 組の辺とその両端の角がそれぞれ等しいから，△ABC≡△DCB
合同な三角形の対応する辺だから,
AB＝DC

解説

2 (4) 「ならば」を使っていいかえると,
「ある三角形が正三角形ならば，その三角形の 3 つの辺の長さは等しい。」となる。

ポイント

○○○ならば，□□□である。
(○○○：仮定　□□□：結論)

3 等しい辺と角に着目する。

p.66〜67 ステージ1

1 △APB と △PAQ で,
仮定から， AB＝PQ …①
BP＝QA …②
共通な辺だから，AP＝PA …③
①，②，③から，3 組の辺がそれぞれ等しいので， △APB≡△PAQ
合同な図形の対応する角だから,
∠PAB＝∠APQ
錯角が等しいので，PQ∥ℓ である。

2 △APB と △QPB で,
仮定から， AP＝QP …①
∠APB＝∠QPB …②
共通な辺だから，BP＝BP …③
①，②，③から，2 組の辺とその間の角がそれぞれ等しいので，△APB≡△QPB
合同な図形の対応する辺だから，AB＝QB
よって，B，Q 間の距離を測れば，A，B 間の距離がわかる。

3 (1) 1800° (2) 1800° (3) 1800°

解説

❸ (1) 六角形のまわりにできる角の和は，
360°×6−180°×(6−2)＝1440°
したがって，360°＋1440°＝1800°

六角形の外角の和

(2) 360°＋360°＋180°×6＝1800°

四角形の内角の和

(3) 180°×10＝1800°

p.68～69 ステージ2

❶ (1) △AOB≡△DOC
1組の辺とその両端の角がそれぞれ等しい。

(2) △AOC≡△BOC
2組の辺とその間の角がそれぞれ等しい。

❷ (1) 仮定 $\ell /\!/ m$，AM＝BM
結論 CM＝DM

(2) △AMC と△BMD

(3) ① BMD ② BMD
③ MBD ④ BMD

(4) ㋐ 対頂角は等しい。
㋑ 平行線の錯角は等しい。
㋒ 1組の辺とその両端の角がそれぞれ等しい2つの三角形は合同である。
㋓ 合同な三角形の対応する辺は等しい。

❸ △ABC と △DCB で，
仮定から，AB＝DC …①
∠ABC＝∠DCB …②
共通な辺だから，
BC＝CB …③
①，②，③から，2組の辺とその間の角がそれぞれ等しいので，
△ABC≡△DCB
合同な三角形の対応する辺だから，
AC＝DB

❹ (1) 点Pを中心に，直線ℓと交わる円をかき，その交点をA，Bとする。A，Bをそれぞれ中心として，半径の等しい円を交わるようにかき，その交点をQとする。PとQを結ぶ。

(2) △PAQ と △PBQ で，
作図から，PA＝PB …①
AQ＝BQ …②
また，共通な辺だから，
PQ＝PQ …③
①，②，③から，3組の辺がそれぞれ等しいので，
△PAQ≡△PBQ
合同な三角形の対応する角だから，
∠APQ＝∠BPQ …④
AB と PQ の交点をOとすると，
△PAO と △PBO で，
共通な辺だから，
PO＝PO …⑤
①，④，⑤から，2組の辺とその間の角がそれぞれ等しいので，
△PAO≡△PBO
合同な三角形の対応する角だから，
∠POA＝∠POB
∠AOB＝180° だから，∠POA＝90°
よって，PQ は直線ℓの垂線となる。

❺ △BDE と △CDE で，
仮定から， BE＝CE …①
∠BED＝∠CED (＝90°) …②
共通な辺だから，DE＝DE …③
①，②，③から，2組の辺とその間の角がそれぞれ等しいので，
△BDE≡△CDE
合同な三角形の対応する角だから，
∠BDE＝∠CDE となり，線分 DE は∠BDC の二等分線である。

● ● ● ● ●

① ア BQ イ QPB ウ 180

解説

❶ (1) △AOB と △DOC で，
仮定から，OA＝OD，∠A＝∠D，
対頂角は等しいから，∠AOB＝∠DOC
1組の辺とその両端の角がそれぞれ等しいので，
△AOB≡△DOC

対応する頂点の順に書く

ポイント
合同の記号を使って合同を表すときは，必ず対応する頂点の順に書く。

❹ (2) PQ が直線ℓの垂線であることを証明するには，AB とPQ の交点をOとすると，

$\angle$POA＝90°
または，$\angle$QOA＝90° であることを示せばよい。

p.70〜71 ステージ3

1 (1) **75°** (2) **75°** (3) **28°**
(4) **54°** (5) **67°** (6) **70°**

2 (1) **1980°** (2) **36°** (3) **156°**

3 **360°**

4 **84°**

5 **△AOC≡△DOB**
1組の辺とその両端の角がそれぞれ等しい。

6 (1) **仮定　$\angle$ABD＝$\angle$CBD,**
$\angle$ADB＝$\angle$CDB
結論　AB＝CB
(2) **△ABD と △CBD**
(3) **1組の辺とその両端の角がそれぞれ等しい。**
(4) **△ABD と △CBD で,**
仮定から，$\angle$ABD＝$\angle$CBD …①
$\angle$ADB＝$\angle$CDB …②
共通な辺だから,
BD＝BD …③
①，②，③から，1組の辺とその両端の角がそれぞれ等しいので,
△ABD≡△CBD
合同な三角形の対応する辺だから,
AB＝CB

7 **1800°**

解説

1 (1) $\angle x$ と55° の角の頂点をそれぞれ通り，ℓ，m に平行な直線をひく。
$\angle x=(55°-25°)+45°=75°$
(3) くさび形では $\angle x+50°+32°=110°$
$\angle x=110°-50°-32°=28°$
(4) 右の図で,
$\angle a=40°+36°=76°$
$\angle b=\angle x+28°$　したがって,
$76°+(\angle x+28°)+22°=180°$
よって，$\angle x=54°$

得点アップのコツ
「三角形の1つの外角は，それととなり合わない2つの内角の和に等しい」は，角度を求める問題で利用することが多いのでよく覚えておこう。

2 (3) 360°÷15＝24°　180°−24°＝156°
（360°：外角の和　15：頂点の数）
別解 180°×(15−2)÷15＝156°
（180°×(15−2)：内角の和）

3 右の図より,
$\angle e+\angle f=\angle g+\angle h$　よって,
6つの角の和は四角形の内角の和に等しいから，360°

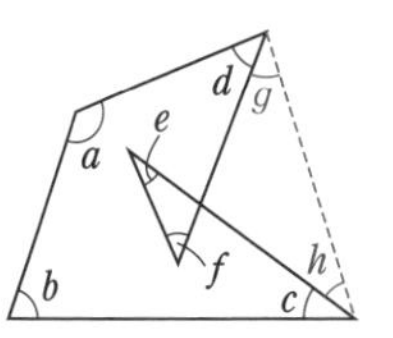

角度を求める問題で，へこみのある図形のときは，へこみのある部分に補助線をひこう。

4 $\angle$DBC＝$\angle b$,
$\angle$DCB＝$\angle c$ とすると,
三角形の内角の和より,
$\angle b+\angle c+132°=180°$
$\angle b+\angle c=48°$
△ABCの内角の和より,
$\angle A+2\angle b+2\angle c=\angle A+2(\angle b+\angle c)=180°$
$\angle A=180°-2(\angle b+\angle c)=180°-96°=84°$

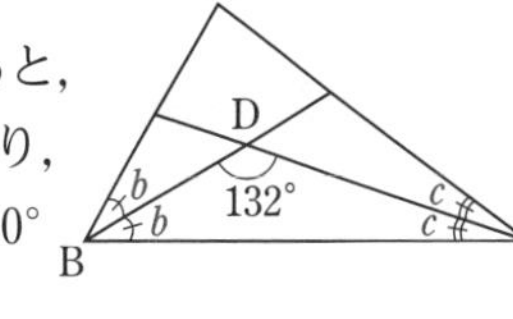

得点アップのコツ
$\angle b$，$\angle c$ の大きさが別々に求められなくても，$\angle b+\angle c$ の値を使って問題が解ける。このような問題にも慣れておこう。

5 △AOCと△DOBで,
仮定から，　AC＝DB …①
$\angle$C＝$\angle$B …②
対頂角だから，$\angle$AOC＝$\angle$DOB …③
②，③と三角形の内角の和より,
$\angle$CAO＝$\angle$BDO …④
①，②，④から，1組の辺とその両端の角がそれぞれ等しいので，△AOC≡△DOB

6 (2) AB＝CB であることを証明するには，AB と CB を対応する辺にもつ △ABD と △CBD の合同をいえばよい。

7 六角形の内角と，四角形の頂点のまわりの角に分けて考える。
六角形の内角の和は，180°×(6−2)＝720°
四角形の頂点のまわりの角は，四角形の内角の和は 360° だから，360°×4−360°＝1080°
印のついた10個の角の和は,
720°＋1080°＝1800°

5章 三角形と四角形

p.72~73 ステージ1

❶ (1) 71° (2) 45° (3) 130°

❷ ① 底角 ② ACE
③ PCB ④ 2つの角

❸ (1) 錯角が等しいならば，2直線は平行である。
成り立つ。
(2) 2つの三角形の対応する角が等しいならば，その三角形は合同である。
成り立たない。

❹ ① BC ② AB ③ BC

解説

❶ (1) $\angle x=(180^\circ-38^\circ)\div2=71^\circ$
(2) $\angle x=(180^\circ-90^\circ)\div2=45^\circ$
(3) $\angle x=65^\circ\times2=130^\circ$

❸ (2) 右の図のような2つの正三角形では，対応する角は等しいが合同とはいえない。

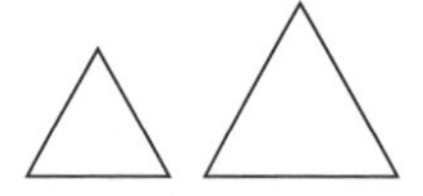

❹ 図のように2つに分けて考える。∠Cを頂角，∠A，∠Bを底角とみると，∠A＝∠B だから AC＝BC
同様に，∠Aを頂角，∠B，∠Cを底角とみると，AB＝AC がいえる。すると，△ABC で，
AB＝BC＝CA

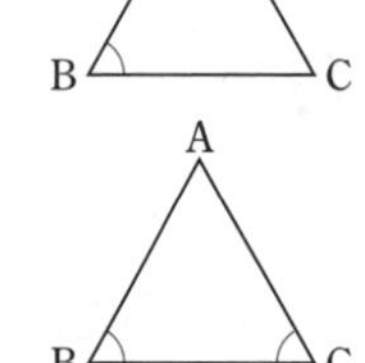

p.74~75 ステージ1

❶ ㋐ △ABC≡△QRP
直角三角形で，斜辺と1鋭角がそれぞれ等しい。
㋑ △DEF≡△OMN
直角三角形で，斜辺と他の1辺がそれぞれ等しい。

❷ 等しい辺 … AB＝DE，または AC＝DF
等しい角 … ∠B＝∠E，または ∠C＝∠F

❸ (1) 鋭角三角形 (2) 鈍角三角形
(3) 直角三角形

❹ (1) 仮定 ∠AOP＝∠BOP，
∠PAO＝∠PBO＝90°
結論 OA＝OB
(2) △POA と △POB
直角三角形で，斜辺と1鋭角がそれぞれ等しい。
(3) △POA と △POB で，
仮定から，∠AOP＝∠BOP …①
∠PAO＝∠PBO＝90° …②
共通な辺だから，OP＝OP …③
①，②，③から，斜辺と1鋭角がそれぞれ等しい直角三角形なので，
△POA≡△POB
対応する辺だから，OA＝OB

解説

❷ 2つの直角三角形で，斜辺がそれぞれ等しいから，加える条件は，等しい辺の場合は，「他の1辺」等しい角の場合は，「1鋭角」を考える。

ポイント
直角三角形の合同条件
① 斜辺と他の1辺がそれぞれ等しい。
② 斜辺と1鋭角がそれぞれ等しい。

❸ 残りの角の大きさを求める。
(1) $180^\circ-(50^\circ+60^\circ)=70^\circ$ ← 鋭角
(2) $180^\circ-(20^\circ+40^\circ)=120^\circ$ ← 鈍角
(3) $180^\circ-(34^\circ+56^\circ)=90^\circ$ ← 直角

❹ (1) OP は ∠XOY の二等分線だから，
∠AOP＝∠BOP
PA，PB はそれぞれ OX，OY にひいた垂線であるから，∠PAO＝∠PBO＝90°
(2) △POA，△POB は直角三角形であるから，直角三角形の合同条件が使えるかどうか考える。

p.76~77 ステージ2

❶ (1) △ABD，△BCD
(2) △ABC，△ABD，△ADC
(3) △ABC，△BCD，△ABD

❷ (1) 25° (2) 90° (3) 105°

❸ (1) $x+2=5$ ならば，$x=3$
成り立つ。
(2) △ABC で ∠A＝60° ならば，△ABC は正三角形である。
成り立たない。

(3) △ABC で ∠B が鋭角ならば，△ABC は鋭角三角形である。
成り立たない。

4 (1) △EBC と △DCB
(2) △EBC と △DCB で，
仮定から AB＝AC だから，△ABC は二等辺三角形である。二等辺三角形の底角は等しいから，
∠EBC＝∠DCB …①
また，仮定から，
∠BEC＝∠CDB＝90° …②
共通な辺だから，BC＝CB …③
①，②，③から，斜辺と１鋭角がそれぞれ等しい直角三角形なので，
△EBC≡△DCB
対応する辺だから，BE＝CD
(3) (2)より，△EBC≡△DCB
対応する角だから，∠FCB＝∠FBC
したがって，２つの角が等しいから，
△FBC は二等辺三角形である。

5 (1) △DBM と △ECM で，
仮定から，BM＝CM …①
∠BDM＝∠CEM＝90° …②
MD＝ME …③
①，②，③から，斜辺と他の１辺がそれぞれ等しい直角三角形なので，
△DBM≡△ECM
対応する辺だから，BD＝CE
(2) (1)より，△DBM≡△ECM
対応する角だから，∠DBM＝∠ECM
したがって，２つの角が等しいから，
△ABC は二等辺三角形である。

6 △ACD と △BCE で，
△ABC，△CDE は正三角形だから，
AC＝BC …①
CD＝CE …②
また，∠ACD＝∠ACB＋∠BCD
∠BCE＝∠DCE＋∠BCD
ここで，∠ACB＝∠DCE＝60° だから，
∠ACD＝∠BCE …③
①，②，③から，２組の辺とその間の角がそれぞれ等しいので，
△ACD≡△BCE
対応する辺だから，AD＝BE

7 △DBC において，
△ABC は二等辺三角形だから，
∠ABC＝∠ACB …①
BD は ∠ABC の二等分線，CD は ∠ACB の二等分線だから，
∠DBC＝$\frac{1}{2}$∠ABC，∠DCB＝$\frac{1}{2}$∠ACB
①から，∠DBC＝∠DCB …②
②から，２つの角が等しいので，△DBC は二等辺三角形である。

● ● ● ● ●

1 (1) 60°
(2) △ABF と △ADE において，
仮定から，AB＝AD …①
①より，２辺が等しいので △ABD は二等辺三角形であり，二等辺三角形の底角は等しいので，
∠ABF＝∠ADE …②
AD∥BC より，平行線の錯角は等しいので，∠DAG＝∠AGB＝90° だから，
∠BAF＝∠BAE－∠EAF
＝90°－∠EAF
＝∠DAG－∠EAF＝∠DAE
よって，∠BAF＝∠DAE …③
①，②，③より，１組の辺とその両端の角がそれぞれ等しいので，
△ABF≡△ADE

解説

1 (1) ∠ABD＝140°－70°＝70°
三角形の内角と外角の関係
∠DBC＝90°－70°＝20°
∠DCB＝180°－(70°＋90°)＝20°
したがって，
∠ABD＝∠BAD，∠DBC＝∠DCB
(2) ∠ACB＝180°－(90°＋45°)＝45°＝∠ABC
∠DAB＝180°－(90°＋45°)＝45°＝∠DBA
∠DAC＝90°－45°＝45°＝∠DCA
参考 △ABC，△ABD，△ADC はどれも，直角二等辺三角形である。
(3) ∠ACB＝180°－108°＝72°
∠ABC＝36°×2＝72°
∠BDC＝36°＋36°＝72°

5章

❷ (1) $\angle x$が底角の二等辺三角形において，頂角の外角が50°だから，
$\angle x \times 2 = 50°$ $\angle x = 25°$

(2) OA＝OB より，∠OAB＝∠OBA だから，
$\angle OAB = 40° \div 2 = 20°$
OA＝OC より，∠OAC＝∠OCA だから，
$\angle OAC = (180° - 40°) \div 2 = 70°$
$\angle x = \angle OAB + \angle OAC = 20° + 70° = 90°$

(3) $\angle x = 70° + 70° \div 2 = 105°$

❸ 仮定と結論を入れかえたものが逆である。これが正しいかどうかを判断するとき，成り立たない例が1つでもあれば，それは成り立たない。

(1) $x+2=5$ を解くと，$x=3$ だから，$x+2=5$ ならば $x=3$ は成り立つ。

(2) ∠A＝60° のとき，右の図のような三角形もあるので，正三角形であるとは限らない。

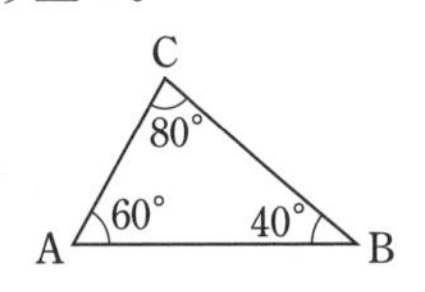

(3) ∠Bが鋭角であっても，∠Aまたは∠Cが直角や鈍角になることがあるので，鋭角三角形であるとは限らない。

❻ AD＝BE であることを証明するには，AD と BE をそれぞれ辺にもつ△ACDと△BCEの合同を証明すればよい。
△ABCと△CDEが正三角形であるから，
AC＝BC，CD＝CE がいえる。2組の辺の長さがそれぞれ等しいことがわかったので，次は，その間の角が等しいことを示せばよい。
このとき，正三角形の3つの内角は等しく，60°であることを利用する。
∠ACD＝∠ACB＋∠BCD＝60°＋∠BCD
∠BCE＝∠DCE＋∠BCD＝60°＋∠BCD
より，∠ACD＝∠BCE であることがわかる。

ポイント

二等辺三角形… 2つの辺が等しく，2つの角が等しい。
正三角形… 3つの辺が等しく，3つの角が等しい。

① (1) それぞれの角の大きさは，右の図のようになる。

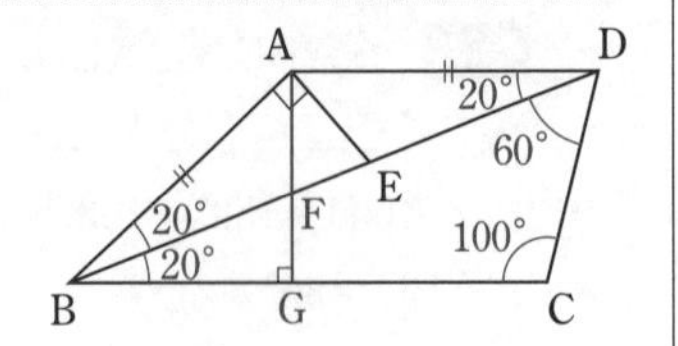

△BCDにおいて，内角の和は180°だから，
∠BDC＝180°−20°−100°＝60°

(2) ∠BAE＝∠DAG＝90° であるから，この2つの角に共通する部分∠EAFを取り除いても，角度が等しいままであることを利用する。

p.78〜79 ステージ1

❶ (1) **5 cm** 2組の対辺はそれぞれ等しい。
(2) **7 cm** 2つの対角線はそれぞれの中点で交わる。
(3) **58°** 2組の対角はそれぞれ等しい。
(4) **60°**

❷ ① **CDF** ② **対辺** ③ **CD**
④ **錯角** ⑤ **CDF**
⑥ **1組の辺とその両端の角** ⑦ **CDF**

解説

❶ (2) 平行四辺形の2つの対角線はそれぞれの中点で交わるから，
$CO = \frac{1}{2}AC = \frac{1}{2} \times 14 = 7\,(cm)$

(3) 平行四辺形の対角は等しいから，
∠BAD＝∠BCD＝58°

(4) 平行四辺形の対角は等しいから，
∠ADC＝∠ABC＝120°
また，四角形の内角の和は360°である。
さらに，∠DCB＝∠DAB であるから，
$\angle DCB = (360° - 120° \times 2) \div 2 = 60°$

ポイント

平行四辺形の性質
① 2組の対辺はそれぞれ等しい。
② 2組の対角はそれぞれ等しい。
③ 2つの対角線はそれぞれの中点で交わる。

❷ BE＝DF であることを証明するには，BE と DF を辺にもつ△ABEと△CDFの合同を証明すればよい。仮定から，∠BAE＝∠DCF
四角形ABCDは平行四辺形であるから，対辺が等しい。したがって，AB＝CD
1組の辺とその片端の角がそれぞれ等しいことがわかったので，三角形の合同条件にあうような等しい角か辺があと1つあればよい。
ここで，AB∥DC であるから平行線と角の性質が利用できる。平行線の錯角は等しいから，
∠ABE＝∠CDF である。

p.80〜81 ステージ1

❶ ㋐，㋑，㋓，㋕，㋗

❷ (1) 1組の対辺が平行で長さが等しい。

(2) 2組の対辺がそれぞれ等しい。

❸ 平行線の錯角は等しいから，

∠AEB＝∠DAE …①

仮定から，

$\angle \mathrm{DAE}=\frac{1}{2}\angle \mathrm{DAB}$，$\angle \mathrm{FCB}=\frac{1}{2}\angle \mathrm{DCB}$

平行四辺形の対角は等しいから，

∠DAB＝∠DCB

よって，∠DAE＝∠FCB …②

①，②から，∠AEB＝∠FCB

同位角が等しいから，AE∥FC …③

また，AD∥BC だから，AF∥EC …④

③，④から，2組の対辺が平行であるので，

四角形 AECF は平行四辺形である。

解説

❶ 平行四辺形であるための5つの条件のうち，どれにあてはまるかを考える。

> 平行四辺形であるための条件
> ① 2組の対辺がそれぞれ平行である。（定義）
> ② 2組の対辺がそれぞれ等しい。
> ③ 2組の対角がそれぞれ等しい。
> ④ 2つの対角線がそれぞれの中点で交わる。
> ⑤ 1組の対辺が平行で等しい。

㋐ AB∥DC，AD∥BC → 上の条件の①

㋑ AB∥DC，AB＝DC → 上の条件の⑤

㋒ AB＝BC，AD＝DC → ×

㋓ AB＝DC，AD＝BC → 上の条件の②

㋔ OA＝OB，OC＝OD → ×

㋕ OA＝OC，OB＝OD → 上の条件の④

㋖ ∠A＝∠B，∠C＝∠D → ×

㋗ ∠A＝∠C，∠B＝∠D → 上の条件の③

（平行四辺形にならない例）

㋒

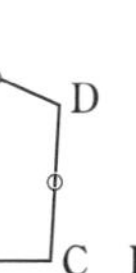

㋔

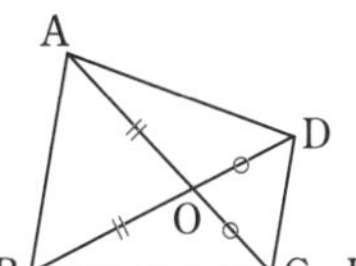

㋖

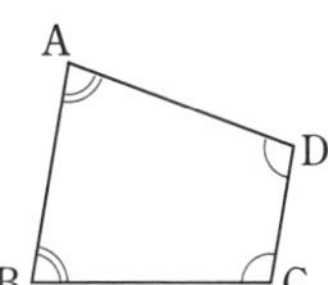

❷ (1) 平行四辺形の対辺は平行で，その長さは等しいから，

▱ABCD について，AD∥BC，AD＝BC

▱EBCF について，EF∥BC，EF＝BC

したがって，AD∥EF，AD＝EF

(2) △AEH と △CGF で，

平行四辺形の対辺は等しいから，AD＝BC

仮定から，BF＝DH

ここで，AH＝AD－DH

CF＝BC－BF

であるから，AH＝CF …①

平行四辺形の対角は等しいから，

∠A＝∠C …②

また，仮定から，AE＝CG …③

①，②，③から，2組の辺とその間の角がそれぞれ等しいので，

△AEH≡△CGF

対応する辺だから，EH＝GF

同様にして，△BFE≡△DHG から，

EF＝GH

したがって，EH＝GF，EF＝GH

❸ **別解** △ABE≡△CDF を証明して，

AE＝CF

AF＝AD－DF＝BC－BE＝EC から，2組の対辺がそれぞれ等しいので，四角形 AECF は平行四辺形である，としてもよい。

5章

p.82〜83 ステージ1

❶ (1) 長方形　(2) ひし形　(3) 正方形

❷ (1) 正方形 ABCD の4つの角はすべて直角である。これを，

∠A＝∠C（＝90°）
∠B＝∠D（＝90°） と

みると，2組の対角がそれぞれ等しい。

これは，平行四辺形であるための条件の1つにあてはまる。したがって，正方形は平行四辺形である。

(2) 長方形の4つの角はすべて直角である。2組の対角がそれぞれ等しいから，長方形は平行四辺形といえる。

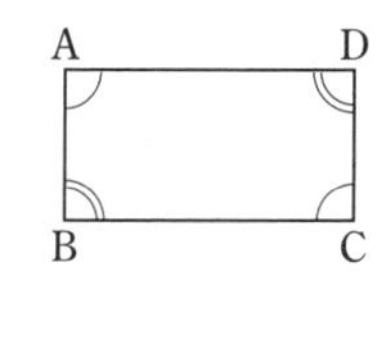

すると，平行四辺形の性質

「2組の対辺がそれぞれ等しい」

が成り立つ。よって，AD＝BC

(3) ひし形の4つの辺は等しい。これを，

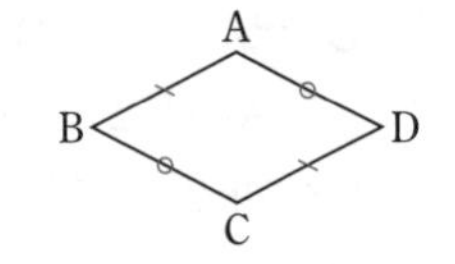

AB＝DC
AD＝BC とみると，2組の対辺がそれぞれ等しい。
これは平行四辺形であるための条件の1つにあてはまるから，ひし形は平行四辺形といえる。
すると，平行四辺形の性質
「2組の対角がそれぞれ等しい」
が成り立つ。よって，∠A＝∠C

❸ ㋐ となり合う辺　㋑ 直角
㋒ 垂直　㋓ 等しく

解説

❶ (1) ▱ABCD の対角は等しいから，
∠A＝∠C，∠B＝∠D
∠B＝∠C の条件が加わると，
∠A＝∠B＝∠C＝∠D
よって，4つの角が等しくなるから，長方形。

(2) ▱ABCD の対辺は等しいから，
AB＝DC，AD＝BC
BC＝CD の条件が加わると，
AB＝BC＝CD＝DA
よって，4つの辺が等しくなるから，ひし形。

(3) ∠A＝∠D の条件が加わると，(1)と同様にして，
∠A＝∠B＝∠C＝∠D …①
また，AB＝BC の条件が加わると，(2)と同様にして，AB＝BC＝CD＝DA …②
①，②から，4つの角が等しく，4つの辺が等しくなるので，正方形。

ポイント
特別な平行四辺形
長方形，ひし形，正方形は，平行四辺形の特別なものである。

❸ ひし形はとなり合う辺が等しい，長方形は1つの角が直角の，特別な場合の平行四辺形である。

ポイント
いろいろな四角形の対角線の性質
ひし形 … 垂直に交わる。
長方形 … 長さが等しい。
正方形 … 長さが等しく，垂直に交わる。

p.84～85 ステージ1

❶ (1) △AEC，△DEC
(2) △ACD，△AED
(3) △DFC
① FEC　② DFC　③ DFC
(4) 1：2　(5) 1：4

❷

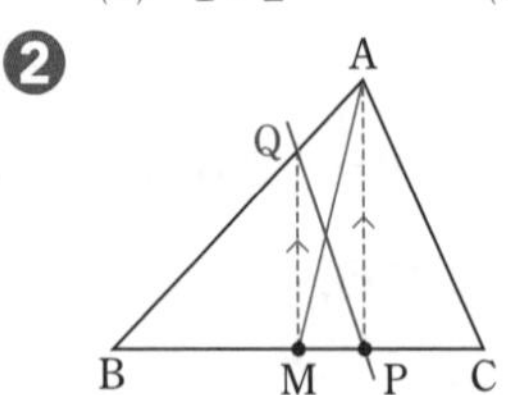

❸ △ACE，△AFC，△AFB

解説

❶ (1) BE＝EC で，AD∥BC より，
△ABE＝△AEC＝△DEC
(2) BC＝AD で，AD∥BC より，
△ABC＝△ACD＝△AED
(4) △AEC と △ACD で，辺 EC と辺 AD をそれぞれ底辺とみると，底辺の比は 1：2，高さの比は 1：1 なので，面積の比は，
△AEC：△ACD＝1：2
(5) △AEC と △ABC で，辺 EC と辺 BC をそれぞれ底辺とみると，底辺の比は 1：2，高さの比は 1：1 なので，面積の比は，
△AEC：△ABC＝1：2
また，△ABC と △ACD で，辺 BC と辺 AD をそれぞれ底辺とみると，底辺も高さも等しいので，△ABC＝△ACD
したがって，
△AEC：▱ABCD
＝△AEC：(△ABC＋△ACD)
＝1：(2＋2)＝1：4

ポイント
三角形の面積
頂点を底辺の向きに平行移動 ⇒ 面積は変わらない
底辺の長さを2倍にする ⇒ 面積も2倍になる

❷ 直線 AP と平行で点Mを通る直線をひき，この直線と辺 AB との交点をQとして，直線 PQ をひく。
(理由) 辺 BC の中点がMだから，△ABM の面積は △ABC の面積の半分である。
また，△ABM＝△QBM＋△AQM …①

△AQMと△PQMは，底辺がともにQMで，AP∥QMより，高さは等しいから面積が等しいので，△AQM＝△PQM …②

よって，①，②より，

△ABM＝△QBM＋△AQM

＝△QBM＋△PQM

＝△QBP

となり，△QBPは△ABCの面積の半分であることがわかる。

❸ AB∥ECより，△BCE＝△ACE

FE∥ACより，△ACE＝△AFC

AF∥BCより，△AFC＝△AFB

p.86～87 ステージ1

❶ (1) 四角形ABCDは長方形であるから，

AB∥DC

平行線の錯角は等しいから，

∠AEF＝∠CFE …①

折り返す前と後では角の大きさは変わらないから，∠CFE＝∠AFE …②

①，②より，∠AEF＝∠AFE

したがって，2つの角が等しいので，

△AEFは二等辺三角形である。

(2) **△ADFと△AGEで，**

四角形ABCDは長方形であるから，

AD＝BC …①

∠ADF＝∠EBC＝90° …②

また，折り返す前と後では辺の長さや角の大きさは変わらないから，

BC＝AG …③

∠EBC＝∠AGE＝90° …④

①，③から，AD＝AG …⑤

②，④から，

∠ADF＝∠AGE＝90° …⑥

また，(1)より，AF＝AE …⑦

⑤，⑥，⑦から，斜辺と他の1辺がそれぞれ等しい直角三角形なので，

△ADF≡△AGE

対応する辺だから，DF＝GE

❷ **△ABFと△EDFで，**

四角形ABCDは平行四辺形であるから，

AB＝CD …①

∠BAF＝∠BCD …②

また，折り返す前と後では，辺の長さや角の大きさは変わらないから，

CD＝ED …③

∠BCD＝∠DEF …④

①，③から，AB＝ED …⑤

②，④から，∠BAF＝∠DEF …⑥

また，対頂角は等しいから，

∠AFB＝∠EFD …⑦

⑥，⑦より，残りの1組の角も等しいので，

∠ABF＝∠EDF …⑧

⑤，⑥，⑧から，1組の辺とその両端の角がそれぞれ等しいので，

△ABF≡△EDF

❸ **図2の四角形ABCDで，ACとBDの交点をOとすると，**

仮定から，AO＝CO，BO＝DO

したがって，対角線がそれぞれの中点で交わるので，四角形ABCDは平行四辺形である。

したがって，AD∥BCとなり，天板は地面と平行になる。

解説

❶ (2) 別解 ∠DAE＝∠FCB＝∠FAG＝90° から，∠DAF＝90°－∠EAF＝∠GAE

これと AD＝AG，∠ADF＝∠AGE＝90° から，1組の辺とその両端の角がそれぞれ等しいことから，△ADF≡△AGE を証明してもよい。

❸ 参考 AC＝BD となるとき，対角線の長さが等しく，それぞれの中点で交わるので，四角形ABCDは長方形であるといえる。

よって，∠ABC＝∠DCB＝90°

したがって，ABとDCは，地面に垂直となり，テーブルは倒れない。

p.88～89 ステージ2

❶ (1) $x=2.5$，$y=5$

(2) $x=70$，$y=60$

(3) $x=80$，$y=140$

❷ (1) **∠OBQ**

(2) **△OBQと△ODPで，**

平行四辺形の2つの対角線はそれぞれの中点で交わるから，

OB＝OD …①

対頂角は等しいから，

∠BOQ＝∠DOP …②
平行線の錯角は等しいから，
∠OBQ＝∠ODP …③
①，②，③から，1組の辺とその両端の角がそれぞれ等しいので，
△OBQ≡△ODP
対応する辺だから，BQ＝DP

❸ (1) 2組の辺とその間の角がそれぞれ等しい。
(2) △ABE と △CDF で，
仮定から，BE＝DF …①
平行四辺形の対辺は等しいから，
AB＝CD …②
平行線の錯角は等しいから，
∠ABE＝∠CDF …③
①，②，③から，2組の辺とその間の角がそれぞれ等しいので，
△ABE≡△CDF
(3) 平行四辺形
(4) 平行四辺形の2つの対角線はそれぞれの中点で交わるから，
OA＝OC …①　OB＝OD
仮定から，BE＝DF
ここで，OE＝OB－BE
OF＝OD－DF
したがって，OE＝OF …②
①，②から，2つの対角線がそれぞれの中点で交わるので，四角形 AECF は平行四辺形である。

❹ △ABE と △ACD で，
△ABE＝△ADE＋△DBE
△ACD＝△ADE＋△DCE
DE∥BC より，△DBE＝△DCE
したがって，△ABE＝△ACD

❺ AF∥ED，AE∥FD だから，四角形 AEDF は，平行四辺形である。
よって，AE＝FD，AF＝ED …①
また，平行線の錯角は等しいから，
∠FAD＝∠EDA
仮定より，∠EAD＝∠FAD だから，
∠EAD＝∠EDA
したがって，△EAD は二等辺三角形だから，
EA＝ED …②
①，②から，四角形 AEDF は，4つの辺が等しいので，ひし形である。

❻ ㋒，㋕

❼ (1) △ABC と △DBE で，
仮定から，AB＝DB …①
BC＝BE …②
また，∠ABC＝∠EBC－∠EBA …③
∠DBE＝∠DBA－∠EBA …④
∠EBC＝∠DBA＝60° だから，③，④より，
∠ABC＝∠DBE …⑤
①，②，⑤から，2組の辺とその間の角がそれぞれ等しいので，
△ABC≡△DBE
(2) ひし形，4つの辺がすべて等しい。
(3) 150°

● ● ● ● ●

① 112°

解説

❶ (1) 平行四辺形の対角線はそれぞれの中点で交わるから，x＝OA＝2.5　y＝OD＝5
(2) 平行線の錯角は等しいから，x＝70
三角形の内角の和は 180° だから，
y＝180－(70＋50)＝60
(3) 平行四辺形の対角が等しいから，
$2x$＝360－100×2
$2x$＝160
x＝80
また，∠ABC＝∠D＝80°
したがって，∠ABE＝80°÷2＝40°
△ABE の内角と外角の関係から，
y＝100＋40＝140

❸ (4) 平行四辺形であるための条件のどれを使えばよいかを考える。
別解 (1)，(2)の結果を使って，次のように証明してもよい。
(2)より，対応する辺だから，AE＝CF …①
また，(2)と同様にして，△EBC≡△FDA
対応する辺だから，CE＝AF …②
①，②から，2組の対辺がそれぞれ等しいので，四角形 AECF は平行四辺形である。

❹ △DBE と △DCE は，底辺がともに DE で，DE∥BC より高さが等しいから面積が等しい。

❻ ㋐　AB＝AD → ×　㋑　AB＝DC → ×

㋒　AD＝BC

→ 1 組の対辺が平行で長さが等しい

㋓　AC＝DB → ×　㋔ ∠A＝∠B → ×

㋕　∠A＝∠C

→ 2 組の対辺がそれぞれ平行である　(定義)

(理由)　右の図で，

AD∥BC から，

∠A＝∠ABE

∠A＝∠C から，

∠C＝∠ABE

同位角が等しいから，AB∥DC

すなわち，∠A＝∠C ということは，AB∥DC を意味する。

㋖　∠A＝∠D → ×　㋗ ∠A＋∠C＝180° → ×

(平行四辺形にならない例)

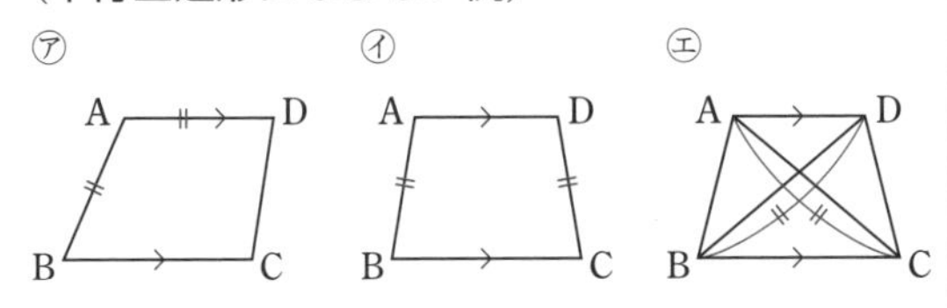

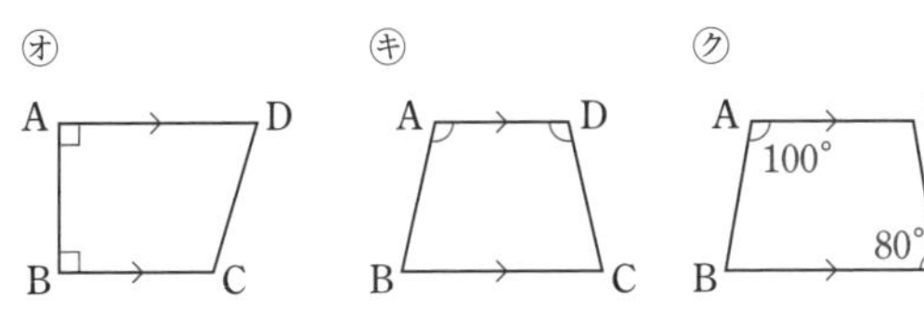

❼ (3)　∠DAF＝90° になればよい。

△DBA，△ACF は正三角形だから，

∠DAB＝∠FAC＝60°

∠BAC＝360°－(90°＋60°＋60°)＝150°

ポイント

正方形はひし形の特別なものである。
1 つの角が 90° のひし形は正方形になる。

① 右の図で，平行四辺形の対角は等しいので，

∠ADC＝∠ABC＝70°

三角形の外角は，

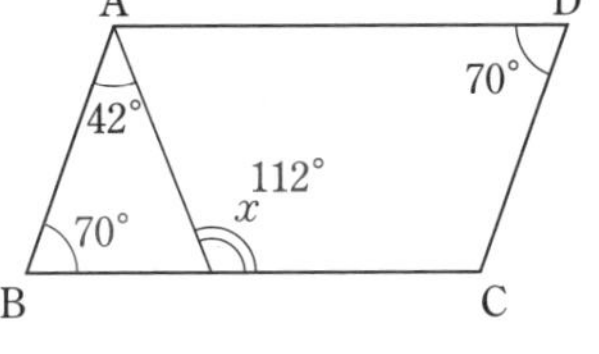

それととなり合わない 2 つの内角の和に等しいから，x＝42°＋∠ABC＝42°＋70°＝112°

p.90〜91　ステージ3

❶ (1)　**110°**　(2)　**35°**　(3)　**60°**

❷ (1)　**正三角形**　(2)　**直角二等辺三角形**

(3)　**ひし形**　(4)　**長方形**

❸ (1)　**△ABC で，∠B＝∠C ならば，**

AB＝AC である。

成り立つ。

(2)　**ある数が 2 の倍数ならば，その数は 6 の倍数である。**

成り立たない。

❹ (1)　**(EA＝EB の) 二等辺三角形**

(2)　**(∠E＝90° の) 直角三角形**

❺ (1)　**2 組の辺とその間の角がそれぞれ等しい。**

(2)　**AD＝AE　または，∠ADE＝∠AED**

❻ (1)　**36°**

(2)　**直角三角形で，斜辺と 1 鋭角がそれぞれ等しい。**

(3)　**2 cm**

❼ **仮定より，AD∥BC だから，ED∥BF …①**

また，ED＝AD－AE

BF＝BC－FC

AD＝BC，AE＝FC だから，

ED＝BF …②

①，②から，1 組の対辺が平行で等しいので，四角形 EBFD は平行四辺形である。

❽ (1)　**1：4**

(2)　**△AEF，△DCF，△DEF，**

△BDF，△AFC，△BOC，

△DOA，△ABO，△COD

解説

❶ (1)　DA＝DCより，∠DAC＝∠DCA

したがって，75°＋3∠BAD＝180° より，

∠BAD＝35°　∠x＝35°＋75°＝110°

(2)　平行線の錯角は等しいから，

∠BAC＝∠ACD＝55°

対角線の交点をOとすると，

△ABO の内角の和から，

∠AOB＝90° であることがわかる。

△AOB と △AOD で，∠AOB＝∠AOD＝90° より，四角形 ABCD はひし形。AB＝AD より △ABD は二等辺三角形である。よって，

∠x＝∠ABD＝35°

5章

(3) EとCを結ぶ。

△EBN と △ECN で,

共通な辺より, EN=EN …①

仮定から, BN=CN …②

∠ENB=∠ENC=90° …③

①, ②, ③から, 2組の辺とその間の角がそれぞれ等しいので, △EBN≡△ECN

対応する辺だから, EB=EC …④

また, 折り返す前と後では, 辺の長さは変わらないから, AB=EB …⑤

④, ⑤と, 四角形 ABCD が正方形であることから AB=BC=EB=EC

△EBC は正三角形であるといえるので,

$\angle x=60°$

2 (1) 3つの角がすべて 60° になるので正三角形。

(2) 頂角が 90° になるので, 直角二等辺三角形。

(3) 4つの辺がすべて等しくなるのでひし形。

(4) 4つの角がすべて 90° になるので長方形。

3 (1) 2つの角が等しい三角形は二等辺三角形であり, 2つの辺は等しい。逆も成り立つ。

(2) 2の倍数であっても6の倍数であるとは限らない。成り立たない例を1つ見つける。

(例) 4, 8 など

得点アップのコツ

基本的には, もとの文の「ならば」の前後を入れかえればよいが, 単純に入れかえると文章がおかしくなる場合もあるので注意する。

4 (1) ∠D=∠BAE, ∠D=∠B だから,

∠BAE=∠B

よって, △ABE は, EA=EB の二等辺三角形。

(2) ∠A+∠B=180° だから,

$\angle EAB+\angle EBA=\frac{1}{2}(\angle A+\angle B)=90°$

∠E=180°−(∠EAB+∠EBA)=90°

よって, △ABE は, ∠E=90° の直角三角形。

5 (1) △ABD と △ACE で,

仮定から, BD=CE …①

△ABC は BC を底辺とする二等辺三角形だから,

AB=AC …②　∠ABD=∠ACE …③

①, ②, ③から, 2組の辺とその間の角がそれぞれ等しいので, △ABD≡△ACE

(2) △ABD≡△ACE より, 対応する辺だから,

AD=AE

したがって, 2つの辺が等しいので, △ADE は二等辺三角形である。

または, 対応する角だから, ∠ADB=∠AEC

ここで, ∠ADE=180°−∠ADB

　　　　∠AED=180°−∠AEC

だから, ∠ADE=∠AED

したがって, 2つの角が等しいので, △ADE は二等辺三角形である, としてもよい。

6 (1), (2) △ABD と △CAE で, 仮定から,

∠ADB=∠CEA=90° …①

AB=CA …②

ここで, ∠BAC=∠BAD+∠CAE=90° より,

∠CAE=90°−∠BAD …③

また, △ABD の内角の和から,

∠ABD+∠BAD=180°−90°=90° より,

∠ABD=90°−∠BAD …④

よって, ③, ④より, ∠ABD=∠CAE …⑤

①, ②, ⑤から, 斜辺と1鋭角がそれぞれ等しい直角三角形なので,

△ABD≡△CAE

(3) (2)より, 対応する辺は等しいから,

BD=AE=4 cm　CE=AD=2 cm となる。

よって, DE=AE−AD=4−2=2 (cm)

8 (1) △ABF : △ABC=1 : 2

高さが等しく, 底辺の長さが2倍

△ABC : △ACD=1 : 1=2 : 2　したがって

△ABF : ▱ABCD=△ABF : (△ABC+△ACD)

=1 : (2+2)=1 : 4

(2) △ABF と底辺の長さと高さが等しい三角形は, △BDF, △AFC, △DCF, △AEF, △DEF, △ABO, △COD で, 底辺の長さが2倍, 高さが半分の三角形は,

△BOC, △DOA

得点アップのコツ

面積の等しい三角形を見つけるには, 1つの辺を底辺とみて頂点を底辺の向きに平行移動してできる三角形がないかさがす。

6章 データの比較と箱ひげ図

p.92〜93 ステージ1

❶ (1) A組：第1四分位数…19冊
第2四分位数…39冊
第3四分位数…56冊
B組：第1四分位数…25.5冊
第2四分位数…35冊
第3四分位数…50冊

(2) A組…37冊　B組…24.5冊

❷ (1) A市：第1四分位数…24日
第2四分位数…30日
第3四分位数…42日
B市：第1四分位数…34日
第2四分位数…44日
第3四分位数…48日

(2)
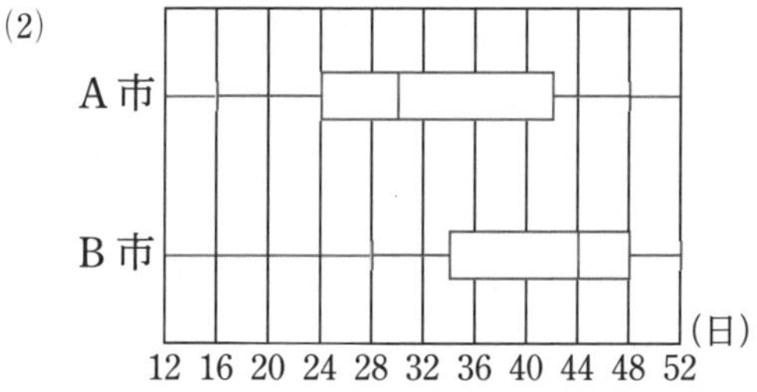

❸ (1) 7月

(2) 最小値，最大値に大きな差がなく，第1四分位数，第2四分位数，第3四分位数のそれぞれが大きいほうがスポーツドリンクBなので，スポーツドリンクBを仕入れる。

解説

❶ (1) A組のデータの個数は10個だから，

第2四分位数は，$\frac{36+42}{2}=39$ (冊)
↑中央値は，5番目と6番目のデータの平均値。

3番目が第1四分位数だから19冊。
8番目が第3四分位数だから56冊。

B組のデータの個数は9個だから，

第2四分位数は35冊。⟵中央値は5番目。

第1四分位数は，$\frac{22+29}{2}=25.5$ (冊)
↑2番目と3番目のデータの平均値。

第3四分位数は，$\frac{48+52}{2}=50$ (冊)
↑7番目と8番目のデータの平均値。

(2) (四分位範囲)
＝(第3四分位数)－(第1四分位数)
だから，
A組は，$56-19=37$ (冊)
↑(第3四分位数)－(第1四分位数)
B組は，$50-25.5=24.5$ (冊)

ポイント
まず全体の中央値(第2四分位数)，次に全体を2つに分けて，最小値をふくむほうの中央値(第1四分位数)，最大値をふくむほうの中央値(第3四分位数)を求める。

❷ (1) A市のデータの個数は7個だから，
第2四分位数は30日。⟵中央値は4番目。
2番目が第1四分位数だから24日。
6番目が第3四分位数だから42日。
B市のデータの個数も7個だから，
第2四分位数は44日。
2番目が第1四分位数だから34日。
6番目が第3四分位数だから48日。

(2) 箱ひげ図は，データの最小値，最大値，中央値(第2四分位数)，第1四分位数，第3四分位数をそれぞれ求めることで，下の図のような形に表す。

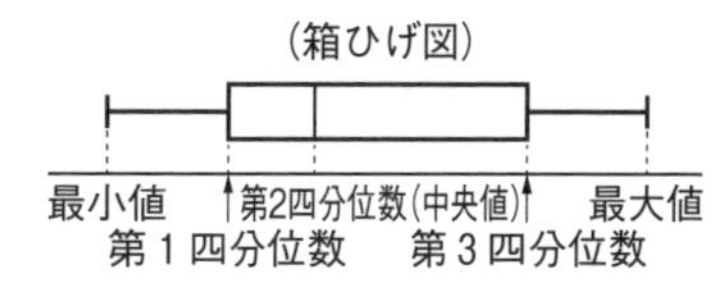

※箱の長さが「四分位範囲」になる。

❸ (1) それぞれの月の最大値を箱ひげ図から読み取ると，最大値のいちばん大きい月は，7月とわかる。

(2) 箱ひげ図を見ると，ひげの部分の両端は，スポーツドリンクAとBで大きな差はないが，箱の部分はBのほうが右に偏っていることに注意する。

まず全体の中央値(第2四分位数)を求めるといいね。

p.94 ステージ2

1 (1)

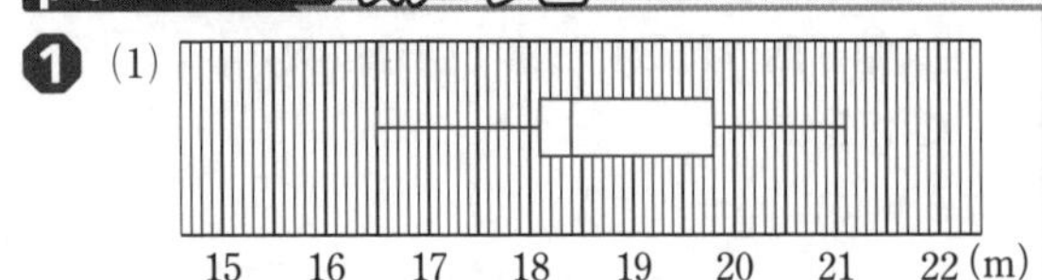

(2) (人)

10 8 6 4 2
0 14 16 18 20 22 (m)

(3) **1.7 m**

2 (1)

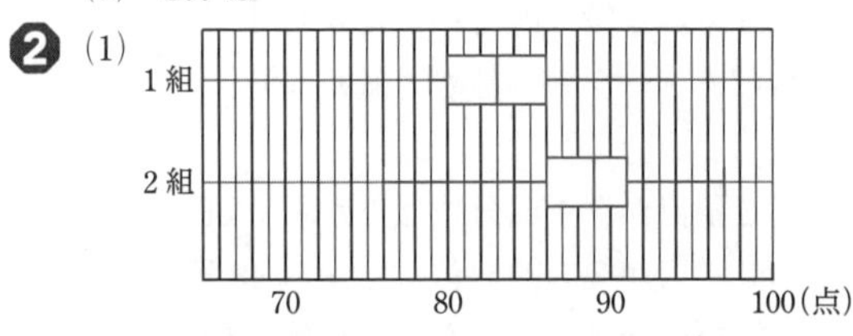

(2) **1 組**

解 説

1 (2) 16 m 以上 18 m 未満… 2 人
18 m 以上 20 m 未満… 6 人
20 m 以上 22 m 未満… 2 人
である。

2 (1) 四分位数は，
1 組：第 1 四分位数…80 点
第 2 四分位数…83 点
第 3 四分位数…86 点
2 組：第 1 四分位数…86 点
第 2 四分位数…89 点
第 3 四分位数…91 点

(2) 四分位範囲は，
1 組：86−80＝6 (点)
2 組：91−86＝5 (点) だから，1 組のほうが大きい。

ポイント
(四分位範囲)＝(第 3 四分位数)−(第 1 四分位数)

p.95 ステージ3

1 (1) 第 1 四分位数… 8 問
第 2 四分位数…13 問
第 3 四分位数…15 問

(2) **7 問**

(3)

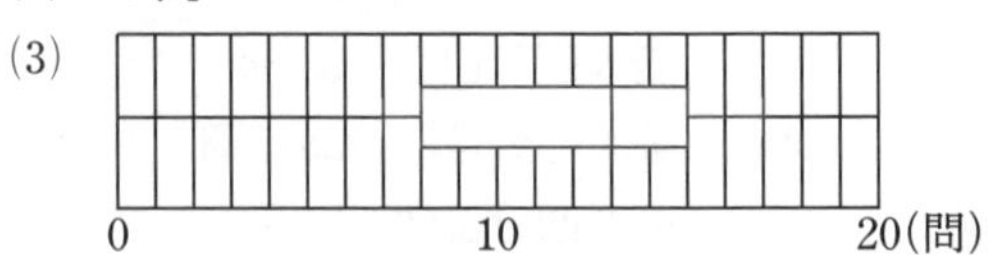

2 ㋑

3 ㋑

解 説

2 ㋐ 四分位範囲は，
1 組：8−3＝5 (点)
2 組：9−4＝5 (点) で等しいので正しくない。

㋑ 中央値が 5 点なので，全体の 50％ 以上の生徒が 5 点以上であり，正しい。

㋒ データの範囲は，(最大値)−(最小値) なので，
1 組：10−1＝9 (点)
2 組：10−3＝7 (点) で，2 組は 9 点ではないので正しくない。

㋓ 2 組には得点が 9 点だった生徒がいるが，1 組にいるかいないかは判断できない。

3 箱が左に寄っているので，ヒストグラムは，左 (値が小さい区間) の度数が多い形と考えられる。
箱ひげ図で，
箱が左寄り…ヒストグラムは，値が小さい区間の度数が多い傾向にあり，左に偏った形となる。
箱が中央付近…ヒストグラムは，値が小さい区間から大きい区間の度数がまんべんなく並ぶ傾向，または，中央付近の区間の度数が高く，左右対称に近い形となる傾向がある。
箱が右寄り…ヒストグラムは，値が大きい区間の度数が多い傾向にあり，右に偏った形となる。

得点アップのコツ
データの分布は，ヒストグラムでも箱ひげ図でも表すことができ，ヒストグラムの形によって，対応する箱ひげ図が推測できる。

7章 確率

p.96〜97 ステージ1

1 (1) 6通り (2) (同様に確からしいと) いえる。
(3) 4通り (4) $\frac{2}{3}$ (5) $\frac{1}{3}$
(6) $\frac{1}{3}$

2 (1) 12通り (2) (同様に確からしいと) いえる。
(3) $\frac{5}{12}$ (4) $\frac{3}{4}$ (5) $\frac{2}{3}$
(6) 1 (7) 0

解説

1 (3) 1, 2, 3, 6の4通り。
(6) 1の目か4の目の2通りのどちらかが出る確率だから, $\frac{2}{6}=\frac{1}{3}$

2 (6) 必ず起こることがらの確率だから, 1
(7) 絶対に起こらないことがらの確率だから, 0

p.98〜99 ステージ1

1 (1) $\frac{1}{3}$ (2) $\frac{1}{3}$

2 (1) 8通り
(2) $\frac{1}{8}$ (3) $\frac{3}{8}$

3 (1) $\frac{5}{36}$ (2) $\frac{7}{36}$
(3) $\frac{1}{9}$ (4) $\frac{8}{9}$

4 $\frac{7}{8}$

解説

1 グーを�, パーを㋩, チョキを㋠として, 2人の出し方を樹形図に表すと, 右の図のようになる。出し方は全部で9通り。

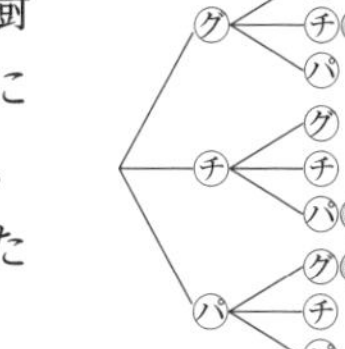

(1) Aが勝つ場合は●をつけた3通りあるから, $\frac{3}{9}=\frac{1}{3}$
(2) Bが勝つ場合は▲をつけた3通りあるから, $\frac{3}{9}=\frac{1}{3}$

2 (2) 〔裏, 裏, 裏〕の1通りあるから, $\frac{1}{8}$
(3) 〔表, 表, 裏〕, 〔表, 裏, 表〕, 〔裏, 表, 表〕の3通りあるから, $\frac{3}{8}$

3 (2) 目の数の和が5, 10のときである。
(3) 〔1, 6〕, 〔2, 3〕, 〔3, 2〕, 〔6, 1〕の4通り。
(4) 1−(目の積が6である確率)

4 表を○, 裏を×として樹形図をかくと, 右の図のようになる。起こり得る場合は全部で8通り。裏が少なくとも1回出る場合は☆をつけた7通りなので, 求める確率は, $\frac{7}{8}$

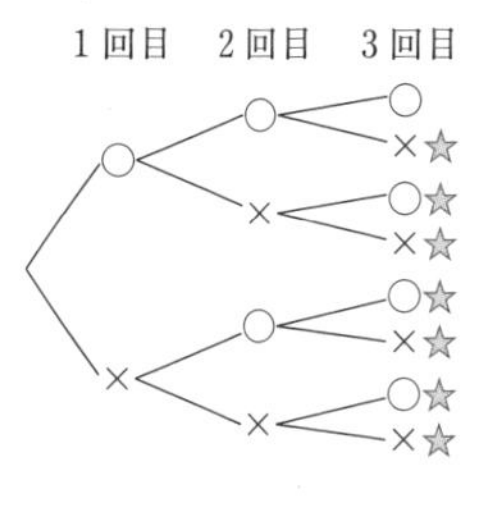

別解 1−(裏が1回も出ない確率)
$=1-$(すべて表が出る確率)$=1-\frac{1}{8}=\frac{7}{8}$

ポイント
ことがらAの起こらない確率
=1−Aの起こる確率

p.100〜101 ステージ1

1 (1) 30通り
(2) $\frac{1}{3}$ (3) $\frac{1}{3}$
(4) 同じ

2 (1) 10通り
(2) $\frac{3}{10}$ (3) $\frac{3}{5}$
(4) $\frac{9}{10}$

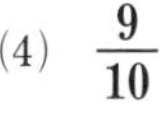

3 120円

4 100円

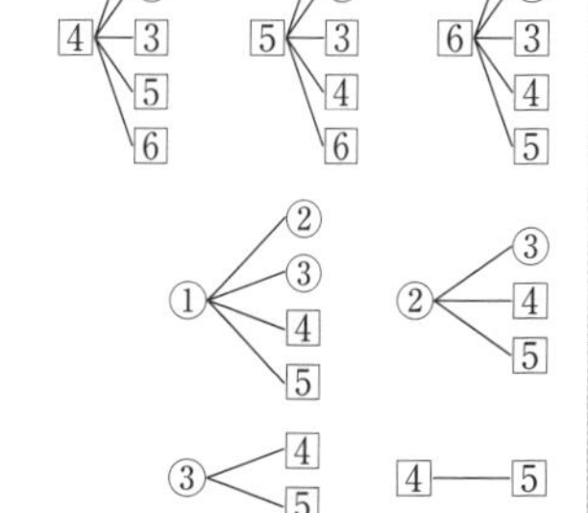

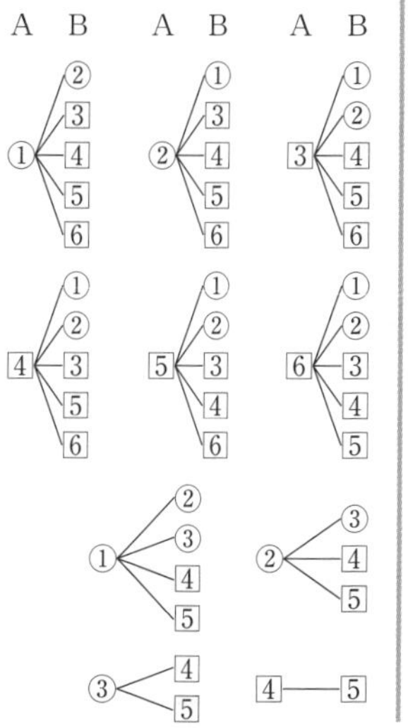

解説

1 **ミス注意!** くじを順番に引く問題では, 引いたくじをもとに戻すか戻さないかで樹形図が異なる。
(4) **参考** くじ引きでは, 先に引いても後に引いても, 当たる確率は同じである。

2 (4) 2本とも当たりくじである場合が3通り, 1本が当たりで, 1本がはずれである場合が6通りある。

別解 1−(2本ともはずれる確率)

$=1-\frac{1}{10}=\frac{9}{10}$

❸ $\underset{1等の期待値}{\underline{10000\times\frac{10}{1000}}}+\underset{2等の期待値}{\underline{1000\times\frac{20}{1000}}}+\underset{はずれの期待値}{\underline{0\times\frac{970}{1000}}}$

$=120$(円)

❹ 3等の賞金をx円とすると,

$\frac{10000\times2+1000\times10+x\times50+0\times438}{500}$

$=10000\times\frac{2}{500}+1000\times\frac{10}{500}+x\times\frac{50}{500}+0\times\frac{438}{500}=70$

これを解くと，$x=100$

p.102〜103 ステージ2

❶ 図のさいころは，形がいびつで，どの目が出る確率も同様に確からしいといえないので，2の目が出る確率は $\frac{1}{6}$ とはいえない。

❷ (1) 男子が選ばれること

(2) 起こりやすさは同じ。同様に確からしいといえる。

❸ (1) $\frac{9}{14}$ (2) $\frac{1}{20}$ (3) $\frac{1}{2}$

(4) $\frac{1}{2}$ (5) $\frac{1}{2}$

❹ (1) $\frac{3}{5}$ (2) $\frac{1}{5}$ (3) $\frac{4}{5}$

❺ (1) $\frac{2}{3}$ (2) $\frac{5}{9}$ (3) $\frac{1}{12}$

❻ $\frac{1}{2}$

● ● ● ● ●

① $\frac{2}{9}$

解説

❸ (1) 起こり得る場合は全部で $6+5+3=14$(通り)

赤玉または青玉が出る場合は $6+3=9$(通り)

したがって，求める確率は，$\frac{9}{14}$

(2) 当たりを引くのは10通りなので，求める確率は，$\frac{10}{200}=\frac{1}{20}$

(3) 起こり得る場合は全部で6通り。

4以上の目が出るのは4，5，6の3通り。

したがって，求める確率は，$\frac{3}{6}=\frac{1}{2}$

(4) 表を○，裏を×として，3枚の硬貨の表裏の出方を樹形図に表し，表が出る硬貨の合計金額を求めると右の図のようになる。起こり得る場合は全部で8通り，表が出る合計金額が60円以下になる場合は下線をひいた4通りなので，求める確率は，$\frac{4}{8}=\frac{1}{2}$

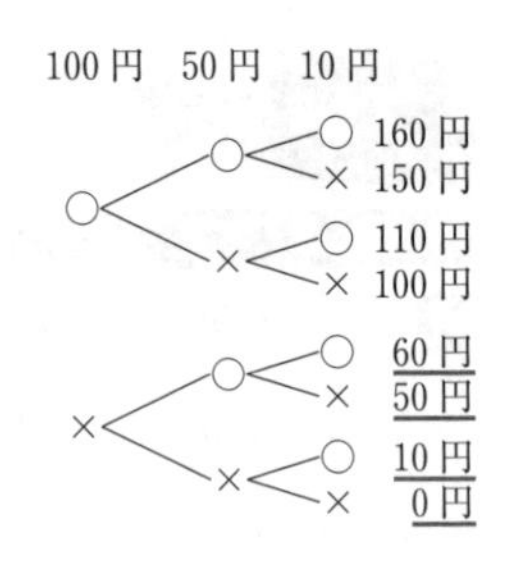

(5) 3けたの整数は，123，132，213，231，312，321の6通りある。このうち，230以下になるのは下線をひいた3通り。したがって，求める確率は，$\frac{3}{6}=\frac{1}{2}$

❹ 男子をⒶ，Ⓑ，Ⓒ，Ⓓ，女子を🄴，🄵として，委員の選び方を樹形図に表すと，次のようになる。

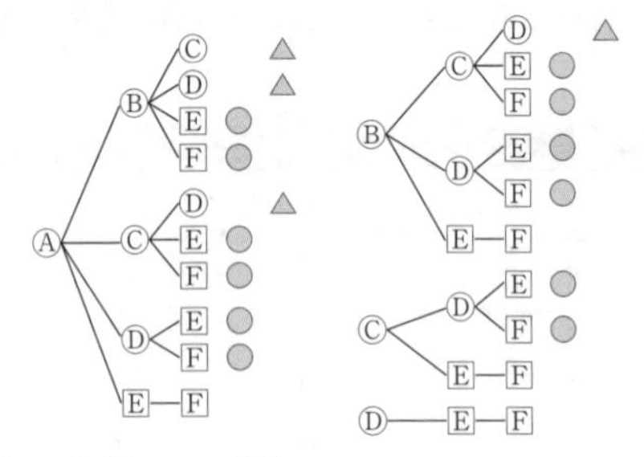

選び方は全部で20通り。

(1) 男子2人，女子1人が選ばれるのは，●をつけた12通りなので求める確率は，$\frac{12}{20}=\frac{3}{5}$

(2) 3人とも男子が選ばれるのは，▲をつけた4通りなので求める確率は，$\frac{4}{20}=\frac{1}{5}$

(3) $1-(3人とも男子である確率)=1-\frac{1}{5}=\frac{4}{5}$

❺ (1) 目の和が3の倍数になるのは，

目の和が3…〔1，2〕，〔2，1〕

目の和が6…〔1，5〕，〔2，4〕，〔3，3〕，〔4，2〕，〔5，1〕

目の和が9…〔3，6〕，〔4，5〕，〔5，4〕，〔6，3〕

目の和が12…〔6，6〕

全部で12通り。目の和が3の倍数になる確率は，$\frac{12}{36}=\frac{1}{3}$ 求める確率は，$1-\frac{1}{3}=\frac{2}{3}$

(2) 目の積が3の倍数になる場合は，大，小のさいころのうち，少なくとも1つが3または6になる場合で，〔1, 3〕，〔1, 6〕，〔2, 3〕，〔2, 6〕，〔3, 1〕，〔3, 2〕，〔3, 3〕，〔3, 4〕，〔3, 5〕，〔3, 6〕，〔4, 3〕，〔4, 6〕，〔5, 3〕，〔5, 6〕，〔6, 1〕，〔6, 2〕，〔6, 3〕，〔6, 4〕，〔6, 5〕，〔6, 6〕の 20 通り。

したがって，求める確率は，$\frac{20}{36}=\frac{5}{9}$

(3) (x, y) が $y=\frac{4}{x}$ のグラフ上にある場合は，〔大, 小〕=〔1, 4〕，〔2, 2〕，〔4, 1〕の 3 通りなので，求める確率は，$\frac{3}{36}=\frac{1}{12}$

6 点Pが +3 の位置にあるのは，

㋐　1回目偶数，2回目奇数の場合

㋑　1回目奇数，2回目偶数の場合

であり，㋐は 9 通り，㋑は 9 通りなので，点Pが +3 の位置にある場合は $9+9=18$ (通り)

したがって，求める確率は，$\frac{18}{36}=\frac{1}{2}$

① 2つの箱からのカードの取り出し方は，

〔1, 1〕，〔1, 3〕，〔1, 5〕，〔2, 1〕，〔2, 3〕，〔2, 5〕，〔3, 1〕，〔3, 3〕，〔3, 5〕の 9 通り。

2 枚のカードに書いてある数が同じなのは，〔1, 1〕，〔3, 3〕の 2 通り。したがって，求める確率は，$\frac{2}{9}$

p.104 ステージ3

1 (1) $\frac{1}{4}$　(2) $\frac{6}{13}$　(3) $\frac{10}{13}$

2 (1) $\frac{1}{5}$　(2) $\frac{3}{5}$

3 (1) 15 通り　(2) $\frac{8}{15}$

4 (1) 27 通り　(2) $\frac{1}{9}$　(3) $\frac{1}{3}$

解説

1 (2) 3 から 8 までの数字のカードは，$6\times4=24$ (枚) なので，$\frac{24}{52}=\frac{6}{13}$

(3) 絵札が出ないということは，1 ~10 までのカードを引くことである。1 ~10 までのカードは，$10\times4=40$ (枚) なので，$\frac{40}{52}=\frac{10}{13}$

別解 絵札は $3\times4=12$ (枚) あるので，絵札を引く確率は，$\frac{12}{52}=\frac{3}{13}$

したがって，求める確率は，$1-\frac{3}{13}=\frac{10}{13}$

得点アップのコツ

トランプのカードの枚数 52 が起こり得るすべての場合の数になる。求めたい確率の条件にあてはまるカードが何枚あるかを調べる。

2

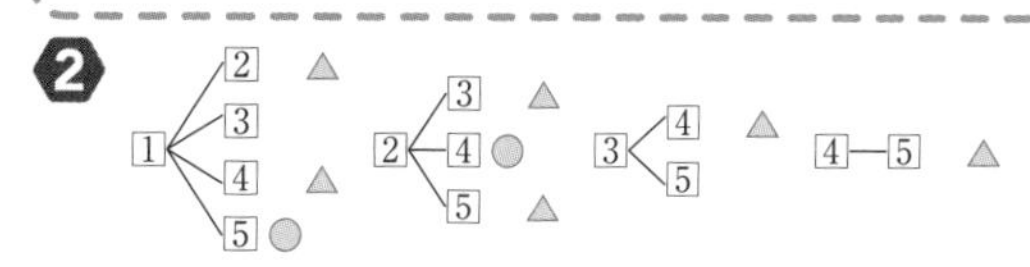

カードの取り出し方は全部で 10 通り。

(1) 数の和が 6 になるのは○をつけた 2 通りであるから，求める確率は，$\frac{2}{10}=\frac{1}{5}$

(2) 和が奇数になるのは△をつけた 6 通りであるから，求める確率は，$\frac{6}{10}=\frac{3}{5}$

3 (1) 赤玉を①，②，③，④，白玉を5，6と表して樹形図をかくと，全部で 15 通り。

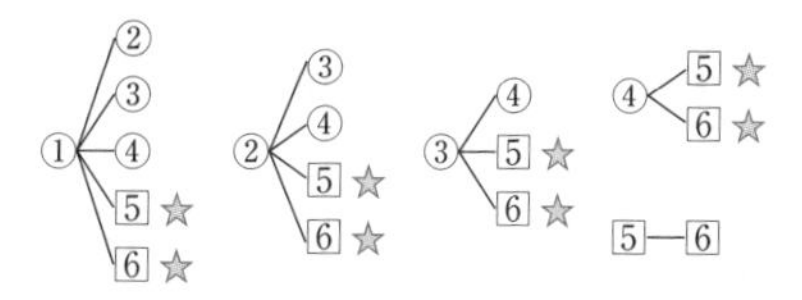

(2) 赤玉 1 個，白玉 1 個を取り出すのは☆をつけた 8 通り。したがって，求める確率は，$\frac{8}{15}$

4 (1) Aがグーを出す場合，グーを㋘，チョキを㋠，パーを㋫として，樹形図をかくと，右の図のようになるので，Aがグーを出す場合は，9 通りある。Aが，チョキやパーを出す場合も同じように 9 通りずつあるから，手の出し方は全部で $9\times3=27$ (通り)

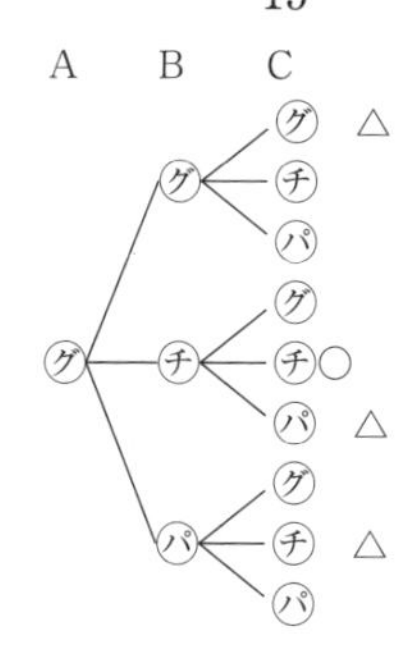

(2) Aだけが勝つ場合は，Aがグーの場合は上の○の 1 通りで，チョキ，パーのときもそれぞれ 1 通りずつの 3 通りあるので，求める確率は，$\frac{3}{27}=\frac{1}{9}$

(3) あいこになる場合は，Aがグーの場合，上の△の 3 通りで，Aがグー，チョキ，パーを出すときにそれぞれ 3 通りずつあるから，9 通りあるので，求める確率は，$\frac{9}{27}=\frac{1}{3}$

定期テスト対策 得点アップ! 予想問題

p.106〜107 第1回

1 (1) $9a-8b$ (2) $-3y^2-2y$
(3) $7x+4y$ (4) $-7a-2b$
(5) $-2b$ (6) $16x+16y+18$
(7) $1.3a$ (8) $28x-30y$
(9) $\frac{22}{15}x-\frac{2}{15}y\left(\frac{22x-2y}{15}\right)$
(10) $\frac{19x-y}{6}\left(\frac{19}{6}x-\frac{1}{6}y\right)$

2 (1) $32xy$ (2) $-45a^2b$
(3) $-5a^2$ (4) $14a$
(5) $\frac{n}{4}$ (6) $10xy$
(7) $\frac{2}{5}x$ (8) $\frac{7}{6}a^3$

3 (1) 2 (2) -4

4 (1) $a=\frac{3}{2}b-2$ (2) $y=5x+\frac{19}{7}$
(3) $b=\frac{3}{2}a-3$ (4) $b=-2a+5c$
(5) $a=-3b+\frac{\ell}{2}$ (6) $c=\frac{V}{ab}$
(7) $h=\frac{2S}{a+b}$ (8) $a=-5b+2c$

5 $\frac{39a+40b}{79}$ 点

6 連続する4つの整数は，n，$n+1$，$n+2$，$n+3$ と表される。
4つの整数の和から2をひくと，
$n+(n+1)+(n+2)+(n+3)-2$
$=4n+4$
$=4(n+1)$
$n+1$ は整数だから，$4(n+1)$ は4の倍数である。
したがって，連続する4つの整数の和から2をひいた数は4の倍数である。

解説

1 (6)
$$\begin{array}{r} 34x+\ 4y+\ 9 \\ -)\ 18x-12y-\ 9 \\ \hline 16x+16y+18 \end{array}$$

$34x-18x=16x$
$4y-(-12y)=16y$
$9-(-9)=18$

(10) $\frac{9x-5y}{2}-\frac{4x-7y}{3}$
$=\frac{3(9x-5y)-2(4x-7y)}{6}$
$=\frac{27x-15y-8x+14y}{6}$
$=\frac{19x-y}{6}\ \left(=\frac{19}{6}x-\frac{1}{6}y\right)$

2 (2) $(-3a)^2\times(-5b)$
$=9a^2\times(-5b)$
$=-45a^2b$

(8) $-\frac{7}{8}a^2\div\frac{9}{4}b\times(-3ab)$
$=-\frac{7a^2}{8}\times\frac{4}{9b}\times(-3ab)$
$=\frac{7a^2\times\overset{1}{\cancel{4}}\times\overset{1}{\cancel{3}}a\overset{1}{\cancel{b}}}{\underset{2}{\cancel{8}}\times\underset{3}{\cancel{9}}\underset{1}{\cancel{b}}}$
$=\frac{7}{6}a^3$

3 (2) $4(3x+y)-2(x+5y)$
$=12x+4y-2x-10y$
$=10x-6y$
この式に $x=-\frac{1}{5}$，$y=\frac{1}{3}$ を代入する。

4 (5) 左辺と右辺を入れかえて，$2(a+3b)=\ell$
両辺を2でわって，$a+3b=\frac{\ell}{2}$
$3b$ を移項して，$a=-3b+\frac{\ell}{2}$

(7) 両辺を2倍して，$2S=(a+b)h$
左辺と右辺を入れかえて，$(a+b)h=2S$
両辺を $a+b$ でわって，$h=\frac{2S}{a+b}$

得点アップのコツ
解く文字が右辺にあるときは両辺を入れかえる。
分数をふくむときは，両辺に分母の数をかけて，整数になおすとよい。

5 (合計)=(平均点)×(人数) だから，
Aクラスの得点の合計は $39a$ 点，
Bクラスの得点の合計は $40b$ 点。
よって，2つのクラス全体の79人の得点の合計は，$(39a+40b)$ 点なので，
平均点は，
$\frac{39a+40b}{39+40}=\frac{39a+40b}{79}$ (点)

p.108~109 第2回

1 $\frac{13}{5}$

2 (1) $\begin{cases} x=1 \\ y=2 \end{cases}$ (2) $\begin{cases} x=-1 \\ y=4 \end{cases}$

(3) $\begin{cases} x=-1 \\ y=3 \end{cases}$ (4) $\begin{cases} x=2 \\ y=-1 \end{cases}$

(5) $\begin{cases} x=-3 \\ y=2 \end{cases}$ (6) $\begin{cases} x=-2 \\ y=-1 \end{cases}$

(7) $\begin{cases} x=5 \\ y=10 \end{cases}$ (8) $\begin{cases} x=3 \\ y=2 \end{cases}$

3 $\begin{cases} x=2 \\ y=-3 \end{cases}$

4 $a=2$, $b=1$

5 鉛筆…12本，ボールペン…6本

6 64

7 男子…77人，女子…76人

8 5 km

解説

1 $x=6$ を $4x-5y=11$ に代入すると，

$24-5y=11$　これを解いて，$y=\frac{13}{5}$

2 上の式を①，下の式を②とする。(2)，(4)，(6)は代入法で，その他は加減法で解くとよい。(8)はかっこをはずして整理してから解く。

(2) ②の y に①の $-2x+2$ を代入して，
$x-3(-2x+2)=-13$，$x=-1$

(3) ①×5 より，$25x-10y=-55$ …③
②×2 より，$6x+10y=24$ …④
③+④ より，$31x=-31$，$x=-1$

(7) ①×10 より，$3x-2y=-5$ …③
②×10 より，$6x+5y=80$ …④
③×2 より，$6x-4y=-10$ …⑤
⑤−④ より，$-9y=-90$，$y=10$

3 $\begin{cases} 5x-2y=16 & \cdots① \\ 10x+y-1=16 & \cdots② \end{cases}$ の形になおす。

得点アップのコツ

$A=B=C$ の形の方程式は，
$\begin{cases} A=B \\ A=C \end{cases}$ $\begin{cases} A=B \\ B=C \end{cases}$ $\begin{cases} A=C \\ B=C \end{cases}$ のどれで解いてもよいが，計算が簡単になる組み合わせで解くとよい。

4 連立方程式に，$x=3$，$y=-4$ を代入すると，
$\begin{cases} 3a+4b=10 \\ -4a+3b=-5 \end{cases}$ これを加減法で解く。

5 1本50円の鉛筆を x 本，1本80円のボールペンを y 本とする。
本数の関係より，$x+y=18$ …①
代金の関係より，$50x+80y=1080$ …②
①，②を連立方程式として解く。

6 もとの整数の十の位の数を x，一の位の数を y とすると，もとの整数は $10x+y$，十の位と一の位の数を入れかえてできる整数は，$10y+x$ と表される。

$\begin{cases} 10x+y=7(x+y)-6 & \cdots① \\ 10y+x=10x+y-18 & \cdots② \end{cases}$

①，②を解くと，$\begin{cases} x=6 \\ y=4 \end{cases}$ もとの整数は $\underset{6\times10+4}{\underline{64}}$

7 昨年度の男子，女子の新入生の人数をそれぞれ x 人，y 人とする。
昨年度の人数の関係より，$x+y=150$ …①
今年度増減した人数の関係より，
$\frac{10}{100}x-\frac{5}{100}y=3$ …②

①，②を連立方程式として解くと，$\begin{cases} x=70 \\ y=80 \end{cases}$

今年度の新入生の人数は，

男子 … $70\times\left(1+\frac{10}{100}\right)=77$ (人)

女子 … $80\times\left(1-\frac{5}{100}\right)=76$ (人)

得点アップのコツ

昨年度の人数を x，y としたので，連立方程式の解はそのまま解答にはならない。方程式の解をそのまま解答にしてしまうまちがいも多いので注意しよう。

8 A地点から峠までの道のりを x km，峠からB地点までの道のりを y km とする。

行きの時間の関係より，$\frac{x}{3}+\frac{y}{5}=\frac{76}{60}$ …①

帰りの時間の関係より，$\frac{x}{5}+\frac{y}{3}=\frac{84}{60}$ …②

①，②を連立方程式として解くと，$\begin{cases} x=2 \\ y=3 \end{cases}$

求める道のりは，$2+3=5$ (km)

p.110~111 第3回

1 (1) $y=\dfrac{20}{x}$ (2) $y=-6x+10$

(3) $y=-0.5x+12$

yがxの1次関数であるもの (2), (3)

2 (1) $\dfrac{5}{6}$ (2) $y=\dfrac{2}{5}x+2$

(3) $y=-x+3$ (4) $y=4x-9$

(5) $y=-2x+4$ (6) (3, −4)

3 (1) $y=x+3$ (2) $y=4x-2$

(3) $y=-\dfrac{1}{3}x+3$ (4) $y=-\dfrac{3}{4}x-\dfrac{9}{4}$

(5) $y=-3$

4

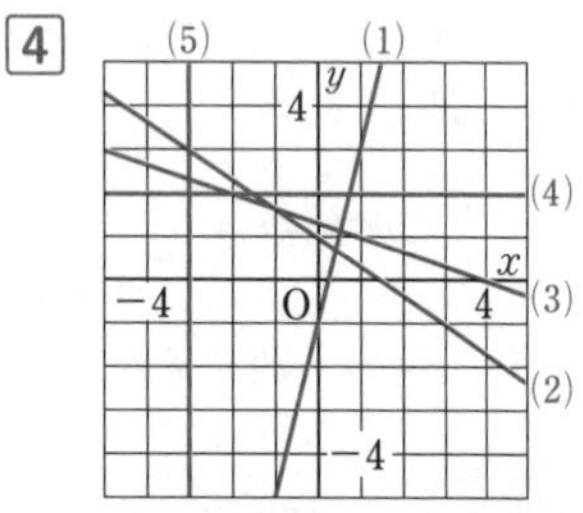

5 (1) 走る速さ … 分速 200 m,
歩く速さ…分速 50 m

(2) 家から900mの地点

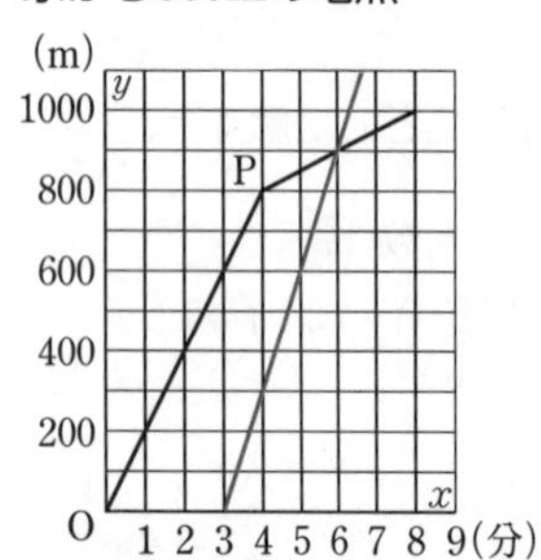

6 (1) $y=-6x+30$ (2) $0\leqq y\leqq 30$

解 説

1 (1) $y=\dfrac{20}{x}$ となり，yはxに反比例している。

2 (1) 1次関数では，

$(変化の割合)=\dfrac{(y\text{の増加量})}{(x\text{の増加量})}=a$ (傾き) で，変化の割合は一定である。

(2) 変化の割合が $\dfrac{2}{5}$ だから，求める1次関数の式を，$y=\dfrac{2}{5}x+b$ とする。この式に，$x=10$，$y=6$ を代入して，bの値を求める。

(4) 平行な2直線の傾きは等しいので，傾きが4で点(2, −1)を通る直線の式を求める。

(5) 切片は4，傾きは $\dfrac{0-4}{2-0}=-2$ となる。

(6) 2直線の交点の座標は，連立方程式の解として求めることができるので，$\begin{cases} x+y=-1 \\ 3x+2y=1 \end{cases}$ を解く。

得点アップのコツ

1次関数の式が，$y=ax+b$ の形で表されるとき，グラフは，aが傾き，bが切片を表している。グラフの傾きが1次関数の変化の割合であることもしっかり理解しておくこと。

3 (1) 傾きが1で切片が3の直線。

(2) 2点(0, −2), (1, 2)を通る直線。

(3) 2点(0, 3), (3, 2)を通る直線。

(4) 2点(−3, 0), (1, −3)を通る直線。

(5) 点(0, −3)を通り，x軸に平行な直線。

4 (3) $y=0$ のとき $x=4$，$y=1$ のとき $x=1$ なので，2点(4, 0), (1, 1)を通る直線になる。

(4) $5y=10$ より，$y=2$
(0, 2)を通り，x軸に平行な直線になる。

(5) $4x+12=0$ より，$4x=-12$ $x=-3$
点(−3, 0)を通り，y軸に平行な直線になる。

5 (1) 走る速さ…$800\div4=200$ より，分速 200 m
歩く速さ…$(1000-800)\div(8-4)=50$ より，分速 50 m

(2) 兄は，Aさんが出発してから3分後には，家から0 mの地点，4分後には300 mの地点にいるので，点(3, 0)と点(4, 300)を通る直線をかく。点(6, 900)で，Aさんのグラフと交わる。

6 (1) $\triangle ABP=\dfrac{1}{2}\times AP\times AB$

$=\dfrac{1}{2}\times(AD-PD)\times AB$

$y=\dfrac{1}{2}\times(10-2x)\times6$

$y=-6x+30$

(2) yが最小のとき，点PはAにあり，
このとき $x=5$ より，$y=-6\times5+30=0$
yが最大のとき，点PはDにあり，
このとき $x=0$ より，$y=-6\times0+30=30$

得点アップのコツ

点Pが辺上を移動する問題では，辺ごとにxの変域を分けて考える。

p.112〜113 第4回

1 (1) **90°** (2) **55°**
(3) **75°** (4) **60°**

2 **△ABC≡△LKJ**
2組の辺とその間の角がそれぞれ等しい。
△DEF≡△XVW
3組の辺がそれぞれ等しい。
△GHI≡△PQR
1組の辺とその両端の角がそれぞれ等しい。

3 (1) **2700°** (2) **十四角形**
(3) **360°** (4) **正十八角形**

4 (1) 仮定 **AC=DB, ∠ACB=∠DBC**
結論 **AB=DC**
(2) ㋐ **BC=CB**
㋑ 2組の辺とその間の角
㋒ **△ABC≡△DCB**
㋓ (合同な三角形の)対応する辺はそれぞれ等しい。
㋔ **AB=DC**

5 **△ABD≡△CBD**
1組の辺とその両端の角がそれぞれ等しい。

6 △ABC と △DCB で,
仮定より, AB=DC …①
∠ABC=∠DCB …②
共通な辺だから, BC=CB …③
①, ②, ③より, 2組の辺とその間の角がそれぞれ等しいので,
△ABC≡△DCB
合同な三角形の対応する辺だから,
AC=DB

解説

1 (1) 右の図のように, ℓ, m に平行な直線をひいて考えるとよい。

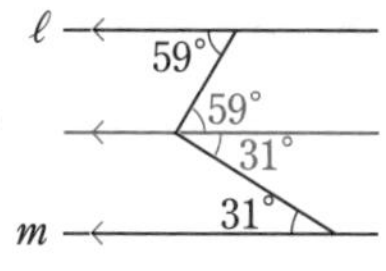

$\angle x=59°+31°=90°$

(2) 右の図より,
$30°+45°+\angle x=130°$
$\angle x=55°$

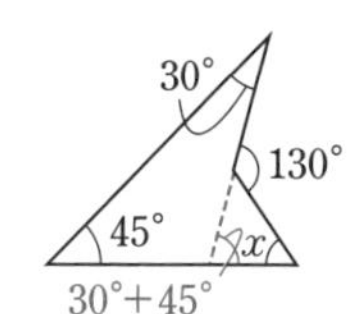

(3) 多角形の外角の和は360°だから,
$\angle x+110°+108°+67°=360°$ より, $\angle x=75°$

(4) 六角形の内角の和は, $180°\times(6-2)=720°$
$150°+130°+90°+\angle y$
$+140°+90°=720°$
より, $\angle y=120°$
$\angle x=180°-120°=60°$

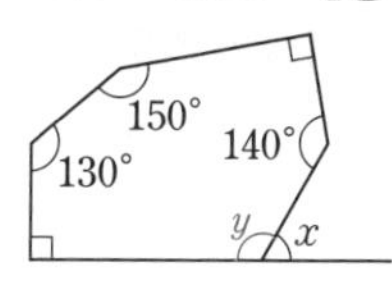

2 ∠PQR=180°−(80°+30°)=70° より,
∠GHI=∠PQR
また, ∠GIH=∠PRQ, HI=QR より, 1組の辺とその両端の角がそれぞれ等しいので,
△GHI≡△PQR

得点アップのコツ
3つの三角形の合同条件はよく出題される。正しく暗記しておくことが大切。

3 (1) 十七角形の内角の和は,
$180°\times(17-2)=2700°$
(2) 求める多角形を n 角形とすると,
$180°\times(n-2)=2160°$
これを解くと, $n=14$ より十四角形になる。
(3) 多角形の外角の和は, 360° である。
(4) 正多角形の外角の大きさはすべて等しいので,
$360°\div20°=18$ より, 正十八角形

得点アップのコツ
n 角形の内角の和は, $180°\times(n-2)$
何角形でも外角の和は, 360° で一定である。

4 証明では, 仮定から出発し, すでに正しいと認められたことがらを使って, 結論を導いていく。
仮定「AC=DB, ∠ACB=∠DBC」と BC=CB (共通な辺) から, △ABC≡△DCB を導き,「合同な三角形では, 対応する辺はそれぞれ等しい」という性質を根拠として, 結論「AB=DC」を導く。

5 △ABD≡△CBD の証明は, 次のようになる。
△ABD と △CBD で,
仮定より, ∠ABD=∠CBD …①
∠ADB=∠CDB …②
共通な辺だから, BD=BD …③
①, ②, ③より, 1組の辺とその両端の角がそれぞれ等しいので, △ABD≡△CBD

6 AC と DB をそれぞれ1辺とする △ABC と △DCB に着目し, それらが合同であることを証明する。合同な図形の対応する辺が等しいことから, AC=DB がいえる。

p.114~115 第5回

[1] (1) $\angle a=56°$　(2) $\angle b=60°$
(3) $\angle c=16°$　(4) $\angle d=68°$

[2] (1) △ABC で，∠B＋∠C＝60° ならば，
∠A＝120° である。
正しい
(2) a，b を自然数とするとき，$a+b$ が奇数ならば，a は奇数，b は偶数である。
正しくない

[3] (1) 直角三角形で，斜辺と1鋭角がそれぞれ等しい。
(2) AD
(3) △DBC と △ECB で，
仮定より，
∠CDB＝∠BEC＝90°　…①
∠DBC＝∠ECB　…②
共通な辺だから，
BC＝CB　…③
①，②，③から，直角三角形で，斜辺と1鋭角がそれぞれ等しいから，
△DBC≡△ECB
合同な三角形の対応する辺だから，
DC＝EB

[4] (1)，(4)，(8)，(9)

[5] △AEC，△AFC，△DFC

[6] (1) 長方形　(2) EG⊥HF

[7] △AMD と △BME で，
仮定より，　AM＝BM　…①
対頂角は等しいから，
∠AMD＝∠BME　…②
AD∥EB で，錯角は等しいから，
∠MAD＝∠MBE　…③
①，②，③から，1組の辺とその両端の角がそれぞれ等しいので，△AMD≡△BME
合同な三角形の対応する辺だから，
AD＝BE　…④
また，平行四辺形の対辺は等しいので，
AD＝BC　…⑤
④，⑤より，BC＝BE

解説

[1] (1) $\angle a=(180°-68°)\div2=56°$
(2) $\angle b+\angle b=2\angle b=120°$ より，$\angle b=60°$
(3) △ABC は正三角形，△BAD は二等辺三角形だから，∠BAD＝60°＋$\angle c$＝76°より，$\angle c=16°$
(4) 右の図より，
$2\angle d+44°=180°$
これを解いて，$\angle d=68°$

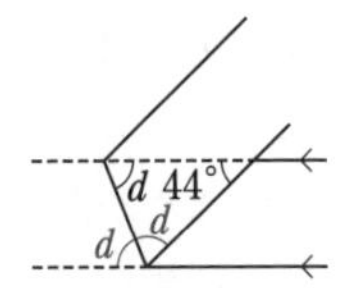

[2] (1) △ABC で，∠B＋∠C＝60° のとき，
∠A＝180°－(∠B＋∠C)＝180°－60°＝120° となるので，逆は正しい。
(2) a が偶数で b が奇数となる場合もあるので，逆は正しくない。

得点アップのコツ
逆が成り立たないことを示すには，成り立たない例を1つあげればよい。

[3] (1) △EBC と △DCB で，
仮定より，　∠BEC＝∠CDB＝90°　…①
共通な辺だから，　BC＝CB　…②
AB＝AC より，△ABC は二等辺三角形だから，　∠EBC＝∠DCB　…③
①，②，③より，直角三角形で，斜辺と1鋭角がそれぞれ等しいから，　△EBC≡△DCB
(2) EB＝DC より，AE＝AD がいえる。

[4] (1) 1組の対辺が平行で長さが等しい。
(4) 2組の対角がそれぞれ等しい。
(8) ∠A＋∠B＝180° より，AD∥BC
∠B＋∠C＝180° より，AB∥DC
2組の対辺がそれぞれ平行である。
(9) 2つの対角線がそれぞれの中点で交わる。

得点アップのコツ
平行四辺形の性質，平行四辺形であるための条件はしっかり覚えておくこと。

[5] AE∥DC だから，AE を共通な底辺とみて，
△AED＝△AEC
EF∥AC だから，AC を共通な底辺とみて，
△AEC＝△AFC
AD∥FC だから，FC を共通な底辺とみて，
△AFC＝△DFC

[6] (1) 平行四辺形だから，∠A＝∠C，∠B＝∠D である。
∠A＝∠D とすれば，∠A＝∠D＝∠B＝∠C で，4つの角がすべて等しい四角形になる。
(2) 正方形の対角線は，長さが等しく，垂直に交わっている。

p.116 第6回

1 (1) 第1四分位数…5点
第2四分位数…13点
第3四分位数…18点
(2) 13点
(3)

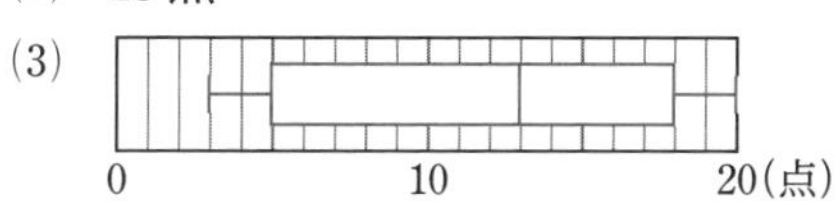

2 (1) 47.5分
(2) 18分
(3) 10人

解説

1 (1) 第2四分位数は全体の中央値なので，最初に求める。データの個数が15個なので，低い(高い)ほうから8番目の⑧の13点である。
第1四分位数は，全体を2つに分けたうちの最小値をふくむ組の7個のデータの中央値なので，④の5点である。
第3四分位数は，全体を2つに分けたうちの最大値をふくむ組の7個のデータの中央値なので，⑫の18点である。
(2) (四分位範囲)=(第3四分位数)
−(第1四分位数)=18−5=13(点)

得点アップのコツ
箱ひげ図をかくときは，まず第2四分位数(中央値)を求めよう。

2 箱ひげ図より読み取れることは，
最小値…40分
第1四分位数…43分
第2四分位数…47.5分
第3四分位数…53分
最大値…58分　である。
(1) 第2四分位数が中央値なので，47.5分
(2) (データの範囲)=(最大値)−(最小値) なので，58−40=18(分)
(3) 第2四分位数は中央値なので，5番目と6番目の値の平均値が中央値となるということは，データの個数は偶数である。5番目と6番目の間の値が中央値となるのは，データの個数が10個のときである。

p.117 第7回

1 15通り

2 $\frac{3}{8}$

3 (1) $\frac{4}{25}$　(2) $\frac{2}{25}$　(3) $\frac{4}{25}$

4 (1) $\frac{5}{18}$　(2) $\frac{5}{36}$　(3) $\frac{1}{3}$　(4) $\frac{3}{4}$

5 (1) $\frac{1}{15}$　(2) $\frac{3}{5}$

解説

1 順番をつけずに選ぶ場合の数を考える。
(A, B), (A, C), (A, D), (A, E), (A, F), (B, C), (B, D), (B, E), (B, F), (C, D), (C, E), (C, F), (D, E), (D, F), (E, F)の15通り。

2 表裏の出方を，樹形図をかいて考える。

3 赤玉を$赤_1$，$赤_2$，白玉を$白_1$，$白_2$，黒玉を黒とすると，樹形図は下のようになる。

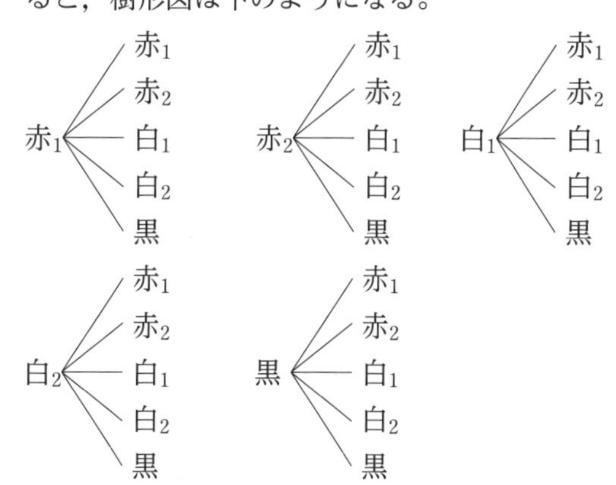

4 (1) 目の出方は全部で36通り。出る目の数の和が9以上になるのは右の表より，10通りである。

A＼B	⚀	⚁	⚂	⚃	⚄	⚅
⚀	2	3	4	5	6	7
⚁	3	4	5	6	7	8
⚂	4	5	6	7	8	9
⚃	5	6	7	8	9	10
⚄	6	7	8	9	10	11
⚅	7	8	9	10	11	12

(3) 出る目の数の和が3の倍数になるのは，右の表で，3, 6, 9, 12になるとき。
(4) 1−(奇数になる確率)で求める。積が奇数になるのは，A, Bともに奇数の目が出たとき。

5 (2) 1本だけ当たる場合は8通りなので，少なくとも1本当たりである場合は 1+8=9(通り)
よって，求める確率は，$\frac{9}{15}=\frac{3}{5}$

p.118〜120 第8回

1 (1) $2x+7y$　(2) $12x-18y$
(3) $-4x-10y$　(4) $-28b^3$
(5) $-y$　(6) $\dfrac{13x+7y}{10}\left(\dfrac{13}{10}x+\dfrac{7}{10}y\right)$

2 (1) $\begin{cases}x=-2\\y=5\end{cases}$　(2) $\begin{cases}x=-3\\y=-7\end{cases}$
(3) $\begin{cases}x=2\\y=-1\end{cases}$　(4) $\begin{cases}x=3\\y=1\end{cases}$

3 (1) -1　(2) $y=3x+14$
(3) $y=\dfrac{3}{2}x-3$

4 男子…312人　女子…323人

5

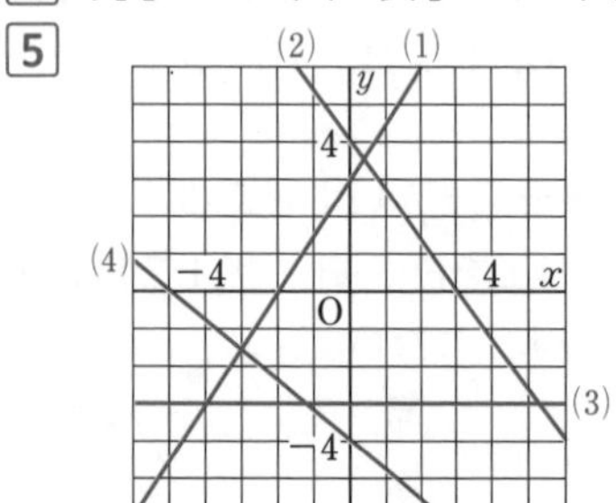

6 (1) A$(-1,\ 0)$，B$(4,\ 0)$
(2) P$(2,\ 3)$　(3) $\dfrac{15}{2}$

7 (1) 120°　(2) 94°　(3) 135°

8 ㋐ DE　㋑ CE　㋒ 対頂角
㋓ 2組の辺とその間の角
㋔ 対応する角
㋕ 錯角

9 △ABFと△CDEで，
平行四辺形の対辺は等しいから，
AB＝CD　…①
また，BF＝BC−CF，DE＝DA−AE
BC＝DA，CF＝AE だから，
BF＝DE　…②
平行四辺形の対角は等しいから，
∠B＝∠D　…③
①，②，③から，2組の辺とその間の角がそれぞれ等しいので，△ABF≡△CDE
したがって，AF＝CE

10 $\dfrac{3}{8}$

11 $\dfrac{11}{12}$

解説

1 (6) $\dfrac{3x-y}{2}-\dfrac{x-6y}{5}=\dfrac{5(3x-y)-2(x-6y)}{10}$
$=\dfrac{15x-5y-2x+12y}{10}$
$=\dfrac{13x+7y}{10}\ \left(=\dfrac{13}{10}x+\dfrac{7}{10}y\right)$

3 (1) $9a^2b\div6ab\times10b$
$=\dfrac{9a^2b\times10b}{6ab}=15ab$
この式に a，b の値を代入する。

得点アップのコツ
式の値を求めるときは，式をできるだけ簡単にしてから数を代入すると計算が楽になる。

4 昨年度の男子の生徒数を x 人，女子の生徒数を y 人とすると，
$\begin{cases}x+y=665\\\dfrac{4}{100}x+\dfrac{5}{100}y=30\end{cases}$ という連立方程式ができる。
これを解くと，$\begin{cases}x=325\\y=340\end{cases}$
今年度の男子と女子の生徒数は，
男子…$325\times\left(1-\dfrac{4}{100}\right)=312$（人）
女子…$340\times\left(1-\dfrac{5}{100}\right)=323$（人）

5 (1) $x=0$ を代入すると，$y=3\rightarrow(0,\ 3)$
$y=0$ を代入すると，$x=-2\rightarrow(-2,\ 0)$
この2点を通る直線をかく。

6 (3) $AB=4-(-1)=5$
$\triangle PAB=\dfrac{1}{2}\times AB\times3=\dfrac{1}{2}\times5\times3=\dfrac{15}{2}$

9 △ABFと△CDEの合同を証明するには，平行四辺形の性質を使えばよい。

10 表，裏の出方は全部で8通りあり，合計得点が20点となる場合は，1回だけ表が出る場合で，
〔表，裏，裏〕，〔裏，表，裏〕，〔裏，裏，表〕
の3通りあるから，求める確率は，$\dfrac{3}{8}$ である。

11 出る目の数の和が11以上になるのは，
〔A，B〕＝〔5，6〕，〔6，5〕，〔6，6〕の3通りで，その確率は，$\dfrac{3}{36}=\dfrac{1}{12}$ である。
出る目の数の和が10以下になる確率は，
$1-\dfrac{1}{12}=\dfrac{11}{12}$ である。

6 5 4 3 2
D C B A

教科書ワーク 数学 特別ふろく②

無料ダウンロード 定期テスト対策問題

こちらにアクセスして，表紙カバーについているアクセスコードを入力してご利用ください。
https://www.kyokashowork.jp/ma11.html

1 実力テスト

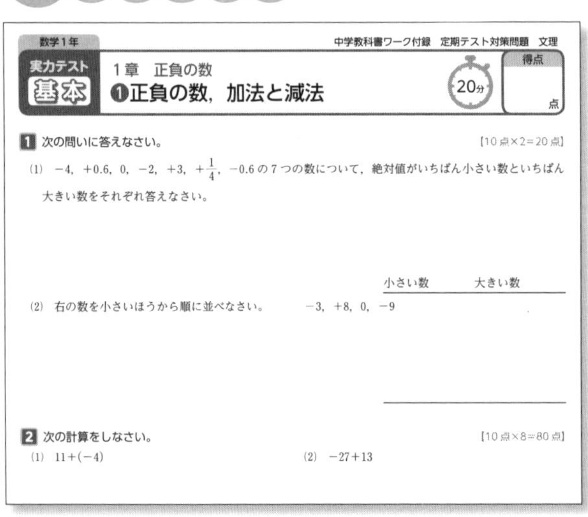
数学1年　中学教科書ワーク付録　定期テスト対策問題　文理

実力テスト 基本　1章　正負の数　❶正負の数，加法と減法　20分　得点　点

1 次の問いに答えなさい。　[10点×2=20点]

(1) -4，$+0.6$，0，-2，$+3$，$+\frac{1}{4}$，-0.6 の7つの数について，絶対値がいちばん小さい数といちばん大きい数をそれぞれ答えなさい。

小さい数　大きい数

(2) 右の数を小さいほうから順に並べなさい。　-3，$+8$，0，-9

2 次の計算をしなさい。　[10点×8=80点]

(1) $11+(-4)$　(2) $-27+13$

実力テスト 発展　1章　正負の数　❶正負の数，加法と減法　30分

1 次の問いに答えなさい。　[20点×3=60点]

(1) 右の数の大小を，不等号を使って表しなさい。　$-\frac{1}{2}$，$-\frac{1}{3}$，$-\frac{1}{5}$

実力テスト 標準　1章　正負の数　❶正負の数，加法と減法　25分

1 次の問いに答えなさい。　[10点×2=20点]

(1) 絶対値が3より小さい整数をすべて求めなさい。

(2) 数直線上で，-2からの距離が5である数を求めなさい。

2 次の計算をしなさい。　[10点×8=80点]

(1) $-6+(-15)$　(2) $-\frac{2}{5}-\left(-\frac{1}{2}\right)$

2 観点別評価テスト

数学1年　中学教科書ワーク付録　定期テスト対策問題　文理

第1回　観点別評価テスト　●答えは，別紙の解答用紙に書きなさい。　40分

主体的に学習に取り組む態度

1 次の問いに答えなさい。

(1) 交換法則や結合法則を使って正負の数の計算の順序を変えることに関して，正しいものを次から1つ選んで記号で答えなさい。

ア　正負の数の計算をするときは，計算の順序をくふうして計算しやすくできる。
イ　正負の数の加法の計算をするときだけ，計算の順序を変えてもよい。
ウ　正負の数の乗法の計算をするときだけ，計算の順序を変えてもよい。
エ　正負の数の計算をするときは，計算の順序を変えるようなことをしてはいけない。

(2) 電卓の使用に関して，正しいものを次から1つ選んで記号で答えなさい。

ア　数学や理科などの計算問題は電卓をどんどん使ったほうがよい。
イ　電卓は会社や家庭で使うものなので，学校で使ってはいけない。
ウ　電卓の利用が有効な問題のときは，先生の指示にしたがって使ってもよい。

思考力・判断力・表現力等

3 次の問いに答えなさい。

(1) 次の各組の数の大小を，不等号を使って表しなさい。

① $-\frac{3}{4}$，$-\frac{2}{3}$　② $-\frac{2}{3}$，$\frac{1}{4}$，$-\frac{1}{2}$

(2) 絶対値が4より小さい整数を，小さいほ…順に答えなさい。

(3) 次の数について，下の問いに答えなさい。

$-\frac{1}{4}$，0，$\frac{1}{5}$，1.70，$-\frac{13}{5}$，$\frac{7}{4}$

① 小さいほうから3番目の数を答えなさい。
② 絶対値の大きいほうから3番目の数を答え…さい。

思考力・判断力・表現力等

4 次の問いに答えなさい。

(1) 次の数量を，文字を使った式で表しなさい。

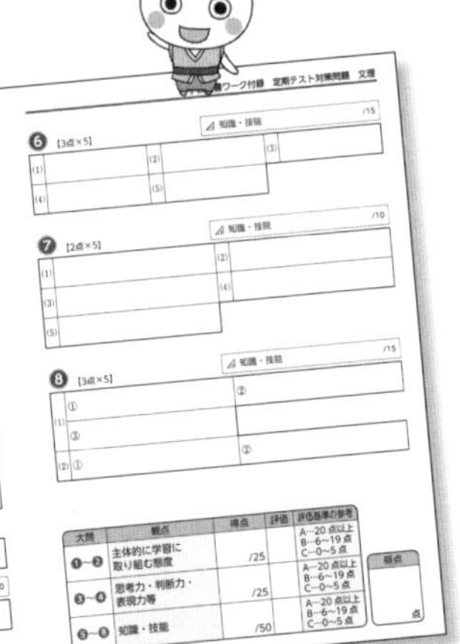